Photoshop CC 案例教程

（第 2 版）

主　编　肖　川　吕海洋　孔德斌
副主编　陈虹洁　王红艳　郑美珠
　　　　范秀玲　田　华

北京理工大学出版社
BEIJING INSTITUTE OF TECHNOLOGY PRESS

内 容 简 介

本书以零基础讲解为宗旨，以图文并茂、理论与实战相结合的方式引导读者深入学习。本书涵盖了Photoshop CC常用的各个功能，深入浅出地讲解使用Photoshop CC处理图片的各项技术及实战技能；书中的实例针对性强，以便读者在学习软件技法的同时能够快速掌握每个知识点，为日后应用于工作打好基础；通过理论知识、实战、提示等内容，指导读者提高技能。

图书在版编目（CIP）数据

Photoshop CC案例教程 / 肖川，吕海洋，孔德斌主编. --2版. -- 北京 ：北京理工大学出版社，2019.11
（2024.6重印）
ISBN 978-7-5682-7843-0

Ⅰ. ①P… Ⅱ. ①肖… ②吕… ③孔… Ⅲ. ①图象处理软件–教材 Ⅳ. ①TP391.413

中国版本图书馆CIP数据核字(2019)第250534号

责任编辑：王玲玲　　文案编辑：王玲玲
责任校对：周瑞红　　责任印制：李志强

出版发行 / 北京理工大学出版社有限责任公司
社　　址 / 北京市丰台区四合庄路6号
邮　　编 / 100070
电　　话 / （010）68914026（教材售后服务热线）
（010）68944437（课件资源服务热线）
网　　址 / http://www.bitpress.com.cn

版 印 次 / 2024年6月第2版第2次印刷
印　　刷 / 唐山富达印务有限公司
开　　本 / 787 mm × 1092 mm　1/16
印　　张 / 18
字　　数 / 416千字
定　　价 / 69.80元

前言

Adobe 公司推出的Photoshop 软件是当今功能最强大、使用最广泛的图形图像处理软件，它以其领先的数字艺术理念、可扩展的开发性及强大的兼容能力，广泛应用于电脑美术设计、数码摄影、出版印刷等诸多领域。Photoshop CC通过更直观的用户体验、更大的编辑自由度及大幅提高的工作效率，使用户能更轻松地使用其无与伦比的强大功能。Photoshop 新增的Mini Bridge 浏览器、全新的画笔系统、智能的修改工具、增强的内容识别填色功能和图像变形功能等，无不给用户带来惊喜！

本书由国内资深平面设计专家精心编写，是一本专业讲述Photoshop 各项重要功能及其应用的技术图书。全书按照Photoshop CC的相关基础知识、熟悉Photoshop的工具、Photoshop的主要功能为讲解主线，带领读者进入全新的世界，这种新颖不仅来自Photoshop CC全新的软件功能，同时也来自书中的体例结构和讲解方式，使得本书更加适合读者学习和使用。

在介绍技术的同时，本书以几十个贴近实际的案例将作者丰富的实践经验直截了当地教授给读者，使读者的Photoshop应用水平在实际运用中得到质的飞跃。书中提供了诸多Photoshop的高级应用技巧和实用技能，更进一步地加强读者的实际操作能力，以便读者最终能够将这些技巧运用到实际项目上，使读者拥有货真价实的1+1＞2 的超值实惠。

本书面向广大Photoshop CC的初、中级用户，对于一名初学者，本书将是掌握这个强大的图像处理软件的最佳选择，本书包含所有Photoshop 初学者必须掌握的知识和技能的信息，能够使读者更轻松地理解和熟悉这个软件的方方面面；对于一名经验丰富的用户，本书可以作为了解Photoshop最新特性的指南，在提高技术水平的同时，更不断提升自身对设计的领悟和创新能力。

本书由烟台南山学院肖川、吕海洋、孔德斌担任主编，由烟台黄金职业学院陈虹洁及烟台南山学院王红艳、郑美珠、范秀玲、田华担任副主编。唐山星雨文化传媒有限公司给予本书编写提供了很多项目资料和素材。

由于编者水平有限，书中如有不当之处，望广大读者提出意见和建议。

编　者

目录

01

Chapter

Photoshop CC 的基础知识

内容提要

Adobe Photoshop CC是最先进和最流行的应用方案，目前在艺术作品的图像或数码照片编辑和操作等方面起到了非常大的作用，本章将讲解 Adobe Photoshop CC 的基本概念，使大家对该软件有基本的了解。

主要内容

- 初识 Photoshop CC
- Photoshop 的应用领域
- Photoshop CC 的工作界面
- 设置工作区

知识点播

- 调整工具箱
- 调整面板
- 创建自定义工作区

01

提 示

了解Photoshop

Photoshop是Adobe公司推出的一款功能十分强大、使用范围非常广泛的图像处理软件。目前Photoshop是众多平面设计师进行平面设计和图像处理的首选软件。

1.1 初识 Photoshop CC

电脑艺术天地中没有什么软件比Photoshop使用得更广泛，不管是广告创意、平面构成、三维效果还是后期处理，Photoshop都是最佳的选择，尤其是对印刷品的图像处理，Photoshop更是无可替代的专业软件。本节主要介绍Photoshop CC的操作界面及其应用领域。

Photoshop CC带给摄影师、画家及广大的设计人员许多实用的功能，就像用五颜六色的毛笔在图纸上绘制美妙的图画一样，使用Photoshop工具将自己的想法以图像的形式表现出来。Photoshop从修复数码相机拍摄的照片到制作出精美的图片并上传到网上，从工作中的简单图案设计到专业印刷设计师或网页设计师的图片处理工作，无所不及，无所不能。

可以将一张用数码相机拍的照片在Photoshop中根据不同需要处理成不同风格的图像，很方便、快捷地完成一些艺术效果，这将给生活添加了许多风采，如图1.1所示。

原图

调色刀效果

彩色铅笔效果

塑料包装效果

喷色描边效果

马赛克拼贴效果

图1.1

提 示

ImageReady的作用

ImageReady具有强大的图像处理功能，然而它最大的特长是其Web图像处理能力。使用这一软件，可以进行图像的压缩、优化压缩、创作具有动感的GIF动画及各种生动有趣的按钮，进而生成富有个性的网页。新的ImageReady CC版本功能上又有新突破，不但可以生成优化的GIF动画，还特别添加了输出Flash动画的.swf文件格式的功能。

在Photoshop中可以对图像进行粘贴、擦除、拼合等操作，如图1.2所示。使用仿制图章功能可很快删除画面中的小球，并自动补上缺口，此功能可删除相片中的某个区域(例如不想要的物体)，即使是复杂的背景也没问题。

原图

编辑后的图像效果

图1.2

在Photoshop中还可以对图片添加各式各样的非常效果，如制作海报、杂志封面宣传页等，如图1.3所示。

原图1

处理之后的效果1

原图2

处理之后的效果2

图1.3

使用富有魅力的Photoshop进行数码图像处理的操作，掌握Photoshop的工具和菜单栏中的命令，同时提高自身的创造力，在日常生活或在公司设计业务中，设计灵感将会因此而更上一层楼。在科技发展迅速的今天，网络无疑是一个重要的信息平台，而其中的各方面内容也与Photoshop息息相关，如图1.4所示。

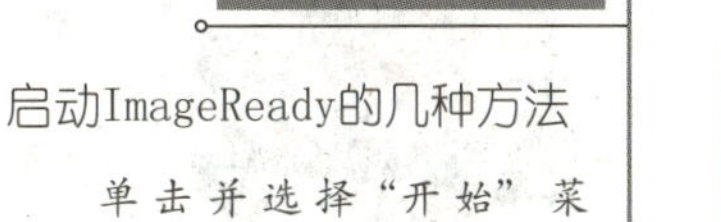

提 示

启动ImageReady的几种方法

单击并选择“开始”菜单，在“开始”菜单中找到“Adobe ImageReady CC”，单击该菜单即可启动。该软件还提供了另外一种打开办法：在Photoshop的“工具箱”中找到“ImageReady”按钮，单击也同样可以启动ImageReady CC。

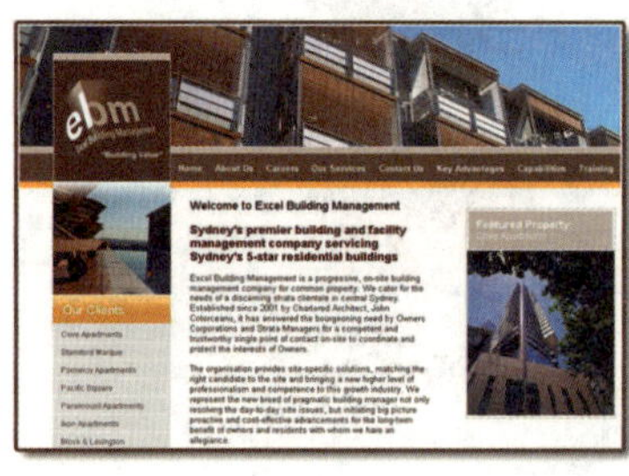

网站主页1

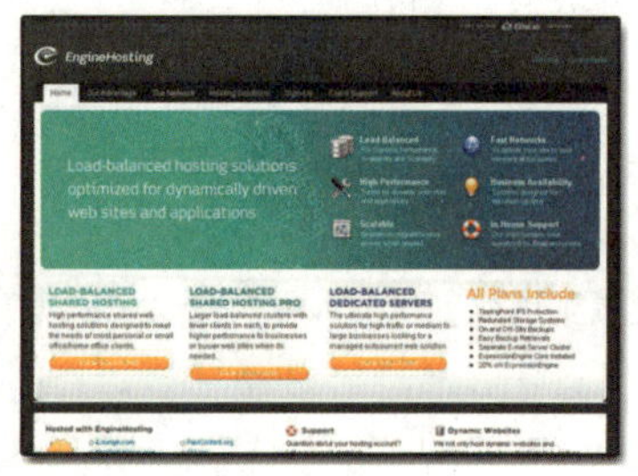

网站主页2

图1.4

02

1.2 Photoshop 的应用领域

Photoshop CC 是功能非常强大的位图软件，其应用领域很广泛，涉及图像、图形、文字、视频、摄影、出版等各个领域，多用于平面设计、艺术文字、广告摄影、网页制作、照片的后期处理、图像的合成、图像绘制等方面。Photoshop 的专长在于图像的处理，而不是图形的创作，在了解 Photoshop 的基础知识时，有必要区分这两个概念。

1. 平面领域。平面设计是 Photoshop 应用最为广泛的领域，无论是一本杂志封面，还是商场里的招贴、海报，都是具有丰富图像的平面印刷品，这些基本上都需要 Photoshop 软件对图像进行处理，如图 1.5 所示。

提 示

Photoshop的应用领域

Photoshop的应用非常广泛，可应用于平面设计、包装设计、网页制作、影像创意、视觉创意、图标设计、界面设计等方面。

图1.5

2. 插画作品。插画是现在比较流行的一种绘画风格，现实中添加了虚拟的意象，会给人一种完美的质感，更为单纯的手绘画添加了几分生气与艺术感，如图 1.6 所示。

图1.6

提 示

自学Photoshop

自学Photoshop的最好办法是买一本讲解详细，内容翔实的自学教程，按教程中的步骤扎扎实实学习，网上现有的教程虽丰富多样，但均较为零散，没有系统性，因而选择一本纸质的自学教程是关键，网络教程可作为辅助教程加以利用。

提 示

进行图像处理，是否需要了解三维或动画软件知识

图像处理只是Photoshop应用的一小块范围，通常无须应用三维或动画方面的软件，除非需要进行平面设计或更复杂的图像处理工作。此外，广泛地了解一些其他图形图像软件的基础知识会对图像处理很有帮助。

3. 照片处理。Photoshop 具有强大的图像修饰功能。利用这些功能，可快速修复一张破损的老照片，也能修复人脸上的斑点等缺陷，同时，还可以对一张普通的图像添加各种美化效果，如图 1.7 所示。

图1.7

4. 3D 效果制作。Photoshop CC 虽然不是一个 3D 软件，但它可以创建类似于 3D 效果的图像。其制作简单、快捷，而且效果非常逼真，如图 1.8 所示。

图1.8

5. 网页设计。在制作网页时，Photoshop 是必要的图像处理软件，如图 1.9 所示。

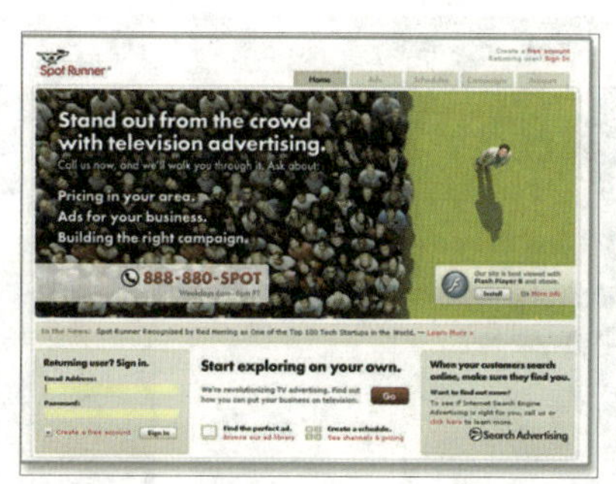

图1.9

6. 在绘画与数码艺术中的应用。Photoshop 强大的图像编辑功能，为数码艺术爱好者和普通用户提供了无限广阔的创作空间。使用 Photoshop 可以随心所欲地对图像进行修改、合成与再加工，制作出充满想象力的作品，如图 1.10 所示。

图1.10

7. 在 CG 设计中的应用。CG 包括艺术，也包括技术，几乎囊括了当今电脑时代中所有的视觉艺术创作活动。常用 Photoshop 来绘制各种风格的 CG 艺术作品，如图 1.11 所示。

图1.11

8. 在建筑设计中的应用。制作建筑效果图时，渲染出的图片通常都要在 Photoshop 中做后期处理。例如，人物、车辆、植物、天空、景观和各种装饰品都可以在 Photoshop 中添加，这样不仅节省了渲染时间，也增强了画面的美感，如图 1.12 所示。

图1.12

提 示

Photoshop学习方法

Photoshop是一款功能强大的软件，其对于初学者来说有一定难度，但是只要认真学习，仔细理解关于图像应用的各种概念与含义，多做练习，掌握各项功能的使用方法，还是比较容易学好的。

1.3 Photoshop CC 的工作界面

03

运行 Photoshop CC 以后，可以看到用来进行图形操作的各种工具、菜单及面板的默认操作界面。本节将学习 Photoshop CC 的所有构成要素及工具、菜单和面板。

内容精讲：了解工作界面组件

Photoshop CC 的界面主要由工具箱菜单栏、面板和编辑区等组成，如图 1.13 所示。如果熟练掌握了各组成部分的基本名称和功能，就可以自如地对图形图像进行操作。

图1.13

❶ 快速切换栏：单击其中的按钮后，可以快速切换视图显示。如显示标尺、全屏模式、显示比例、显示Bridge、网格等。

❷ 菜单栏：菜单栏由11类菜单组成，单击有▸三角符号的菜单，就会弹出下级菜单。

❸ 选项栏：在选项栏中可设置在工具箱中选择的工具的选项。根据所选工具的不同，所提供的选项也有所区别。

❹ 工具箱：单击工具箱中的一个工具即可选择该工具，右下角带有三角形图标的工具表示这是一个工具组，单击鼠标左键可以显示隐藏的工具，将光标移动到隐藏的工具上然后放开鼠标，即可选择该工具。

❺ 图像窗口：这是显示Photoshop中导入图像的窗口。在标题栏中显示文件名称、文件格式、缩放比率及颜色模式。

❻ 状态栏：位于图像下端，显示当前编辑文件的各种信息说明。单击三角按钮打开下拉菜单，可选择并显示不同的文件信息。

提 示

查看图像宽度、高度、通道和分辨率信息

按住Alt键，在状态栏的中间部分按下鼠标左键，即可显示当前图像的宽度、高度、通道和分辨率信息。

提 示

同时显示或隐藏工具箱、工具选项栏和控制面板

按下键盘中的Tab键，即可同时显示或隐藏工具箱、工具选项栏和控制面板。如果按下Shift+Tab快捷键，则工具箱不受影响，只显示或隐藏其他的控制板。

❼ 工作区切换器：可快速切换到所需的工作面板栏中。如基本功能工作区面板、设计工作区面板、摄影工作区面板等。

❽ 面板：面板用来设置颜色、工具参数，以及执行编辑命令。在“窗口”菜单中可以选择需要的面板将其打开。默认情况下，面板以选项卡的形式成组出现，并停靠在窗口右侧，可根据需要打开或自由组合面板。

提 示

工作区

Photoshop的工作界面，用于显示浮动面板、工具箱和打开的图像窗口，图像处理等操作均在工作区中进行。

内容精讲：Photoshop CC 的工具箱

启动 Photoshop 时，“工具”面板将显示在屏幕左侧。“工具”面板中的某些工具会在相关选项栏中提供一些选项，如图1.14所示。通过这些工具，可以输入文字，选择、绘制、编辑、移动、注释和查看图像，或对图像进行取样，更改前景色/背景色，转到 Adobe Online，以及在不同的模式中工作等。可以展开某些工具以查看它们后面的隐藏工具。工具图标右下角的小三角形表示存在隐藏工具。将指针放在工具上，便可以查看该工具的有关信息。工具的名称将出现在指针下面的工具提示中。

提 示

Photoshop CC的工具

Photoshop CC的工具放在左侧的工具箱中，如果没有，可以单击“窗口”菜单中的相应命令打开它。工具分为七大类，包括选择类工具、画笔类工具、路径类工具、前景和背景色选择工具盒、蒙版工具、视图切换工具和快速切换到ImageReady工具。

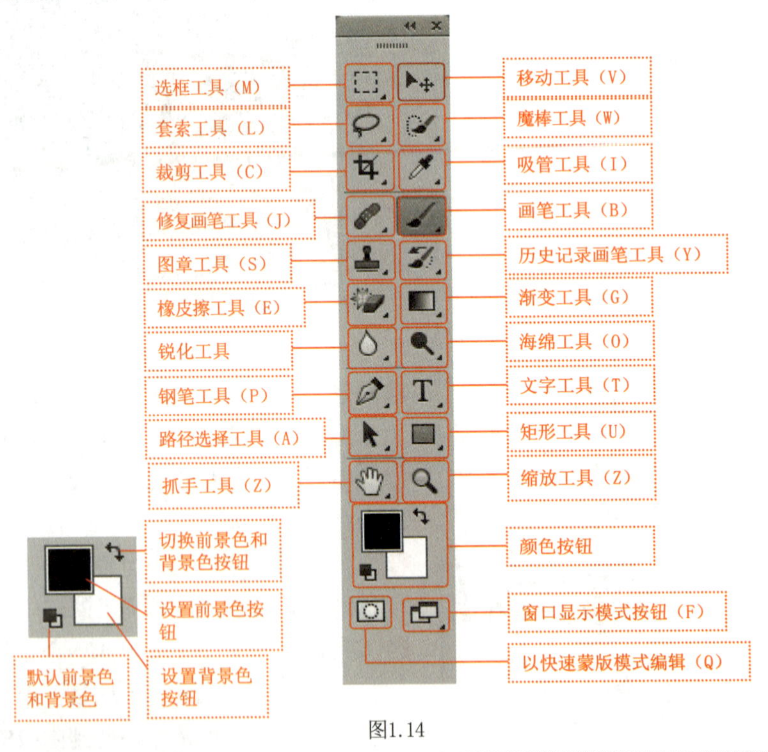

图1.14

提 示

将工具箱收缩为双栏

要将工具箱收缩为双栏，单击工具箱顶端的 ▸▸ 按钮即可。此时单击 ◂◂ 按钮，又可将工具箱释放为单栏。

范例操作：调整工具箱

在Photoshop中对图像进行操作时，有时为了方便图像的编辑，可以将工具箱移动到其他位置，以下是几种调整工具箱的具体操作方法。

提 示

选择工具箱中隐藏的工具

在工具箱中显示有三角符号的工具按钮上，按住鼠标左键不放或单击鼠标右键，即可展开隐藏的工具。将光标移动到弹出的工具按钮上，即可选择相应的工具。

1. 打开Chapter 01\Media\1-3-2.jpg，在Photoshop中可根据操作者的工作需要调整工具箱和面板的位置。单击工具箱上方的标签 ，可将其拖动到任意位置，如图1.15所示。

图1.15

2. 执行“窗口”→“工作区”→“基本复位功能”命令，可以把工具箱和面板恢复到初始位置，如图1.16所示。

提 示

复位工具箱的其他方法

除了用命令来复位工具箱以外，还可以直接单击工具箱上方的灰色条，将其拖曳到软件窗口的左上方，待其吸附后，释放鼠标即可。

图1.16

3. 在操作过程中，如果习惯将工具箱分成两列显示，只需单击工具箱左上角的 按钮即可，如图1.17所示。

提 示

快速恢复默认值

不擅长Photoshop的用户为了调整出满意的效果几经周折，结果发现还是原来的默认效果最好，那么怎么恢复到默认值呢？试着轻轻点按选项栏上的工具图标，然后单击 按钮，在弹出的菜单中选取“复位工具”或者“复位所有工具”，即可恢复为默认值。

图1.17

内容精讲：Photoshop CC 的面板

面板汇集了图像操作汇总常用的选项或功能。在编辑图像时，选择工具箱中的工具或者执行菜单栏上的命令以后，使用面板可以进一步细致调整各选项，也可以将面板中的功能应用到图像上。Photoshop CC中根据各种功能的分类提供了如下面板。

❶“3D”面板：可以为图像制作出立体空间的效果。选择3D图层之后，“3D”面板中会显示与之关联的3D文件组件，面板顶部列出了文件中的场景、网格、材料和光源，面板底部显示了在面板顶部选择的3D组件的相关选项，如图1.18所示。

❷“动作”面板：利用该面板可以一次完成多个操作过程。记录操作顺序后，在其他图像上可以一次性应用整个过程，如图1.19所示。

❸“导航器”面板：通过放大或缩小图像来查找指定区域。利用视图框便于搜索大图像，如图1.20所示。

❹“测量记录”面板：可以为记录中的列重新排序、为列中的数据排序、删除行或列，或者将记录中的数据导出到逗号分隔的文本文件中，如图1.21所示。

提 示

将工作界面恢复为默认状态

执行“窗口”→“工作区”→“基本功能”命令，即可将工作界面恢复为默认状态。

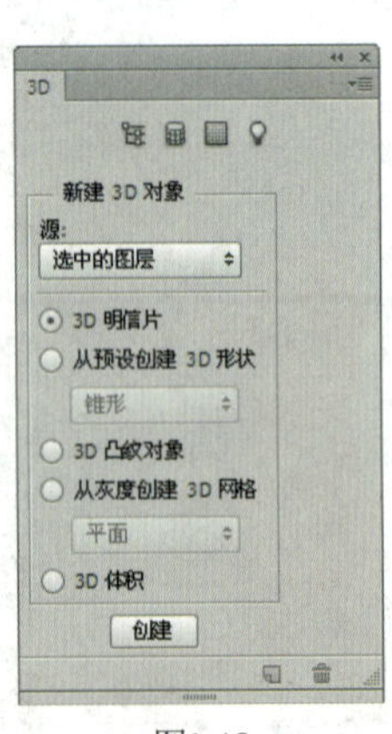

图1.18

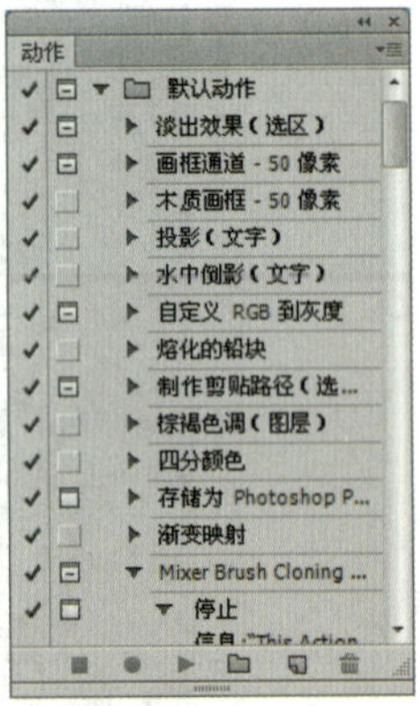

图1.19

图1.20

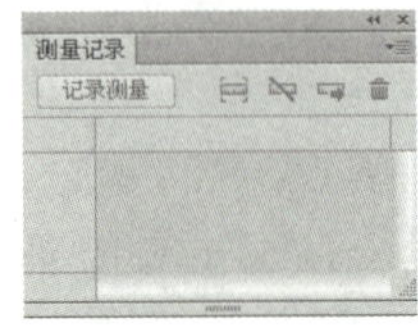

图1.21

❺“段落”面板：利用该面板可以设置与文本段落相关的选项。可调整行间距，增加缩进或减少缩进等，如图1.22所示。

❻“Create”面板：该面板是对图像进行破坏性的调整，如图1.23所示。

❼“仿制源”面板：具有用于仿制图章工具或修复画笔工具的选项。可以设置五个不同的样本源并快速选择所需的样本源，而不用在每次需要更改为不同的样本源时重新取样，如图1.24所示。

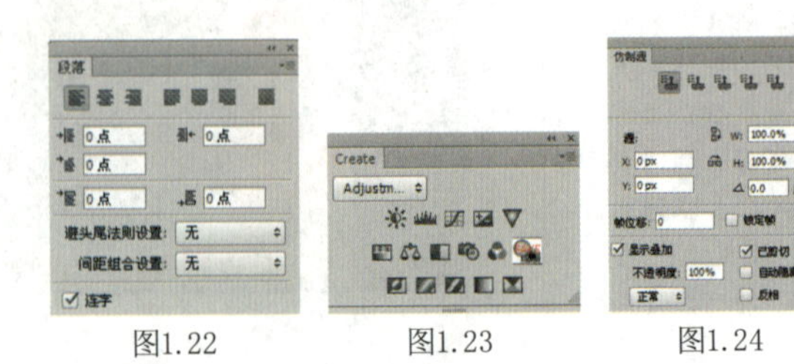

图1.22　　图1.23　　图1.24

❽“字符”面板：在编辑或修改文本时提供相关功能的面板。可设置的主要选项有文字大小和间距、颜色、字间距等，如图1.25所示。

❾“动画”面板：利用该面板便于进行动作操作，如图1.26所示。

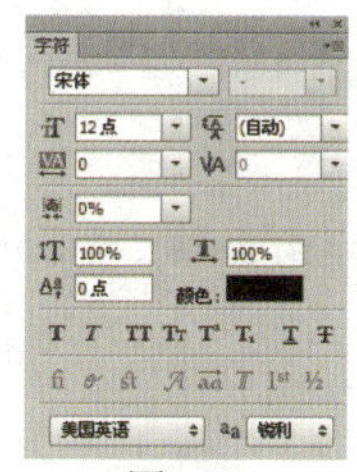

图1.25

图1.26

❿“路径”面板：用于将选区转换为路径，或者将路径转换为选区。利用该面板可以应用各种路径相关功能，如图1.27所示。

⓫“历史记录”面板：该面板用于恢复操作过程，将图像操作过程按顺序记录下来，如图1.28所示。

提 示

调板工具按钮

在图层、通道、路径调板上，按Alt键，同时单击这些调板底部的工具按钮，对于有对话框的工具，可以调出相应的对话框更改设置。

⓬“工具预设”面板：在该面板中可保存常用的工具。可以将相同工具保存为不同的设置，因此可提高操作效率，如图1.29所示。

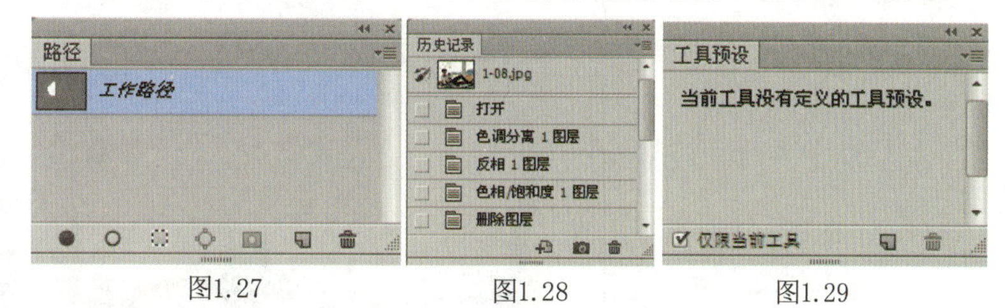

图1.27　图1.28　图1.29

提 示

色板调板

在色板调板中，按Shift键并单击某一颜色块，则用前景色替代该颜色；按Shift+Alt组合键并单击鼠标，则在单击处前景色作为新的颜色块插入；按Alt键并在某一颜色块上单击，则将背景色变为该颜色；按Ctrl键并单击某一颜色块，会将该颜色块删除。

⓭“色板”面板：该面板用于保存常用的颜色。单击相应的色块，该颜色就会被指定为前景色，如图1.30所示。

⓮“通道”面板：该面板用于管理颜色信息或者利用通道指定的选区。主要用于创建Alpha通道及有效管理颜色通道，如图1.31所示。

⓯“图层”面板：在合成若干个图像时使用该面板。该面板提供图层的创建和删除功能，并且可以设置图像的不透明度和图层蒙版等，如图1.32所示。

图1.30

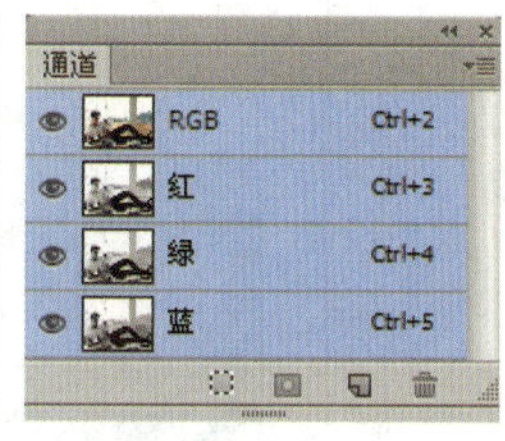

图1.31

图1.32

⓰“信息”面板：该面板以数值形式显示图像信息。将鼠标的光标移动到图像上，就会显示图像颜色相关的信息，如图1.33所示。

⓱“颜色”面板：用于设置背景色和前景色。颜色可通过拖动滑块指定，也可以通过输入相应颜色值指定，如图1.34所示。

⓲“样式”面板：该面板用于制作立体图标。只要单击鼠标，即可制作出一个有特效的图像，如图1.35所示。

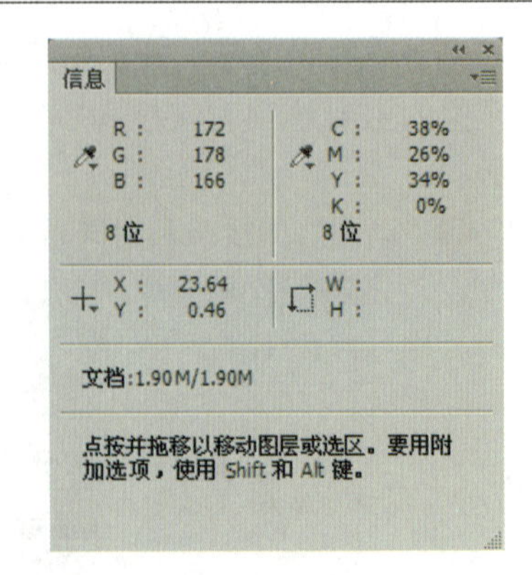

图1.33

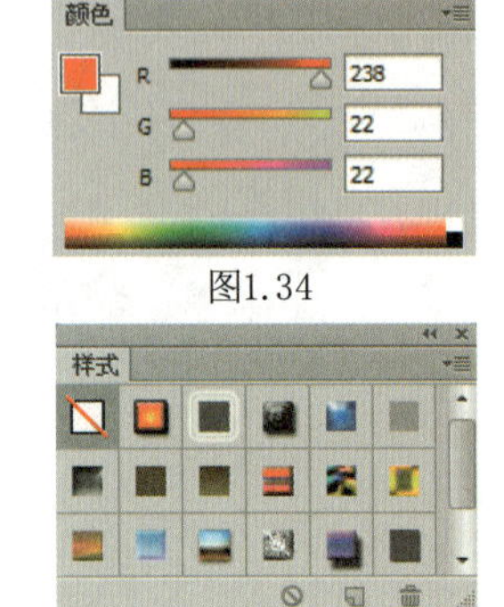

图1.34

图1.35

⑲“直方图”面板：在该面板中可以看到图像的所有色调的分布情况。图像的颜色主要分为最亮的区域（高光）、中间区域（中间色调）和暗淡区域（暗调）等三部分，如图1.36所示。

⑳“字符样式”面板：在该面板中可以对文字进行字体、字号、文字间距特殊效果的设置，字符样式仅作用于段落中选定的字符，如图1.37所示。

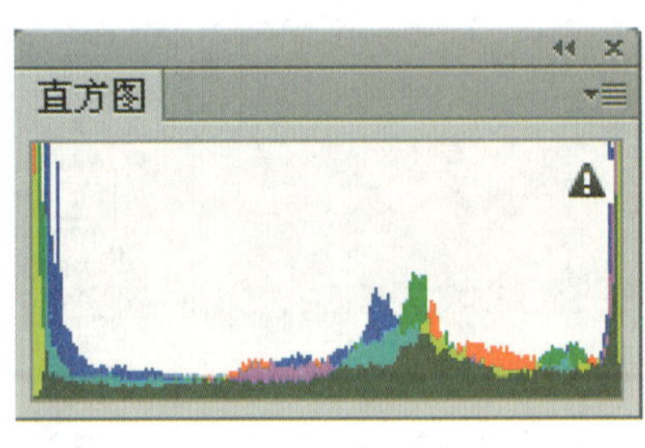

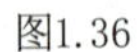

图1.36

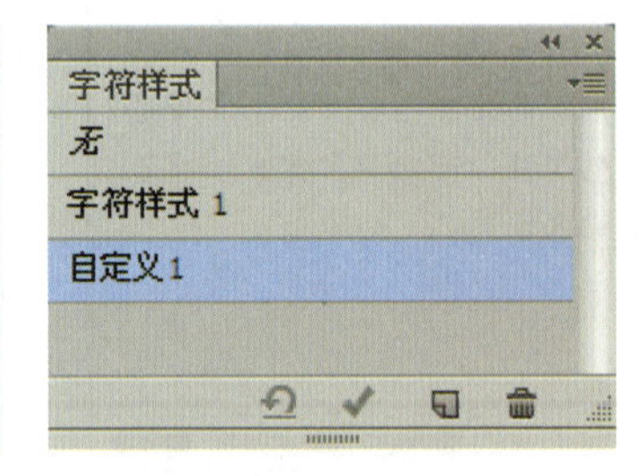

图1.37

范例操作：调整面板

同样地，在编辑图像时，还可以随意移动面板、调整面板大小，将面板移动到不妨碍操作的位置，或者隐藏面板。

1. 图1.38所示是面板的移动过程。用鼠标拖动面板上方的灰色条，一直拖曳到合适位置释放鼠标。

图1.38

2. 如果要隐藏不必要的面板，只需选择面板控制菜单中的“关闭”命令即可，如图1.39所示。

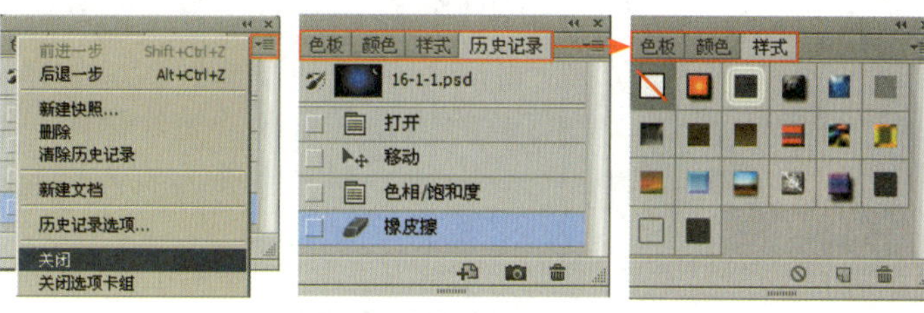

图1.39

3. 如果隐藏了不必要的面板，画面上只显示部分面板，可扩大操作区域提高工作效率。若想再打开面板，则在“窗口”菜单中选择相应的面板名称。在本例中将打开段落面板，执行“窗口”→“段落”命令即可，如图1.40所示。

图1.40

4. 调整图层面板的大小。首先单击“图层”面板的标签，并将其移动到画面的其他位置。将光标移动到面板的边缘，待鼠标指针变为↕形状，单击鼠标并拖动即可调整其大小，如图1.41所示。

图1.41

内容精讲：了解程序栏

程序栏位于Photoshop窗口最顶部，如图1.42所示。它提供了一组按钮，左侧的按钮可以打开“Bridge”“Mini Bridge”，调整窗口显示比例，显示标尺、参考线和网格，以及按照不同的方式排列文档。右侧的按钮可切换工作区，以及将窗口最大化、最小化或关闭。

Ps 文件(F) 编辑(E) 图像(I) 图层(L) Type 选择(S) 滤镜(T) 3D(D) 视图(V) 窗口(W) 帮助(H)

图1.42

提示

Photoshop的基本操作

图像文件的打开与关闭：与其他软件相同，但是需要注意图像的文件格式。PSD和PDD格式：它们是Photoshop软件专用的文件格式，能够保存图像数据的每一个细小部分，包括图层、附加的蒙版通道及其他少数内容，所以，在编辑过程中，最好以这两种格式存盘，编辑完成后，再转换成其他的文件格式。

提示

图像标题栏

Photoshop的每一个图像窗口都有各自的标题栏，分别显示该窗口中的图像文件名称、类型和图像的屏幕显示比例等。

1.4 设置工作区

在Photoshop的工作界面中，文档窗口、工具箱、菜单栏和面板的排列方式称为工作区。Photoshop提供了适合不同任务的预设工作区，如绘画时，选择“绘画”工作区，就会显示与画笔、色彩等有关的各种面板；也可以创建适合自己使用的工作区。

内容精讲：使用预设工作区

执行“窗口”→“工作区”下拉菜单中的命令，即可切换为Photoshop提供的预设工作区，如图1.43所示。图1.44所示为“设计”工作区。

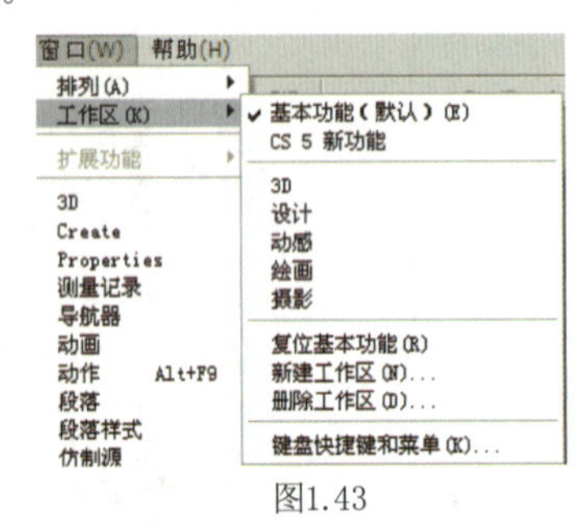

图1.43

图1.44

“3D”“动感”“绘画”“摄影”等是Photoshop软件专门为简化某些工作任务而设计的预设工作区。其中，“基本功能（默认）”是其最基本、未经任何特别设计的工作区，如果修改过其他的工作区（如改变了面板原在位置），执行该命令即可恢复软件默认的工作区，相当于常用的“一键还原”功能。如果选择“CC新增功能”的工作区，各菜单命令中的“CC新增功能”会以彩色样式出现。

04

提 示

保存工作区

在Photoshop图像处理软件中，把自己设置好的工作区保存下来，这样以后如果弄乱了工作区，就可以快速地恢复到原来设置好的工作区。

打开Photoshop CC，执行“窗口”→“工作区”→“新建工作区”命令，弹出“新建工作区”对话框，给要存储的工作区取个名字，如“PS”，然后单击“存储”按钮。

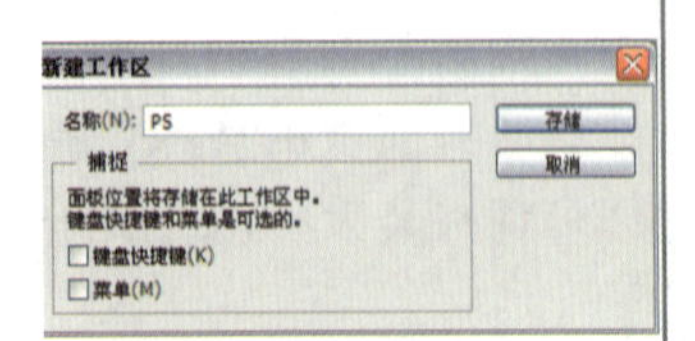

单击“存储”按钮后，就把当前的工作区保存下来了。再次选择工作区选项，可以看到多了一个名为PS的选项。

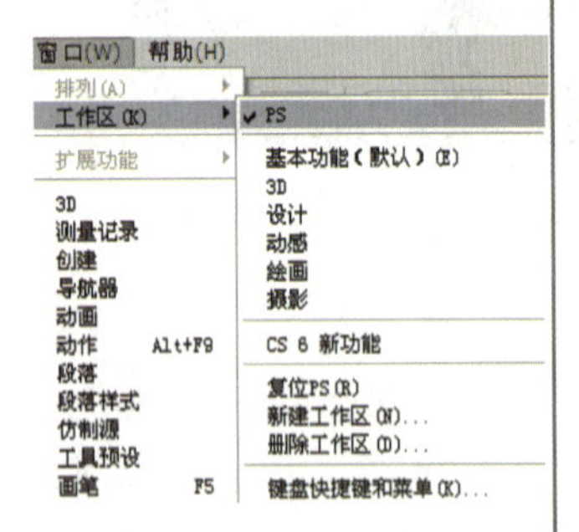

范例操作：创建自定义工作区

当创建了自定义工作区之后，可以很快捷地对图像进行编辑。下面来学习创建自定义工作区的操作方法。

1. 首先在“窗口”菜单中将需要的面板打开，将不需要的面板关闭，再将打开的面板分类组合，如图1.45所示。

图1.45

2. 在执行“窗口”→“工作区”→“新建工作区”这一命令时，首先打开“新建工作区”对话框，如图1.46所示，然后输入工作区名称。在默认的情况下只储存面板位置，当然，还可以选择把“菜单”和“键盘快捷键”的当前状态保存到自定义的工作区中，如图1.47所示。单击“确定”按钮完成对话框的关闭。

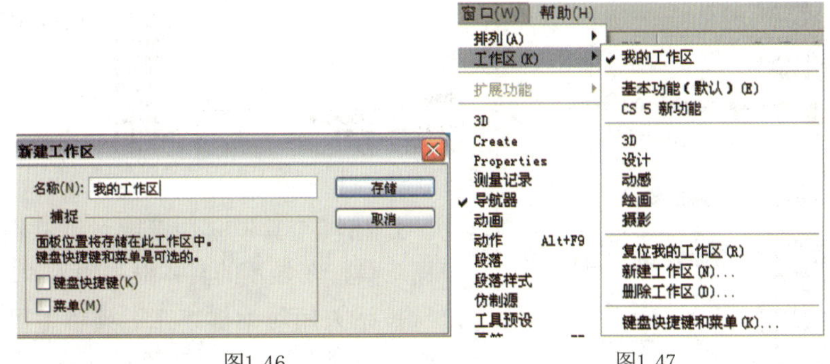

图1.46　　图1.47

范例操作：自定义彩色菜单命令

如果经常用到一些菜单命令，可以将这些常用菜单命令定义成彩色，这样就可以在需要的时候快速、准确地找到这些菜单命令。

提　示

更改Photoshop快捷键

首先打开软件，然后选择软件菜单栏上的编辑选项，接着选择下拉列表中的键盘快捷键选项，在打开的键盘快捷键菜单中，可以对菜单栏上的所有选项进行设置，如图所示。

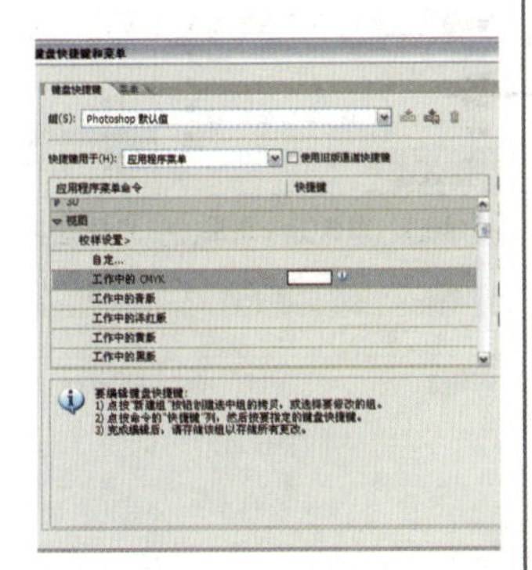

单击文字前面的三角按钮，展开，就可以设置了，单击各个选项进行设置。

设置完成后，单击“确定”按钮即可，这时候再试试自己设置的组合键，可分别打开不同的设置。

提　示

删除自定义工作区

如果要删除自定义的工作区，可以选择菜单中的“删除工作区”命令。

1. 执行“编辑”→“菜单”命令，打开“键盘快捷键和菜单”对话框。单击“编辑”命令前面的▶按钮，展开该菜单，选择“前进一步”命令，在如图1.48所示的位置单击，在打开的下拉列表中选择绿色。选择“无”表示该命令不设置任何颜色，单击“确定”按钮。

2. 打开“编辑”菜单可以看到，“前进一步”命令已经凸显为绿色了，如图1.49所示。

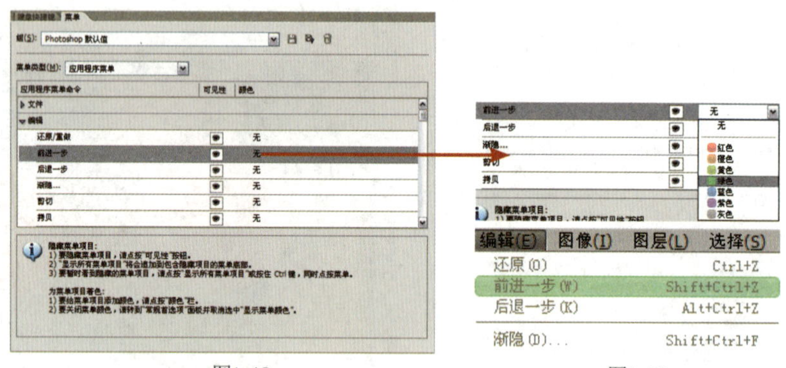

图1.48　　图1.49

范例操作：自定义工具快捷键

虽然 Photoshop 软件有默认的工具快捷键，但是还可以对命令或工具等的快捷键进行自定义设置，这样可使图像编辑快速进行。

1. 执行“编辑”→“键盘快捷键”命令，或者在“窗口”→“工作区”菜单中选择“键盘快捷键和菜单”命令，打开“键盘快捷键和菜单”对话框。在“快捷键用于”下拉列表中选择“工具”命令，如图 1.50 所示。

2. 在“工具面板命令”列表中选择移动工具，可看到它的快捷键是“V”，单击右侧的“删除快捷键”按钮，将该工具的快捷键删除，如图 1.51 所示。

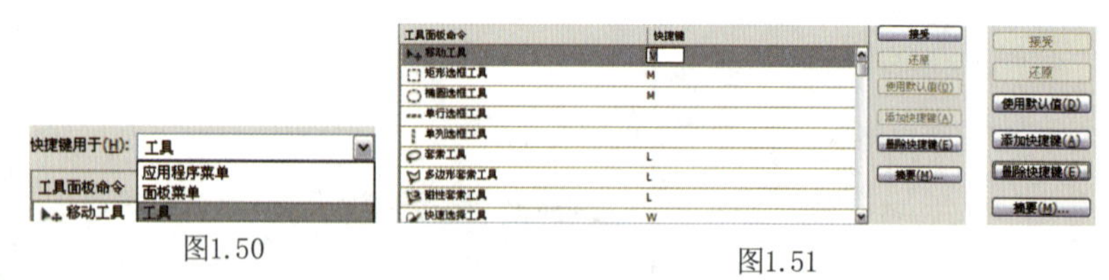

图1.50　　图1.51

3. 模糊工具没有快捷键，可以将其快捷键设置为“V”。选择模糊工具，在显示的文本框中输入“V”，如图 1.52 所示，单击“确定”按钮关闭对话框。在工具箱中可以看到，快捷键“V”已经分配给了模糊工具，如图 1.53 所示。

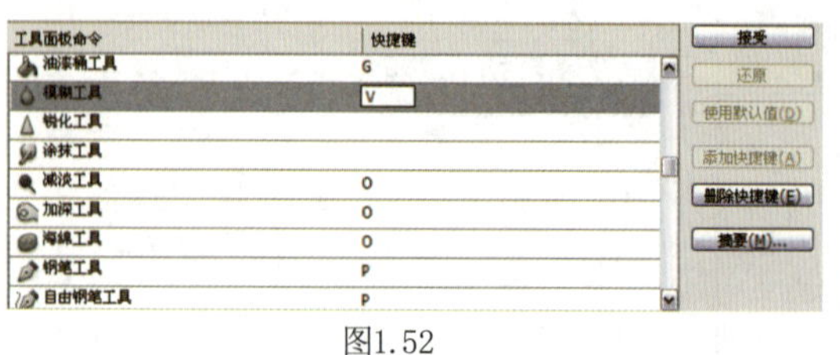

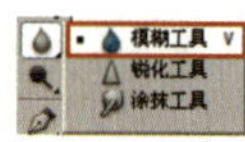

图1.52　　图1.53

提 示

恢复Photoshop默认值

修改菜单颜色、菜单命令或工具的快捷键之后，如果要恢复为系统默认的快捷键，可执行“编辑”→“键盘快捷键…”命令，弹出“键盘快捷键和菜单”对话框，在“组”下拉列表中选择“Photoshop默认值”命令。

提 示

正确设置工具快捷键

自定义工具的快捷键时，如果快捷键有重复现象，系统会自动显示出⚠，可根据需要选择正确的选项；如果设置的快捷键不在A～Z范围内，系统会自动显示⊗，此时，必须重新输入一个快捷键，如图所示。

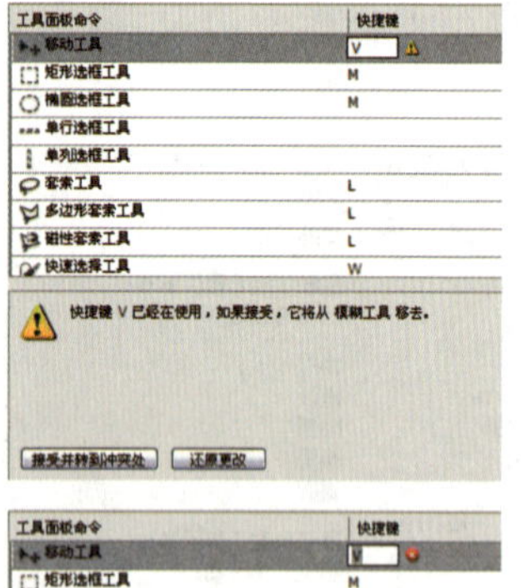

4. 单击“键盘快捷键和菜单”对话框中的“摘要”按钮，可以将快捷键内容导出到Web浏览器中，如图1.54所示。

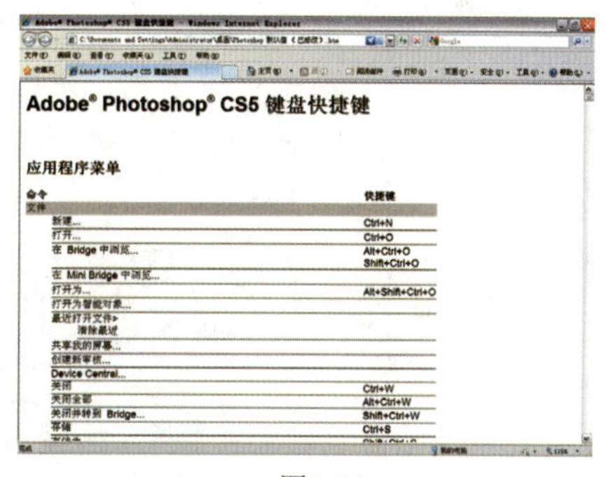

图1.54

范例操作：使用标尺和参考线

在众多工具中，参考线和标尺均为辅助性工具，即不能用它们来独立完成对图像的编辑工作，但是却可以用来帮助更好地选择、编辑或定位图像，接下来就来给大家详细讲解一下这些辅助性工具的具体操作方式。

1. 标尺可以帮助确定图像或元素的位置。按下快捷键 Ctrl+O，打开 Chapter 01\Media\1-5-2.jpg 文件，如图 1.55 所示。执行“视图”→“标尺”命令，或按下 Ctrl+R 快捷键，标尺会出现在窗口顶部和左侧，如图 1.56 所示。如果此时移动光标，标尺内的标记会显示光标的精确位置。

图1.55

图1.56

2. 在默认的情况下，标尺的原点位置处于窗口左上角，即(0,0)标记处，而修改标尺的原点位置，就可以从图像上的指定点开始测量。把鼠标置于标尺原点位置，单击原点并向右下方拖动，在画面上会出现一个十字线，如果将光标拖到所需位置，则该处即为原点新位置，如图 1.57 所示。

图1.57

提 示

参考线/标尺应用技巧

在拖动参考线时，按下Alt键就能在垂直和水平参考线之间进行切换。按下Alt键，单击当前垂直的水平线就能够将其变为一条水平的参考线，反之亦然。按下Shift键拖动参考线能够强制它们对齐标尺的增量/标志。

提 示

定位原点

在定位原点的过程中，按住Shift键可以使标尺原点与标尺刻度记号对齐。此外，标尺的原点也是网格的原点，因此，调整标尺的原点也就同时调整了网格的原点。

提 示

创建参考线

创建参考线时，按Shift键拖移参考线可以将参考线紧贴到标尺刻度处；按Alt键拖移参考线可以将参考线更改为水平或垂直取向。

3. 如果想要把原点还原到默认位置，可在窗口左上角进行双击，如图 1.58 所示。如果想要改变标尺的测量单位，可对标尺进行双击，在弹出的“首选项”对话框中对其数值进行重新设定。如果想隐藏标尺工具，可以操作“视图”→“标尺”这个命令或者按快捷键 Ctrl+R，如图 1.59 所示。

图1.58

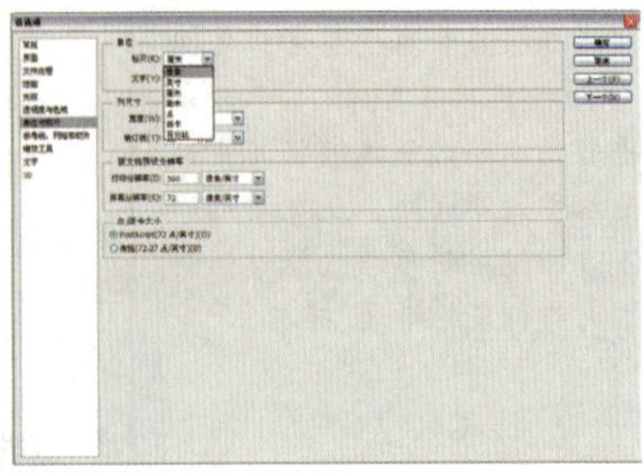

图1.59

4. 把光标置于水平标尺上，单击并向下拖动光标即可拖出一条水平参考线，如图 1.60 所示。如法炮制，采用拖出水平参考线的方法，也可建立垂直参考线。如果想拖动参考线，可以选择移动工具，把光标移放在原来的参考线上，光标会变为◀||▶，这时单击且拖动鼠标就可以移动原来的参考线，如图 1.61 所示。在移动或者创建参考线的时候，若按住 Shift 键，可使标尺刻度与参考线对齐。

提 示

锁定参考线

执行“视图”→“锁定参考线”命令可以锁定参考线的位置，以防止参考线被移动。取消该命令前的勾选，即可取消锁定。

图1.60

图1.61

5. 将参考线拖回标尺，可将其删除，如图 1.62 所示。如果要删除所有参考线，可执行“视图”→“清除参考线”命令。

图1.62

智能参考线是一种智能化参考线，它仅在需要时出现。使用移动工具进行移动操作时，通过智能参考线可以对齐形状、切片和选区。执行“视图”→“显示”→“智能参考线”命令可以启用智能参考线。

提 示

参考线对齐

参考线不仅能对齐到左、右、顶部及底部的活动图层或选中区域的边缘，还能够对当前图层或选中区域的垂直与水平中央进行对齐。反过来也适用：可以对齐一个选中区域或图层到当前的参考线中，无论是通过边缘还是中央。可通过填充一个新图层并将一条参考线与垂直和水平的中央对齐来寻找画布中心。

02

内容提要

在日常生活中，人们经常会将自己喜爱的画面用相机拍摄下来，但有时可能由于过多原因导致照片效果不理想，此时就可以通过 Photoshop 软件对图像进行调整和编辑，使之更加完美。本章主要介绍图像的颜色模式及色彩的编辑方法。

Chapter

图像的基本编辑方法

主要内容

- 数字图像基础
- 常用的文件操作
- 修改像素尺寸和画布大小

知识点播

- 创建手机屏保使用的文档
- 打开和关闭文件
- 修改图像的尺寸

01

2.1 数字图像基础

计算机图形主要分为两类：一类是位图图像，另外一类是矢量图形。Photoshop是典型的位图软件，但它也包含矢量功能（如文字、钢笔工具）。下面先来了解位图与矢量图的概念，以及像素与分辨率的关系，以便为学习图像处理打下基础。

内容精讲：位图和矢量图的特征

位图图像在技术上称为栅格图像，它是由像素（Pixel）组成的，在Photoshop中处理图像时，编辑的就是像素。打开一个图像文件，如图2.1所示，使用缩放工具在图像上连续单击，直至工具中间的“+”号消失，画面中会出现许许多多彩色的小方块，它们便是像素，如图2.2所示。

图 2.1

图 2.2

使用数码相机拍摄的照片、扫描仪扫描的图片，以及在计算机屏幕上抓取的图像都属于位图。位图的特点是可以表现色彩的变化和颜色的细微过渡，产生逼真的效果，并且很容易在不同的软件之间交换使用。但在保存时，需要记录每一个像素的位置和颜色值，因此占用的存储空间也较大。

另外，由于受到分辨率的制约，位图包含固定数量的像素，在对其进行缩放或旋转时，Photoshop无法生成新的像素，只能将原有的像素变大，以填充多出的空间，结果往往会使清晰的图像变得模糊，也就是通常所说的图像变虚了。例如，图2.3所示为原图像和将其放大500%后的局部图像，可以看到，图像已经变得模糊了。

图 2.3

提 示

位图和矢量图的区别

Photoshop和其他的绘画及图像编辑软件都生成位图图像，也叫作栅格图像，图像由像素组成，每个像素都被分配一个特定位置和颜色值。如Adobe Illustrator之类绘图软件创作的矢量图形，是由叫作矢量的数学对象所定义的直线和曲线组成的。矢量根据图形的几何特性来对其进行描述。位图图像大小和清晰度与分辨率有关，而矢量图形与分辨率无关。

提 示

缩放窗口与缩放图像

在这里需要明确两个概念：使用缩放工具时，是对文档窗口进行的缩放，它只影响视图比例；而对图像的缩放则是指对图像文件本身进行的物理缩放，它会使图像内容变大或变小。

提 示

矢量软件

典型的矢量软件有Illustrator、CorelDRAW、FreeHand、AutoCAD等。

矢量图是图形软件通过数学的向量方式进行计算得到的图形，它与分辨率没有直接关系，因此，可以任意缩放和旋转而不会影响图形的清晰度和光滑性。图2.4所示是一幅矢量插画和将图形放大200%后的局部效果。可以看到，图形仍然光滑、清晰。矢量图的这一特点非常适合制作图标、Logo等需要经常缩放，或者按照不同打印尺寸输出的文件内容。

图 2.4

矢量图占用的存储空间要比位图小很多。但它不能创建过于复杂的图形，也无法像照片等位图那样表现丰富的颜色变化和细腻的色调过渡。

内容精讲：像素与分辨率的关系

像素是组成位图图像最基本的元素。每一个像素都有自己的位置，并记载着图像的颜色信息，一个图像包含的像素越多，颜色信息就越丰富，图像效果也会更好，但文件也会随之增大。

分辨率是指单位长度内包含的像素点的数量，它的单位通常为像素/英寸（ppi），如72 ppi表示每英寸包含72个像素点，300 ppi表示每英寸包含300个像素点。分辨率决定了位图细节的精细程度，通常情况下，分辨率越高，包含的像素就越多，图像就越清晰。图2.5所示为相同打印尺寸但不同分辨率的三个图像，可以看到，低分辨率的图像有些模糊，高分辨率的图像就非常清晰。

提 示

数字图像的分辨率

分辨率反映了一幅图像的精致程度，分辨率越高，图像越清晰。同时，分辨率与图像的幅面也有关系，图像的像素总数没有改变，图像放大，分辨率降低，图像会变得模糊。

分辨率为72像素/英寸

分辨率为100像素/英寸

分辨率为300像素/英寸

图 2.5

像素和分辨率是两个密不可分的重要概念，它们的组合方式决定了图像的数据量。例如，同样是1英寸×1英寸的两个图像，分辨率为72 ppi的图像包含5 184像素（宽度72像素×高度72像素=5 184像素），而分辨率为300 ppi的图像则包含多达90 000个像素（300×300=90 000）。高分辨率的图像要比低分辨率的图像包含更多的像素，因此，像素点更小，像素的密度更高，所以，在打印时可以重现更多细节和更细微的颜色过渡效果。

虽然分辨率越高，图像的质量越好，但也会增加占用的存储空间，只有根据图像的用途设置合适的分辨率，才能取得最佳的使用效果。这里介绍一个比较通用的分辨率设定规范。如果图像用于屏幕显示或者网络，可以将分辨率设置为72像素/英寸（ppi），这样可以减小文件的大小，提高传输和下载速度；如果图像用于喷墨打印机打印，可以将分辨率设置为100～150像素/英寸（ppi）；如果用于印刷，则应设置为300像素/英寸（ppi）。

知识链接

新建文件时，可以设置分辨率，相关内容请参阅“2.2 内容精讲：创建空白文档”。对于一个现有的文件，则可以使用“图像大小”命令修改它的分辨率，相关内容请参阅“2.3 范例操作——修改图像的尺寸”。

02

2.2 常用的文件操作

在 Photoshop CC 中，可以很灵活地对图像进行各种操作，最终达到想要的完美效果。必须掌握对图像的基础操作，一般包括文件的置入、画布的调整、对图像进行旋转等操作，本小节主要讲解在 Photoshop CC 中对图像的基础操作内容。

内容精讲：创建空白文档

在Photoshop中不仅可以编辑一个现有的图像，也可以创建一个全新的空白文档，在上面进行绘画，或者将其他图像拖入其中，然后对其进行编辑。

执行“文件”→“新建”命令，或按下Ctrl+N快捷键，打开“新建”对话框，如图2.6所示。在对话框中输入文件的名称，设置文件尺寸、分辨率、颜色模式和背景内容等选项，单击“确定”按钮，即可创建一个空白文件，如图2.7所示。

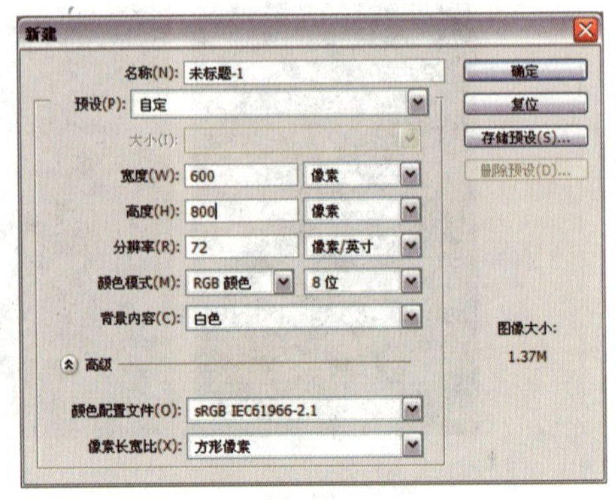

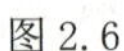
图 2.6

图 2.7

提 示

Photoshop的常用文件操作

在Photoshop中，文件的基本操作包括新建空白文件，打开已有文件，关闭编辑的文件，置入Illustrator、PDF和EPS格式文件，存储图像文件和删除文件等操作。

1. 名称：可输入文件的名称，也可以使用默认的文件名“未标题 -1”。创建文件后，文件名会显示在文档窗口的标题栏中。保存文件时，文件名会自动显示在存储文件的对话框内。

2. 预设 / 大小：提供了各种尺寸的照片、Web、A3、A4 打印纸、胶片和视频常用的文档尺寸预设。例如，要创建一个 2 英寸 ×3 英寸的照片文档，可以先在“预设”下拉列表中选择“照片”，如图 2.8 所示，然后在“大小”下拉列表中选择“横向，2×3”，如图 2.9 所示。

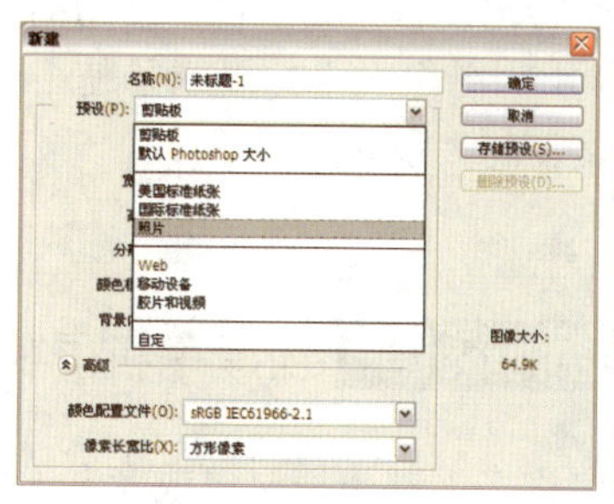

图 2.8

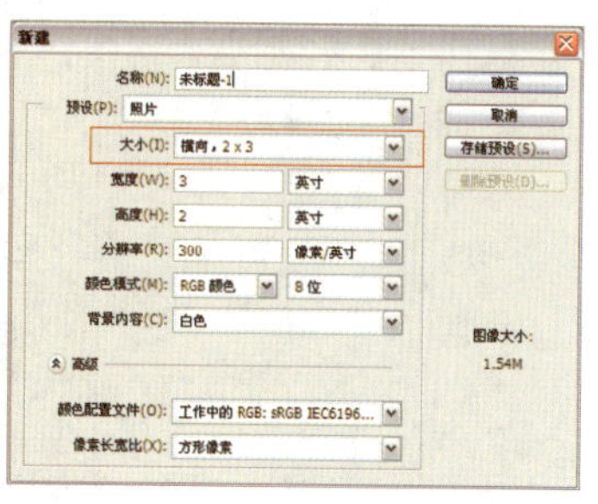

图 2.9

3. 宽度 / 高度：可输入文件的宽度和高度。在右侧的选项中可以选择一种单位，包括“像素”“英寸”“厘米”“毫米”“点”“派卡”和“列”等。

4. 分辨率：可输入文件的分辨率。在右侧选项中可以选择分辨率的单位，包括“像素 / 英寸”和“像素 / 厘米”。

5. 颜色模式：可以选择文件的颜色模式，包括位图、灰度、RGB 颜色、CMYK 颜色和 Lab 颜色。

6. 背景内容：可以选择文件背景的内容，包括“白色”“背景色”和“透明”。“白色”为默认的颜色，“背景色”是指使用工具箱中的背景色作为文档“背景”图层的颜色，如图 2.10 所示。“透明”是指创建透明背景，如图 2.11 所示，此时文档中没有“背景”图层。

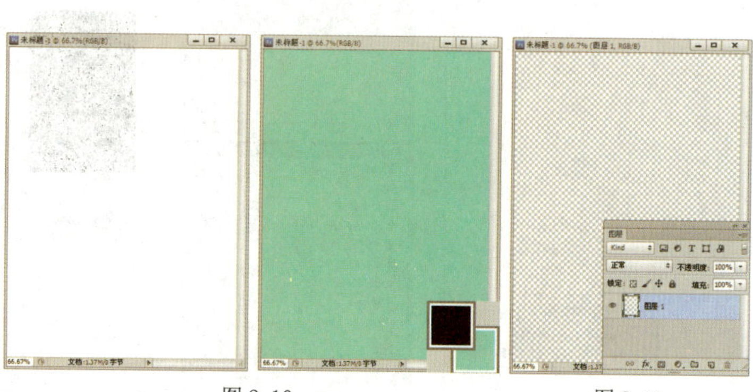

图 2.10　　图 2.11

7. 高级：单击按钮，可以显示出对话框中隐藏的选项：“颜色配置文件”和“像素长宽比”。在“颜色配置文件”下拉列表中可以为文件选择一个颜色配置文件；在“像素长宽比”下拉列表中可以选择像素的长宽比。计算机显示器上的图像是由方形像素组成的，除非使用用于视频的图像，否则都应选择“方形像素”。

提 示

新建透明背景的文档

在新建文档时，在弹出的“新建”对话框中，将“背景内容”设置为透明，然后单击“确定”按钮，即可新建一个透明背景的文档。

提 示

将当前文档复制为一个新的副本文档

执行“图像”→“复制”命令，在弹出的“复制图像”对话框中为副本文档命名，然后单击“确定”按钮即可。

提 示

新建文件

如果最近拷贝了一张图片存在剪贴板里，Photoshop在新建文件（Ctrl+N）的时候会以剪贴板中图片的尺寸作为新建图的默认大小。要略过这个特性而使用上一次的设置，在打开的时候按住Alt键（Ctrl+Alt+N）。

8. 存储预设：单击该按钮，打开“新建文档预设”对话框，输入预设的名称并选择相应的选项，可以将当前设置的文件大小、分辨率、颜色模式等创建为一个预设。以后需要创建同样的文件时，只需在“新建”对话框的“预设”下拉列表中选择该预设即可，这样就省去了重复设置选项的麻烦。

9. 删除预设：选择自定义的预设文件以后，单击该按钮可将其删除。但系统提供的预设不能删除。

10. Device Central：单击该按钮，可运行 Device Central，创建特定设备（如手机）使用的文档。

11. 图像大小：显示了使用当前设置的尺寸和分辨率新建文件时文件的大小。

提 示

颜色模式

颜色模式，是将某种颜色表现为数字形式的模型，或者说是一种记录图像颜色的方式。分为RGB模式、CMYK模式、HSB模式、Lab颜色模式、位图模式、灰度模式、索引颜色模式、双色调模式和多通道模式。

范例操作：创建手机屏保使用的文档

许多人都想把自己或者亲人的照片设置为手机壁纸，而又不知道该怎样操作，其实方法非常简单。首先在 Photoshop 中将照片调整为手机屏幕大小，然后通过数据线将其导入手机中，手机中会有相应的设置功能将照片定义为手机屏幕壁纸。

1. 执行“文件”→“Device Central”命令，运行Device Central来设定一个现在比较流行的大屏幕手机尺寸，单击如图2.12所示的选项，设定显示屏为320×480像素。

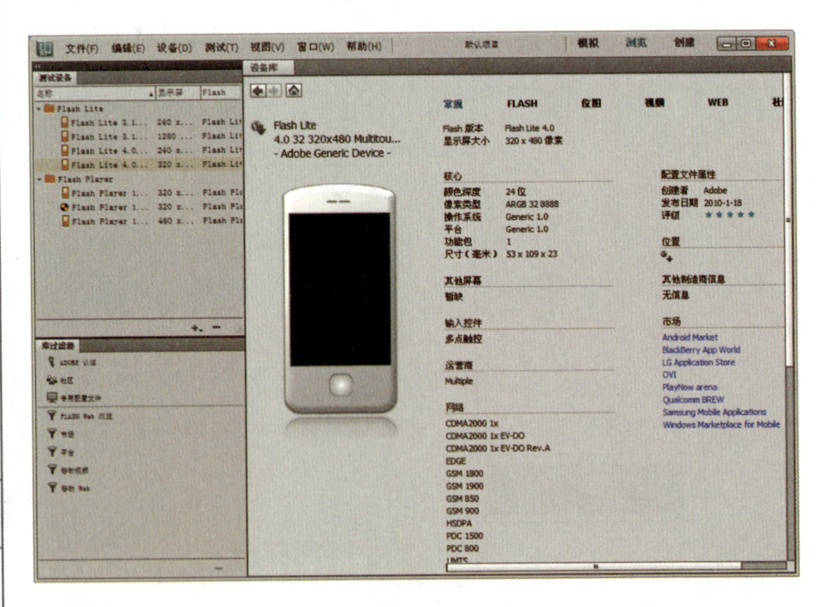

图 2.12

2. 单击对话框右上角的“创建”选项卡，切换到“创建”面板。双击手机图标，如图2.13所示，即可在Photoshop中自动创建一个320×480像素的文档。

提 示

Device Central

Device Central软件为手机、桌面和消费电子设备简化了创意内容的制作流程，规划、预览并测试引人入胜的体验，将它们交付到几乎任何设备上的任何用户。

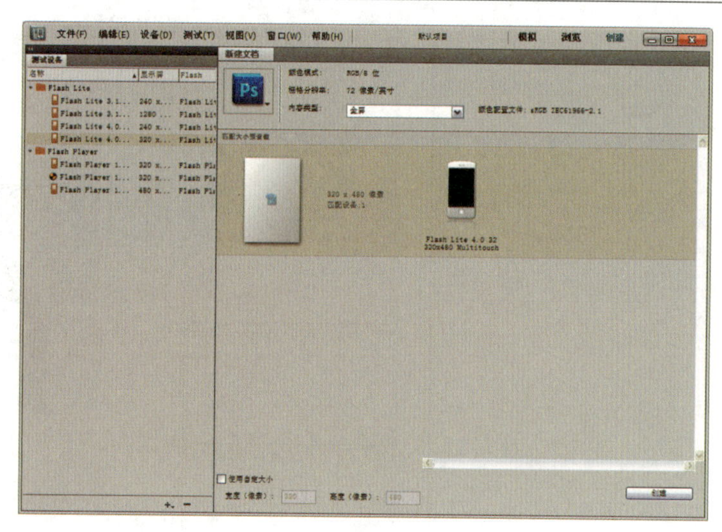

图 2.13

3. 在Photoshop中按下快捷键Ctrl+O，弹出“打开”对话框，打开Chapter 02\Media\2-2-1.jpg，如图2.14所示。使用移动工具将它拖入新建的手机壁纸文档中，如图2.15所示。按下快捷键Ctrl+E合并图层，再按下快捷键Ctrl+S，将文件保存为JPEG格式，如图2.16所示。

图 2.14

图 2.15

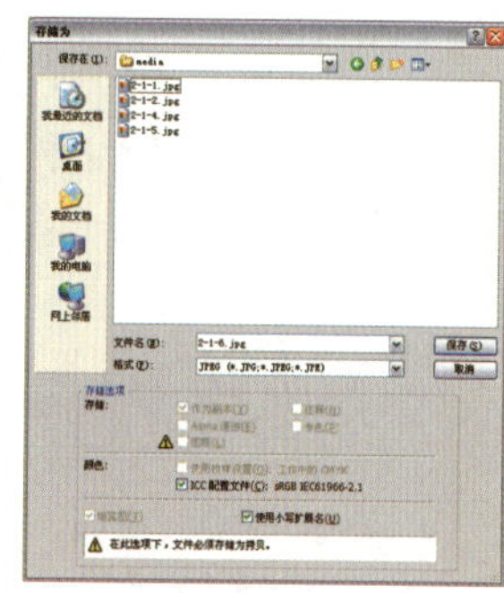

图 2.16

4. 预览照片在手机屏幕上的显示效果。切换到 Device Central 中，执行“文件”→“打开文件”命令，在弹出的对话框中选择保存的照片，如图 2.17 所示，它就会出现在手机屏幕上，如图 2.18 所示。还可以调整“背景光”的明暗，或者在“反射”下拉列表中选择一种环境模式（室内、室外等），来观察当手机处于这些环境时照片的显示效果。

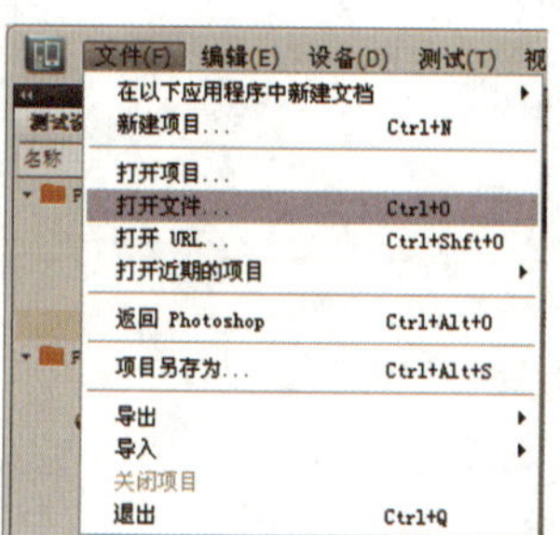

图 2.17

图 2.18

如果发现问题，可以在 Photoshop 中重新调整照片，如提高亮度，增加对比度等。处理完成后，可再次预览效果。如果没有问题，就可以将照片导入手机中使用了。

范例操作：保存文件

对新建文件或者打开的文件进行编辑之后，应及时保存处理结果，以免因断电或死机而使劳动成果付之东流。Photoshop 提供了几个用于保存文件的命令，可以选择不同的格式存储文件，以便其他程序使用。

1. 单击要保存新建的文件，执行“文件”→“存储为”命令，如图2.19所示。

2. 弹出“存储为”对话框，输入文件名以后，在格式下拉列表框中选择文件格式。在该范例中，将文件名设置为“001”，并选择JPEG文件格式，如图2.20所示。单击“保存”按钮。

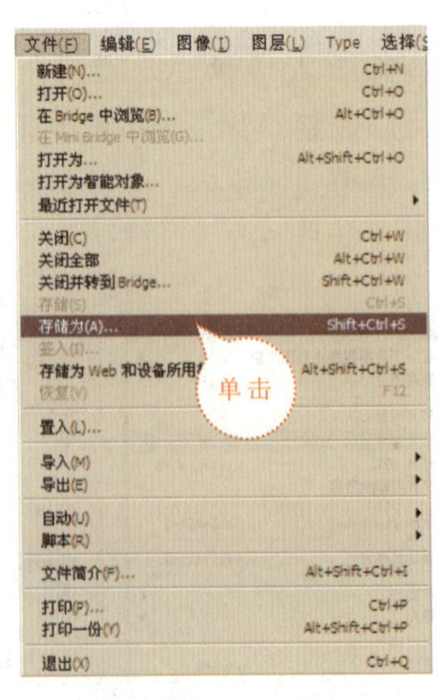

图 2.19

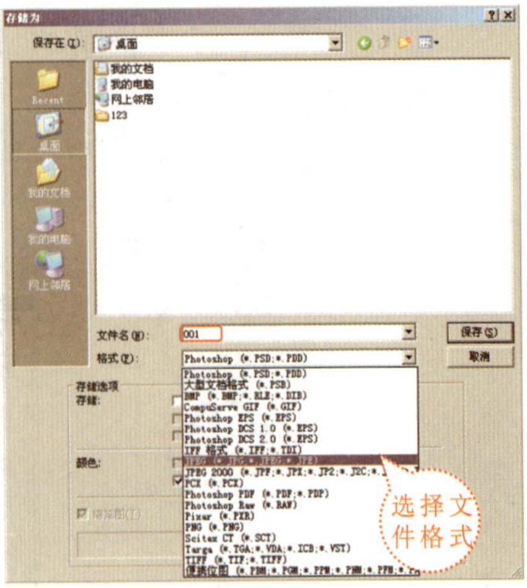

图 2.20

更进一步：在软件中可保存的文件格式

文件格式决定了图像数据的存储方式、压缩方法、支持什么样的 Photoshop 功能，以及文件是否与一些应用程序兼容。使用“存储”“存储为”命令保存图像时，可以在打开的对话框中选择文件的保存格式，如图 2.21 所示。

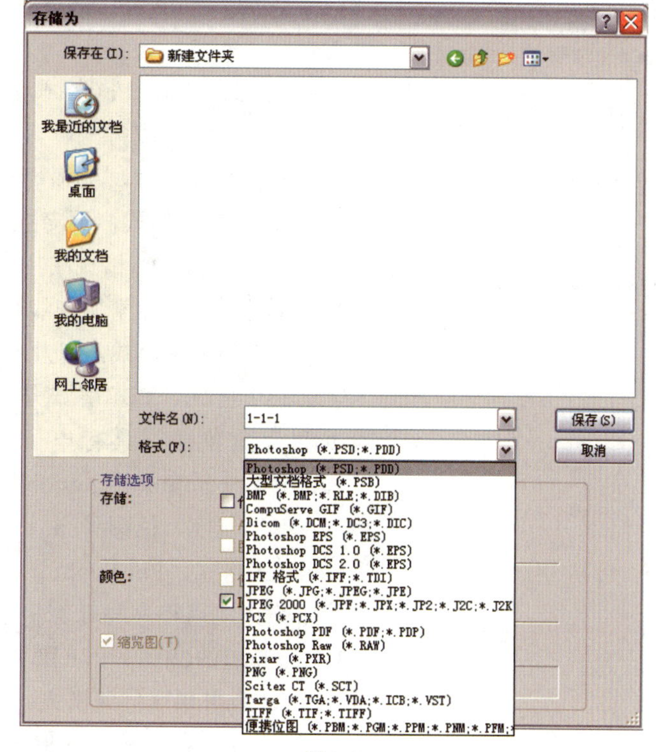

图 2.21

1. PSD 格式。PSD 是 Photoshop 默认的文件格式，它可以保留文档中的所有图层、蒙版、通道、路径、未栅格化的文字、图层样式等。通常情况下，都是将文件保存为 PSD 格式，以后可以随时修改。

PSD 是除大型文档格式（PSB）之外支持所有 Photoshop 功能的格式。其他 Adobe 应用程序，如 Illustrator、InDesign、Premiere 等可以直接置入 PSD 文件。

2. PSB 格式。PSB 格式是 Photoshop 的大型文档格式，可支持最高达 300 000 像素的超大图像文件。它支持 Photoshop 所有的功能，可以保持图像中的通道、图层样式和滤镜效果不变，但只能在 Photoshop 中打开。如果要创建一个 2 GB 以上的 PSB 文件，可以使用该格式。

3. BMP 格式。BMP 是一种用于 Windows 操作系统的图像格式，主要用于保存位图文件。该格式可以处理 24 位颜色的图像，支持 RGB、位图、灰度和索引模式，但不支持 Alpha 通道。

4. GIF 格式。GIF 是基于在网络上传输图像而创建的文件格式，

提 示

Photoshop中常用的文件存储格式

在Photoshop CC中，有二十多种文件格式，一般最常用的文件格式有：PSD、BMP、Photoshop EPS、JPEG、GIF和TIFF等。

提 示

文件格式

文件格式是指电脑为了存储信息而使用的对信息的特殊编码方式，是用于识别内部储存的资料。比如，有的储存图片，有的储存程序，有的储存文字信息。每一类信息都可以一种或多种文件格式保存在电脑中。每一种文件格式通常会有一种或多种扩展名用来识别，但也可能没有扩展名。扩展名可以帮助应用程序识别文件的格式。

它支持透明背景和动画，被广泛地应用于传输和存储医学图像，如超声波和扫描图像。DICOM文件包含图像数据和标头，其中存储了有关病人和医学图像的信息。

5. EPS格式。EPS是为PostScript打印机上输出图像而开发的文件格式，几乎所有的图形、图表和页面排版程序都支持该格式。EPS格式可以同时包含矢量图形和位图图像，支持RGB、CMYK、位图、双色调、灰度、索引和Lab模式，但不支持Alpha通道。

6. JPEG格式。JPEG格式是由联合图像专家组开发的文件格式。它采用有损压缩方式，具有较好的压缩效果，但是将压缩品质数值设置得较大时，会损失掉图像的某些细节。JPEG格式支持RGB、CMYK和灰度模式，不支持Alpha通道。

7. PCX格式。PCX格式采用RLE无损压缩方式，支持24位、256色的图像，适合保存索引和线画稿模式的图像。该格式支持RGB、索引、灰度和位图模式，以及一个颜色通道。

8. PDF格式。PDF格式是一种通用的文件格式，支持矢量数据和位图数据，具有电子文档搜索和导航功能，是Adobe Illustrator和Adobe Acrobat的主要格式。PDF格式支持RGB、CMYK、索引灰度、位图和Lab模式，不支持Alpha通道。

9. Raw格式。Photoshop Raw（.Raw）是一种灵活的文件格式，用于在应用程序与计算机平台之间传递图像。该格式支持具有Alpha通道的CMYK、RGB和灰度模式，以及无Alpha通道的多通道、Lab、索引和双色调模式。

10. Pixar格式。Pixar是专为高端图形应用程序（如用于渲染三维图像和动画的应用程序）设计的文件格式。它支持具有单个Alpha通道的RGB和灰度图像。

11. PNG格式。PNG是作为GIF的无专利替代产品而开发的，用于无损压缩和在Web上显示图像。与GIF不同，PNG支持244位图像并产生无锯齿状的透明背景度，但某些早期的浏览器不支持该格式。

12. Scitex格式。Scitex“连续色调”（CT）格式用于Scitex计算机上高端图像处理。该格式支持CMYK、RGB和灰度图像，不支持Alpha通道。

13. TGA格式。TGA格式专用于使用Truevision视频版的系统，它支持一个单独Alpha通道的32位RGB文件，以及无Alpha通道的索引、灰度模式，16位和24位RGB文件。

14. TIFF格式。TIFF是一种通用的文件格式，所有的绘画、图像编辑和排版程序都支持该格式。并且几乎所有的桌面扫描仪都可以产生TIFF图像。该格式支持具有Alpha通道的CMYK、RGB、Lab、索引颜色和灰度图像，以及没有Alpha通道的位图模式图

提 示

Photoshop小窍门

1. 使用吸管工具时，按住Alt键可直接在画面中得到背景颜色。

2. 在用绘画工具时，按住Alt键可立即变成吸管吸取前景颜色。

3. 双击放大镜可使画面以100%的比例显示大小。

4. 可通过直接输入数字来改变layer的透明度，如“70”。

5. 想把物体放画面正中，可先剪切(Ctrl+X组合键)，再粘贴(Ctrl+V组合键)。

像。Photoshop可以在TIFF文件中存储图层，但是，如果在另一个应用程序中打开该文件，则只有拼合图像是可见的。

15. 便携位图格式。便携位图格式（PMB）文件格式支持单色位图（1位/像素），可用于无损数据传输。许多应用程序都支持此格式，甚至可以在简单的文本编辑器中编辑或创建此类文件。

提 示

利用快捷键快速浏览当前打开的图像

按下Home键，从图像的左上角开始在图像窗口中显示图像。按下End键，从图像的右下角开始显示图像。按下PageUp键，从图像的最上方开始显示图像。按下PageDown键，从图像的最下方开始显示图像。按下Ctrl+PageUp键，从图像的最左方开始显示图像。按下Ctrl+PageDown键，从图像的最右方开始显示图像。

范例操作：打开和关闭文件

要在 Photoshop 中编辑一个图像文件，如图片素材、照片等，需要先将其打开。打开文件的方法有很多种，可以使用命令打开、通过快捷方式打开，也可以用 Adobe Bridge 打开。

执行“文件”→“打开”命令，弹出“打开”对话框，选择一个文件（如果要选择多个文件，可按住Ctrl键并逐一单击），单击“打开”按钮，或双击文件即可将其打开，如图 2.22 所示。

图 2.22

❶ 查找范围：在该选项下拉列表中可选择图像文件所在的文件夹。

❷ 文件名：显示了所选文件的文件名。

❸ 文件类型：默认为“所有格式”，对话框中会显示所有格式的文件。如果文件数量较多，为了便于查找，可以在下拉列表中选择一种文件格式，使对话框中只显示该类型的文件。

在 Mac OS 和 Windows 之间传递文件时，可能会导致标错文件格式，此外，如果使用与文件的实际格式不匹配的扩展名存储文件（如用扩展名 .gif 存储 PSD 文件），或者文件没有扩展名，则 Photoshop 可能无法确定文件的正确格式。

提 示

快速打开文件

按下Ctrl+O快捷键或在灰色的Photoshop程序窗口中双击，都可以弹出“打开”对话框。

如果出现这种情况，可以执行“文件”→“打开为”命令，弹出“打开为”对话框，选择文件并在“打开为”列表中为它指定正确的格式，如图 2.23 所示，然后单击“打开”按钮将其打开。如果文件不能打开，则选取的格式可能与文件的实际格式不匹配，或者文件已经损坏。

提 示

Adobe Bridge

在Adobe Bridge中可以查看、搜索、排序、管理和处理图像文件。可以使用 Bridge 来创建新文件夹，对文件进行重命名、移动和删除操作，编辑元数据，旋转图像及运行批处理命令。此外，还可以查看有关从数码相机导入的文件和数据的信息。

图 2.23

执行“文件”→“在 Bridge 中预览”命令，可以运行 Adobe Bridge，在 Bridge 中选择文件，双击即可在 Photoshop 中将其打开。

在没有运行 Photoshop 的情况下，只要将一个图像文件拖动到 Photoshop 应用程序图标 Ps 上，如图 2.24 所示，就可以运行 Photoshop 并打开该文件了。

图 2.24

如果运行了 Photoshop，则可在 Windows 资源管理器中将文件拖动到 Photoshop 窗口中打开，如图 2.25 所示。

图 2.25

提 示

Mini Bridge面板

执行“文件”→“在Mini Bridge中预览”命令，可打开Mini Bridge面板，在该面板中可以浏览并打开文档。

“文件”→“最近打开文件”下拉菜单中保存了最近在 Photoshop 中打开的 10 个文件，如图 2.26 所示，选择一个文件即可将其打开。如果要清除目录，可以选择菜单底部的“清除最近”命令。

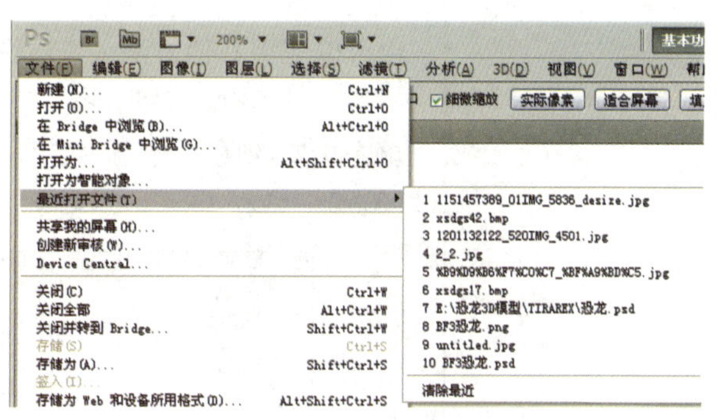

图 2.26

执行“文件”→“打开为智能对象”命令，弹出“打开为智能对象”对话框，如图 2.27 所示。选择一个文件将其打开，该文件可转换为智能对象（图层缩览图右下角有一个图标），如图 2.28 所示。

图 2.27

图 2.28

执行“文件”→“关闭”命令、按下 Ctrl+W 快捷键，或者单击文档窗口右上角的按钮，如图 2.29 所示，都可以关闭当前的图像文件。

如果 Photoshop 中打开了多个文件，可以执行“文件”→“关闭全部”命令，关闭所有文件。

执行“文件”→“关闭并转到 Bridge”命令，可以关闭当前的文件，然后打开 Bridge。

执行“文件”→“退出”命令，或者单击窗口右上角的按钮，如图 2.30 所示，可关闭文件并退出 Photoshop。如果文件没有保存，会弹出一个对话框，询问用户是否保存文件。

图 2.29

图 2.30

知识链接

智能对象是一个可以嵌入当前文档中的文件，它可以保留文件的原始数据，进行非破坏性的编辑。

更进一步：查看图像基本信息

当打开一个图像时，在“打开”对话框中就会出现关于图像的一些基本信息，便于更进一步了解图像的内容。同时，在操作过程中，也可以应用其他方法来查看图像的信息。

1. 执行“文件”→“打开”命令，在弹出的“打开”对话框中单击指定的图片文件，则可看到对话框下方显示的“文件大小”后的数值“527.9K”，这就是文件的容量或大小，如图2.31所示。

图 2.31

2. 单击“打开”对话框中的“打开”按钮，这里观察到图像文件是以文件选项卡方式打开的。图像标题栏上显示文件格式为jpg、色彩模式为RGB的信息。

如果不习惯这种新的文档显示方式，可以用Photoshop CC以前版本的传统方式观察图像，即鼠标放置在图像文档标题栏上，单击鼠标右键，在弹出的菜单中选择“移动到新窗口”，则可以恢复成传统文档显示方式，如图2.32所示。

图 2.32

3. 执行“图像”→“图像大小”命令，或在标题栏中单击鼠标右键，在弹出的下拉菜单中选择“图像大小”命令，如图2.33所示。在弹出的“图像大小”对话框中可看到“像素大小”“文档大小”等信息，如图2.34所示。

图 2.33

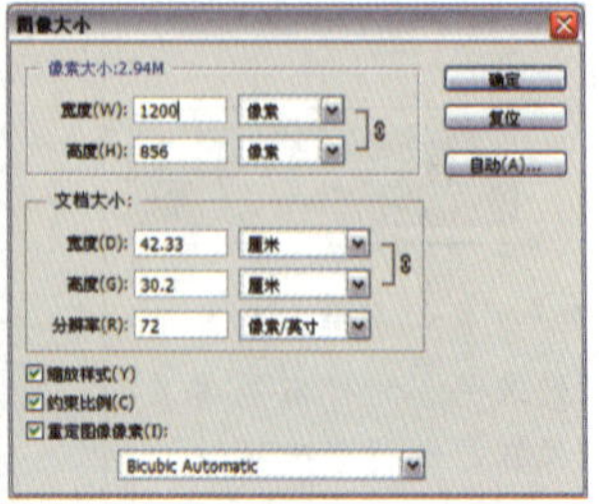

图 2.34

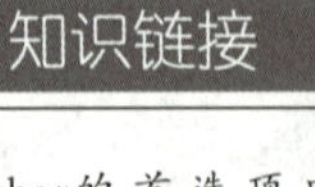

在Photoshop的首选项中可以修改菜单中可以保存的最近打开的文件数量。执行“编辑”→“首选项”→“文件处理”命令，在“机器文件列表包含”中可设置保存的文件数量。

范例操作：置入文件

打开 Photoshop CC 之后，即可执行“文件”→“置入”命令，将图片放入图像中的一个新图层内。在 Photoshop 中，可以置入 PDF、Adobe Illustrator 和 EPS 文件。PDF、Adobe Illustrator 或 EPS 文件在置入之后都会被栅格化，因而无法编辑所置入图片中的文本或矢量数据，所置入的图片是按其文件的分辨率栅格化的。

1. 打开Photoshop CC软件之后，执行“文件”→“打开”命令，打开一个图像文件，如图2.35所示。

图 2.35

2. 选取“文件”→“置入”命令，在弹出的“置入”对话框中选择要置入的文件，并单击“置入”按钮，按下Enter键进行变换，如图2.36所示。

图 2.36

3. 在“图层”面板中该图层的空白处单击鼠标右键，在弹出的快捷菜单中选择“栅格化图层”命令，将其转换为普通图层，如图2.37所示。

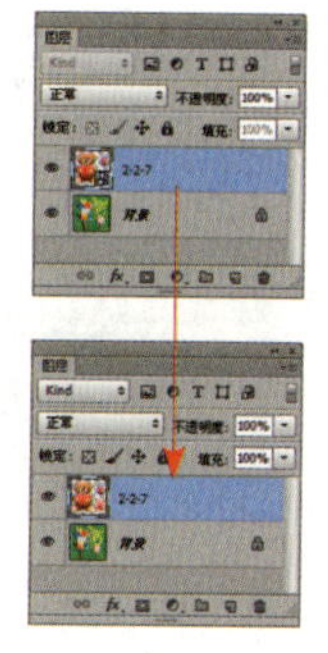

图 2.37

提示

以选项卡方式打开文档

如果希望每次打开文档时均以传统方式显示文档，可以在启动Photoshop CC软件后，不打开任何文档，选择菜单“编辑”→“首选项”→“界面”命令，在弹出的对话框下方的“以选项卡方式打开文档”选项前单击“√”按钮，则以后在Photoshop CC中打开文档均是以传统方式显示的。

提示

在Photoshop中置入AI、EPS或PDF格式的文档

执行“文件”→“置入”命令，在弹出的“置入”对话框中选择所要置入的AI、EPS或PDF文档，然后单击“置入”按钮，即可将指定的文档置入当前文档中，置入的文件将自动转换为智能对象。

提示

正确置入多页PDF文件

如果所要置入的是包含多页的PDF文件，则在对话框中选择要置入的页面，然后单击“好”按钮，置入的图片会出现在Photoshop图像中央的定界框中。图片会保持其原始的长宽比，但是，如果图片比Photoshop图像大，则将被重新调整到合适的尺寸。

内容精讲：在文件中添加版权信息

打开一个文件，执行“文件”→“文件简介”命令，就可弹出如图2.38所示的对话框。单击对话框顶部的“相机数据”等标签，可以查看相机原始数据、视频数据、DICOM文件的元数据等。

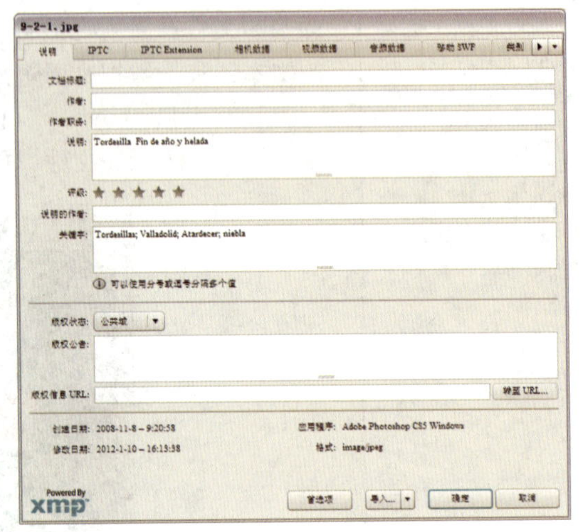

图2.38

如果要为图像添加版权信息，可以在“版权状态”下拉列表中选择“版权所有”，在“版权公告”选项内输入个人版权信息，如图2.39所示。如果想要留下个人的邮箱，可在“版权信息URL”选项中输入，以后使用该图片的人在Photoshop中打开它时，可通过单击该链接转到版权人的邮箱。

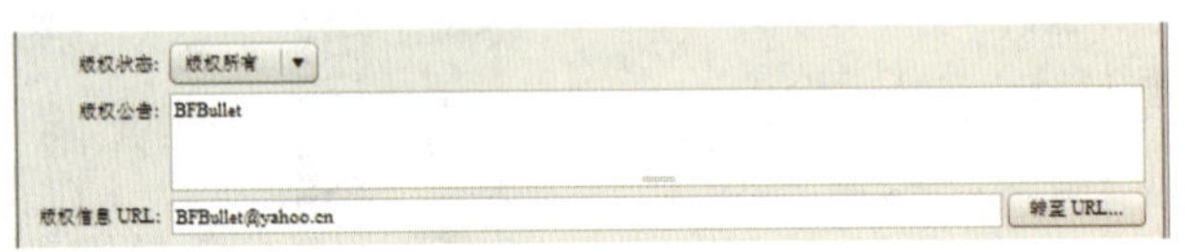

图2.39

提示

嵌入水印

1. 打开一个图像文件。需要注意的是，对于一个文件，写入水印的机会只有一次。

2. 执行“滤镜”→“Digimarc”→“嵌入水印”命令，弹出一个注册信息。

3. 单击“确定”按钮完成嵌入水印操作。

提示

读取水印

打开图像，执行“滤镜”→“Digimarc”→“读取水印”命令，如果Photoshop发现水印，将弹出对话框，显示作者的身份、你的使用权限等个人信息。

内容精讲：从错误中恢复

编辑图像的过程中，如果操作出现了失误或对创建的效果不满意，可以撤销操作或者将图像恢复为最近保存过的状态。Photoshop提供了很多帮助用户恢复操作的功能，这样就可以放心地创作了。

执行“编辑”→“还原”命令，或按下快捷键Ctrl+Z，可以撤销对图像所做的最后一次修改，将其还原到上一步编辑状态中，如果想要取消还原操作，可以执行“编辑”→“重做”命令，或按下快捷键Shift+Ctrl+Z。

“还原”命令只能还原一步操作，如果要连续还原，可以连续执行“编辑”→“后退一步”命令，或者连续按下快捷键Alt+Ctrl+Z，逐步撤销操作。

如果要取消还原，可以连续执行“编辑”→“前进一步”命令，或连续按下快捷键Shift+Ctrl+Z，逐步恢复被撤销的操作。

03

2.3 修改像素尺寸和画布大小

编辑图像时，可能有很多目的，例如想要将图像制作成电脑桌面、个性化的QQ头像、手机壁纸，或将其传输到网络上用于打印等。然而，图像的尺寸或分辨率并不完全适合以上用途，还要根据实际情况对图像的大小和分辨率进行调整，才能使其符合使用需要。

范例操作：修改图像的尺寸

使用“图像大小”命令可以调整图像的像素大小、打印尺寸和分辨率。修改像素大小不仅会影响图像在屏幕上的视觉大小，还会影响图像的质量及其打印特性，同时也决定了其占用的存储空间。

1. 按下 Ctrl+O 快捷键，打开 Chapter 02\Media\2-3-1.jpg 文件，如图 2.40 所示。

图 2.40

2. 执行“图像”→“图像大小”命令，打开“图像大小”对话框，如图 2.41 所示。

“像素大小”选项组显示了图像当前的像素尺寸，当修改像素大小后，新文件的大小会出现在对话框的顶部，旧的文件大小在括号内显示，如图 2.42 所示。

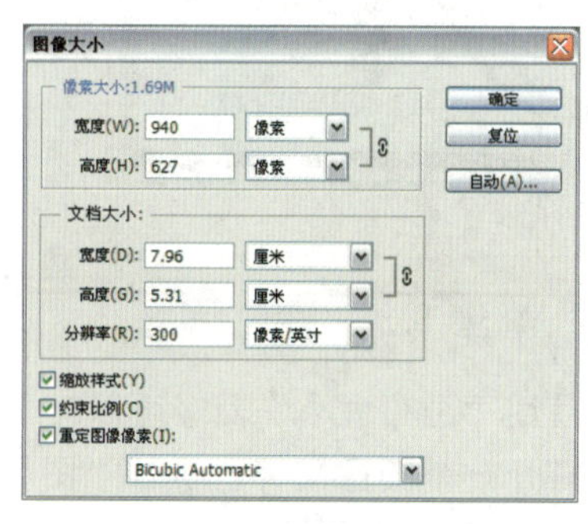

图 2.41

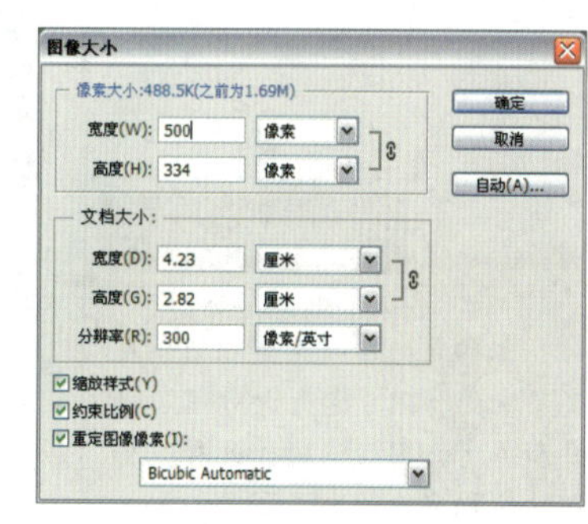

图 2.42

提　示

图像大小和画布大小命令

“图像大小”命令用于调整文档的尺寸和分辨率。当调整文档的宽度或高度时，文档中的图像也会按照相同的比例进行调整，因此无法增加图像的空白区域，也不能裁切掉图像中的边缘。

用户可以使用“画布大小”命令来实现以上功能。使用“画布大小”命令可以增加或减小图像的画布大小。增加画布大小会在图像周围添加可视的编辑空间，减小画布大小会对图像进行裁剪。

提　示

在Photoshop中改变图像的分辨率

分辨率是用于度量位图图像内数据量多少的参数。通常表示成ppi。包含的数据越多，图形文件的长度就越大。在Photoshop中改变分辨率很简单，在新建一个文件的时候就有分辨率的设置，或者在已经打开的文件中执行“图像”→“图像大小”命令即可。

3.“文档大小选项组”用来设置图像的打印尺寸（“宽度”和“高度”选项）和分辨率（“分辨率”选项），可以通过两种方法来操作：第一种方法是先选择“重定图像像素”选项，然后修改图像的宽度或高度。这可以改变图像中的像素数量。例如，减小图像的大小时，就会减少像素数量，此时图像虽然变小了，但画面质量不变，如图2.43所示；而增加图像的大小或提高分辨率，则会增加新的像素，这时图像尺寸虽然变大了，但画面质量会下降，如图2.44所示。

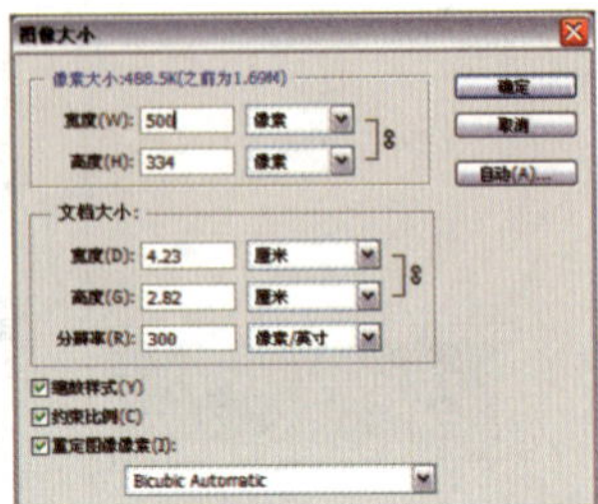

图2.43

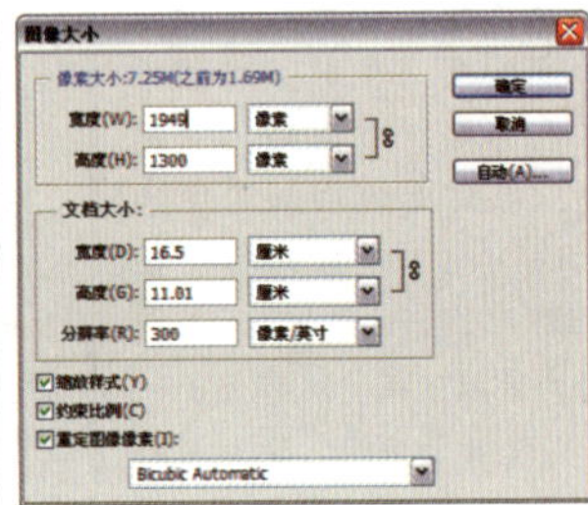

图2.44

内容精讲：修改画布大小

方法一：使用“裁剪工具”

裁剪工具是在调整画布大小时经常使用的一种方法，使用该工具可以将图像中不需要的部分裁切掉，如图2.45所示。

图2.45

方法二：使用“画布大小”命令

使用“画布大小”命令可以对画布的尺寸进行精确设置。

打开一个图像文件，执行“图像”→“画布大小”命令，打开如图2.46所示的“画布大小”对话框。

知识链接

水印功能在一些商业场合表现了它的作用，它大大方便了用户和作者之间的沟通。此外，水印功能切实地解决了图像使用权限上的纠纷。

提 示

画布大小

与改变图像大小不同，改变画布大小不会对图像的质量产生任何影响，放大或缩小画布只会改变处理图像的区域。

当新的画布大小大于原图像大小时，画布会进行扩展，且使用设置颜色填充扩展区域；当新的画布大小小于原图像大小时，会弹出如图所示的提示框，单击“继续”按钮，Photoshop 会对图像进行裁切。

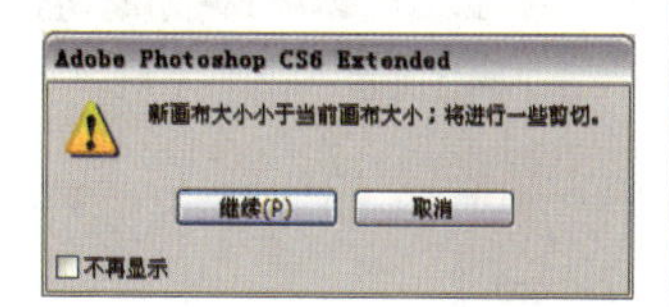

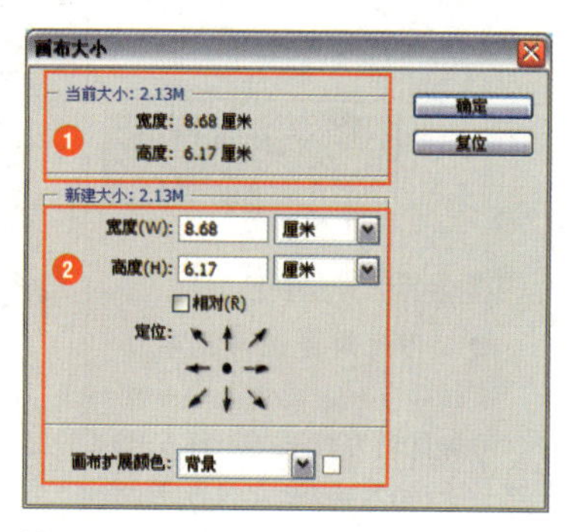

图 2.46

❶当前大小：显示当前图像的宽度和高度及文件容量。

❷新建大小：输入新调整图像的宽度、高度。原图像的位置是通过选择（定位）项的基准点进行设置的。例如，单击左上端的锚点以后，原图像就会位于左上端，其他则显示被扩大的区域，图2.47所示为各个锚点的效果对照。

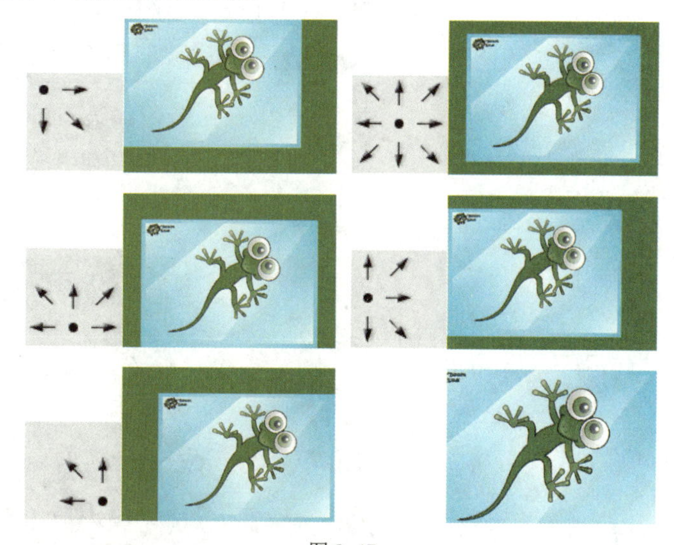

图 2.47

更进一步：旋转画布

“图像”→“图像旋转”下拉菜单中包含用于旋转画布的命令，执行这些命令可以旋转或反转整个图像，用户可以利用“任意角度”命令直接设置旋转角度，然后旋转图像，而“编辑”→“自由变换”命令是只旋转部分选定的图像，如图 2.48 所示。

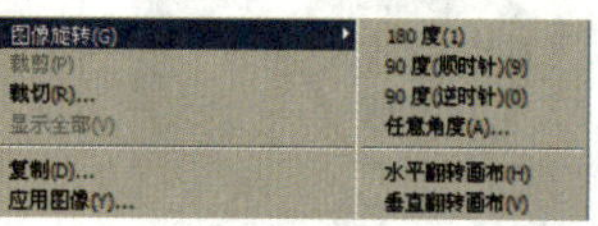

图 2.48

提 示

旋转图像与旋转画布

旋转图像时，画布是不动的。旋转画布时，图像也一并旋转。两者得到的效果不一样。比如建一个800×600像素的画布，90° 旋转画布后，就是600×800像素的画布了，也就是长方形竖过来了，而图像也随之旋转了90° 。但如果旋转图像90° ，画布丝毫没有改变形状。

提 示

旋转画布上图片的某一部分

首先选择想要旋转的区域，然后选择旋转工具，按下快捷键Ctrl+T，就可以旋转想要的角度了。

旋转 180°

旋转 90°（顺时针）

旋转 90°（逆时针）

垂直翻转画布

水平翻转画布

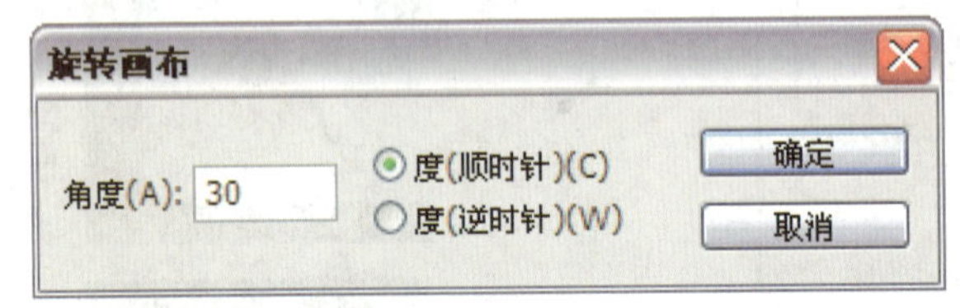

任意角度

旋转 45°（顺时针）

旋转 45°（逆时针）

旋转 30°（顺时针）

旋转 30°（逆时针）

图 2.48（续）

03

Chapter

掌握常用工具

内容提要

在日常生活中，人们经常会将自己喜爱的画面用相机拍摄下来，但有时可能由于某种原因导致照片效果不理想，此时就可以通过 Photoshop 软件对图像进行调整和编辑，使之更加完美。本章主要介绍图像的颜色模式及色彩的编辑方法。

主要内容

- 工具箱中的选择工具
- 裁剪工具
- 图像的变换与变形操作
- 填充工具

知识点播

- 利用套索工具制作宝石
- 利用魔棒工具更改帽子的花色
- 旋转与缩放

01

提 示

选取工具

矩形选取工具中包括矩形选取、椭圆选取、单列选取和单行选取。套索工具中包括多边形套索、磁性套索和自由套索工具。此外，还有使用非常灵活的魔棒工具。

提 示

在Photoshop中选取对象

如果Photoshop中的当前文档是由多个图层组成的，要选择图像，首先要选择该图像所在的图层。

如果只需要选择图层中的部分图像，就需要将这部分图像创建为选区，这样所进行的操作就只作用于选区内的图像了。

提 示

变换选区

执行“选择”→“变换选区”命令，弹出变换控制对话框后，可对选区进行变换操作。

3.1 工具箱中的选择工具

在Photoshop中编辑部分图像时，首先要对指定编辑的图像进行选择，即创建选区，之后才能对其进行各种编辑。在选取图像时，可根据图像的具体形状应用不同的选择工具，也可将多重选区工具结合应用。例如，矩形选框工具可以设定矩形选区和正方形选区，椭圆选框工具可设定椭圆选区和正圆选区，而套索工具等可以绘制任意选区。

相关知识：认识选区

如果要对图片进行操作，首先必须对图片进行选择，只有选择了合适的操作范围，对选择的选区进行编辑，才能达到想要的结果。

选区主要有两大用途：

1.选区可以将编辑限定在一定的区域内，这样就可以处理局部图像而不会影响其他内容了。如果没有创建选区，则会修改整张照片，如图3.1所示。

图3.1

2.选区可以分离图像。例如，如果要为花朵更换一个背景，就必须先将其设定为选区，再将其从背景中分离出来，置入新的背景中，如图3.2所示。

图3.2

图3.2（续）

提 示

创建选区后隐藏或显示选区

按下Ctrl+H快捷键，即可隐藏或显示选区。

范例操作：利用矩形选框工具制作相册

矩形选框工具是经常用到的选取工具，利用该工具可以框选出规则的矩形或正方形选区。在该案例中，将利用该工具选取图像，然后制作成相册效果，如图3.3所示。具体操作步骤如下。

图3.3

1. 执行“文件”→“打开”命令，打开素材3-1-1.jpg文件，如图3.4所示。

2. 在工具箱中选择矩形选框工具，在图像窗口中拖曳出一个矩形选区，如图3.5所示。

提 示

移动选区

如果只需要移动图像中的选区，则选择任何一个选取工具（快速选择工具除外），然后在选区内拖移，将其移动到目标位置即可。

图3.4

图3.5

3. 按下快捷键Ctrl+C、Ctrl+V，将选区内的图像复制并粘贴，执行“编辑”→“描边”命令，在弹出的“描边”对话框中设置参数，然后取消选区，如图3.6所示。

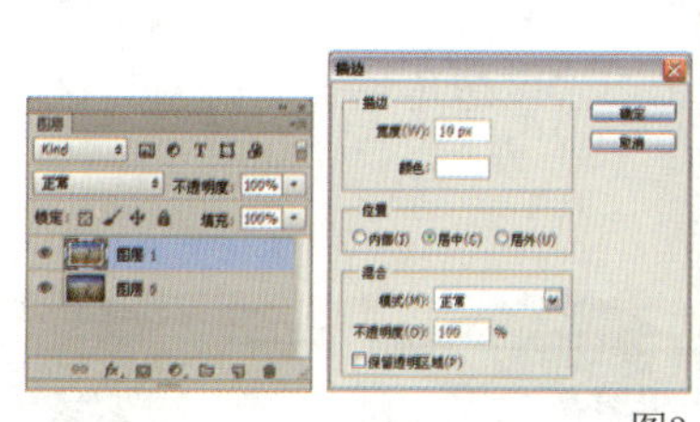

图3.6

4. 双击“图层”面板中的该图层，在弹出的“图层样式”对话框中设置“投影”和“斜面和浮雕”选项的参数并应用该参数，如图3.7所示。

提 示

精确地设置选区的大小

在使用矩形选框工具或椭圆选框工具创建选区时，在工具选项栏中的“样式”下拉列表中选择“固定大小”选项，在激活的“宽度”和“高度”数值框中输入数值，即可精确设置选区的大小，这样就可以按照指定的大小创建选区。

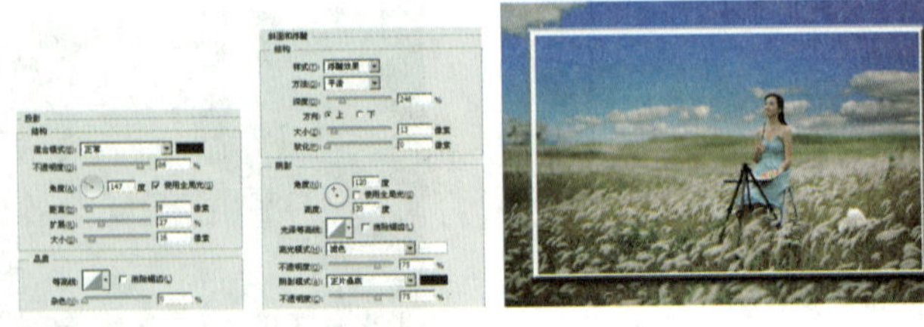

图3.7

5.执行“图层”→“新建调整图层”→“照片滤镜”命令，设置参数后，按下面板下层的[按钮图标]按钮，就只能影响下方图层，如图3.8所示。

图3.8

6.设置前景色为橘色，选择“图层0”，执行“图层”→“新建调整图层”→“渐变映射”命令，图像最终效果如图3.9所示。

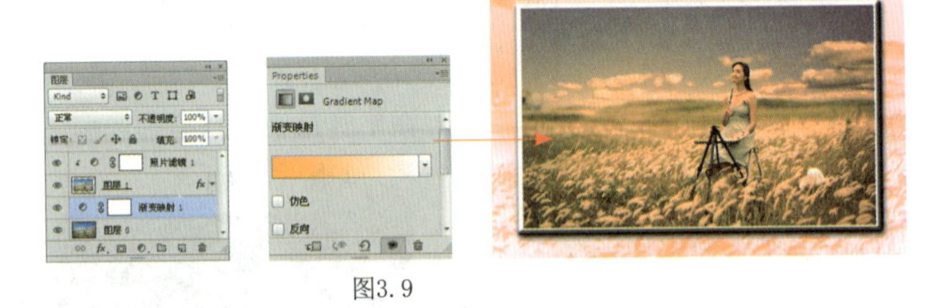

图3.9

提 示

在不同文档间移动选区

可以用选框工具或套索工具，把选区从一个文档拖到另一个文档上。

更进一步：矩形选框工具的选项栏

在工具箱中选择矩形选择工具，画面上端将显示如图3.10所示的选项栏。在矩形选框工具的选项栏中，可以设置羽化值、样式及形态。

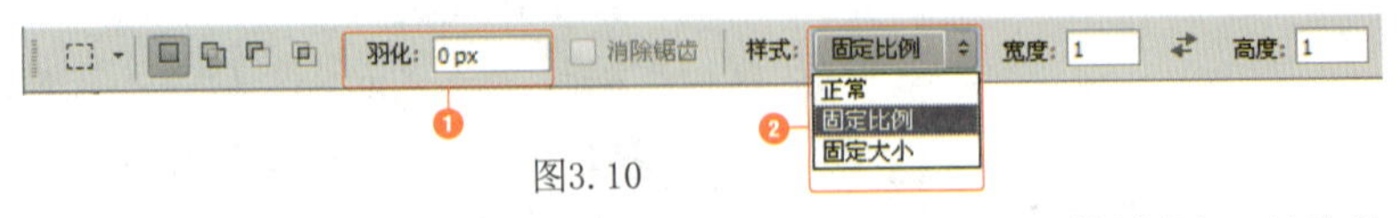

图3.10

❶羽化：该选项用来设置羽化值，以柔和表现选区的边框，羽化值越大，选区边角越圆，如图3.11所示。

羽化：0 px

羽化：50 px

羽化：100 px

图3.11

提 示

为什么羽化时会弹出提示

如果选区较小而羽化半径设置得较大，就会弹出一个羽化警告。单击“确定”按钮，表示确认当前设置的羽化半径。

❷样式：在该下拉列表中包含3个选项，分别为正常、固定比例和固定大小。

●正常：随鼠标的拖动轨迹指定矩形选区，如图3.12所示。

图3.12

●固定比例：指定宽高比例一定的矩形选区。例如，将宽度和高度值分别设置为3和1，拖动鼠标即可制作出宽高比为3:1的矩形选区，如图3.13所示。

图3.13

●固定大小：输入宽度和高度值后，拖动鼠标可以绘制指定大小的选区。例如，将宽和高值均设置为50 px以后，拖动鼠标就可以制作出宽和高均为50 px的矩形选区，如图3.14所示。

图3.14

提 示

选择技巧

把选择区域或层从一个文档拖向另一个文档时，按住Shift键可以使其在目的文档上居中。如果源文档和目的文档的大小（尺寸）相同，被拖动的元素会被放置在与源文档位置相同的地方（而不是放在画布的中心）。如果目的文档包含选区，所拖动的元素会被放置在选区的中心。

提 示

选择重合区域

如果想选择两个选择区域之间的部分，在已有的任意一个选择区域的旁边同时按住Shift键和Alt键，并进行拖动，画第二个选择区域，十字形鼠标旁出现一个乘号，表示重合的区域将被保留。

提 示

在选择区域中删除正方形或圆形

在选择区域中删除正方形或圆形，首先增加任意一个选择区域，再在该选择区域内按Alt键拖动矩形或椭圆的选框工具。松开Alt键，按住Shift键，拖动到满意为止。然后先松开鼠标按钮，再松开Shift键。

提 示

从中心向外删除选择区域

要从中心向外删除一个选择区域，则在任意一个选择区域内，先按Alt键拖动矩形或椭圆的选框工具，松开Alt键；再一次按住Alt键，最后松开鼠标按钮，再松开Alt键。

提 示

选择工具快捷键

使用选框工具的时候，按住Shift键可以画出正方形和正圆的选区；按住Alt键将以起始点为中心勾画选区。按Shift+Alt键拖移选框工具，则从中心开始绘制方形或圆形选框。

范例操作：利用椭圆选框工具制作杯子

椭圆选框工具的用法和矩形选框的用法相同，其选项栏也一样。在本实例中，主要讲解利用椭圆选框工具选区图像以后进行复制，然后调整图像的色彩。具体操作方法如下。

1. 按下快捷键Ctrl+N，新建一个空白文件。

2. 设置前景色为黑色，背景色为灰色，选择渐变工具，在选项栏中设置相关参数之后，将“背景”图层填充为从黑色到白色的径向渐变效果，如图3.15所示。

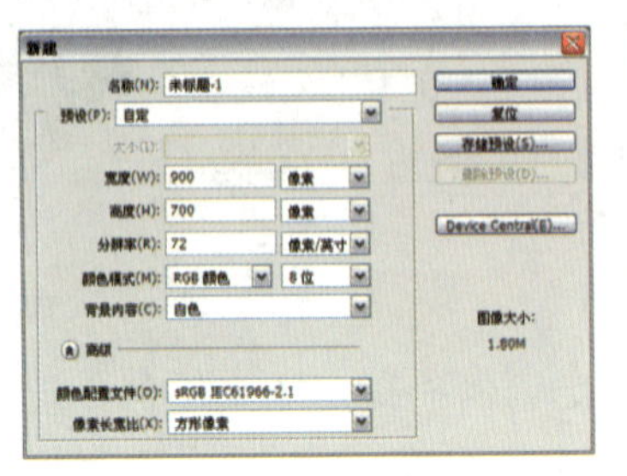

图3.15

3. 在工具箱中选择椭圆选框工具，在图像窗口中拖曳出椭圆选区，如图3.16所示。

4. 选择渐变工具，在选项栏中单击按钮，在弹出的“渐变编辑器”对话框中设置参数之后，单击“确定”按钮。在选区中拖动，然后取消选区，如图3.17所示。

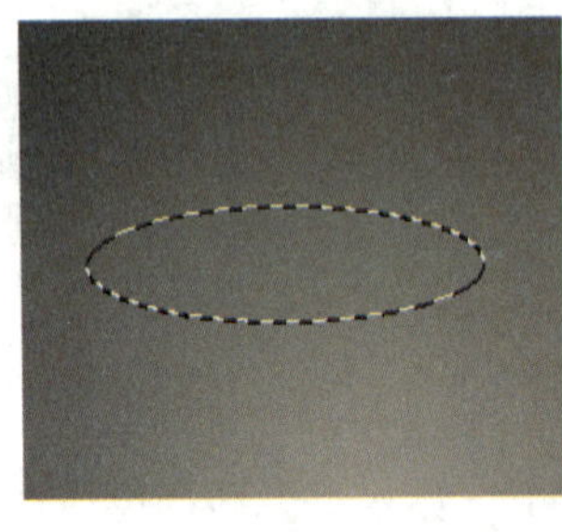
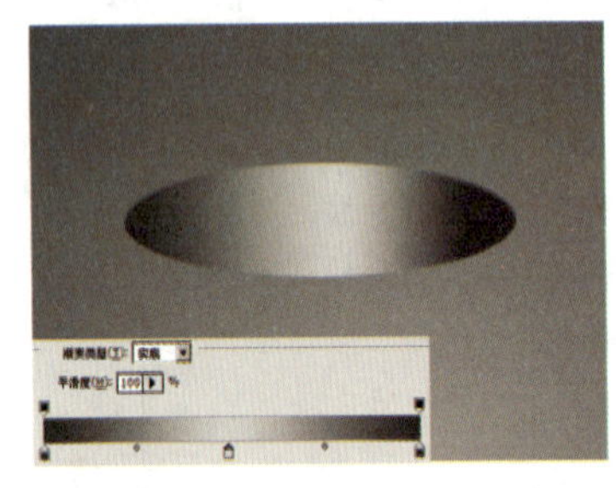

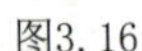

图3.16　　图3.17

5. 将“图层1”拖动到创建新图层按钮上进行复制，然后按下若干次向下方向键，向下移动副本图层，如图3.18所示。

6. 按住Ctrl键并单击副本图层，即可将该图层的图像全部设定为选区；选择矩形选框工具，按住Shift键并绘制矩形选区，为椭圆添加选区；按住Ctrl+Alt键并单击“图层1”图层，减去部分选区，如图3.19所示。

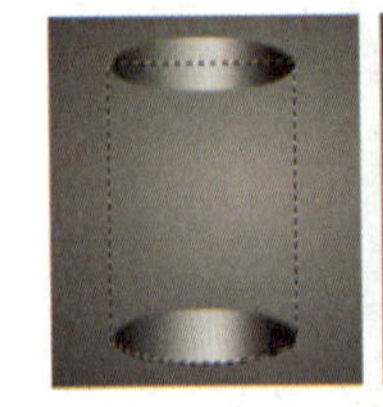
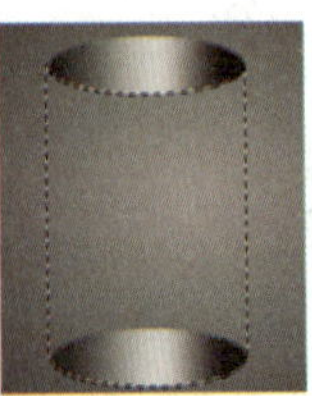

图3.18　　图3.19

7. 选择渐变工具，在选项栏中选择■线性渐变按钮，按住Shift键并在选区中拖曳，将其填充为从黑色至灰色的线性渐变效果，然后取消选区，如图3.20所示。

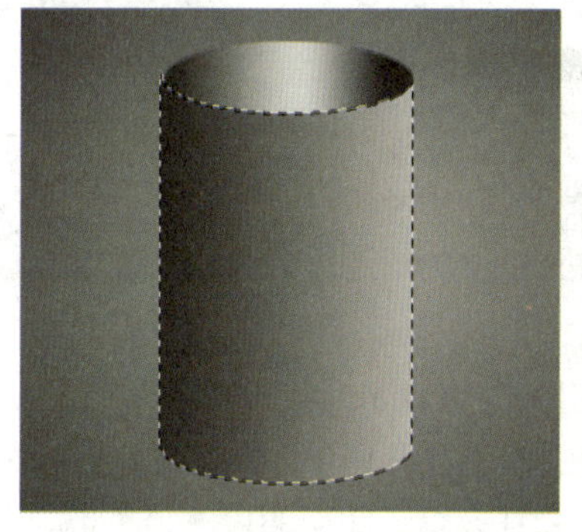

图3.20

8. 新建一个空白图层，按住Ctrl键并单击“图层1”的缩略图，将其设置为选区。执行“编辑”→“描边”命令，设置描边参数后，单击“确定”按钮。按下快捷键Ctrl+D，取消选区，并为该描边添加图层样式效果，如图3.21所示。

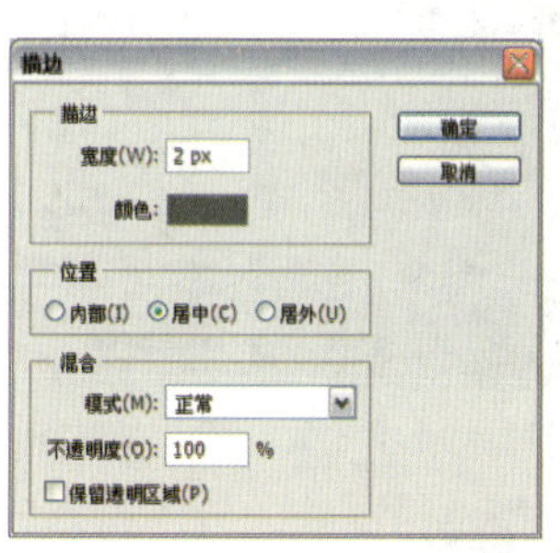

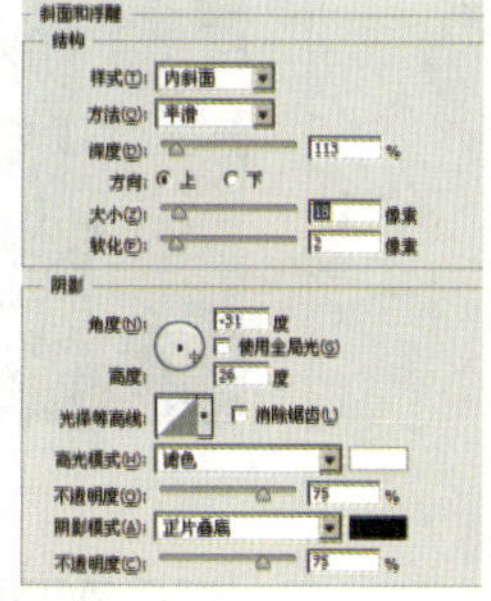

图3.21

9. 为该图层添加图层蒙版，用黑色的画笔将部分区域隐藏；按照同样的方法，为圆柱的底部添加斜面和浮雕效果，使其更加逼真，效果如图3.22所示。

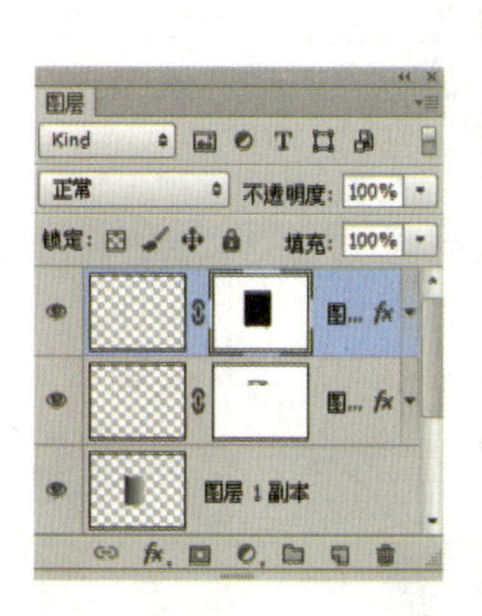

图3.22

10. 在“背景”图层上方新建一个空白图层，设置前景色为黑色，选择画笔工具，设置适当的参数之后，在该图层上进行涂抹，绘制圆柱的阴影效果，如图3.23所示。

提 示

调整选框位置

使用矩形（椭圆）选框工具选择范围后，按住鼠标不放，再按空格键即可随意调整选取框的位置，放开后可再调整选取范围。

提 示

增加由中心向外绘制的矩形或椭圆形

增加一个由中心向外绘制的矩形或椭圆形，在增加的任意一个选择区域内，先按Shift键拖动矩形或椭圆选框工具，然后放开Shift键，按Alt键，最后松开鼠标按钮，再松开Alt键。按Enter键或Return键可关闭滑块框。若要取消更改，按Esc键。若要在打开弹出式滑块对话框时以10%的增量增加或减少数值，则按住Shift键并按上箭头键或者下箭头键。

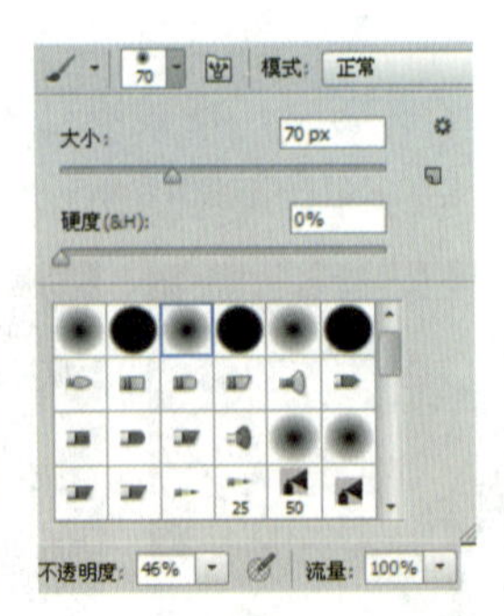

图3.23

11. 打开Chapter 03\Media\3-1-6.psd文件，将花朵图案复制到该文档中，调整合适位置与大小，为该图层添加斜面和浮雕图层样式，并且设置该图层的填充值为0%，最终图像效果如图3.24所示。

图3.24

范例操作：利用单行、单列选框工具绘制坐标轴

单行和单列选框工具是用来绘制横向或纵向线段的工具。该工具以1像素的大小制作无限长的选区，指定为特定颜色后，执行“编辑”→“填充”命令，或按快捷键Shift+F5，填充颜色即可绘制出线段。下面通过范例学习一次性绘制若干条横线和竖线的方法，如图3.25所示。

图3.25

提 示

斜面和浮雕

斜面和浮雕是图层样式中最常用的工具，可以用来制作立体图形。视觉上有点类似于浮雕或立体金属效果。其边缘高光和暗部非常明显，按照一定的光源方向由亮至暗排列。

知识链接

图层样式的操作同样需要读者在应用过程中注意观察，积累经验，这样才能准确、迅速地判断出所要进行的具体操作和选项设置。关于图层样式的更多内容，请参阅“4.7编辑图层样式”。

1. 打开Chapter 03\Media\3-1-7.jpg文件，执行“编辑”→“首选项”→“参考线、网格和切片”命令，打开“首选项”对话框，调整网格间距，如图3.26所示。

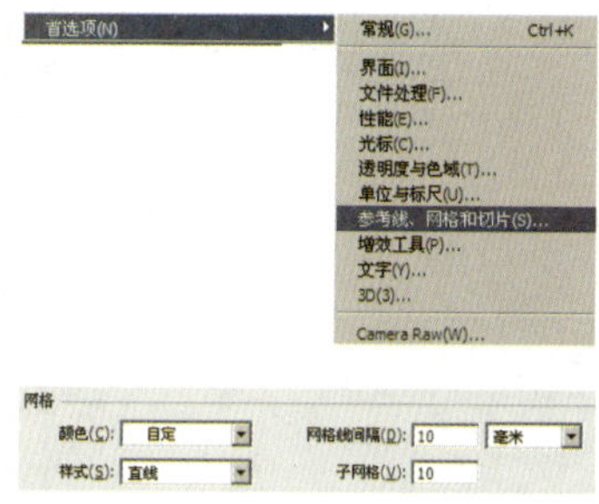

图3.26

2. 执行“视图”→“显示”→“网格”命令，在画面中显示网格，选择单列选框工具，在工具选项栏中单击添加到选区按钮，在网格线上单击，创建宽度为1像素的选区（在放开按键前拖动可以移动选区），如图3.27所示。

图3.27

3. 按照同样的方法绘制其他选区，执行“视图”→“显示”→“网格”命令，将网格隐藏，效果如图3.28所示。

图3.28

4. 在图层面板中单击“创建新的图层”按钮，创建用于绘制坐标的新图层。执行“编辑”→“填充”命令，弹出“填充”对话框，

提 示

制作带网格的图片

在Photoshop中打开一张图片，执行“视图”→“显示”→“网格”命令，然后按下键盘的Print Screen键，在Photoshop中按下快捷键Ctrl+N，新建一个文件，按下快捷键Ctrl+V粘贴，用裁剪工具框选所需部分，按下Enter键确认。这时，带网格的图片便做好了。

知识链接

参考线可以看是否水平或竖直，用于调整图形，用后直接拖拉到画布外删除。网格线用于描点或画小格子；切片用于制作网页时将一整张图自动分成多张。

在“使用”下拉菜单中选择“颜色”，则弹出拾色器对话框。将颜色值设置为（R:130,G:20,B:20），然后单击“确定”按钮。再取消选区，如图3.29所示。

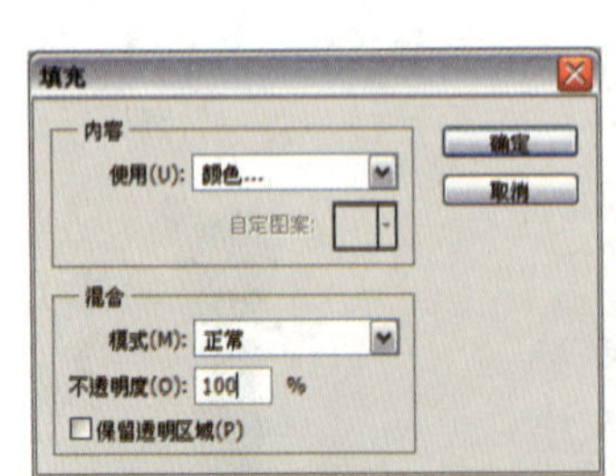

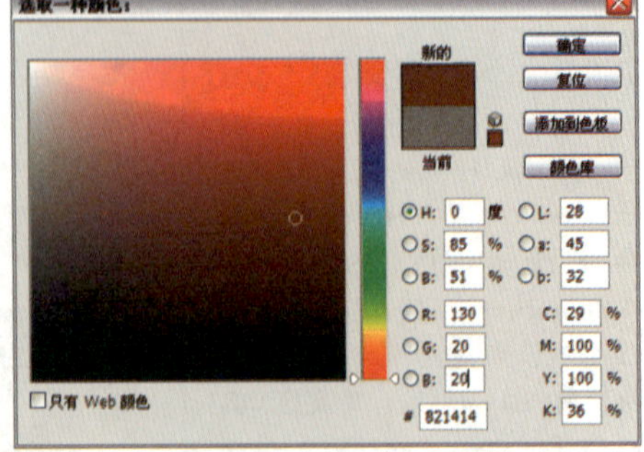

图3.29

5.选择横排文字工具T，将前景色设置为“红色”，在页面内输入数字，如图3.30所示。

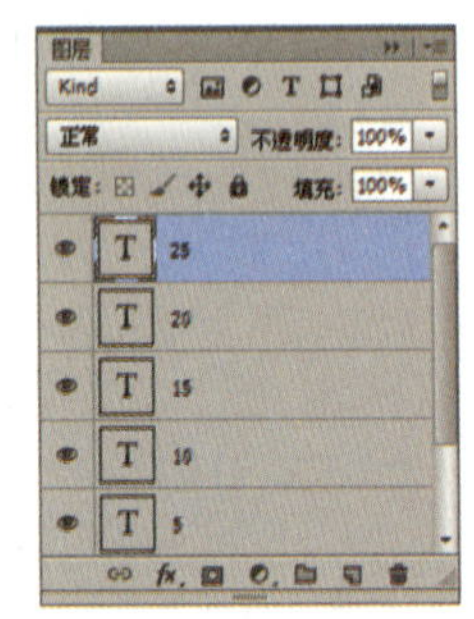

图3.30

6.为了删除数值和线条之间相应的线条部分，在工具箱中选择矩形选框工具。如图3.31所示，拖动图像左侧的数字区域，指定矩形选区。执行“编辑”→“清除”命令，或者按Delete键。执行“选择”→“取消选区”命令，完成图像的制作。

图3.31

提 示

拾色器

拾色器就是拾取颜色的器具。多用吸管表示，在颜色上单击就能拾取单击点的颜色。

知识链接

文字在图像处理中占有重要地位，神奇的文字特效有时候能在图像中起到画龙点睛的作用。文字在图像中是以文字图层的形式存在的。使用文字工具输入文字后，单击工具箱中的其他工具，系统会为文字自动创建一个新的文字层。在Photoshop中，有4个文字输入工具，分别是：横排文字工具、直排文字工具、横排文字蒙版工具和直排文字蒙版工具。

范例操作：利用套索工具制作宝石

套索工具也是经常用到的选取工具之一，它的特别之处在于它的随意性，当选择该工具后，就可以在图像窗口中绘制出任意形状的选区，本例将利用该工具制作晶莹剔透的宝石，具体操作方法如下。

提 示

套索工具的使用方法

按住鼠标左键，沿着主体边缘拖动，就会生成没有锚点（又称紧固点）的线条。只有当线条闭合后才能松开左键，否则首尾会自动闭合。如果事先没有在工具选项栏里选择增添到选区(即各个选区相加)，那么工作就前功尽弃了。

1. 打开Chapter 03\Media\3-1-8.jpg文件，在工具箱中选择套索工具，在页面内创建如图3.32所示的选区。

图3.32

2. 执行“选择”→“修改”→“平滑”命令，打开“平滑选区”对话框，参数设置如图3.33所示，单击“确定”按钮完成操作。

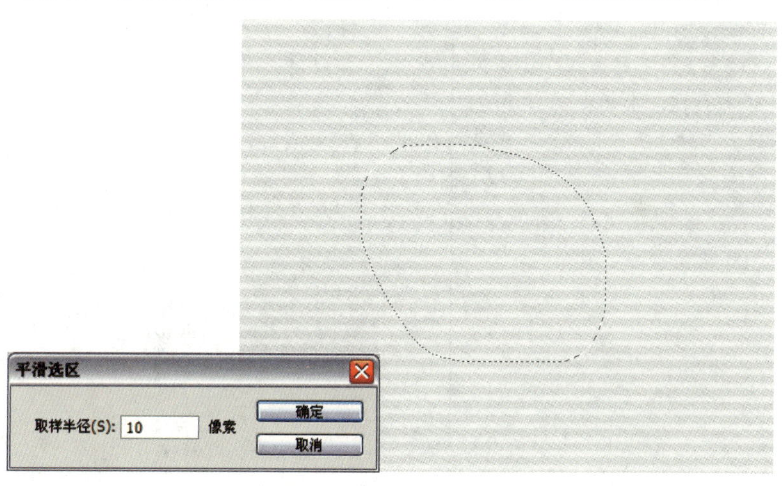

图3.33

3. 在“图层”面板中单击“创建新的图层”按钮，创建空白图层，将前景色设为黑色，按下快捷键Alt+Delete，为选区填充黑色，如图3.34所示。

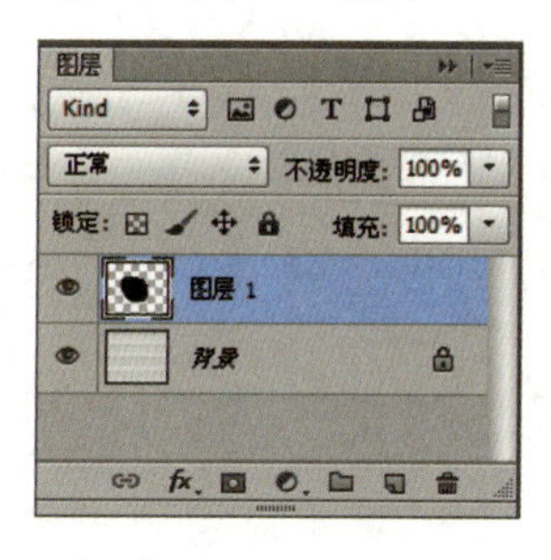

图3.34

提 示

套索工具之间的切换

普通套索和多边形套索的切换：在使用一种工具的过程中，按住Alt键，再将操作方式改成另一种工具的操作方式即可。

磁性套索切换到另外两种套索：先按住Alt键，再将操作方式改为普通套索（或多边形套索）即可。只要不犯在一个点双击的低级错误，是不会前功尽弃的。

4. 按下快捷键Ctrl+D，取消选区，单击“添加图层样式”按钮 *fx*，选择“投影”，打开“投影”对话框，设置参数，效果如图3.35所示。

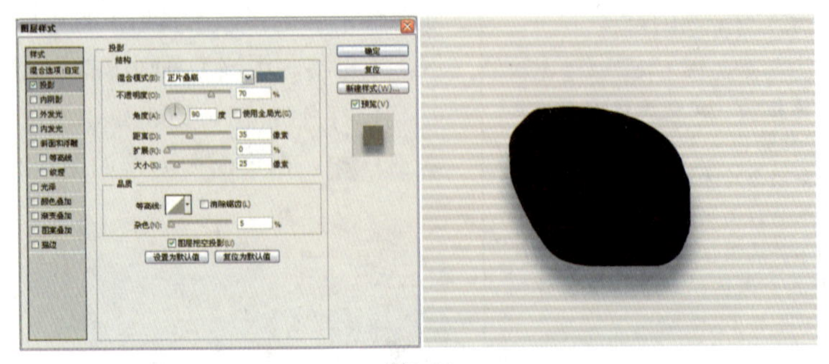

图3.35

5. 继续勾选“颜色叠加”复选框，将颜色设为（R:183, G:225, B:247），效果如图3.36所示。

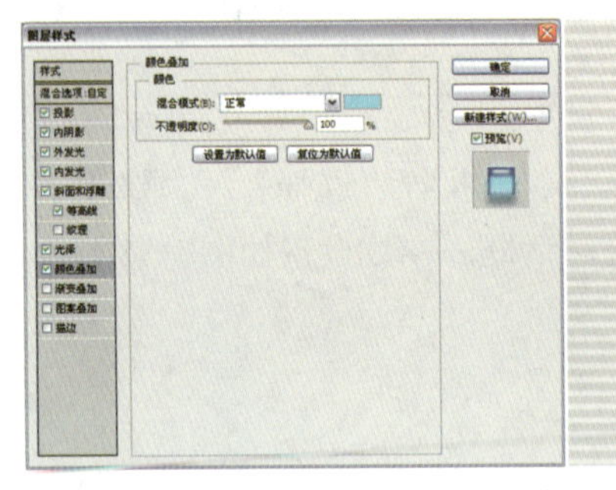

图3.36

提 示

颜色叠加

颜色叠加可以快速地改变图形的颜色。其效果与纯色调整图层一样。可以通过设置混合模式及不透明度来更换图形的颜色。

6. 继续勾选“内阴影”复选框，设置参数，效果如图3.37所示。

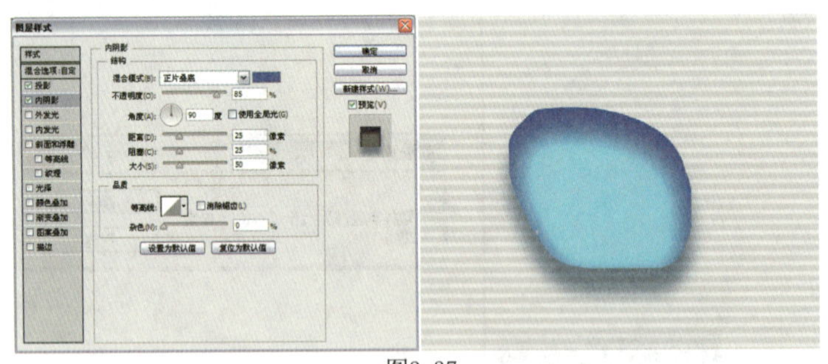

图3.37

7. 继续勾选“外发光”复选框，设置参数，效果如图3.38所示。

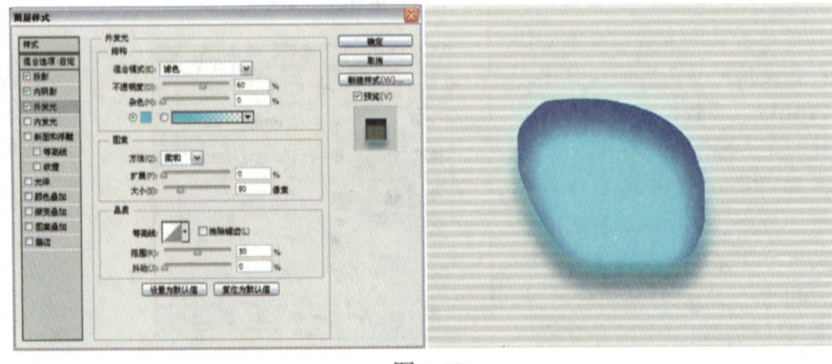

图3.38

提 示

外发光

使用“外发光”和“内发光”样式，可以为图像添加发光效果。“外发光”可以给相应的图形增加边缘发光效果。外发光的设置面板分为三个大的功能区：结构、图素、品质。使用这些参数可以控制发光的亮度、颜色范围等。

8. 继续勾选“内发光”复选框，设置参数，效果如图3.39所示。

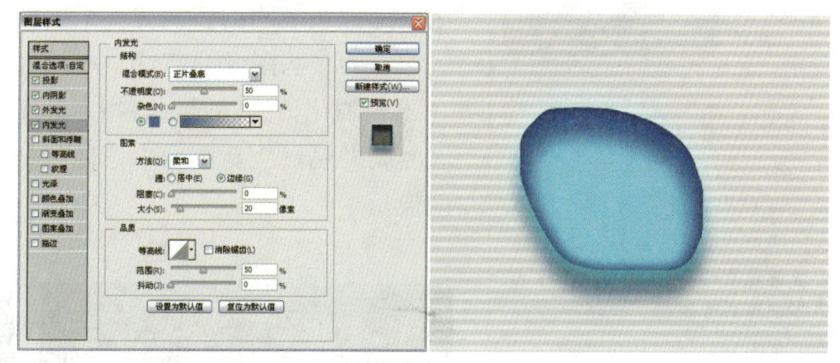

图3.39

> **提 示**
>
> **内发光**
>
> “内发光”是为图像边缘的内部添加发光效果。该选项和“外发光”相似，唯有发光由“外发光”的向物体所在图层以外扩展，改为向物体所在图层的内部发展，这很像投影与内阴影的关系。同样，扩展选项改为阻塞，并且比外发光多了一个“源”的设置。

9. 继续勾选“斜面和浮雕”及“等高线”复选框，设置参数，效果如图3.40所示。

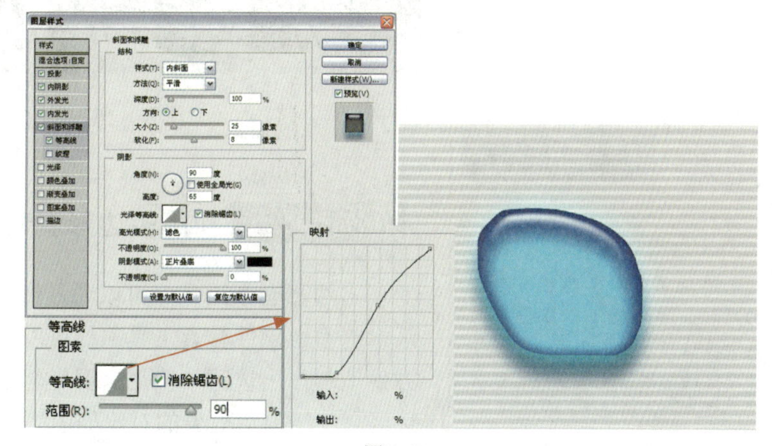

图3.40

10. 继续勾选“光泽”复选框，设置参数，单击“确定”按钮，最终效果如图3.41所示。

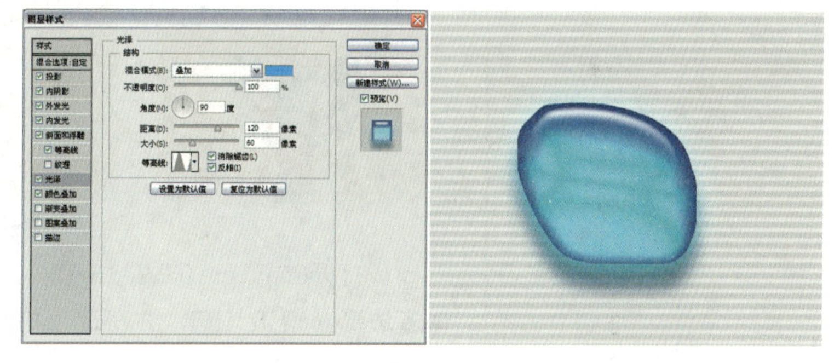

图3.41

更进一步：套索工具的选项栏

羽化：羽化值的设定，决定了绘制选区的精确度。羽化值越大，选区的边线越宽。在合成图像时，边线内侧和外侧会应用羽化值，如图3.42所示。

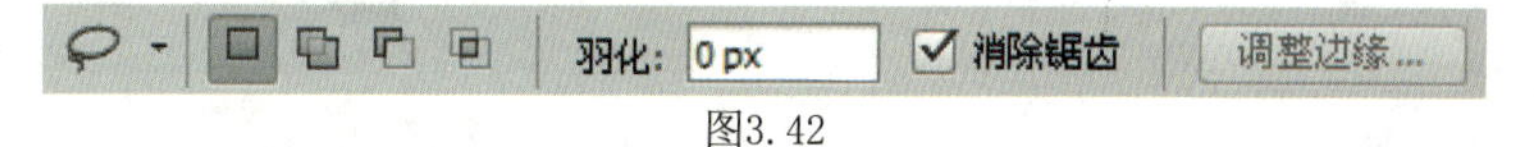

图3.42

“羽化”命令用于对选区进行羽化。羽化是通过建立选区和选区周围像素之间的转换边界来模糊边缘的，这种模糊方式将丢失选区边缘的一些图像细节。

当羽化值为20时，可指定利用多边形套索工具绘制选区，将选区复制并粘贴到新图像中，便可制作出如图3.43所示的边缘柔和的图像。

羽化值：0

羽化值：20

图3.43

范例操作：利用多边形套索工具更改玩具颜色

多边形套索工具，可以通过拖动鼠标，指定直线形的多边形选区。它不像磁性套索工具那样可以紧紧地依附在图像的边缘，从而方便地制作出选区，但是只要轻轻拖动鼠标，便可以绘制出多边形选区。使用前后效果的对比如图3.44所示。

图3.44

1. 打开Chapter 03\Media\3-1-11.jpg文件，然后在工具箱中选择多边形套索工具，并在选项栏中设置相关参数，将羽化值设置为5 px，如图3.45所示。

图3.45

提 示

正确设置羽化值

如果选区较小而羽化半径设置得较大，就会弹出羽化警告，单击“确定”按钮，表示确认当前设置的羽化半径，这时选区会变得非常模糊，以至于在画面中看不到，但选区仍然存在。如果不想出现该警告，应减小羽化半径或增大选区的范围。

提 示

套索工具快捷键

在使用套索工具勾画选区的时候，按Alt键可以在套索工具和多边形套索工具间切换。勾画选区的时候，按住空格键可以移动正在勾画的选区。

提 示

撤销已经创建的选区连线

要撤销上一步绘制的选区连线，可以按下Delete键。要依次撤销前面创建的选区连线，可连续按下Delete键。要撤销所有已经创建的选区连线，可按下Esc键。

2. 选择多边形套索工具，在玩具红色部分设定选区，如图3.46所示。

提 示

在此处用套索工具的优势

在此处可以用多种选择工具进行选取，但是要将选区内的图像进行羽化，使图像表现出过渡色的效果，使用该工具可快速地完成制作。

图3.46

3. 按下快捷键Ctrl+U，打开“色相/饱和度”对话框，并且设置参数，然后单击“确定”按钮，改变玩具的颜色，按下快捷键Ctrl+D取消选区，如图3.47所示。

提 示

载入选区

按住Ctrl键单击图层的缩览图可载入它的透明通道，再按住Ctrl+Alt+Shift组合键并单击另一图层的缩览图，可选取两个层的透明通道相交的区域。

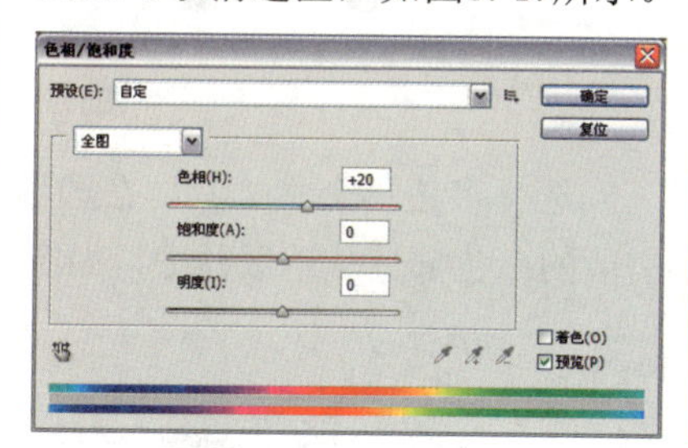

图3.47

范例操作：利用磁性套索工具快速抠图

磁性套索工具可轻松地绘制出外边框很复杂的图像选区，就像铁被磁石吸附一样，紧紧地吸附在图像的边缘。只要沿着图像的外边框拖动鼠标，便可以自动地建立选区。磁性套索工具主要用于指定色差较明显的图像选区。下面范例中，使用磁性套索工具建立选区，并对选区进行自由变换。

1. 打开Chapter 03\Media\3-1-12.jpg文件，在工具箱中选择套索工具，在弹出的隐藏工具中选择磁性套索工具，在属性栏中设置相关参数，如图3.48所示。

提 示

磁性套索工具

使用磁性套索工具或磁性钢笔工具时，按“[”或“]”键可以实时增加或减少采样宽度（选项调板中）。

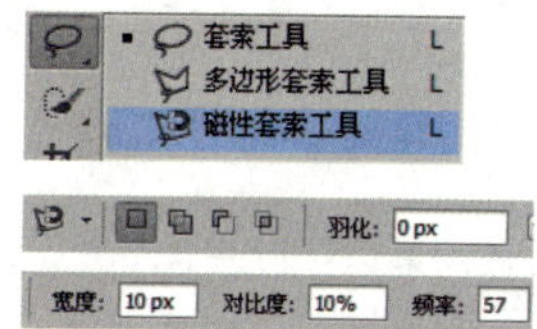

图3.48

提 示

选择工具中Shift键的使用方法

当用选择工具选取图片时，如果想扩大选择区，按住Shift键，光标“+”变成“$+_+$”，拖动光标，就可以在原来选区的基础上扩大选区，或是在同一幅图片中同时出现两个或两个以上的选取框。

2. 将飞机设定为选区。利用磁性套索工具沿着图像的轮廓拖动鼠标，直到起始点处，指针旁边会出现一个小圆圈，单击鼠标左键，即可封闭选区，如图3.49所示。

图3.49

3. 选择多边形套索工具，在选项栏单击从选区减去按钮，将不需要的白色部分从选区减去，如图3.50所示。

图3.50

4. 执行“图像”→“调整”→“亮度/对比度”命令，在弹出的对话框中设置相关参数，单击“确定”按钮，将选区部分图像调亮，如图3.51所示。

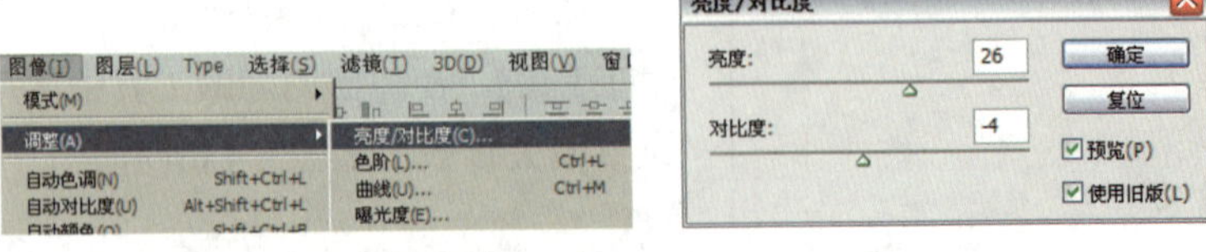

图3.51

提 示

选择工具中Alt键的使用方法

当用“选择框”选取图片时，想在“选择框”中减去多余的图片，这时按住Alt键，光标“+”会变成“$+_-$”，拖动光标，就可以留下所需要的图片。

知识链接

可以用这样的思维来看待曲线：Photoshop将图像的暗调、中间调和高光通过这条线段来表达。

曲线是Photoshop中最常用到的调整工具，理解了曲线就能触类旁通地了解很多其他色彩调整命令。关于曲线的更多内容，请参阅“6.4 内容精讲：‘曲线’命令”。

5. 按下快捷键Ctrl+M，打开“曲线”对话框，在“通道”选项的下拉列表中选择“红”，调整曲线形状，如图3.52所示。

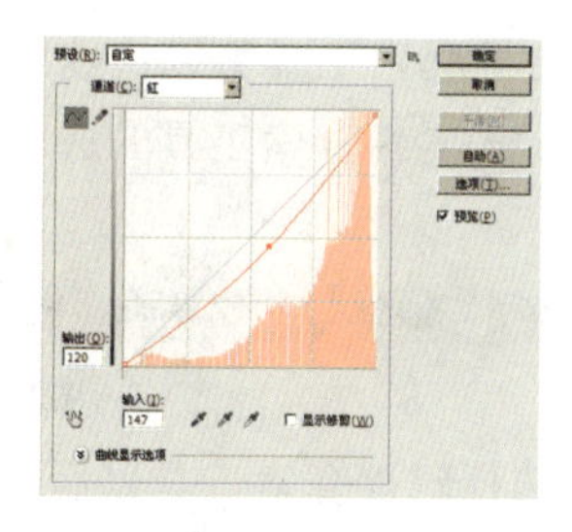

图3.52

6. 打开Chapter 03\Media\3-1-13.jpg文件，将选区中的飞机图像复制到素材中，并且调整飞机的位置与大小等属性，如图3.53所示。

图3.53

提 示

更巧妙地表现图像效果

当对该图像进行“自由变换”操作时，可以按住Shift键，对图像进行等比例缩小，然后再进行动感模糊处理，这样一大一小，可以表现出图像的对比关系，还可以为其添加其他样式效果，使图像看起来更加完美。

7. 将该图层的不透明度设置为90%，并将其复制，设置混合模式为“正片叠底”，不透明度为50%，效果如图3.54所示。

图3.54

8. 按下快捷键Shift+Ctrl+E，合并可见图层，执行“图像”→“调整”→“亮度/对比度”命令，设置参数，单击“确定”按钮，如图3.55所示。

知识链接

亮度/对比度命令操作比较直观，可以对图像的亮度和对比度进行直接的调整。但是使用此命令调整图像颜色时，将对图像中所有的像素进行相同程度的调整，从而容易导致图像细节的损失，所以，在使用此命令时，要防止过度调整图像。关于亮度/对比度的更多内容，请参阅“6.4 内容精讲：‘亮度/对比度’命令”。

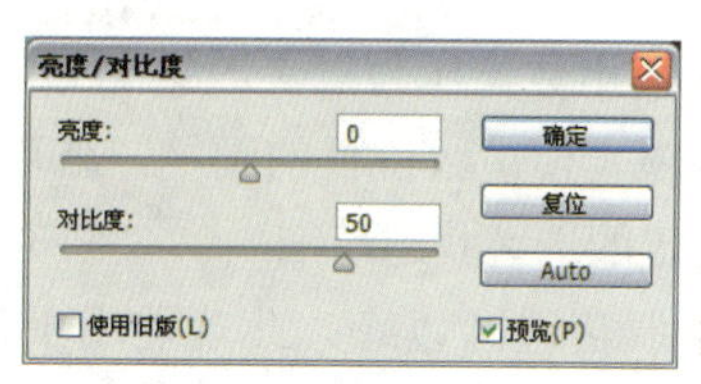

图3.55

更进一步：磁性套索工具的选项栏

利用磁性套索工具可以快速地指定颜色差别较大的图像选区，图3.56所示为磁性套索工具的选项栏。

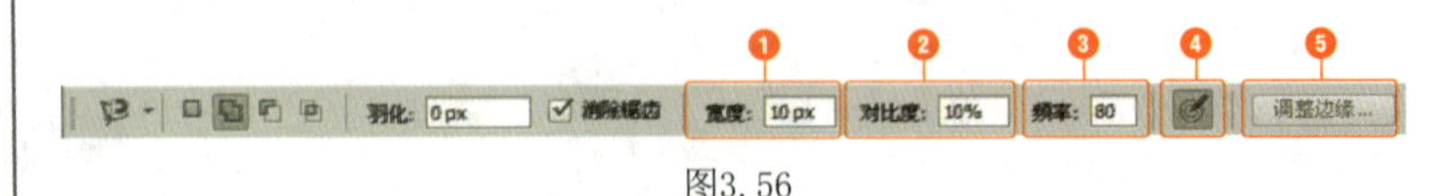

图3.56

❶ 宽度：选择磁性套索工具以后，拖动鼠标自动找到颜色边界，并设置其范围。按CapsLock键，就会显示出图标的大小。宽度值越大，图标就越大，其值越小，图标也越小，从而可以方便地指定细致程度不同的选区，如图3.57所示。

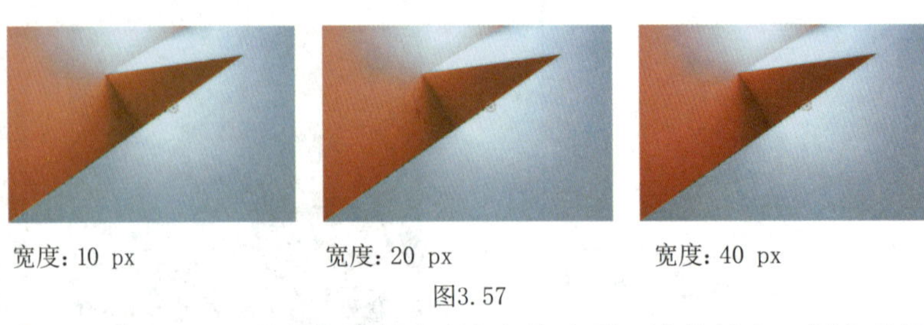

宽度：10 px　　宽度：20 px　　宽度：40 px

图3.57

❷ 对比度：用于设置选区边界对比度的选项。该值越大，颜色范围越广，从而可以设置更柔和的选区；相反，该值越小，选区越精确，可以设置出更精确的选区，如图3.58所示。

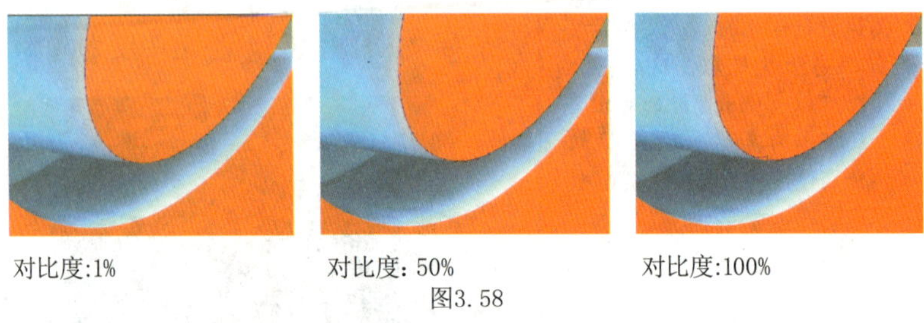

对比度:1%　　对比度：50%　　对比度:100%

图3.58

❸ 频率：用于设置生成锚点密度的选项。拖动颜色边界，就可以生成方形的描点，频率值越大，生成的锚点就越多，选择的区域也就越细致，如图3.59所示。

频率：5　　频率：50　　频率：100

图3.59

❹ 使用数位压力以更改钢笔宽度：提供给数位板使用者进行设置的选项。使用数位板的画笔，就可以感知其压力的大小，压力越大，指定的选区就越精细。

❺ 调整选区边缘：此功能用于调整选区的大小、边缘平滑和羽化量、选区边缘扩展和收缩的量等。

提示

磁性套索工具

这个工具似乎有磁力一样，无须按鼠标左键而直接移动鼠标，在工具头处会出现自动跟踪的线，这条线总是走向颜色与颜色边界处，边界越明显，磁力越强，将首尾连接后可完成选择，一般用于颜色与颜色差别比较大的图像选择。

提示

磁性套索工具的使用方法

磁性套索工具的使用方法是，按住鼠标左键，在图像中不同对比度区域的交界附近拖拉，Photoshop会自动将选取边界吸附到交界上。当鼠标回到起点时，磁性套索工具的小图标右下角就会出现一个小圆圈，这时松开鼠标就会形成一个封闭的选区。使用磁性套索工具，可以轻松地选取具有相同对比度的图像区域。

提示

删除偏离轮廓的锚点

当发现套索偏离了轮廓（图像边缘）时，可以按Delete键删除最后的一个锚点，并单击鼠标左键，手动产生一个锚点固定浮动的套索。

范例操作：利用快速选择工具为人物更换背景

快速选择工具能够利用可调整的圆形画笔笔尖快速绘制选区。在拖动鼠标时，选区会向外扩张并自动查找和跟随图像中定义的边缘。本例将介绍利用快速选择工具选取图像之后，为人物更换背景使图像显示出更加绚丽的效果，如图3.60所示。具体操作方法如下。

使用前

使用后

图3.60

1. 执行“文件”→“打开”命令，打开Chapter 03\Media\3-1-16.jpg文件，在工具箱中选择快速选择工具，在选项栏中设置合适的画笔笔尖大小之后，在图像中单击并拖曳，将图像中的人物绘制为选区，如图3.61所示。

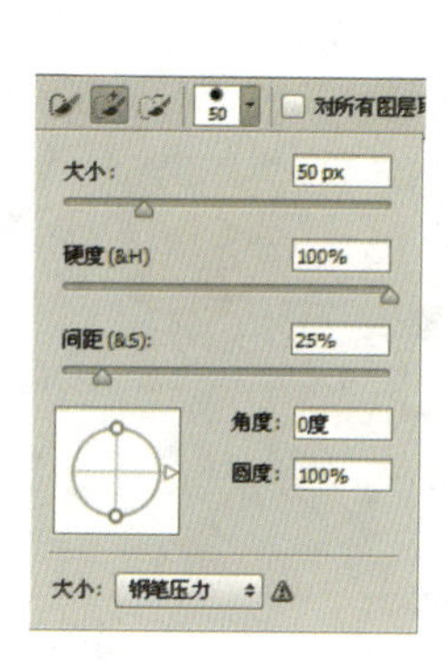

图3.61

2. 执行“文件”→“打开”命令，打开Chapter 03\Media\3-1-17.jpg文件，在工具箱中选择移动工具，将人物复制到打开的素材文件中，按下快捷键Ctrl+T调整其大小和位置，如图3.62所示。

图3.62

提 示

快速选择工具

快速选择工具在创建选区时非常自由，只要是鼠标拖动经过的地方，其相邻的颜色区域都将被选中。若在其选项栏中选中“对所有图层取样”复选框，则创建选区时，将基于所有图层来选择图像。选中“自动增强”复选框后，将减少选区边界的粗糙度和块效应。

提 示

自由变换工具

自由变换工具是指可以通过自由旋转、比例和倾斜工具来变换对象的工具。

自由变换工具的快捷键：Ctrl+T。

功能键：Ctrl、Shift、Alt，其中Ctrl键控制自由变化；Shift控制方向、角度和等比例放大缩小；Alt键控制中心对称。

提示

魔棒工具

魔棒是photoshop中一个神奇的选取工具，可以用来选取图像中颜色相似的区域。当用魔棒单击某个点时，与该点颜色相似和相近的区域将被选中，可以在一些情况下节省大量的精力来达到意想不到的结果。通过设定魔棒的属性面板，可以控制其颜色的相似程度。

更进一步：快速选择工具的选项栏

快速选择工具的选项栏如图3.63所示。

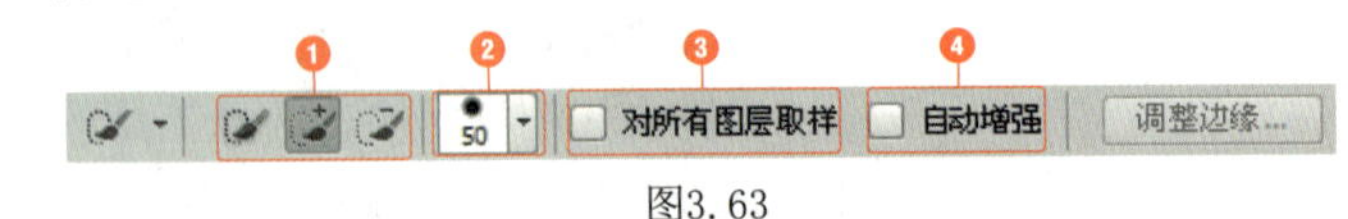

图3.63

❶选区运算按钮：按下新选区按钮，可创建一个新的选区；按下“添加到选区”按钮，可在原选区的基础上添加绘制的选区；按下“从选区中减去”按钮，可在原选区的基础上减去当前绘制的选区。

❷笔尖下拉面板：单击该按钮，可在打开的下拉面板中选择笔尖，设置大小、硬度和间距。也可以在绘制选区的过程中，按下右方括号键“]”来增加笔尖的大小；按下左方括号键“[”，减小笔尖的大小。

❸对所有图层取样：可基于所有图层（而不是仅基于当前选择的图层）创建选区。

❹自动增强：可减少选区边界的粗糙度和块效应。会自动将选区向图像边缘进一步流动并应用一些边缘调整，也可以在“调整边缘”对话框中手动应用这些边缘调整。

提示

“连续”选项的妙用

如果取消选项栏中的“连续”选项，则单击处以外的红色花瓣区域也会被加入选区内，如下图所示。

范例操作：利用魔棒工具更改帽子的花色

使用魔棒工具，只要设置容差值，然后单击鼠标，就可以将颜色相似的区域指定为选区。魔棒工具可用来绘制对比较强的图像区域。在下面的范例中，利用魔棒工具指定帽子花色的选区后，利用色相/饱和度命令改变其颜色，如图3.64所示。

使用前　　使用后

图3.64

1. 打开Chapter 03\Media\3-1-18.jpg文件，然后在工具箱中选择魔棒工具，并在选项栏中设置相关参数，单击鼠标，将帽子粉红色部分设置为选区，如图3.65所示。

图3.65

2. 在此对选取的图像执行“图像”→“调整”→“色相/饱和度”命令，打开“色相/饱和度”对话框，设置参数，单击“确定”按钮。按下快捷键Ctrl+D，取消选择，最终效果如图3.66所示。

图3.66

更进一步：魔棒工具的选项栏

在工具箱中选择魔棒工具，图像窗口上端将显示如图3.67所示的选项栏。在该选项栏中，可以设置选区的大小、形态及样式。

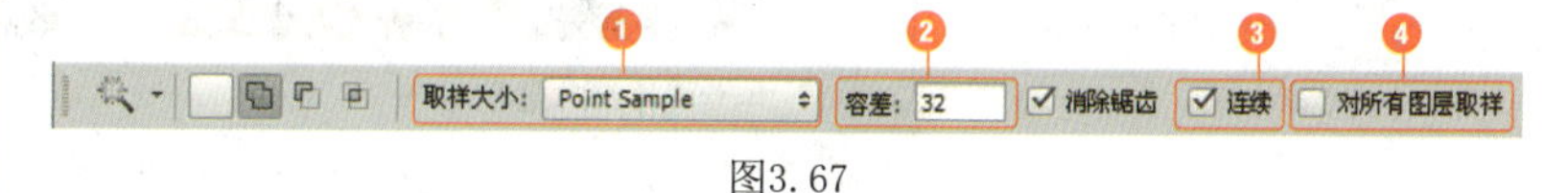

图3.67

1 取样大小：单击“取样大小”选项右边的三角按钮，会弹出可供选择的列表，共有7个选项可供选择，在这里可以设置工具采样的像素，如图3.68所示。

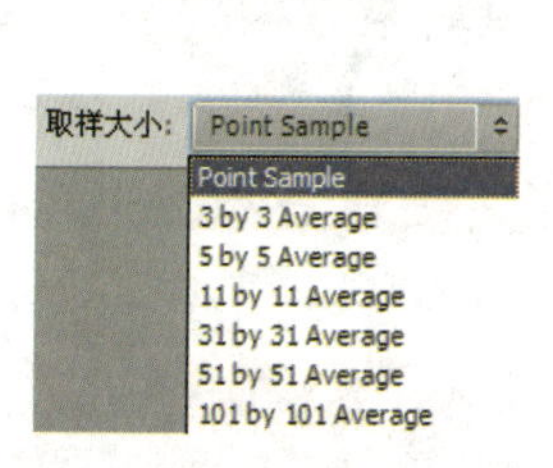

图3.68

知识链接

色相即各类色彩的相貌。饱和度控制图像色彩的浓淡程度，类似于电视机中的色彩调节。改变色相、饱和度的同时，下方的色谱也会跟着改变。调至最低的时候，图像就变为灰度图像了。关于色相/饱和度的实际应用，请参阅“6.4 范例操作：使用‘色相/饱和度’命令制作彩色气球”。

提 示

魔棒工具的使用方法

魔棒和快速选择这两个智能选择工具被放在工具栏的同一位置。当显示的图标和文字不是魔棒时，可对准图标按右键，再在出现的选择栏里选择魔棒，这时鼠标也变成魔棒的形状。

用魔棒在图像上单击，与单击点颜色在容差范围内的主体即被选中，成为选区。

提 示

调整边缘

使用魔棒建立选区后，可以单击选项栏里的调整边缘图标，打开“调整边缘”对话框。一般情况下执行“选择”→“调整边缘”命令打开该对话框。

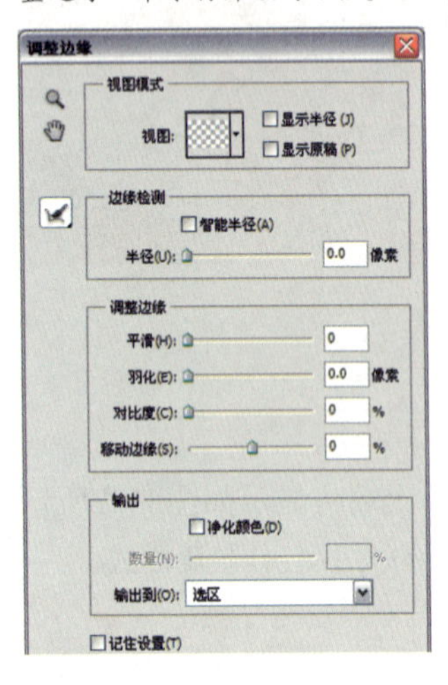

❷容差：用特定数值来指定选区的颜色范围。其取值范围0～255，该值越大，选取范围就越广，如图3.69所示。

容差值：100

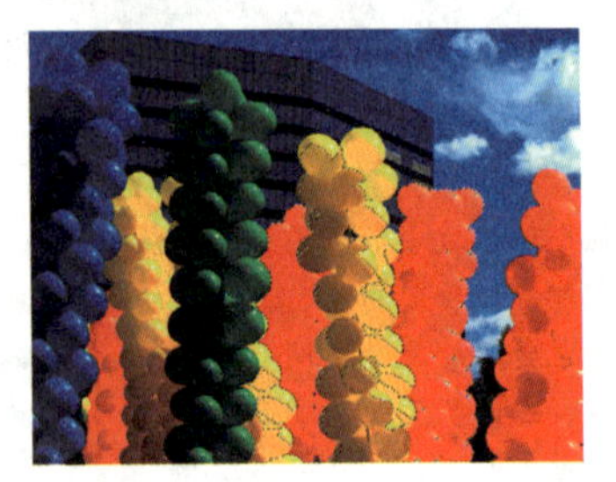

容差值：200

图3.69

❸连续：选择该选项，以单击部位为基准，将连接的区域作为选区。相反，如果取消该选项，则与图像上的单击部位无关，将没有连接的区域也并入选区范围内，如图3.70所示。

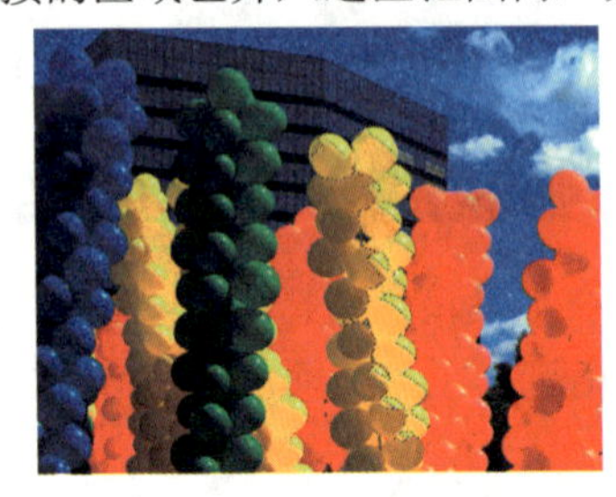

勾选“连续”选项时

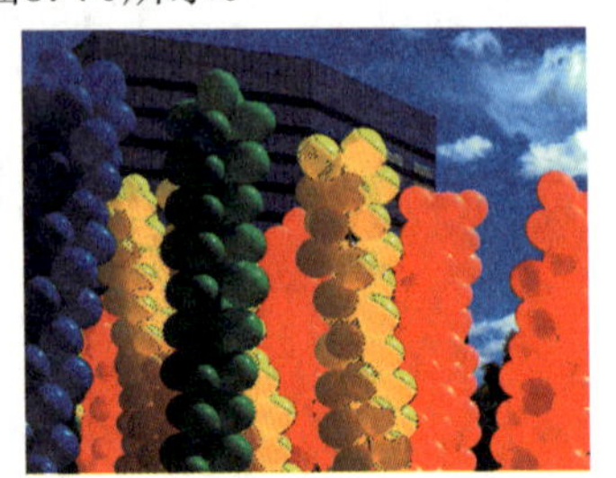

取消“连续”选项时

图3.70

❹对所有图层取样：在一个文件由若干个图层组成的图像上，利用魔棒工具对所有图层取样，如图3.71所示。

该图像由玩具图片和文字组成

勾选“对所有图层取样选项”时，用魔棒工具单击卡通图像，卡通图像和文字部分被指定为选区

未勾选“对所有图层取样选项”时，用魔棒工具单击卡通图像时，只有卡通图像被指定为选区

图3.71

02

3.2 裁剪工具

当在Photoshop中对图像进行编辑时，有时候会觉得图像的尺寸比例不合适，或是出现歪斜等情况，这时最得力的工具就是裁剪工具组中的工具了。本节将讲解利用不同的裁剪工具制作出形式各异的图像。

范例操作：用裁剪工具制作卡通贴图

利用裁剪工具可以删除图像中不需要的部分，以便其他操作的进行。本小例就是利用裁剪工具先将图像进行剪裁，然后对其应用滤镜，最终制作出卡通图像的效果，如图3.72所示。

提 示

裁剪图像

用选区工具将图像中要保留的部分选出来，执行“图像”→“裁剪”命令，完成图像的裁剪。

图3.72

1. 执行“文件”→“打开”命令，打开Chapter 03\Media\3-1-18.jpg文件，在工具箱中选择裁剪工具，此时会在图像的边缘出现一个定界框。

2. 利用裁剪工具在页面中进行拖曳，重新制定一个裁剪区域，然后按Enter键确认操作，如图3.73所示。

图3.73

3. 执行“滤镜”→“艺术效果”→“木刻”命令，在弹出的对话框中设置相关参数，单击“确定”按钮，使图像表现出水彩效果，如图3.74所示。

提 示

木刻版画

绘画种类之一。木刻是在木板上刻出反向图像，再印在纸上欣赏的一种版画艺术。版画，也是中国美术的一个重要门类。古代版画主要是指木刻，也有少数铜版刻和套色漏印。独特的刀味与木味使它在中国文化艺术史上具有独立的艺术价值与地位。

木刻版画按色相多寡，分为黑白木刻和套色木刻。

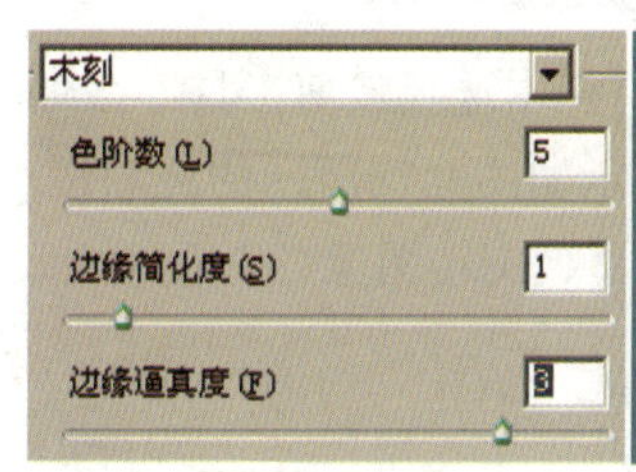

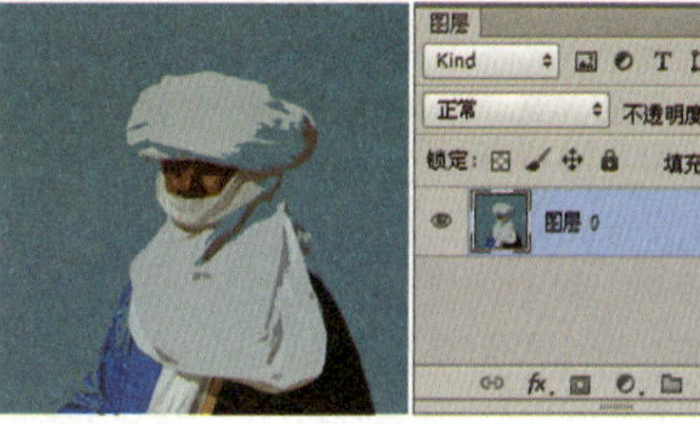

图3.74

4. 执行“滤镜”→“纹理”→“马赛克拼贴”命令，在弹出的对话框中设置参数，单击“确定”按钮，效果如图3.75所示。

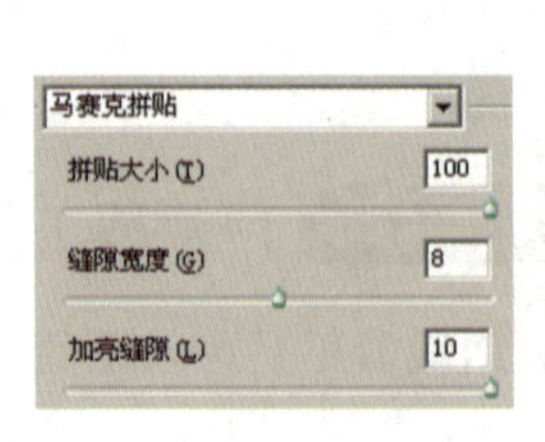

图3.75

提 示

马赛克拼贴

马赛克拼贴将图像分割成若干形状随机的小块，并在小块之间增加深色的缝隙。

拼贴大小：控制马赛克的大小。

缝隙宽度：控制马赛克之间的缝隙宽度。

加亮缝隙：控制缝隙的亮度。

5. 新建一个空白图层，设置前景色为（R:181, G:140, B:90），用渐变工具将该图层填充为从棕色到白色的径向渐变效果，如图3.76所示。

图3.76

6. 设置该图层的混合模式为“颜色加深”，不透明度为70%，图像最终效果如图3.77所示。

图3.77

提 示

颜色加深

颜色加深可以快速增加图片的暗部。它的计算公式：结果色=（基色+混合色−255）×255/混合色。其中，（基色+混合色− 255）如果出现负数，就直接归0。因此，在基色与混合色都较暗的时候，都是直接变成黑色的。这样结果色的暗部就会增加，整体对比效果较为强烈。

更进一步：裁剪工具的选项栏

在工具箱中选择裁剪工具，在画面中拖曳出裁剪选区，此时图像上方会显示如图3.78所示的选项栏，其中包括可以设置裁切图像大小的文本框、旋转图像、查看方式及依照原图像比例裁剪图像。

图3.78

知识链接

混合模式是图像处理技术中的一个技术名词，不仅用于广泛使用的Photoshop中，也应用于Illustrator、Dreamweaver、Fireworks等软件。主要功效是可以用不同的方法将对象颜色与底层对象的颜色混合。当将一种混合模式应用于某一对象时，在此对象的图层或组下方的任何对象上都可看到混合模式的效果。关于混合模式的更多内容，请参阅“5.1 图层的混合模式”。

❶设置裁切宽度和高度：裁切图像之前，如果预先输入长度和宽度，就可以按照这个数值裁切图像。宽度和高度选项分别用于设置图像的宽度值和高度值，如图3.79所示。

图3.79

❷横向与纵向切换按钮：绘制裁剪框以后，单击该按钮，可以在横向或纵向之间旋转裁剪框，如图3.80所示。

图3.80

❸Straighten：单击该按钮，然后在裁剪框中拖动鼠标，就会显示出裁剪区域的旋转角度。旋转至合适角度后，释放鼠标，即可将整个图像进行旋转。再次双击该按钮，即可将图像复位到原状态，如图3.81所示。

图3.81

怎样精确裁剪图像

在使用裁剪工具时会发现，当调整靠近图像边界的裁剪框大小时，裁剪框会自动贴附到图像的边界，无法精确调整裁剪框的大小，在调整裁剪框时按住Ctrl键，即可精确调整裁剪框的大小，从而达到精确裁剪图像的目的。

❹view：单击该选项右边的三角按钮，会弹出下拉列表，包含了显示裁剪框的不同方式及调整裁剪框时的显示方式，如图3.82所示。

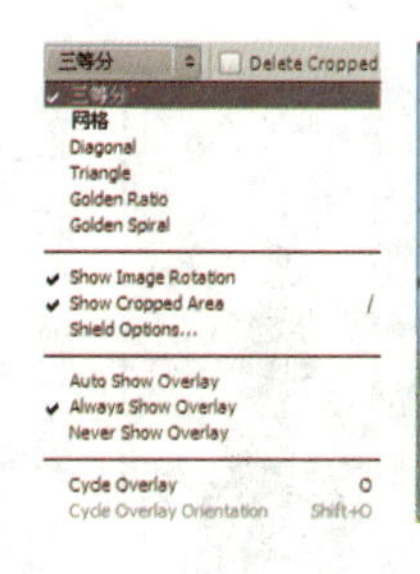

图3.82

❺Delete Cropped Pixels：勾选此选项，可以删除裁剪框以外的图像部分。

范例操作：利用透视裁剪工具矫正歪斜图像

透视裁剪工具是Photoshop CC中新增的一个功能，该功能的操作方法与裁剪工具的相似，但是可以将裁剪区域调整为透视或不规则的四边形，从而改变图像的形态，如图3.83所示。

使用前

使用后

图3.83

1. 执行“文件”→“打开”命令，或按下快捷键Ctrl+O，打开Chapter 03\Media\3-2-3.jpg文件。

2. 在工具箱中选择透视裁剪工具，图像上方会显示出透视裁剪选项栏，设置好参数后，在图像中拖曳出裁剪框，如图3.84所示。

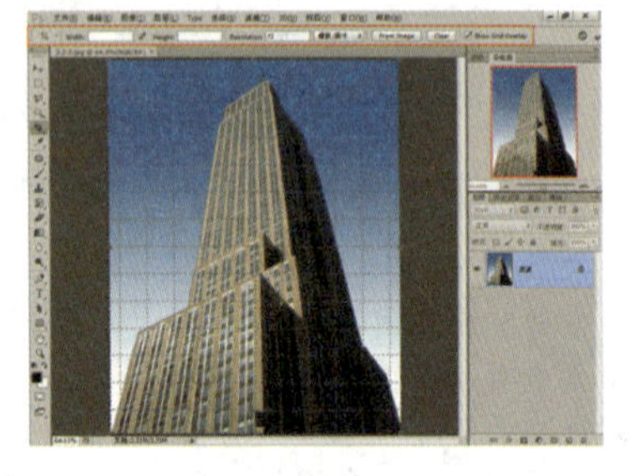

图3.84

3. 此时如果按下Enter键确认操作，则裁剪的图像效果与裁剪工具所裁剪的效果相同。想要将大楼竖直显示，可以调整裁剪框四周的节点到如图3.85所示位置，然后按下Enter键即可。

图3.85

提 示

修正倾斜的图像

要修正倾斜的图像，先用测量工具在图上可以作为水平或垂直方向基准的地方画一条线（如图像的边框、门框、两眼间的水平线等），然后从菜单中选“图像”→“旋转画布”→“任意角度…”，打开后会发现正确的旋转角度已经自动填好了，单击“确定”按钮即可。

提 示

用裁切工具一步完成旋转和剪切

可以用裁切工具一步完成旋转和剪切的工作。先用裁切工具画一个方框，拖动方框上的控制点来调整选取框的角度和大小，最后按Enter键实现旋转及剪切。测量工具量出的角度同时也会自动填到数字变换工具（“编辑”→“变换”→“数字”）对话框中。

提 示

用画布大小命令裁剪图像

裁剪图像后，所有在裁剪范围之外的像素就都丢失了。要想无损失地裁剪，可以用“画布大小”命令来代替。虽然Photoshop会警告你将进行一些剪切，但出于某种原因，事实上并没有将所有“被剪切掉的”数据都被保留在画面以外，但这对索引色模式不起作用。

范例操作：利用“裁剪”命令制作壁画

本实例是结合矩形选框工具“裁剪”命令对图像进行裁剪之后，对剩余图像应用滤镜效果，然后将其制作成壁画效果，如图3.86所示。具体操作方法如下。

> **提 示**
>
> 自动裁剪图像的条件
>
> 在使用该命令时，要注意图像不能重叠到一起，否则执行命令之后，不能将图像进行分离。

图3.86

1. 按下快捷键Ctrl+O，打开Chapter 03\Media\3-2-4.jpg文件，然后在工具箱中选择矩形选框工具，在图像中框选出需要的图像部分，如图3.87所示。

> **提 示**
>
> 快速将图片从扫描背景中抠取出来
>
> 通过执行“文件”→“自动”→“裁剪并修齐照片”命令，即可将扫描文件中的多个图像自动裁剪并修齐成各个单独的图像文件。

图3.87

2. 执行“图像”→“裁剪”命令，按下快捷键Ctrl+D取消选区，即可将选框外的图像删除，如图3.88所示。

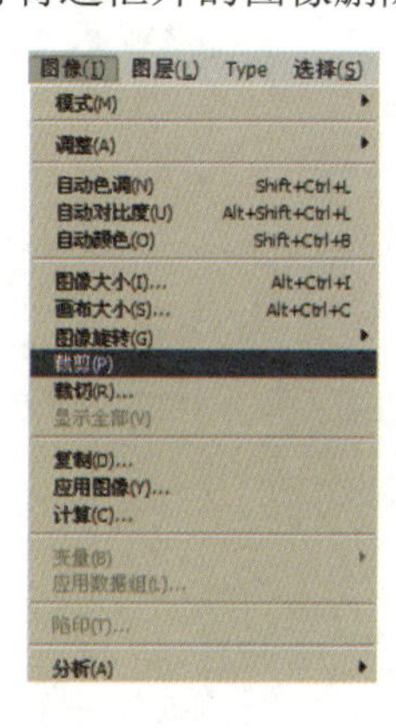

图3.88

> **提 示**
>
> 对圆形选区执行裁剪命令
>
> 如果对图像进行了圆形选区的设定，执行该命令之后，留下的图像区域将和圆形选区的水平边缘和垂直边缘相切。

提 示

自动裁剪图像

通过扫描仪将多张照片扫描到一个文件中，可以用“裁剪并修齐照片”命令自动将各个图像裁剪为单独的文件，快速并且方便。

1. 按下快捷键Ctrl+O，打开Chapter 03\Media\3-2-5.jpg文件，如图所示。

2. 执行“文件”→“自动”→“裁剪并修齐照片”命令，软件将自动对图像进行处理，然后在各自的窗口中打开每个分离后的图像。

3. 执行“图层”→“新建调整图层”→“渐变映射”命令，新建一个调整图层，参数设置如图3.89所示。

图3.89

4. 选中“背景”图层，执行“滤镜”→“艺术效果”→“壁画”命令，打开“壁画”对话框，设置参数，单击“确定”按钮，效果如图3.90所示。

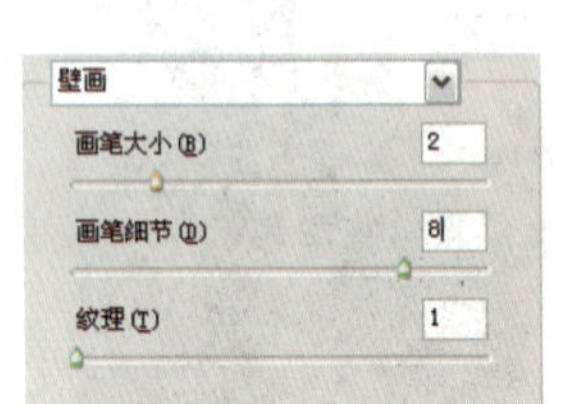

图3.90

5. 按住Alt键并双击“背景”图层，将其转换为普通图层，并且添加内发光样式，一幅简约清雅的壁画制作完成，效果如图3.91所示。

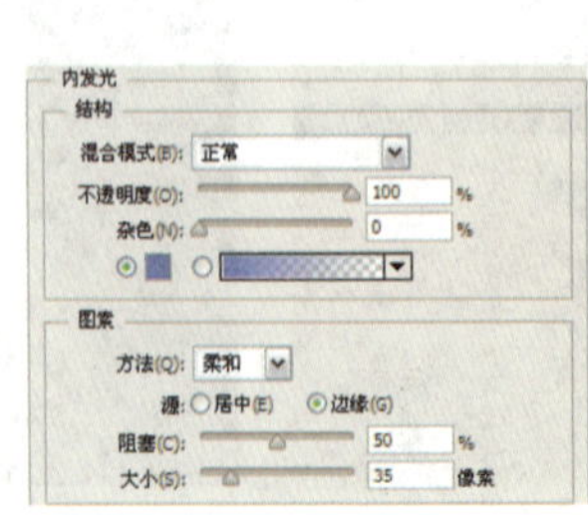

图3.91

03

3.3 图像的变换与变形操作

移动、旋转、缩放、扭曲等是图像处理的基本方法，其中，移动、旋转和缩放称为变换操作；扭曲和斜切称为变形操作。下面来了解进行变换和变形的操作方法。

内容精讲：定界框、中心点和控制点

“编辑”→“变换”下拉菜单中包含了各种变换命令，如图 3.92 所示，它们可以对图层、路径、矢量形状，以及选中的图像进行变换操作。

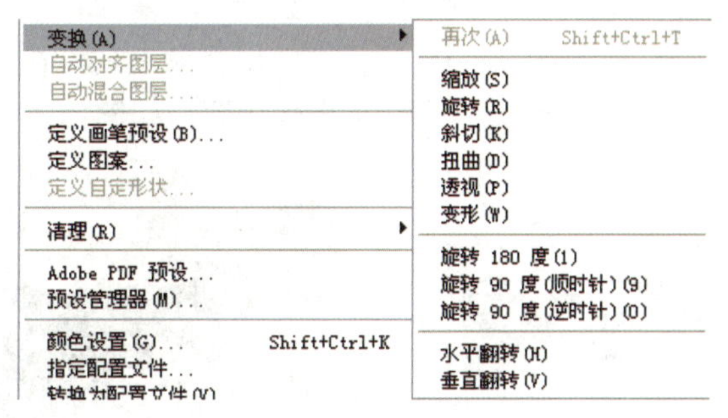

图3.92

执行这些命令时，当前对象周围会出现一个定界框，定界框中央有一个中心点，四周有控制点，如图 3.93 所示。默认情况下，中心点位于对象的中心，它用于定义对象的变换中心，拖动它可以移动它的位置。拖动控制点则可以进行变换操作。图 3.94 所示为中心点在不同位置时图像的旋转效果。

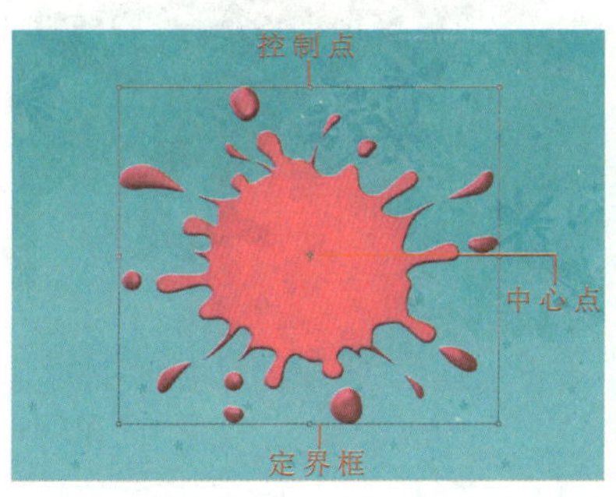

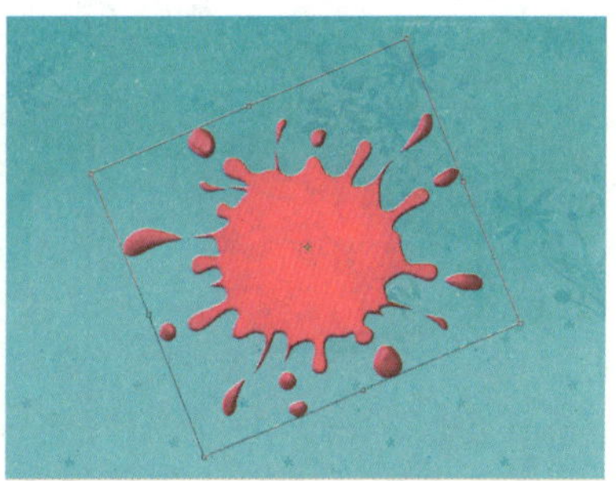

图3.93

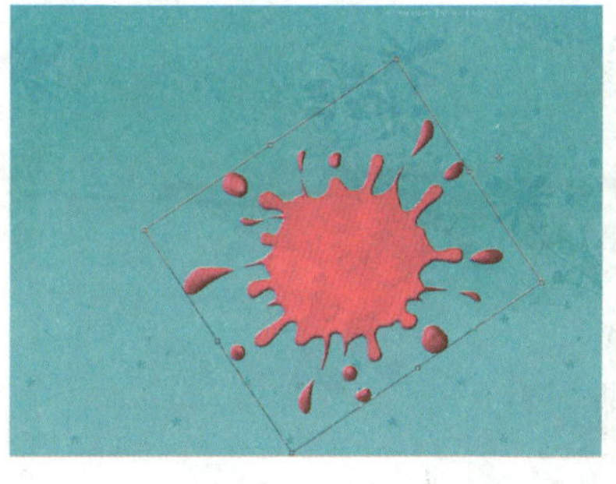

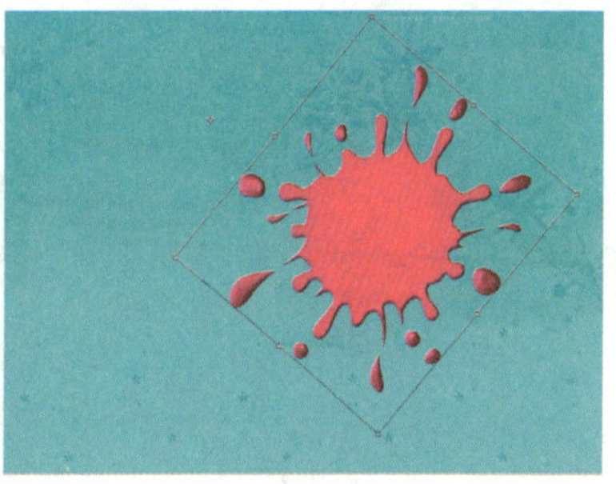

图3.94

提 示

变换的分类

变换操作分为自由变换和固定变换。固定变换包括：缩放、旋转、斜切、扭曲、透视、旋转180度、顺时针、逆时针、水平翻转、垂直翻转。自由变换包括常用的多种固定变换，主要是旋转、斜切、扭曲、透视。

执行“编辑”→“变换”下拉菜单中的“旋转 180 度”“旋转 90 度（顺时针）”“旋转 90 度（逆时针）”“水平翻转”和“垂直翻转”命令时，可直接对图像进行以上变换，而不会显示定界框。

> **提 示**
>
> **“自由变换”命令**
>
> 执行“编辑”→“自由变换”命令，或按下Ctrl+T快捷键，可以显示定界框，按下一些按键并拖动控制点，即可对图像进行缩放、旋转、斜切、扭曲、透视等操作。

范例操作：移动图像

移动工具是最常用的工具之一，无论是文档中移动图层、选区内的图像，还是将其他文档中的图像拖入当前文档，都需要使用移动工具。

1. 在同一文档中移动图像。

执行“文件”→“打开”命令，打开 Chapter 03\Media\3-3-2.psd 文件。在“图层”面板中单击要移动的对象所在的图层，如图 3.95 所示，使用移动工具在画面中单击并拖动鼠标，即可移动该图层中的图像内容，如图 3.96 所示。

> **提 示**
>
> **移动工具**
>
> 在使用移动工具时，可按键盘上的方向键，直接以1像素的距离移动图层上的图像。如果先按住Shift键后再按方向键，则以每次10 pixel的距离移动图像。而按Alt键拖动选区，将会移动选区的拷贝。

图3.95

图3.96

如果创建了选区，如图 3.97 所示，则将光标放在选区内，拖动鼠标，可移动选中的图像，如图 3.98 所示。

图3.97

图3.98

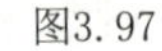

提 示

快速复制技巧

在同一个文档中，确定当前为移动工具（或暂时为移动工具），按下Alt键的同时，拖移对象，即可复制；按住Shift键，可保证按45度角的倍数移动。在不同的文档间移动时，按住Shift键，如果两个文档的大小相同，则对象复制到新文档的相同的位置，如果文档大小不同，那么对象被复制到新文档的正中。用这种方法复制，不但方便，也可以减少剪贴板的使用，进一步节省系统资源。

使用移动工具时，按住 Alt 键并拖动图像可以复制图像，同时生成一个新的图层。

2. 在不同的文档间移动图像。

打开两个或多个文档，选择移动工具，将光标放在画面中，单击并拖动鼠标至另一个文档的标题栏，如图 3.99 所示。停留片刻后切换到该文档，如图 3.100 所示。移动到画面中并放开鼠标，可将图像拖入该文档，如图 3.101 所示。

图3.99

图3.100

图3.101

将一个图像拖入另一个文档时，按住 Shift 键操作，可以使拖入的图像位于当前文档的中心。如果这两个文档的大小相同，则拖入的图像就会与当前文档的边界对齐。

3. 移动工具的选项栏

单击移动工具后，上端会显示出移动工具的选项栏，如图3.102所示。

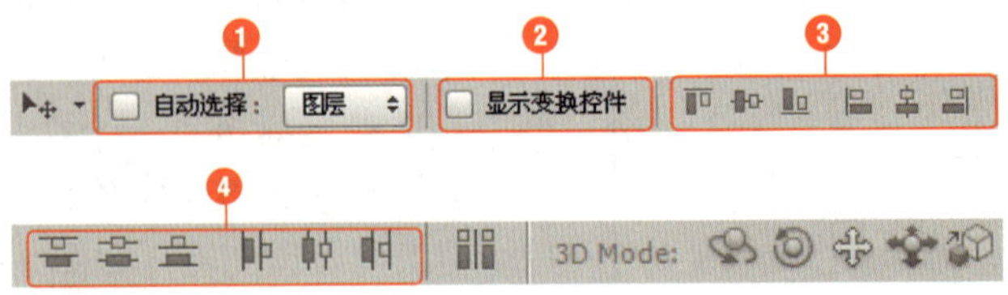

图3.102

❶ 自动选择图层：勾选这一项时，使用移动工具单击图层构成的图像后，选定图像的图层会被自动设置为当前图层。

❷ 显示变换控件：勾选这一项时，图像上会显示出边框。利用这一边框，可以旋转或者放大、缩小图像，如图3.103所示。

图3.103

❸ 对齐链接图层：当链接的图层达到2个以上的时候，使用该选项，可以对图层进行各种方式的对齐操作。打开范例文件，查看图层面板，可以看到，这里有3个图层链接在一起。当前第2个图层处于被选定状态，红色实线是基准线，如图3.104所示。

顶对齐：以当前选定图层的图像为基准向上对齐。

水平居中对齐：以当前选定图层的图像为基准，水平中央排列。

底对齐：以当前选定图层的图像基准向下对齐。

图3.104

提 示

顶对齐、水平居中对齐和底对齐

顶对齐相当于几个气球飘到房顶，无论气球大小，停留的高度就是房顶的高度。水平居中对齐相当于穿山楂串，每个山楂不论大小，都从中间穿过。底对齐相当于合影照相，不论谁高谁矮，都站在地面上。

左对齐：以当前选定图层的图像为基准向左排列。

垂直居中对齐：以当前选定图层的图像为基准，垂直中央排列。

右对齐：以当前选定图层的图像基准向右对齐。

图3.104（续）

④ 分布链接图层：当链接的图层为3个以上的时候，可以使用该选项。它可以调整选定图层之间的间隔。

范例操作：旋转与缩放

1. 执行“文件”→“打开”命令，打开Chapter 03\Media\3-3-8.psd文件。单击要旋转的对象所在的图层，如图3.105所示，执行“编辑”→“自由变换”命令，或按下Ctrl+T快捷键显示定界框，如图3.106所示。

图3.105

图3.106

2. 将光标放在定界框外靠近中间位置的控制点处，当光标变为↻状时，单击并拖动鼠标可以旋转对象，如图3.107所示。操作完成后，可按下Enter键确认。如果对变换结果不满意，则按下Esc键取消操作。

图3.107

提 示

自由变换工具

在使用自由变换工具（Ctrl+T）时，按住Alt键（Ctrl+Alt+T）即可复制原图层（在当前的选区），在复制层上进行变换；Ctrl+Shift+T组合键为再次执行上次的变换，按Ctrl+Alt+Shift+T组合键为复制原图后再执行变换。

3. 缩放图像。将光标放在定界框四周的控制点上，当光标变为↗状时，单击并拖动鼠标可缩放对象，如图3.108所示。如果要进行等比缩放，可在缩放的同时按住Shift键，如图3.109所示。

图3.108

图3.109

范例操作：斜切与扭曲

采用前面的图像文件进行斜切与扭曲的练习。如果没有保存该图像，可执行"文件"→"恢复"命令恢复文件，然后进行下面的操作；如果已经将修改结果保存了，则可以打开原图像来进行练习。

1. 按下Ctrl+T快捷键显示定界框，将光标放在定界框外侧位于中间位置的控制点上，按住Shift+Ctrl组合键，光标会变为▸↔状，单击并拖动鼠标可以沿水平方向斜切对象，如图3.110所示。将光标放在定界框四周的控制点上，光标会变为▸↕状，单击并拖动鼠标可以沿垂直方向斜切对象，如图3.111所示。

图3.110

图3.111

2. 按下Esc键取消操作，来进行扭曲练习。按下Ctrl+T快捷键显示定界框，将光标放在定界框四周的控制点上，按住Ctrl键，光标会变为▸状，单击并拖动鼠标可以扭曲对象，如图3.112所示。

图3.112

提 示

斜切与扭曲的区别

斜切不仅是将其倾斜一定的角度，还可以把图像扭曲、伸展和变形。就好像一块橡皮泥一样，可以任意变换。它可以使选取对象在所有可能的方向上扭曲，只需拖动控制手柄并拖动选取区域就能够完成这种操作。完成后只需按Enter键即可。扭曲命令不是改变图像的尺寸，而是挤压和拉伸图形。

提 示

操控变形

使用操控变形命令，可以在一张图像上建立网格，然后使用“图钉”固定特定的位置后，拖动需要变形的部位，对图像的局部进行变形。

更进一步：通过操控变形修改人物动作

应用操控变形功能以后，在图像上添加关键节点，就可以对任何图像元素进行变形，例如，可以轻松地将人物的四肢等部位弯曲。具体操作方法如下。

1. 打开Chapter 03\Media\3-3-9.psd文件。按住Ctrl键，单击“图层1”图层的缩略图，将图层1的图像全部选中。执行菜单栏中“编辑”→“操控变形”命令，图像选区变为如图3.113所示效果。

图3.113

2. 此时，光标变为*形状，用它来定义关节。在机器人的左脚部位任意处单击，就会出现一个小圆圈，说明正在对此图层进行操控变形，在左脚其他部位继续单击，将出现不同的小圆圈，如图3.114所示。

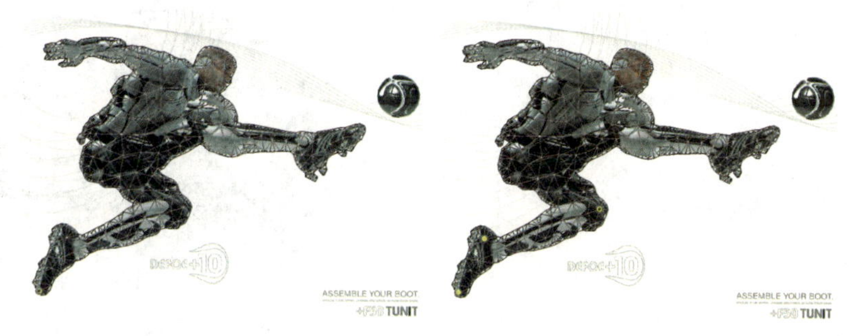

图3.114

3. 确定好关节点之后，拖动小圆圈，就可以变换图像，如图3.115所示。完成后选择属性栏中的✔按钮确认操作，按下快捷键Ctrl+D取消选区，效果如图3.116所示。

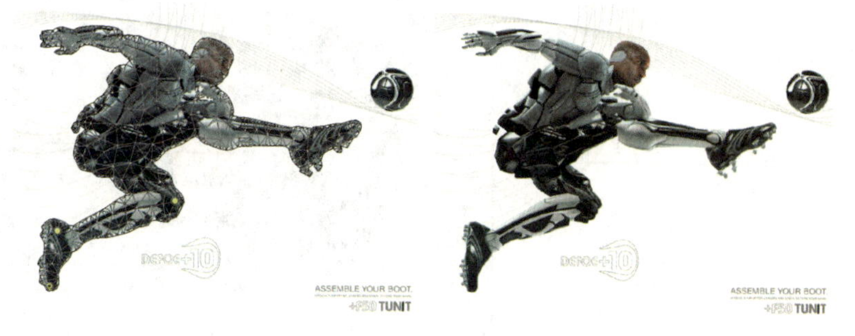

图3.115　　图3.116

范例操作：用“内容识别比例”命令缩放图像

此功能是 Photoshop 中非常实用的一个功能。利用其他工具调整图像时，会同时影响所有像素，而内容识别缩放则主要影响没有重要内容的区域中的像素。例如，当缩放图像时，画面中的人物、建筑、动物等不会变形。下面通过实例来说明。

1. 打开Chapter 03\Media\3-3-10.jpg文件，由于内容识别缩放不能处理“背景”图层，首先要按住Alt键并双击“背景”图层，将其转换为普通图层。打开文件，如图3.117所示。

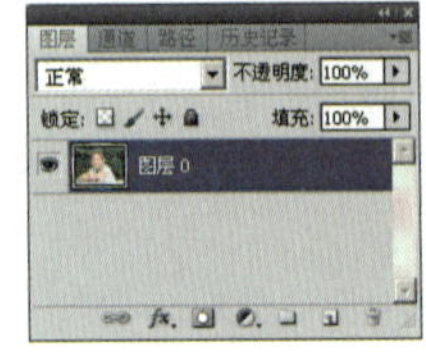

图3.117

2. 执行“编辑”→“内容识别比例”命令，显示定界框，工具选项栏中显示变换选项，此时可输入缩放值，或向左侧拖动控制点来对图像进行手动缩放（按住Shift键可等比例缩放），如图3.118所示。

提 示

内容识别比例

爱冲洗照片的朋友一定知道，由于数码相机拍摄尺寸和照片冲洗尺寸通常无法吻合，所以在数码照片冲洗店冲洗照片时，必定会被“残忍”地裁去一大截照片中精彩的内容，给照片冲洗带来遗憾，通过内容识别比例可以轻松解决这一难题。

图3.118

3. 按下Enter键确认操作。如果要取消变形，可以按下Esc键。图3.119所示分别为普通方式、内容识别比例缩放的效果，由此可以发现，内容识别比例功能非常大。

普通方式

内容识别比例缩放的效果

图3.119

更进一步：内容识别比例的选项栏

内容识别比例选项栏如图3.120所示。

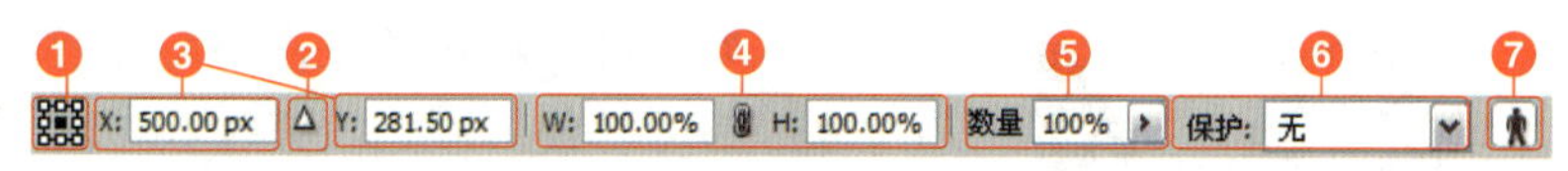

图3.120

❶ 参考点的定位符：单击参考点定位符上的方块，可以指定缩放图像时要围绕的固定点。默认情况下，参考点位于图像的中心。

❷ 使用参考点相对定位：单击该按钮，可以指定相对于当前参考点位置的新参考点位置。

❸ 参考点位置：可输入X和Y轴像素大小，将参考点放置于特定位置。

❹ 缩放比例：输入宽度（W）和高度（H）的百分比，可以指定图像按原始大小的百分之多少进行缩放。单击“保持长宽比例”按钮，可进行等比例缩放。

❺ 数量：指定内容识别缩放与常规缩放的比例。可在文本框中输入参数，以指定内容识别缩放的百分比。

❻ 保护：可以选择一个Alpha通道。通道中白色对应的图像不会变形。

❼ 保护肤色：按下该按钮，可以保护包含肤色的图像区域，是指避免变形。

按下快捷键 Ctrl+O，打开 Chapter 03\Media\3-3-11.jpg 文件，按住 Alt 键并双击“背景”图层，将其转换为普通图层。执行“编辑”→“内容识别比例”命令，显示定界框，工具选项栏中显示变换选项，此时可输入缩放值，或向左侧拖动控制点，来对图像进行手动缩放。

从缩放结果中可以看到，人物变形非常严重。按下工具选项栏中的保护肤色按钮，让 Photoshop 分析图像，尽量避免包含皮肤颜色的区域变形，虽然画面变了，但是人物比例和结构没有明显的变化，如图 3.121 所示。

图3.121

提 示

内容识别比例准备工作

在进行具体的“内容识别比例”变换之前，用“快速选择工具”将照片中一些不需要变形的部分选中。将该选区存储为蒙版。使用“内容识别比例”时，在选项栏的保护项下拉列表中选择之前存储的蒙版。告诉Photoshop哪些地方是不需要“内容识别比例”变换的。

3.4 填充工具

如果需要修饰选区内的图像，或者简单地合成图像和背景图像，都可以使用颜色填充工具，对照片进行简单的合成操作。只需要设置填充的颜色或者图案，然后单击鼠标，就可以制作出美丽的照片。下面来学习填充颜色和粘贴图案的方法。

范例操作：使用渐变工具填充图像颜色

使用渐变工具填充图像颜色的效果如图3.122所示。

使用前

使用后

图3.122

1. 按下快捷键Ctrl+O，打开Chapter 03\Media\3-4-1.jpg文件，在工具箱中选择魔棒工具，在选项栏中单击“添加到选区”按钮，然后单击背景部分，为背景部分建立选区，如图3.123所示。

图3.123

2. 按住Alt键双击“背景”图层，将其转换为普通图层，按Delete键将选区内的图像删除。在工具箱中单击选择渐变工具。选择属性栏的线性渐变，然后单击渐变样式的下拉按钮，弹出渐变样式列表，单击“橙，黄，橙渐变”图标，如图3.124所示。

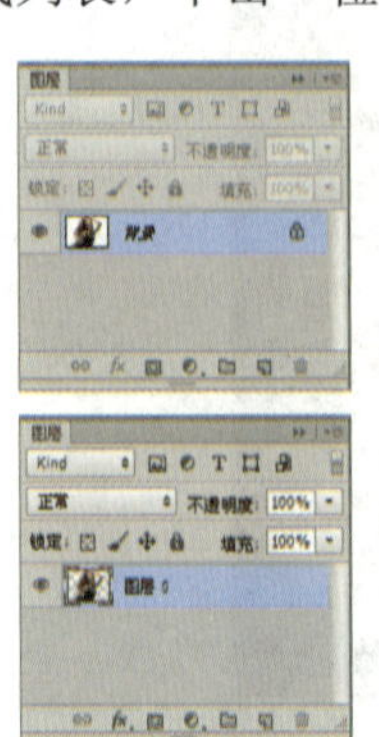

图3.124

04

提示

前景色与背景色的作用

前景色和背景色都用于显示或选取所要应用的颜色。默认状态下，前景色是使用画笔工具绘画、油漆桶工具填色时所使用的颜色。背景色是当前图像所使用画布的背景颜色。

提示

切换前景色和背景色

使用键盘上的D键、X键可迅速切换前景色和背景色。

3. 单击并拖动渐变工具，就会对背景应用线性渐变，如图3.125所示。

图3.125

4. 自定义渐变。先单击渐变条，弹出“渐变编辑器”对话框后，双击渐变栏左下端的滑块，准备设定渐变的颜色，弹出“选择色标颜色”对话框后，将颜色设置为绿色，在本范例中，分别设置渐变色为绿、黄、绿，如图3.126所示。

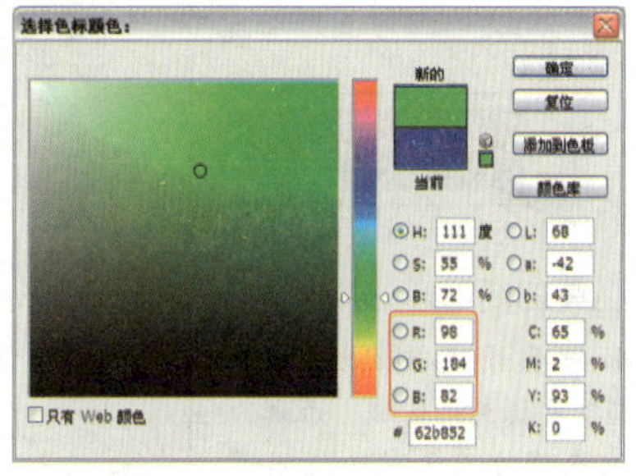

图3.126

5. 在“渐变编辑器”的名称文本框中输入“绿黄绿渐变”，单击“新建”按钮，将制作好的渐变色存储起来，如图3.127所示。

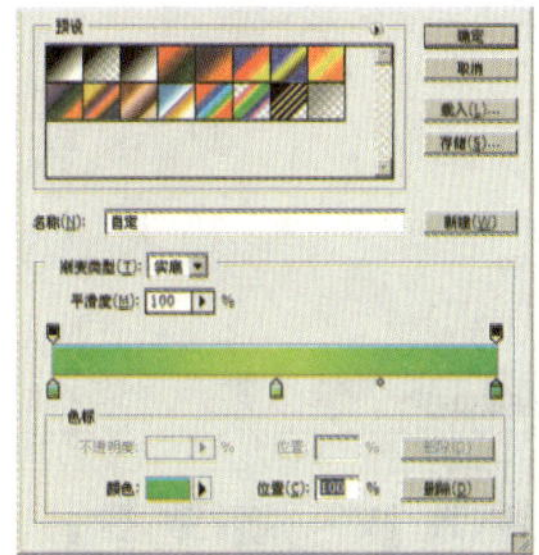

图3.127

6. 在选项栏中，单击“径向渐变”按钮，然后从①向②拖动鼠标。应用渐变颜色。按下快捷键Ctrl+D，取消选择，如图3.128所示。

图3.128

提 示

填充快捷键

按Shift+Backspace组合键打开“填充”对话框；按Alt+Backspace组合键和Ctrl+Backspace组合键分别填充前景色和背景色；按Alt+Shift+Backspace组合键及Ctrl+Shift+Backspace组合键在填充前景色和背景色时只填充已存在的像素（保持透明区域）。按Alt+Ctrl+Bacskspace组合键，从历史记录中填充选区或图层；按Shift+Alt+Ctrl+Backspace组合键，从历史记录中填充选区或图层，并且保持透明设置。

更进一步：渐变工具的选项栏

在工具箱中选择渐变工具，画面上端将显示如图3.129所示的渐变工具选项栏。渐变工具可以填充色带，经常作为背景图像使用。

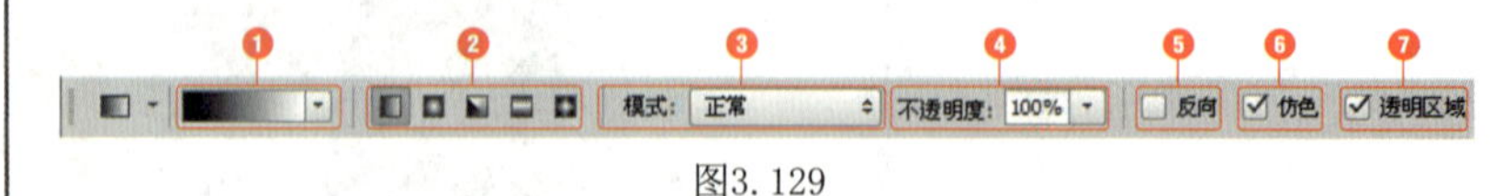

图3.129

❶渐变条：在以前景色和背景色为基准显示或者保存渐变颜色的渐变样式中，显示选定的渐变颜色。单击渐变条后，会显示“渐变编辑器”对话框，单击“扩展”按钮，就会显示出渐变样式列表，这里包含了Photoshop CC提供的基本渐变样式，如图3.130所示。

渐变样式列表

新建渐变... —— 将当前颜色更改为新的渐变

重命名渐变... / 删除渐变 —— 更改或删除所选渐变的名称

仅文本 —— 以名称显示渐变样式

小缩览图 / 大缩览图 —— 以小图标或大图标显示渐变样式

小列表 / 大列表 —— 以小列表或大列表显示渐变样式

预设管理器... —— 可以改变画笔、工具、样式等多种信息的设置

复位渐变... —— 返回渐变的初始值

载入渐变... —— 载入保存的渐变

存储渐变... —— 保存当前的渐变设置

替换渐变... —— 替换载入保存的渐变

协调色 1、协调色 2、金属、中灰密度、杂色样本、蜡笔、简单、特殊效果、色谱 —— Photoshop中提供的基本渐变样式，可以添加到渐变样式列表中

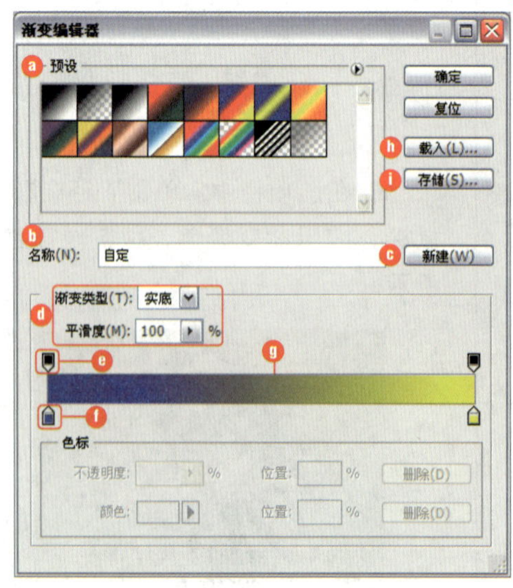

图3.130

提示

渐变工具的使用方法

如果要填充图像的一部分，选择要填充的区域，否则，渐变填充将应用于整个现用图层。选择渐变工具，然后在选项栏中选取渐变样式。在选项栏中选择一种渐变类型，包括“线性渐变”“径向渐变”“角度渐变”“对称渐变”“菱形渐变”，将指针定位在图像中要设置为渐变起点的位置，然后拖移，以定义终点。

ⓐ 预设：以图标形式显示Photoshop CC中提供的基本渐变样式。单击图标后，可以设置该样式的渐变。单击“扩展”按钮后，还可以打开保存的其他渐变样式。

ⓑ 名称：显示选定渐变的名称，或者输入新建渐变的名称。

ⓒ 新建：创建新渐变。

ⓓ 渐变类型：有显示为单色形态的实底和显示为多种色带形态的杂色两种渐变类型，如图3.131所示。

- 平滑度：调整渐变颜色阶段的柔和程度，数值越大，效果就越柔和。
- 粗糙度：该选项可以设置渐变颜色的柔和程度，数值越大，颜色阶段越鲜明。
- 颜色模型：该选项可以确定构成渐变的颜色基准，可以选择使用RGB、HSB或LAB颜色模式。

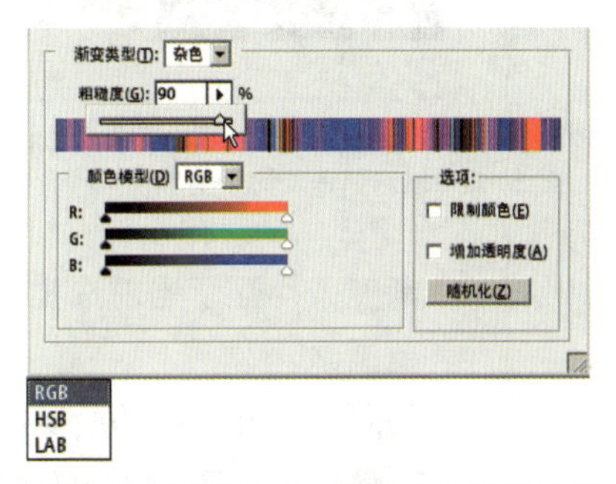

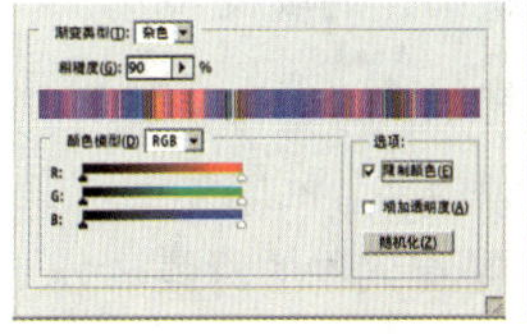

限制颜色：用来显示渐变的颜色数，勾选以后，可以简化表现出来的颜色阶段

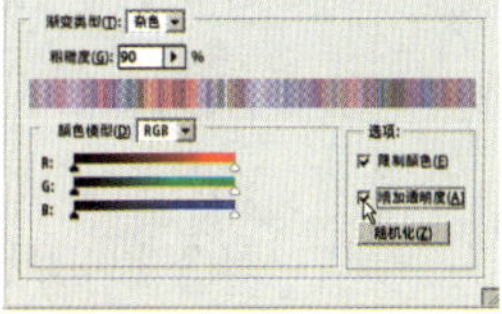

增加透明度：勾选“增加透明度”以后，可以在杂色渐变上添加透明度

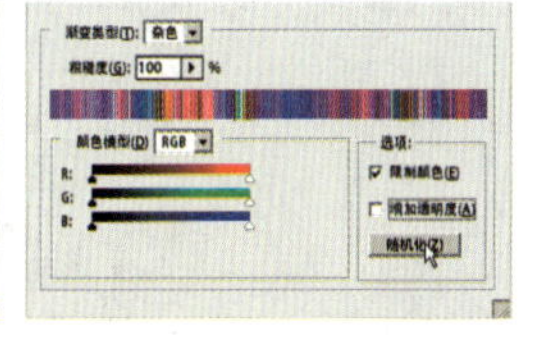

随机化：每单击一次，可以任意改变渐变的颜色组合

图3.131

ⓔ 不透明度上色标：调整应用在渐变上的颜色的不透明度值。默认值是100，数值越小，渐变的颜色越透明，如图3.132所示。

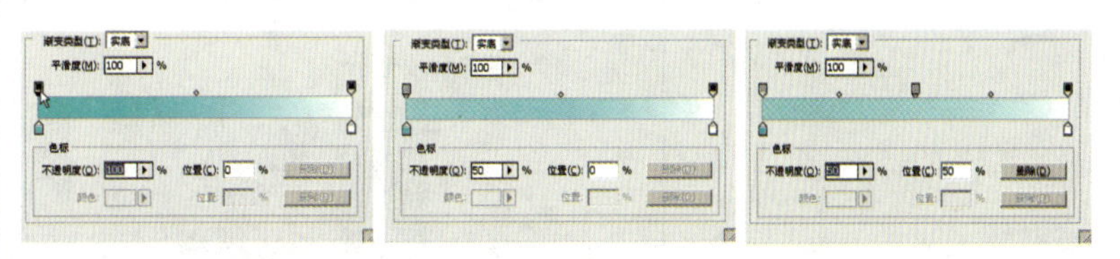

单击渐变条上端左侧的滑块，可以激活“色标”选区的“不透明度”和“位置”选项

将色标选项的“不透明度”设置为50%，则透明部分会显示为格子的形态

单击渐变条上端左侧的滑块，然后拖动鼠标移动滑块，可以显示位置值

图3.132

ⓕ 不透明度下色标：调整应用在渐变上的颜色的不透明度值。默认值是100，数值越小，渐变的颜色越透明，如图3.133所示。

提 示

为文字填充渐变

要为文本填充渐变色，可以通过两种方法来完成：一是将文字图层转换为普通图层，然后锁定该图层的透明像素，再按照填充图像或选区的方法为文本填充所需的渐变色；另一种方法是保留文字图层，为文字图层添加“渐变叠加”图层样式。

提 示

重新设置渐变类型

只需要单击下拉按钮，便可以选择需要的渐变颜色及类型，在Photoshop画面的上端，单击渐变颜色条，在弹出的“渐变编辑器”对话框中，可以设置“渐变类型”“渐变颜色”及“平滑度”等。

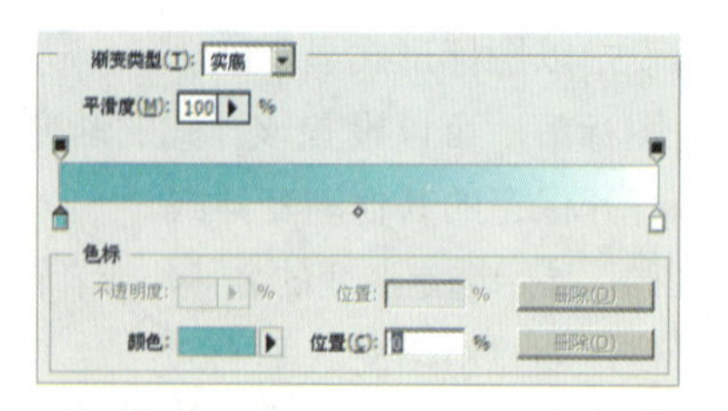

单击渐变条下端左侧的调整滑块，激活色标选区的颜色和位置。显示出当前单击点的颜色值和位置值

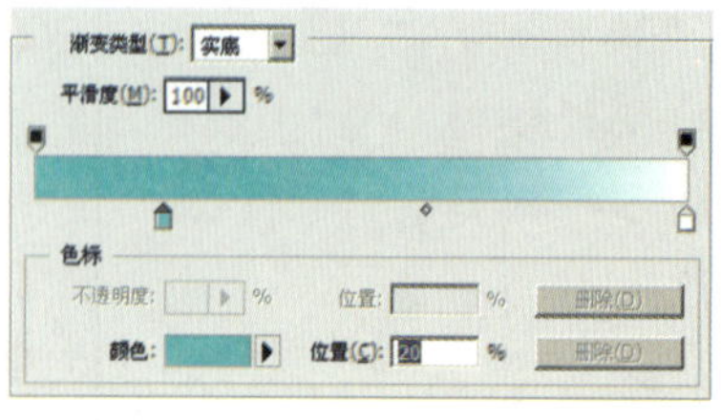

单击渐变条下端的调整滑块，并向右拖动，可以在位置中显示出数值

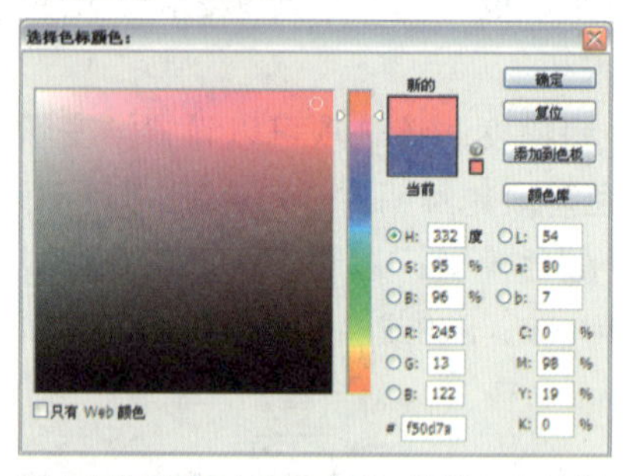

双击调整滑块，显示出颜色对话框，在这里可以选择需要的渐变颜色

单击“新建”按钮之后，单击“确定”按钮，就会在渐变工具的选项栏中显示所设置的渐变颜色

图3.133

g 渐变条：显示当前选定的渐变的颜色，可以改变渐变的颜色或者范围。

h 载入：打开保存的渐变。

i 存储：保存新制作的渐变。

2 渐变类型：将线性、径向、角度、对称、菱形形态的渐变工具制作为图标。随着拖动方向的不同，颜色的顺序或位置都会发生改变。图3.134所示是在人物的背景部分使用各种渐变类型的不同效果。

线性渐变

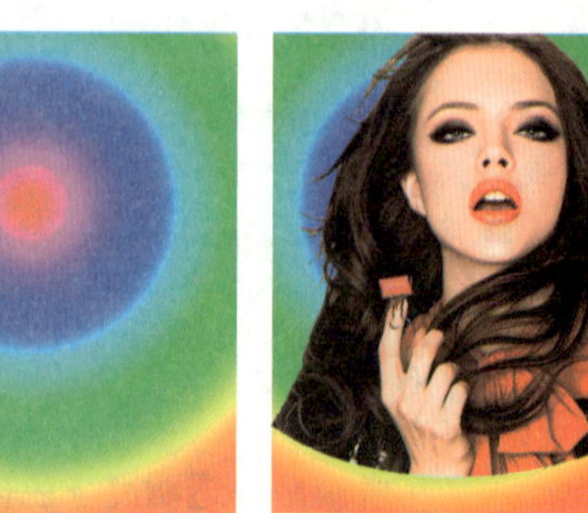

径向渐变

图3.134

提 示

为形状图层填充渐变色

要为形状图层填充渐变色，可以通过两种方法来完成：一种是栅格化形状图层，将其转换为普通图层，然后使用渐变工具进行填充；另一种是为形状图层添加渐变叠加图层样式。

提 示

为直线制作由淡到浓的渐变效果

在新建图层上，用直线工具绘制一条直线路径，将路径转换为选区，并为其填充从前景色到透明的渐变色样，然后为直线所在的图层添加图层蒙版，再将前景色设置为黑色，并使用设置为柔角笔刷的画笔在直线的尾部进行适当的涂抹，这样就可以产生由淡到浓的渐变效果。

角度渐变

对称渐变

菱形渐变

图3.134（续）

❸ 模式：设置原图像的背景颜色和渐变颜色的混合模式。

❹ 不透明度：除了在不透明度色标上设置的不透明度外，还可以调整整个渐变的不透明度。

❺ 反向：勾选这一项以后，可以翻转渐变的颜色阶段。

❻ 仿色：勾选这一项以后，可以柔和地表现渐变的颜色阶段。

❼ 透明区域：该选项可以设置渐变的透明度，如果不勾选，则不能应用透明度，会显示出只有一种颜色的图。

范例操作：用油漆桶工具为图像添加背景

使用油漆桶工具，可以轻松地将选择的区域转换为其他颜色和选定的图案图像。图3.135所示范例中，使用油漆桶工具，将简单单一的白色背景变为选择的图案图像。

图3.135

1.按下快捷键Ctrl+O,打开Chapter 03\Media\3-4-3.jpg文件，在工具箱中选择魔棒工具，设置“容差”值为10，单击鼠标创建选区，如图3.136所示。

图3.136

2.按下快捷键Ctrl+O,打开Chapter 03\Media\3-4-4.jpg文件，执行“选择”→“全部”命令，将整个图像设置为选区。执行“编辑”→“定义图案”命令，弹出“图案名称”对话框，设置图案名称为“草地”，然后单击“确定”按钮，如图3.137所示。

图3.137

提 示

创建自定义填充图案

1. 选择要创建图案的对象，它可以是一个文件，也可以是创建选区中的图像。

2. 执行“编辑”→“定义图案”命令，在打开的“图案名称”对话框中，输入图案名称，然后单击“确定”按钮，即可将自定义的图案添加到系统的图案列表中。

提 示

不同的填充方式

使用油漆桶工具，如果想要填充颜色，则填充颜色默认为前景色。

在颜色变化不强烈的部分，快速填充颜色的时候，应该选择油漆桶工具进行填充。

当颜色边线是由不同颜色构成的时候，只能以单击的颜色为基准，在相同的颜色上执行填充颜色操作。

3. 切换到3-4-3.jpg图像，选择油漆桶工具，在选项栏中将填充设置为图案，然后单击下拉按钮，选择保存的草地图案。单击背景部分，对背景填充图案。按下快捷键Ctrl+D，取消选择，如图3.138所示。

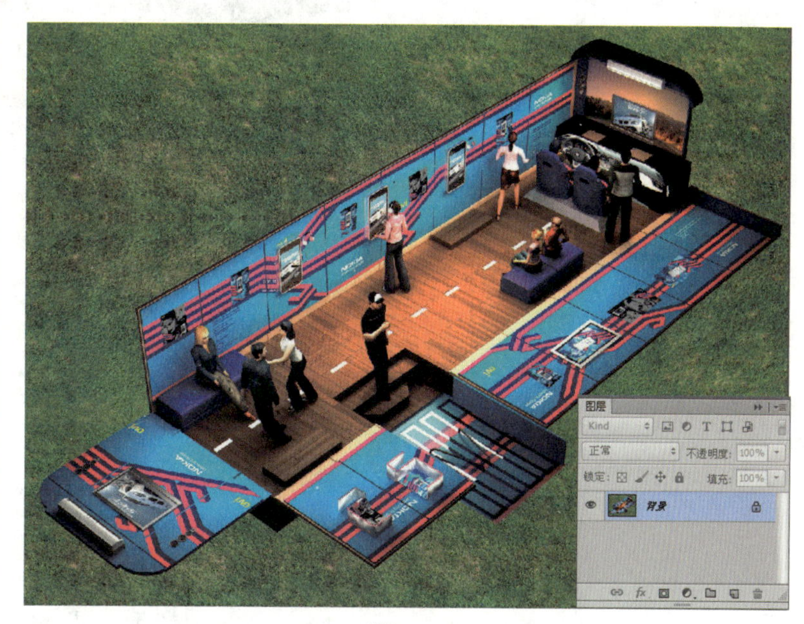

图3.138

更进一步：油漆桶工具的选项栏

在绘制的选区内填充指定的颜色或者图案图像时，油漆桶工具是一个非常好的选择。选择油漆桶工具后，画面上端会显示出一个选项栏，如图3.139所示。

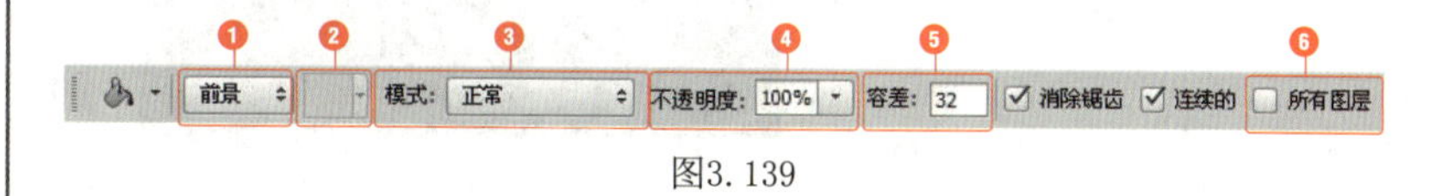

图3.139

❶ 填充：从设置为前景色的颜色和载入为图案的图像中选择填充的对象。

❷ 图案：当“填充”设置为“图案”时，则此处为可用状态，并载入了图案图像，此时可以将图案图像填充到特定区域上，如图3.140所示。

图3.140

❸ 模式：该选项可以设置混合模式。填充颜色或图案图像的时候，设置与原图像的混合形态。

❹ 不透明度：该选项可以设置颜色或图案的不透明度，数值越小，画面越透明，如图3.141所示。

原图像

不透明度：100%

不透明度：70%

不透明度：20%

图3.141

❺容差：该选项可以设置颜色的应用范围，数值越大，选择类似颜色的选区就越大，如图3.142所示。

原图像

容差：20

容差：50

容差：100

图3.142

❻所有图层：勾选该项后，对于由几个图层构成的图像，与图层无关，可以按照画面显示应用颜色或图案。

提 示

油漆桶工具

油漆桶工具用来填充前景色或图案。其中属性栏中左边的填充是指填充的内容是前景色还是图案；其右侧的图案属性，就是选择想填充的图案；右边的容差范围是指选择的容差值越大，油漆桶工具允许填充的范围就越大。它的使用非常简单，在左边选好想填充的颜色后，再填充到想填充的图形。

04

Chapter

图层的基本编辑

内容提要

Photoshop软件中的图层功能是处理图像时的基本功能，也是Photoshop中很重要的一部分。图层就像一张张透明纸，每张透明纸上有不同的图像，将这些透明纸质重叠起来，就会组成一幅完整的图像，而当要对图像的某一部分进行修改时，不会影响到其他透明纸上的图像，也就是说，它们是互相独立的。本章将介绍图层的基本编辑。

主要内容

- 理解图层的概念
- 创建图层
- 编辑图层
- 排列与分布图层

知识点播

- 合并与盖印图层
- 图层样式
- 编辑图层样式

01

4.1 理解图层的概念

使用图层可以同时操作几个不同的图像，使不同的图像进行合成，并从画面中隐藏或删除不需要的图像和图层。使用图层，可以获得画面统一的图像，从而获得需要的效果。如果不制作图层，在创作一个较复杂的图片时，只要有一小部分绘制错误，那么就必须重新绘制。其实只需要修改图像的一小部分即可，但却要所有的图像一起重新制作，这样是非常麻烦的。但是，如果事先分别单独创建了构成整体的图像，那么只需要更改不满意的图层图像即可，这样就大大减少了不必要的麻烦，缩短了工作时间。打开素材文件4-1-1.psd，可以看到该图像由4个图层组成，如图4.1所示。

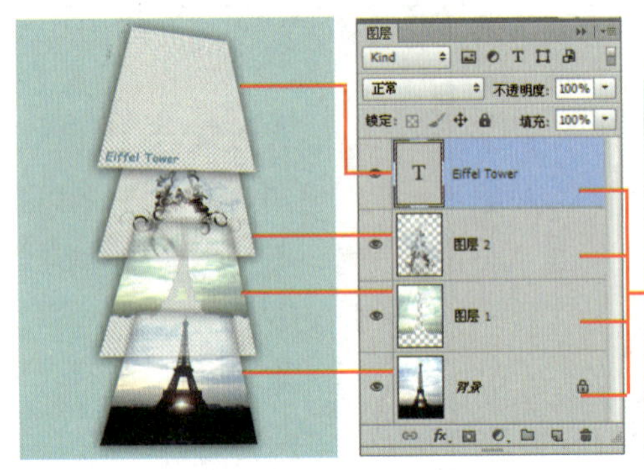

图 4.1

各个图层中的对象都可以单独处理，而不会影响其他图层中的内容，如图4.2所示。图层可以移动，也可以调整堆叠顺序。

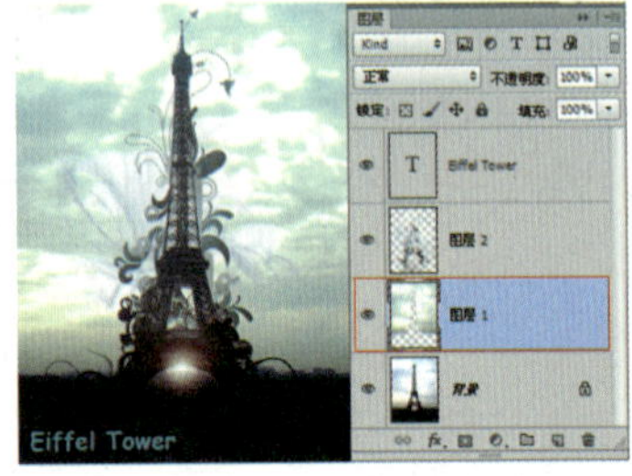

图 4.2

除“背景”图层外，其他图层都可以调整不透明度，使图像内容变得透明。不透明度和混合模式可以反复调节，而不会损伤图像，还可以修改混合模式，让上下图层之间产生特殊的混合效果，如图4.3所示。

图 4.3

提 示

图层的作用

Photoshop 中的图层就好比透明胶片，用户在图层上进行绘画就好比将图像中的不同元素分别绘制在不同的透明胶片上。由于胶片具有透明的特性，所以将所有的透明胶片按一定的顺序进行叠加后，就形成了一幅完整的图像。

知识链接

“图层”的概念在Photoshop中非常重要，它是构成图像的重要组成单位，许多效果可以通过对图层的直接操作而得到，用图层来实现效果是一种直观而简便的方法。

内容精讲：图层的原理

以前，在绘制合成效果的时候，常常是将对象绘制在若干张玻璃纸上，然后用拼合的方法来达到合成的效果。这样制作的效果，调整起来感到非常不便，玻璃纸用得越多，透明度越差，体积也在增大，更改起来十分困难。Photoshop利用了玻璃纸图像的合成原理，在图层面板上单击“创建新图层按钮”，或者单击“新建图层”按钮，就可以在背景层上新增图层，也就是在画布上放了一张玻璃纸。每单击一次，就增加一个透明图层，相当于增加了一层玻璃纸，但是这张“玻璃纸”的功能却比真的玻璃纸要强大得多，其不仅可以保存图像的信息，还可以通过运用图层的混合模式、图层的不透明度及图层调整命令来调整图层中的对象，充分体现了数字图像的特点。

提　示

图层的理解

图层应该联系到空间学，每个物体之间的暗喻都是存在的，不同的颜色会传达不同的情感，层次和块的大小也是表达情感的主要方式。而在Photoshop中，层更像是一种特效工具，利用它可以达到更多的让人目绚的效果。层像是园艺者，有了层，才有精神世界的交流。

内容精讲：“图层”面板

在制作复杂的图像时，大多需要很多图层才能完成。Photoshop中提供了用于管理图层的图层面板，包括编辑图层的基本操作方法。下面来介绍一些图层面板。

图层面板是由图层、图层的混合模式、填充、不透明度、图层项目、快捷图标及锁定功能等组成的，如图4.4所示。

提　示

开启“图层”调板

执行“窗口”→“图层”命令或按下F7键，即可将其开启。

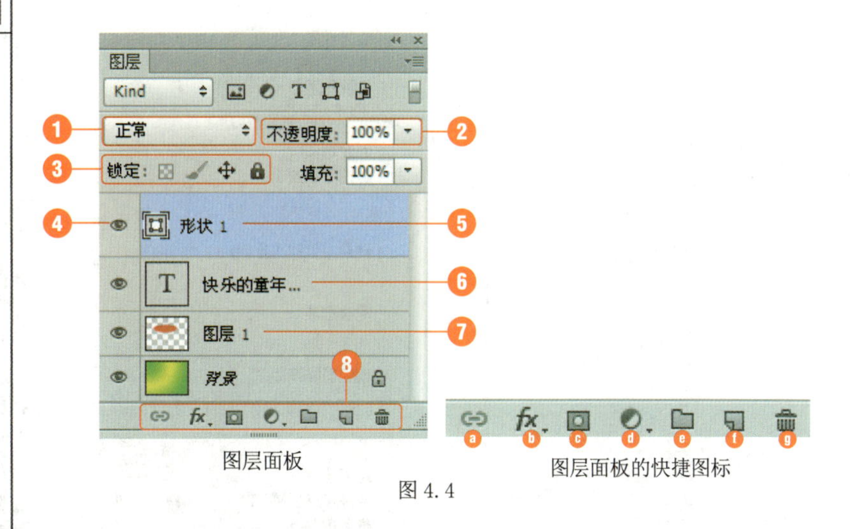

图层面板　　图层面板的快捷图标

图 4.4

❶ 混合模式：在图层图像上设置特殊的混合模式。

❷ 不透明度：设置图层图像的透明度。

❸ 锁定图标：如果不想在选定的图层上应用相应的功能，可以单击各个项目并选定。

- 锁定透明像素：不在图层的透明区域应用，只应用于有图像的区域。

提　示

复制图层

用鼠标将要复制的图层拖曳到面板上端的“新建”图标上，即可新建一个图层。

- 画笔图标：选择图层以后，在锁定图标中单击画笔图标后，会显示出锁形图标，在锁定的状态下，是不能编辑图像的。
- 锁定位置：选择该图标后，则不能移动相应图层的图像。
- 锁定全部：相应图层成为锁定状态后，则不能再进行修饰或者编辑。

❹ 眼睛图标：在画面上显示或者隐藏图层图像。

❺ 使用形状工具以后生成的图层。

❻ 使用文字工具输入文字以后生成的图层。

❼ 显示图层的名称，且该图层为目前选择的图层。

❽ 快捷图标：

ⓐ 链接图标：显示图层与其他图层的链接情况。

ⓑ 添加图层样式图标：在选定的图层上添加图层样式。

ⓒ 添加图层蒙版图标：在选定的图层上添加图层蒙版。

ⓓ 创建新的填充或调整图层图标：创建新的填充和调整图层，对图像进行编辑，不会损坏原图像，且能完成对图像的调整。

ⓔ 创建新组图层：可以按照不同的种类生成图层组。

ⓕ 创建新图层图层：单击此按钮，可以得到新的图层。

ⓖ 删除图层图标：将选定的图层进行删除。

用鼠标右键单击图层的缩略图，会弹出快捷菜单，如果选择“无缩览图”，那么图像的缩览图就会消失；选择其他选项，图像的缩览图会随之变大或缩小，如图4.5所示。

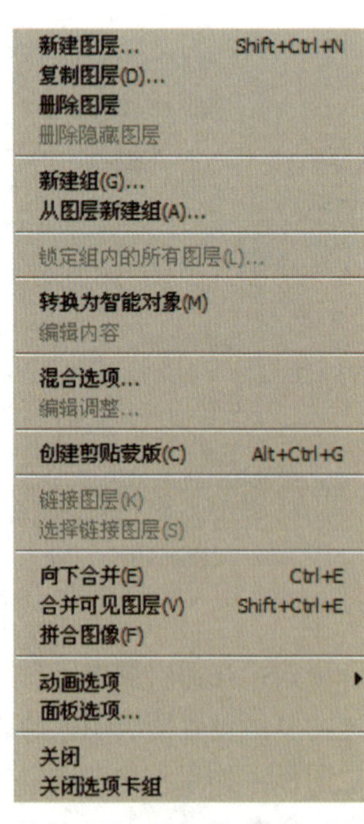

单击“图层面板”的“扩展”按钮，会显示出“扩展”菜单

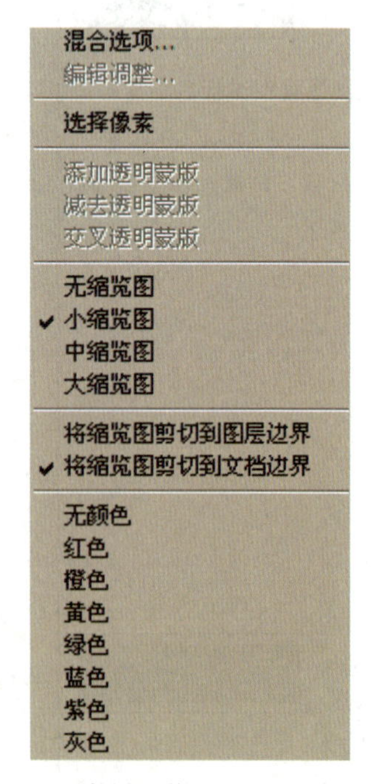

“扩展”面板

图 4.5

提 示

图层组的作用

图层组是用来管理图层的，可以把完成一个效果或同一对象的一些图层放置在同一个图层组中，便于分类管理。

提 示

将图层组中的部分图层移动到组外

选择组中的部分图层，然后用鼠标将其拖移到图层组外就可以了。

提 示

只锁定组内所有图层的透明像素

执行“图层”→“锁定组内的所有图层”命令，在弹出的“锁定组内的所有图层”对话框中选中需要锁定的内容，然后单击“确定”按钮即可。

无缩览图

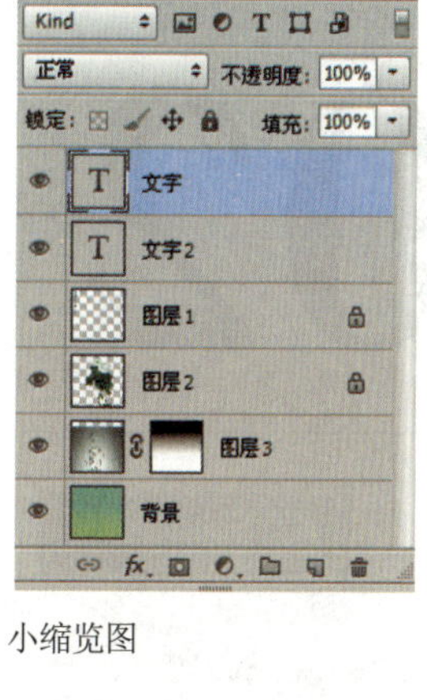

小缩览图

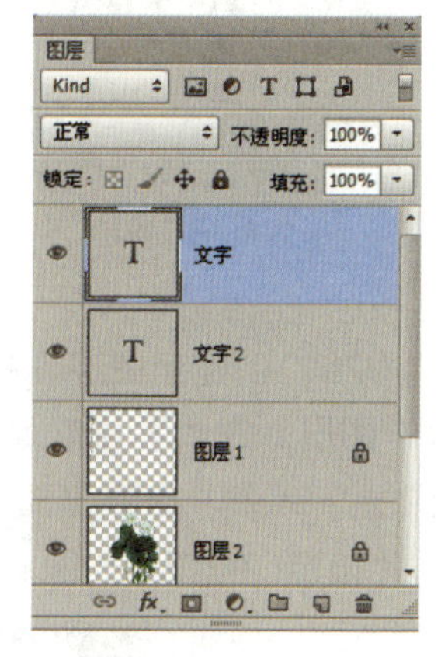

中缩览图

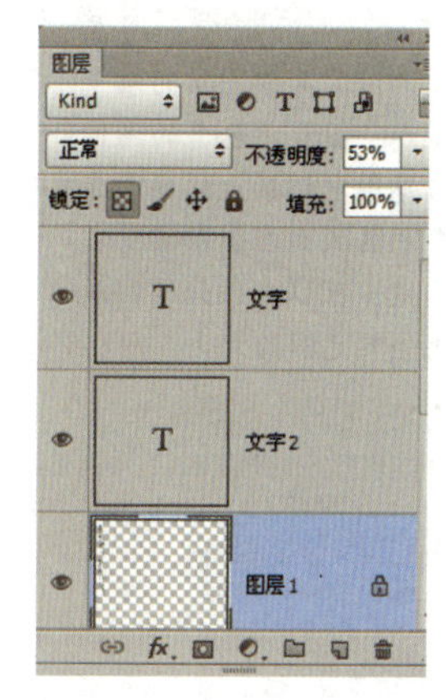

大缩览图

图 4.5（续）

提 示

删除图层

直接删除图层时，可以按住Alt键，将光标移到图层控制板上的垃圾桶上，单击鼠标即可。

提 示

自动选择

按下Ctrl键后，移动工具就有自动选择功能了，这时只要单击某个图层上的对象，那么Photoshop就会自动地切换到那个对象所在的图层；放开Ctrl键后，移动工具就不再有自动选择的功能了，这样可以避免误选。

内容精讲：图层的类型

Photoshop中的图层分为背景图层、普通图层、文字图层、形状图层、填充图层、调整图层、视频图层、3D图层、添加图层样式后出现的效果图层、智能对象图层、为智能对象应用滤镜后出现的智能滤镜图层，以及为图层创建剪贴蒙版后得到的剪贴图层与基底图层。图层是Photoshop图像处理中最重要的功能之一，读者必须认真掌握不同图层的功能和应用方法。

提 示

在不同文档间移动图层

不能在层面板中同时拖动多个层到另一个文档（即使它们是链接起来的）——这只会移动所选的层。

更进一步：“背景”图层转换为普通图层

系统默认背景图层为锁定状态，因此无法将其移动。要移动背景图层，需要先将其转换为普通图层，操作方法是在背景图层上双击，在弹出的“新建图层”对话框中单击“确定”按钮即可。

02

提 示

修改图层缩览图的大小

在“图层”面板中，图层名称左侧的图像是该图层的缩览图，它显示了图层中包含的图像内容。缩览图中的棋盘格代表了图像的透明区域。在图层缩览图上单击右键，可以在打开的扩展菜单中调整缩览图的大小。

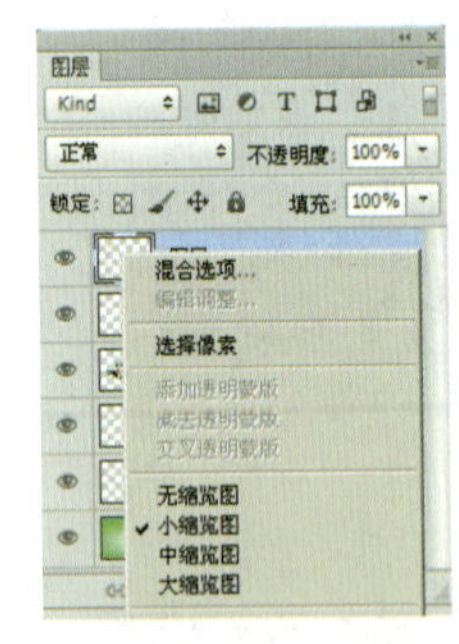

4.2 创建图层

如果需要新建图层，那么可以有两种方法供选择：① 执行“图层”→“新建”→“图层”菜单命令；② 在图层面板中单击“创建新图层”按钮，位于最下边的图层是“背景”图层。

在“图层”面板中，单击选择的图层后，图层就会显示为蓝色。单击“创建新图层”按钮，这样就会在“图层1”图层上面生成“图层6”图层，如图4.6所示。

图 4.6

再次单击“创建新图层”按钮，在“图层6”图层上会生成“图层7”图层。在“图层”面板中单击“扩展”按钮，然后选择“新建图层”命令，在弹出的“新建图层”对话框中，输入名称后，单击“确定”按钮，如图4.7所示。

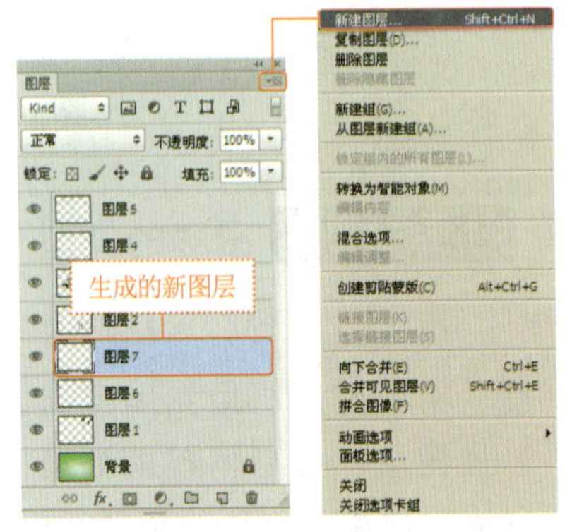

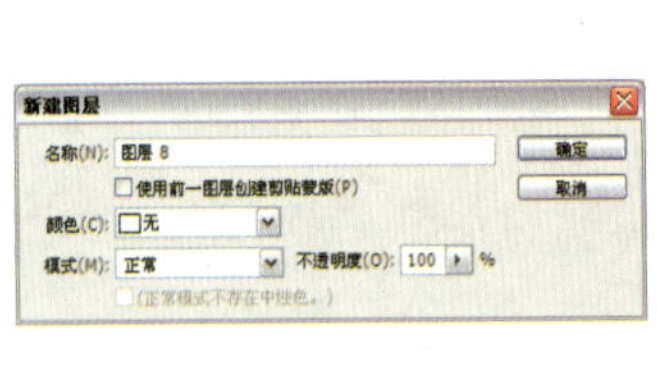

图 4.7

选中“图层3”图层，按住Ctrl键的同时，单击“创建新图层”按钮，即可在该图层之下新建一个新图层，如图4.8所示。

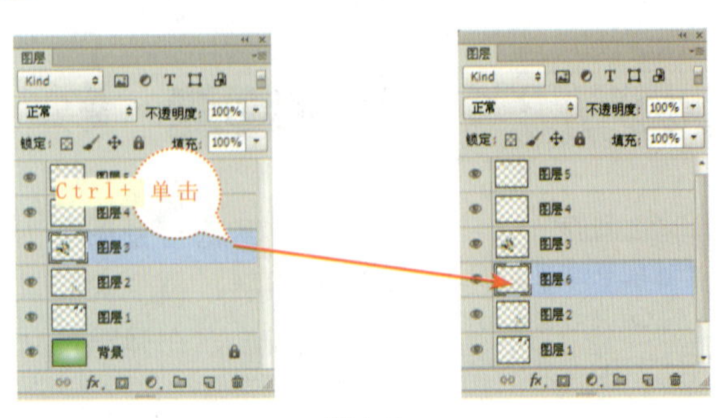

图 4.8

提 示

在当前所选图层的下方创建图层

要在当前所选图层的下方创建图层，在“图层”调板中按住Ctrl键，并单击“创建新图层”按钮即可。

选择图层时，按下快捷键Alt+.，可选中顶部图层；按下快捷键Alt+,，可选中最底部图层，如图4.9所示。

提 示

选择多个图层

在“图层”调板中选取一个图层，然后按住Shift键单击另一个图层，则可以选择这两个图层及它们之间的所有图层。另外，按住Ctrl键单击需要选择的图层，可选择不连续排列的多个图层。

快捷键Alt+.

快捷键Alt+,

图 4.9

选择图层时，按下快捷键Alt+[或Alt+]，向上/向下选择下一个图层；按下快捷键Ctrl+[或Ctrl+]，可向上/向下移动一个目标图层，如图4.10所示。

提 示

快速移动图层的位置

要将当前选中的图层往上移动，按下Ctrl+]键即可；要将当前选中的图层往下移动，按下Ctrl+[键即可。

快捷键Alt+[

快捷键Ctrl+[

图 4.10

位于图层面板最底部的是“背景”图层。创建新的图层将会在“背景”图层上面依次排列。除了“背景”图层不能移动以外，其余的图层都可以通过拖动而移动到需要的位置上。

内容精讲：新建图层的其他方法

新建图层时，按住Alt键，然后单击“图层”面板的“新建”按钮，弹出“新建图层”对话框，设置参数后即可以新建一个新的空图层，如图4.11所示。

提 示

将图层按不同的方式与选区对齐

如果图像中存在选区，那么执行“图层”→“将图层与选区对齐”命令，在展开的下一级子菜单中选择对齐选区的方式，可使当前选取的图层按指定的方式与选区对齐。

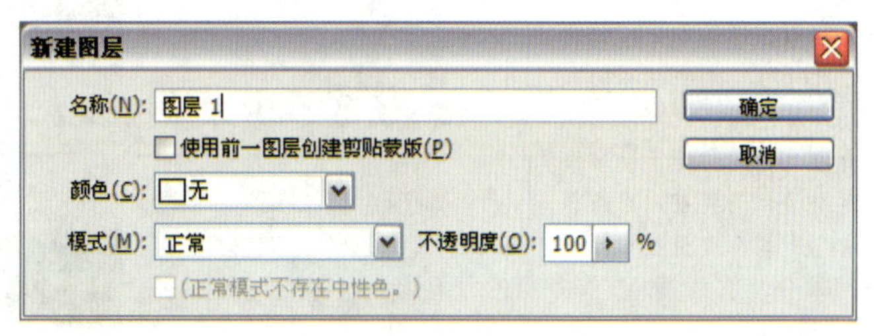

图 4.11

03

4.3 编辑图层

下面来学习编辑图层的具体操作方法，包括图像的隐藏与显示、图层的转换、图层的复制及图层属性的调整等操作。

内容精讲：图像的隐藏与显示

单击眼睛图标，打开眼睛图标，则相应的图层图像就会显示；如果关闭眼睛图标，则不能显示该图层的图像。利用图层图像，可以隐藏不需要的图像，从而方便操作，提高了工作效率。

1. 图层组的隐藏与显示。

每单击一次眼睛图标，就会在打开和关闭之间切换。可以在画面中显示或隐藏该图层/组图像。单击“组4”图层组的眼睛图标后，大树等图像就被隐藏了，如图4.12所示。

图 4.12

使用同样的方法单击“组2”图层组的眼睛图标后，画面中的吊牌被隐藏起来了，如图4.13所示。

图 4.13

提 示

图层的基本操作

不同类型的图层可以实施的操作也不同，文字层、蒙版层和普通图层的操作不同，但是基本操作一样。其中包含设定图层“不透明度”、调整“图层”顺序、设定图层关联关系、合并图层、锁定图层、建立层间剪贴组等。

提 示

把多个层编排为一个组

要把多个层编排为一个组，最快速的方法是先把它们链接起来，然后选择编组链接图层命令（Ctrl+G）。当要在不同文档间移动多个层时，就可以利用移动工具在文档间同时拖动多个层了。这个技术同样可以用来合并（Ctrl+E）多个可见层（因为当前层与其他层有链接时，“与前一层编组命令”会变成“编组链接图层”命令）。

提 示

编组链接图层中的部分图层

在层面板中按住Alt键，在两层之间单击，可把它们编为一组。当一些层链接在一起，而又只想把它们中的一部分编组时，这个功能十分好用。因为在当前层与其他层有链接时，编组命令（Ctrl+G）会转为编组链接层命令（Ctrl+G）。

提 示

快速隐藏多个图层

按住Alt键，单击一个图层的眼睛图标，可以将除该图层外的其他所有图层都隐藏；按住Alt键，再次单击同一眼睛图标，可恢复其他图层的可见性。

提 示

隐藏组图层

在图层组中，如果将图层组的图层隐藏，则此图层组中包含的所有图层将不可显示，指示图层可见性图标将以灰色显示；但是，在图层组显示的情况下，可显示/隐藏部分子图层。

分别单击“组4”和“组2”图层组，在画面中显示组图像，如图4.14所示。

图 4.14

在图层面板中，将“组6”图层组拖动到“组4”图层组的上方。大树图层组此时位于背景图层组图像的下方，大树图像被遮盖住了，此时为不可见，如图4.15所示。

图 4.15

2. 图层的隐藏与显示。

单击“组2”图层组的三角按钮▶，展开图层组，效果如图4.16所示。

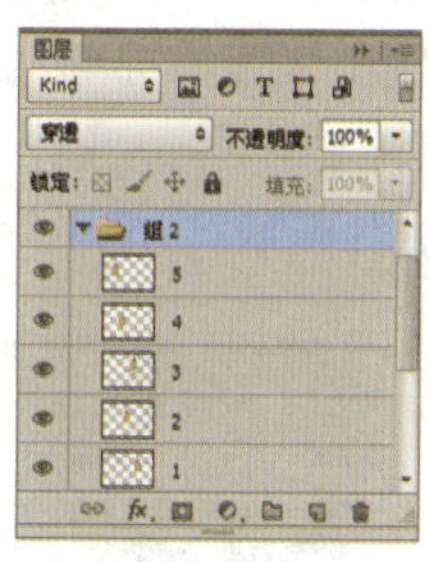

图 4.16

单击“组2”图层组中的“1”图层的眼睛图标，就会隐藏“1”图层图像，如图4.17所示。

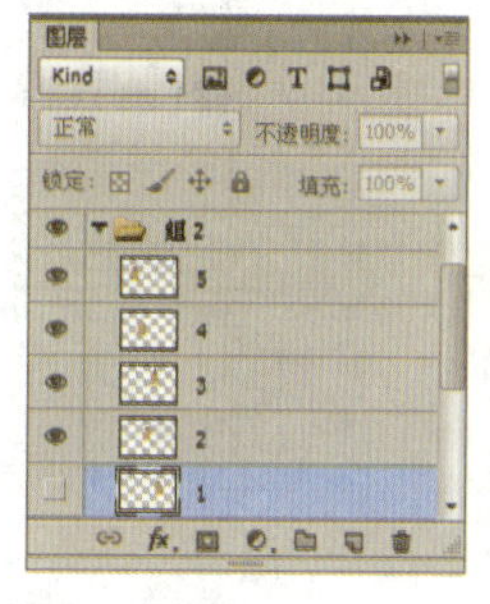

图 4.17

如果单击“组2”图层组前的眼睛图标，就会隐藏“组2”组中的所有图像。单击“组2”组中的部分图层前的眼睛图标，就可以隐藏部分图层，如图4.18所示。

图 4.18

更进一步：根据类型筛选图层

在Photoshop中，图层分为很多种类，有智能对象图层、调整图层、填充图层、图层蒙版图层、图层样式、变形文字图层、文字图层、视频图层、3D图层、背景图层等，有时一幅图像包括许多图层，这样不便于快速、准确地选择所要编辑的图像。在Photoshop CS6版本中就新增了一项功能，可以通过类型快速筛选出所要编辑的图层，如图4.19所示。

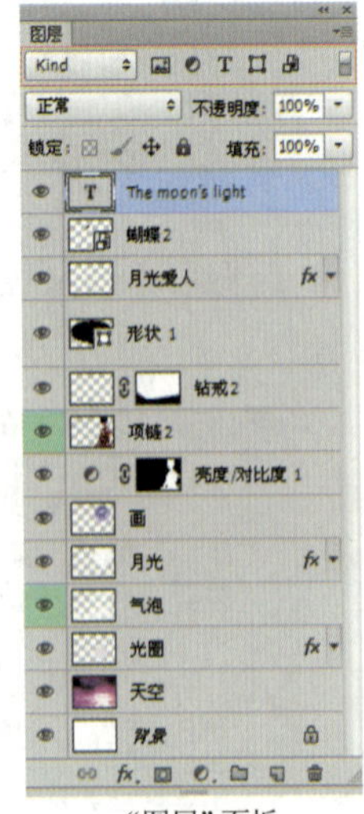

“图层”面板

Kind ❶
Name ❷
Effect ❸
Mode ❹
Attribute ❺
Color ❻

图 4.19

提 示

解除当前层与其他层的链接

按住Alt键，单击当前层前的笔刷图标可解除其与其他所有层的链接。

在“图层”面板中单击“筛选类型”选项，会弹出一个下拉菜单，其中列出了六种筛选类型，接下来一一讲解。

❶“种类”选项。

单击不同的按钮，可以根据不同的图层种类筛选出相应图层，如图4.20所示。

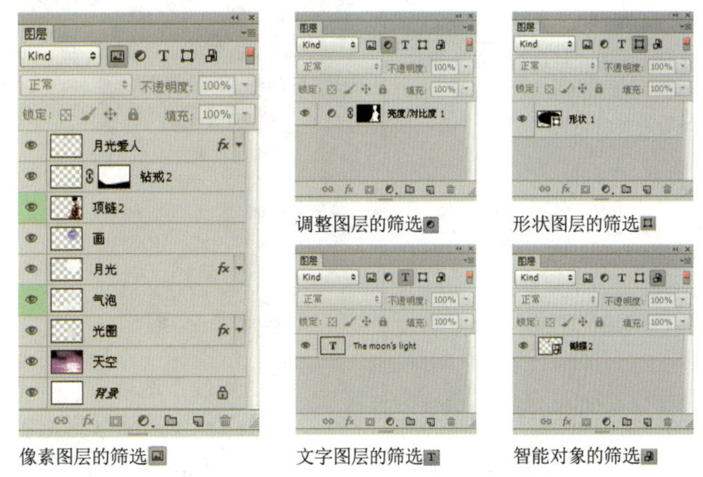

调整图层的筛选　形状图层的筛选

像素图层的筛选　文字图层的筛选　智能对象的筛选

图 4.20

❷“名称”选项。

输入图层名称，就可以将该名称的图层或含有该名称的图层筛选出来，如图4.21所示。

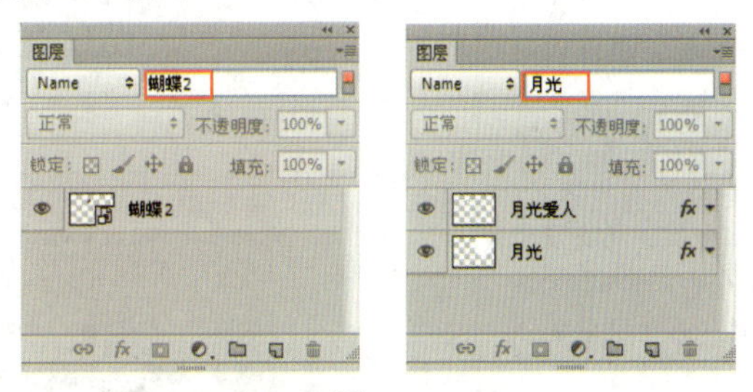

图 4.21

❸“效果”选项。

选择“效果”选项之后，可以在“效果”的下拉菜单中选择不同的效果选项，对图层进行筛选，如图4.22所示。

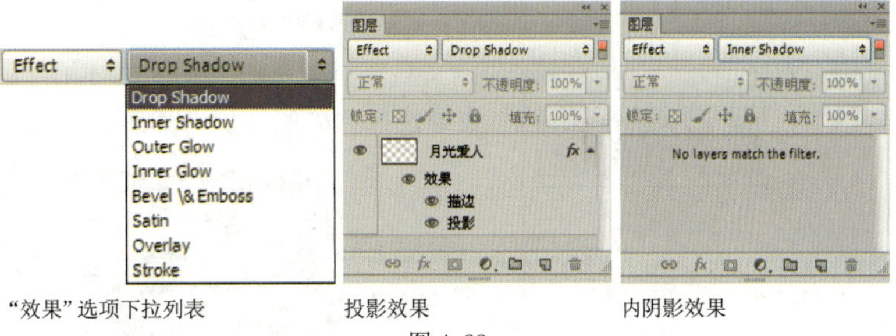

“效果”选项下拉列表　投影效果　内阴影效果

图 4.22

❹“混合模式”选项。

如果对某个图层设置了混合模式，就可以运用“混合模式”下拉菜单中的选项来选择相应的图层，如图4.23所示。

提 示

清除图层上所有的层效果

要清除某个层上所有的层效果，按住Alt键并双击该层上的层效果图标即可。

提 示

关掉图层其中一个效果

要关掉其中一个效果，按住Alt键，然后在“图层”→“图层样式”子菜单中选中它的名字；或者在图层效果对话框中取消它的“应用”标记。

提 示

设置合适的筛选条件

如果没有符合筛选条件的图层，“图层”面板中就会显示“No layers match the filter”字样，此时可以重新输入或选择筛选条件。

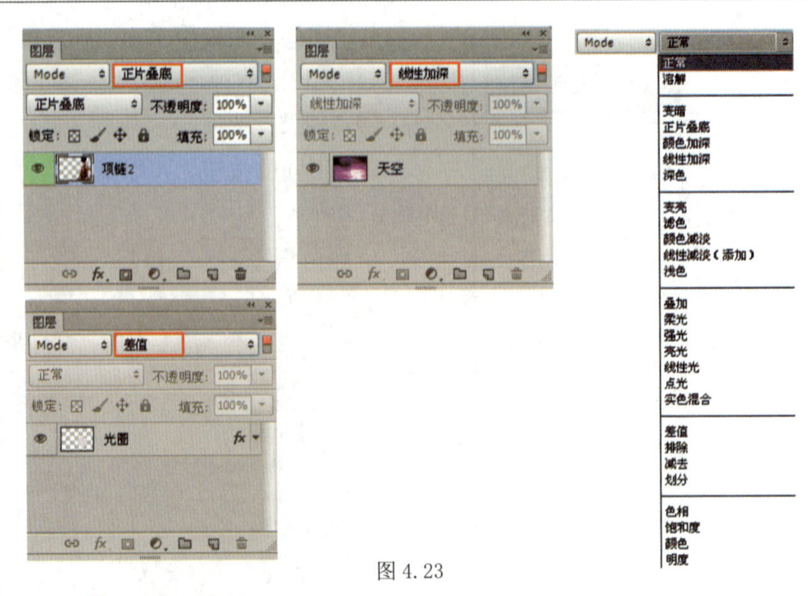
图 4.23

❺“属性”选项。

“属性”选项的下拉列表中包含了9个选项，可以根据不同的图层属性来筛选相应的图层，如图4.24所示。

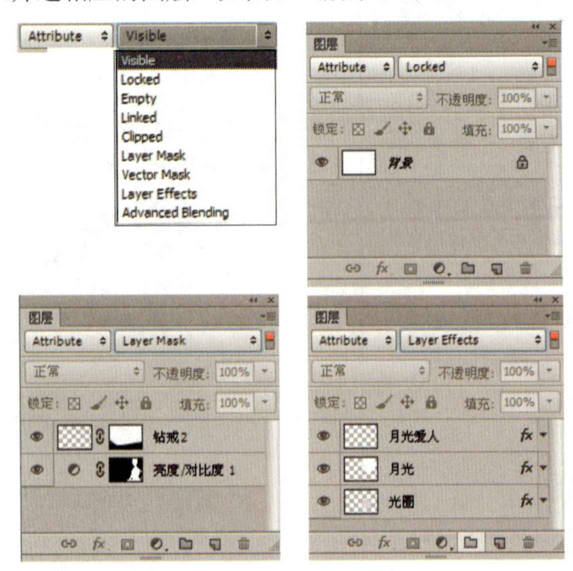
图 4.24

❻“颜色”选项。

只要对图层进行了颜色标记，就可以在“颜色”选项的下拉列表中选择相应的图层，如图4.25所示。

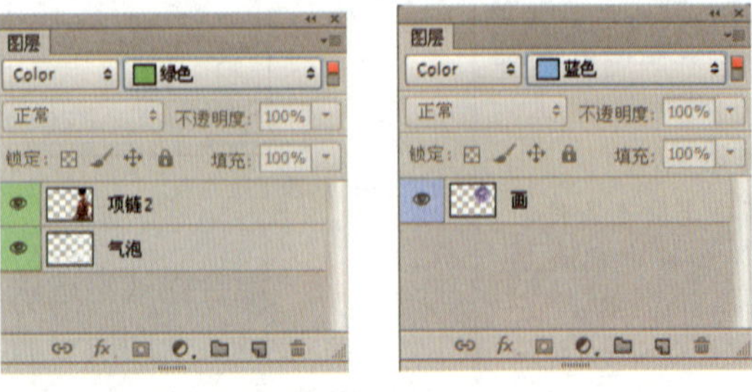
图 4.25

提 示

增加调整图层

这里有一个节省时间的增加调整图层的方法：按住Ctrl键，并单击“创建新图层”图标（在图层面板的底部），选择想增加的调整层类型即可。

提 示

编辑图层蒙版

除了在通道面板中编辑图层蒙版以外，按Alt键并单击层面板上的蒙版图标，也可以打开它；按住Shift键并单击蒙版图标，为关闭/打开蒙版（会显示一个红叉，表示关闭蒙版）。按住Alt+Shift组合键，单击层蒙版可以以红宝石色（50%红）显示。按住Ctrl键，并单击蒙版图标，为载入它的透明选区。

提 示

设置当前层

当前工具为移动工具（或随时按住Ctrl键）时，右击画布，可以打开当前点所有图层的列表（按从上到下排序），从列表中选择图层的名字，可以使其为当前层。

内容精讲：修改图层的名称与颜色

在图层数量较多的文件中，可以为一些重要的图层设置容易识别的名称或可以区别于其他图层的颜色，以便在操作过程中快速找到它们。

如果要修改一个图层的名称，可以在“图层”面板中双击该图层的名称，然后在显示的文本框中输入新名称，如图4.26所示。

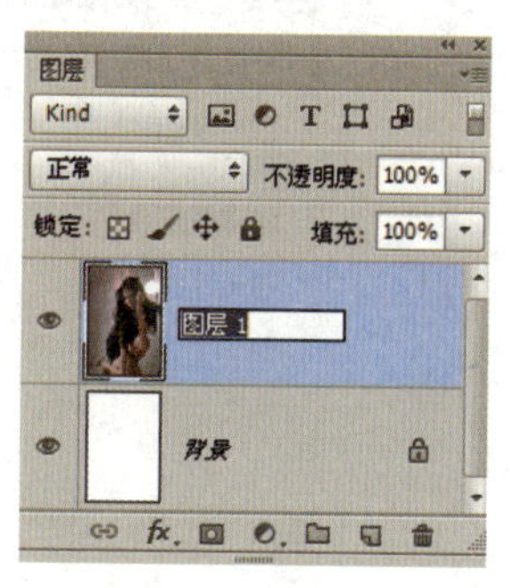

图 4.26

如果要修改图层的颜色，用鼠标右键单击图层的缩略图，在弹出的快捷菜单中选择一种颜色即可改变图层的颜色，如图4.27所示。

图 4.27

内容精讲：栅格化图层内容

如果要使用绘画工具和滤镜编辑文字图层、形状和图层、矢量蒙版或智能对象等包含矢量数据的图层，需要先将其栅格化，使图层中的内容转换为光栅图像，然后才能进行相应的编辑。选择需要栅格化的图层，执行“图层”→“栅格化”下拉菜单中的命令即可栅格化图层中的内容，如图4.28所示。

- 文字：栅格化文字图层，使文字变为光栅图像。栅格化以后，文字内容不能再修改。
- 形状：可栅格化形状图层。
- 填充内容：可栅格化形状图层的填充内容，但保留矢量蒙版。
- 矢量蒙版：可以栅格化形状图层的矢量蒙版，并将其转换为图层蒙版。
- 智能对象：栅格化智能对象，使其转换为像素。

提　示

修改图层名称

在图层名称上双击鼠标左键，出现文本编辑框后，将图层名称修改为所需要的名称即可。

提　示

选择当前点最靠上的层

按住Alt键，单击鼠标右键可以自动选择当前点最靠上的层。打开移动工具选项面板中的自动选择图层选项也可实现。

提示

多层选择

先用选择工具选定文件中的区域，拉制出一个选择虚框；然后按住Alt键，当光标变成“$+_-$”时，在第一个框的里面拉出第二个框；而后按住Shift键，当光标变成“$+_+$”时，再在第二个框的里面拉出第三个选择框。这样二者轮流使用，就可以进行多层选择了。

- 视频：栅格化视频图层，选定的图层将拼合到“动画”面板中选定的当前帧的图层中。
- 3D：栅格化3D图层。
- 图层/所有图层：可栅格化当前选择图层，以及包含矢量数据、智能对象和生成数据的所有图层，如图4.28所示。

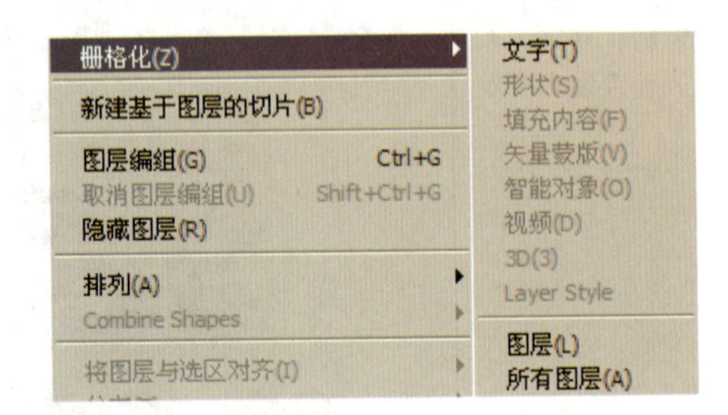

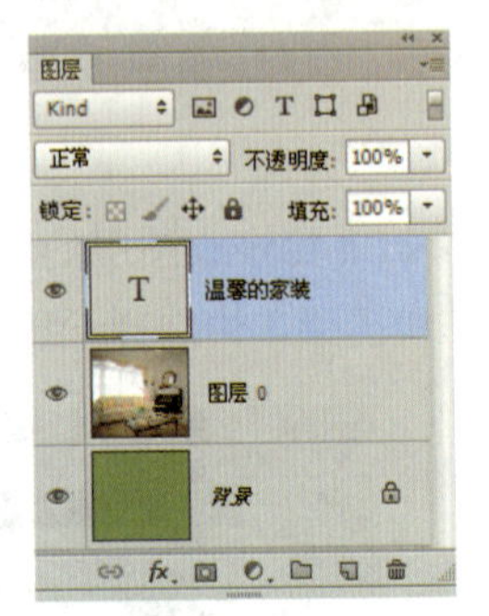

原文字图层

栅格化的图层

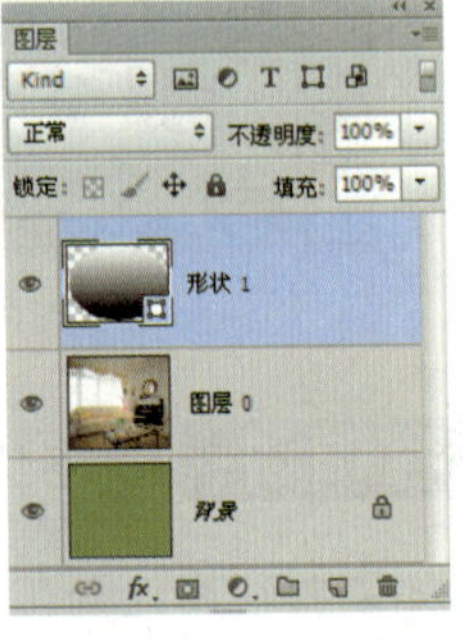

原图

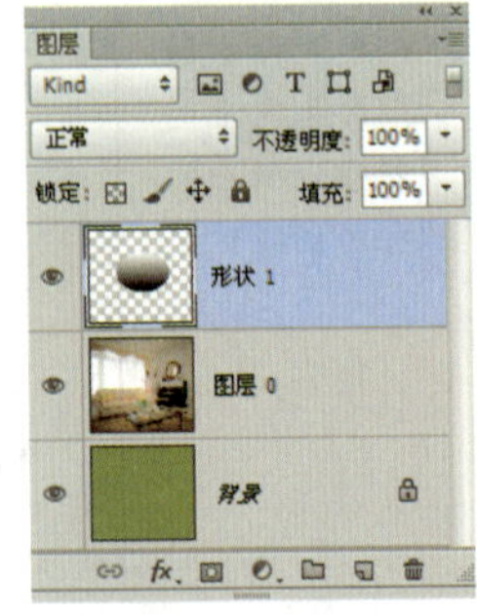

栅格化形状

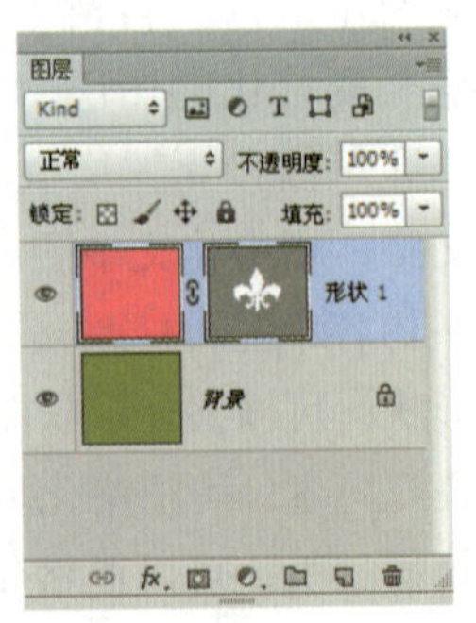

栅格化填充内容

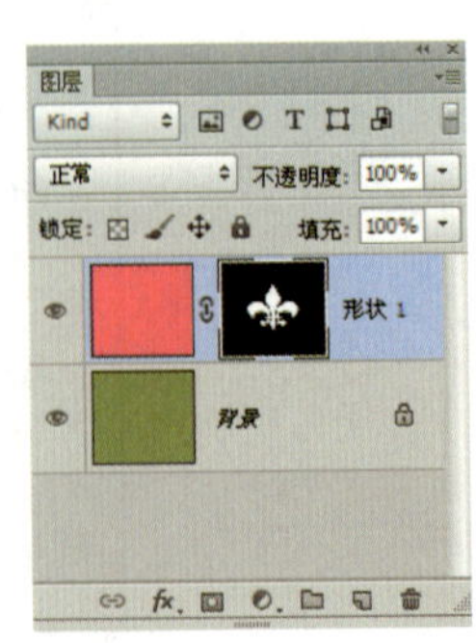

栅格化矢量蒙版

图 4.28

04

4.4 排列与分布图层

“图层”面板中的图层是按照创建的先后顺序堆叠排列的，可以重新调整图层的堆叠顺序，也可以选择多个图层，将它们对齐，或者按照相同的间距分布。

内容精讲：调整图层的堆叠顺序

选择一个图层，执行“图层”→“排列”下拉菜单中的命令，可以调整图层的堆叠顺序，如图4.29所示。

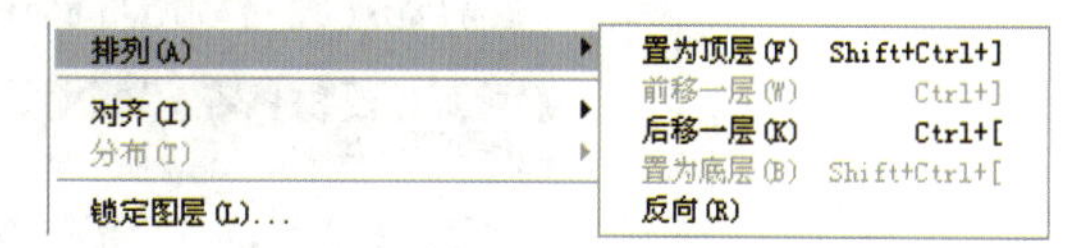

图 4.29

置为顶层：将所选图层调整到最顶层。

前移一层/后移一层：将选择的图层向上或向下移动一个堆叠顺序。

置为底层：将所选图层调整到最底层。

反向：在“图层”面板中选择多个图层以后执行该命令，可以反转所选图层的堆叠顺序。

提 示

图层组中的图层顺序

如果选择的图层位于图层组中，执行“置为顶层”和“置为底层”命令，可以将图层调整到当前图层组的最顶层或最底层。

内容精讲：自动对齐图层

使用“自动对齐图层”命令可以根据不同图层中的相似内容自动对齐图层。通过使用“自动对齐图层”命令可以替换或删除具有相同背景的图像部分，或将其共享重叠内容的图像拼接在一起，具体的操作步骤如下。

打开Chapter 04\Media\4-4-1.psd文件，在“图层”面板中按住Shift键，单击图层，将图层全部选中，如图4.30所示。

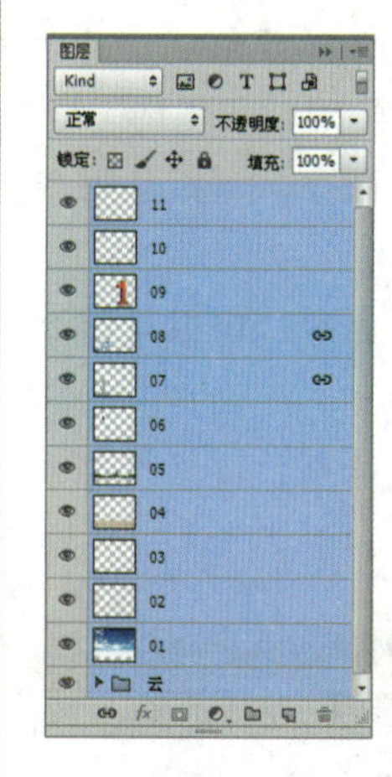

图 4.30

对选中的图层执行“编辑”→“自动对齐图层”菜单命令，即可打开“自动对齐图层”对话框。

提 示

自动对齐图层与自动混合图层命令的区别

执行自动对齐图层命令后，系统将选择位于最终合成图像中心的图层作为参考图层，用户也可指定参考图层来使其他图层与参考图层对齐，以便匹配的内容能够自行叠加，从而自动拼接全景图。拼接后的全景图会因源图像中的色差而产生比较明显的接缝，利用“自动混合图层”命令来自动混合图像之间的色调差异，使图像之间产生自然过渡色调。

对选中的图层执行“编辑”→“自动对齐图层”菜单命令，即可打开“自动对齐图层”对话框，在对话框中选择“拼贴”选项前的单选按钮，单击“确定”按钮，效果如图4.31所示。

提 示

图层复合

可将同一文件内的不同图层组合，另存为多个“图层复合”，可以更加方便快捷地展示不同组合设计的视觉效果。

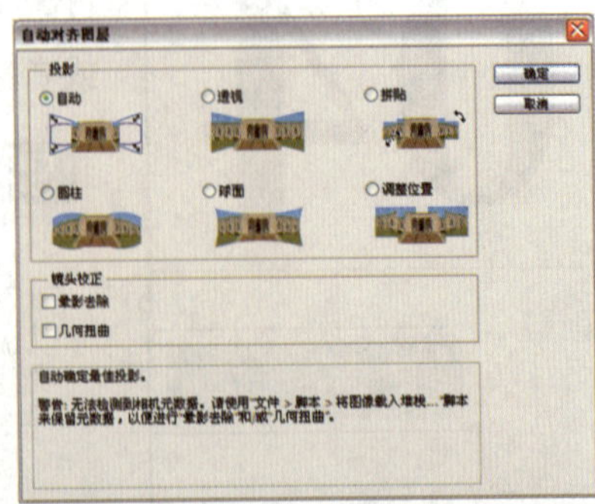

图 4.31

内容精讲：分布图层

如果要让三个或更多的图层按一定的规律均匀分布，可以选择这些图层，执行“图层”→“分布”下拉菜单中的命令进行操作，如图4.32所示。

执行“图层”→“分布”→“顶边”命令，可以从每个图层的顶端像素开始，间隔均匀地分布图层。

执行“图层”→“分布”→“水平居中”命令，可以从每个图层的水平中心像素开始，间隔均匀地分布图层。

执行“图层”→“分布”→“垂直居中”命令，可以从每个图层的垂直中心像素开始，间隔均匀地分布图层。

执行“底边”命令，可以从每个图层的底端像素开始，间隔均匀地分布图层。

执行“左边”命令，可以从每个图层的左端像素开始，间隔均匀地分布图层。

执行“右边”命令，可以从每个图层的右端像素开始，间隔均匀地分布图层。

提 示

分布命令显示为灰色不可用状态

要分布图层，首先需要选择所要分布的图层，或者将需要分布的图层创建为链接图层，并且用于分布的图层必须有3个或3个以上才能执行分布命令。

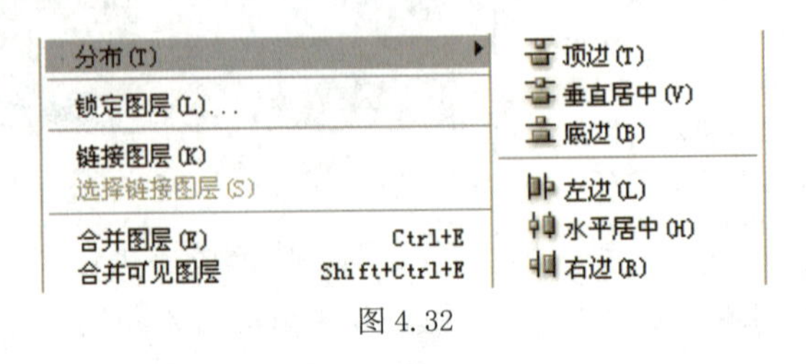

图 4.32

4.5 合并与盖印图层

05

合并图层是将所有选中的图层合并成一个图层，合并到最下一个图层。盖印图层就是在处理图片时将处理后的效果盖印到新的图层上，功能和合并图层差不多，不过比合并图层更好用！

内容精讲：合并图层

选择一个图层，执行“图层”→“向下合并”命令，可以将其与下面的图层合并。向下合并的快捷键是Ctrl+E。在只选择单个图层的情况下，按下快捷键Ctrl+E将与位于其下方的图层合并，合并后的图层名和颜色标志继承自原来下方的图层。在选择了多个图层的情况下，按下快捷键Ctrl+E将所有选择的图层合并为一层，合并后的图层名继承自原先位于最上方的图层，但颜色标志不能继承。

执行“图层”→“合并可见图层”命令，可以将所有可见的图层合并。合并可见图层的快捷键是Shift+Ctrl+E。

提 示

合并可见图层

按下快捷键Ctrl+Alt+Shift+E可把所有可见图层复制一份后合并到当前图层。同样，可以在合并图层的时候按住Alt键，会把当前层复制一份后合并到前一个层，但是Ctrl+Alt+E这个热键这时并不能起作用。

内容精讲：盖印图层

盖印图层与合并可见图层的区别是：合并可见图层是把所有可见图层合并到一起变成新的效果图层，原图层就不存在了；而盖印图层的效果与合并可见图层后的效果是一样的，但原来进行操作的图层还存在。也就是说，合并可见图层是把几个图层变成一个图层，而盖印图层是在几个图层的基础上新建一个图层且不影响原来的图层。所以，盖印图层比合并可见图层有更大的灵活性，操作更方便和安全，熟练地运用盖印图层使图片编辑更加灵活顺利，是Photoshop常用的操作效果，如图4.33所示。在Photoshop中盖印图层的快捷键是Ctrl+Alt+Shift+E。

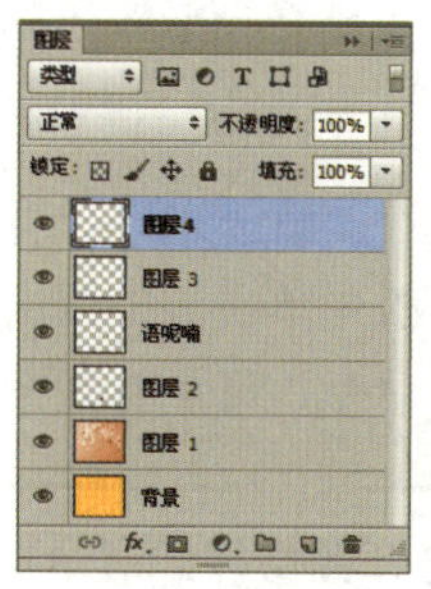

图 4.33

06

4.6 图层样式

图层样式也叫图层效果，它是用于制作纹理和质感的重要功能，可以为图层中的图像内容添加例如投影、发光、浮雕、描边等效果，创建具有真实质感的水晶、高光、金属等特效。图层样式可以随时修改、隐藏或删除，具有非常强的灵活性。

内容精讲：添加图层样式

如果要为图层添加样式，可以先选择这一图层，然后采用下面任意一种方法打开“图层样式”对话框，进行参数设置。

1. 利用菜单命令打开图层样式对话框。

执行“图层”→“图层样式”的下级菜单，或者单击“添加图层样式”按钮fx，在弹出的下拉菜单中选择需要的命令，会弹出“图层样式”对话框，如图4. 34所示。

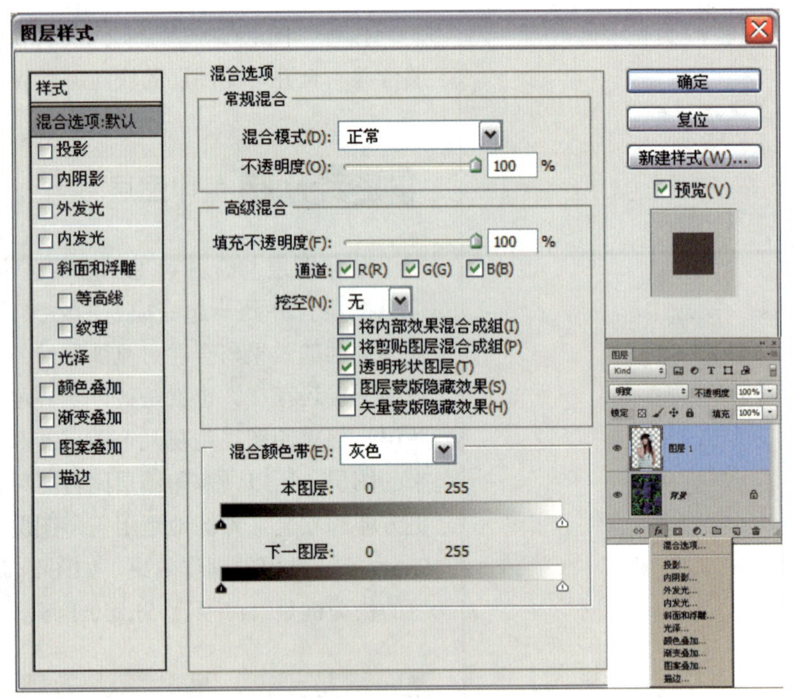

图 4. 34

2. 利用“图层”面板按钮打开“图层样式”对话框。

在“图层”面板中单击添加图层样式按钮fx，在打开的下拉菜单中选择一个效果命令，可从打开的“图层样式”对话框中进入相应效果的设置面板。

3. 利用鼠标打开图层样式对话框。

双击要添加效果的图层，可以打开“图层样式”对话框，在对话框左侧选择要添加的效果，即可切换到该效果的设置面板，如图4. 35所示。

提 示

图层的样式

图层的样式包括内阴影、外发光、内发光、斜面和浮雕、光泽、颜色叠加、渐变叠加、图案叠加和描边。利用它们可以轻松实现相应效果，而且可以进行多种效果的组合。

提　示

添加“斜面和浮雕”样式时，同时为图像添加纹理效果

在添加“斜面和浮雕”图层样式时，系统会打开对应的“图层样式”对话框，在对话框左边的“斜面和浮雕”选项下方选择“纹理”选项，然后就可以在该对话框右边的选项区域中选择所需的图案样式并进行相应的设置了。

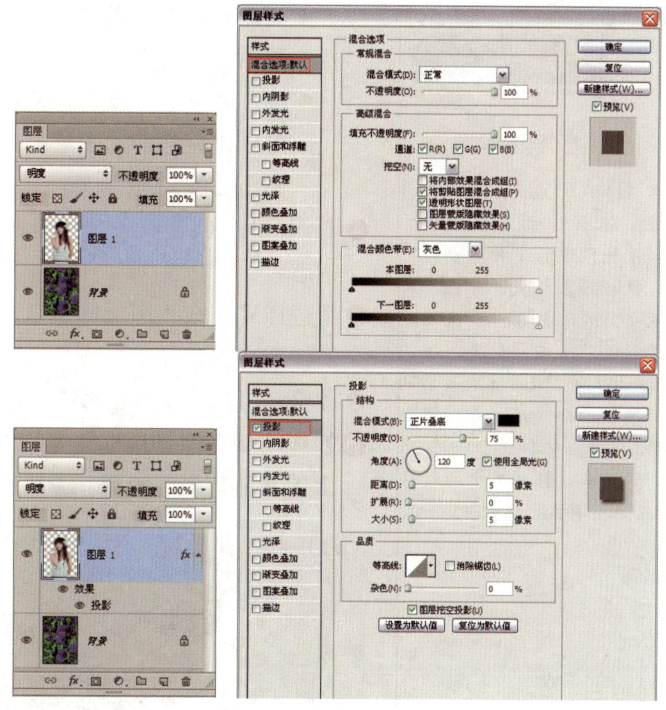

图 4.35

内容精讲：“图层样式”对话框

“图层样式”对话框的左侧列出了10种效果，如果选择某个效果，表示在图层中添加了该效果。要停用该效果，可单击“图层”面板中该样式前面的👁，但保留效果参数，如图4.36所示。

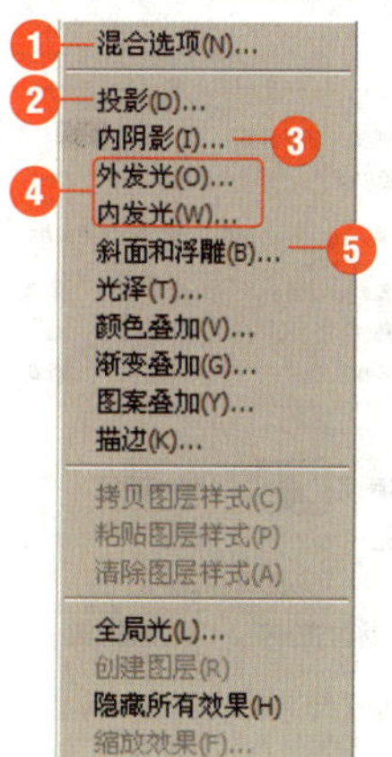

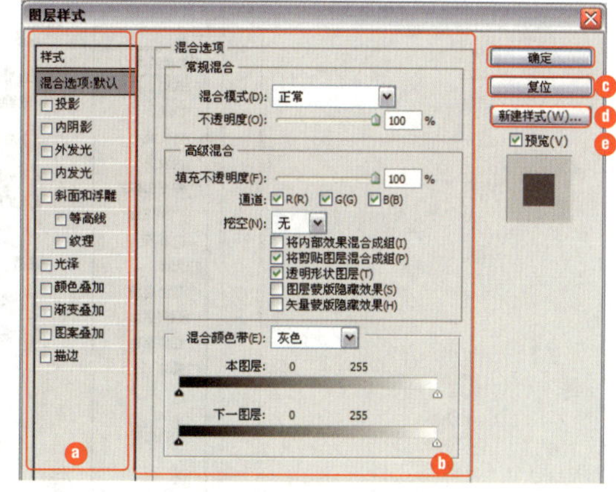

图 4.36

❶混合选项：选择这一项以后，画面上会弹出“图层样式”对话框，这里包含了可以选择图层样式的“样式”项。如果选择左侧显示的图层样式项，右侧就会显示可以控制相应选项的项目。

ⓐ样式：这里提供了可以在图像上加入阴影或立体效果的功能，利用渐变和图案实现叠加、描边等效果。

ⓑ混合选项：

- 常规混合：设置图层的混合模式和不透明度。

提　示

将图层上的图层样式效果保存在“样式”调板中

选择一个应用有图层样式的图层，然后在“样式”调板中单击“新建样式”按钮，在弹出的“新建样式”对话框中为样式命名并选择所需的选项，再单击“确定”按钮即可。

提 示

Photoshop 中预设的样式

在“样式”调板中单击▤按钮，从弹出的菜单中即可看到系统预设的多种类型的样式，包括抽象样式、按钮、虚线笔画、玻璃按钮、图像效果、摄影效果、文字效果、纹理和Web样式等。在弹出式菜单中选择所需的样式库，并在弹出的提示对话框中单击“追加”按钮，即可将该样式库中的所有样式载入“样式”调板中。

- 高级混合：设置图层的填充不透明度，或者显示RGB或CYMK颜色，还提供了能够透视查看当前图层的下级图层的功能。
- 混合颜色带：设置调整选定图层的亮度和灰色。“本图层”可以调整当前的图层，“下一图层”可以调整当前图层的下一个图层。

ⓒ 取消：按Alt键以后，按钮就会变成“复位”，可以恢复为初始状态。

ⓓ 新建样式：在“图层样式”对话框中设置特殊的效果，保存为新的样式文件。

ⓔ 预览：可以通过预览形态显示当前设置的特殊效果的状态。

❷ 投影：该功能是根据图像的边线应用阴影效果，设置飘浮在图像上的立体效果，如图4.37所示。

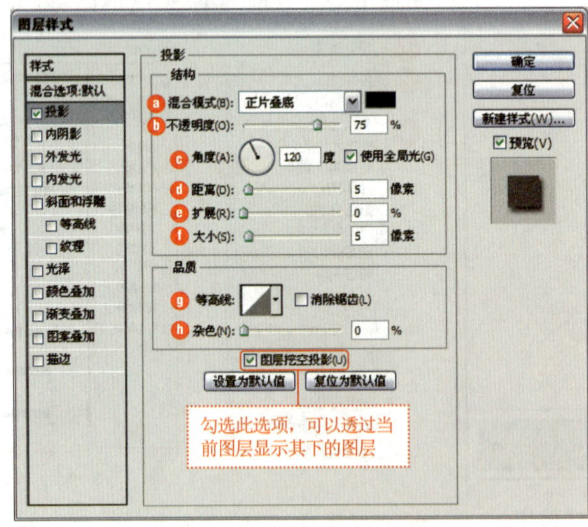

图 4.37

ⓐ 混合模式：调整阴影的混合模式。单击下拉按钮▾，选择混合模式，或单击右侧的颜色框，可以调整阴影的颜色。

ⓑ 不透明度：调整阴影的透明度。值越大，表现出来的阴影越深；值越小，阴影则越浅。

ⓒ 角度：调整阴影的角度、阴影的位置会随之改变，如图4.38所示。

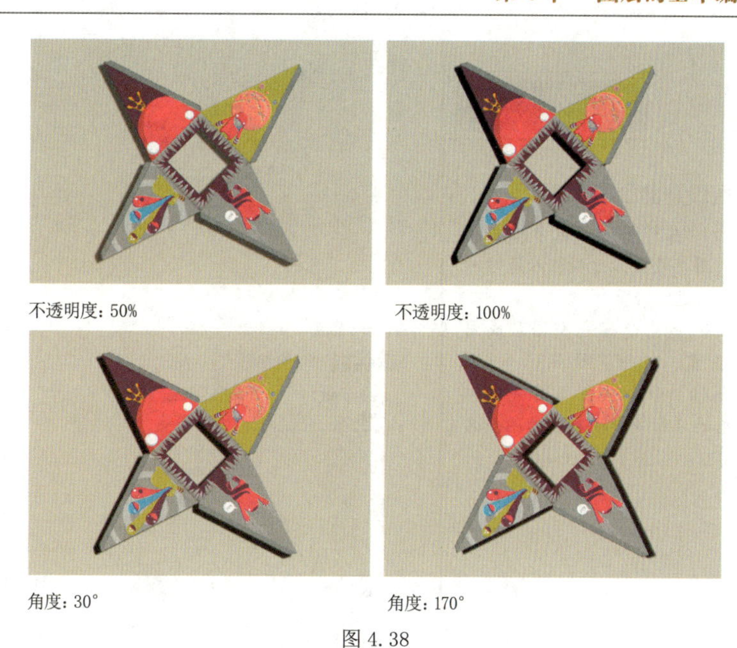

图 4.38

d 距离：调整图像和阴影的距离，值越大，图像和阴影的距离越大。

e 扩展：调整阴影被扩展的程度。值越大，阴影范围越大，如图4.39所示。

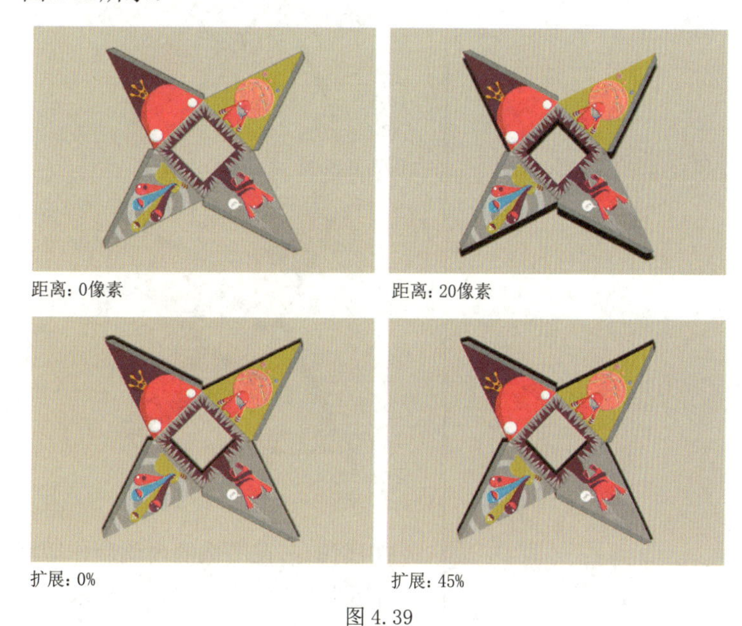

图 4.39

f 大小：调整阴影的大小。值越大，阴影范围越大，阴影的轮廓也会变得柔和。

g 等高线：利用曲线调整阴影部分的对比值。一般在设置颜色对比强烈的阴影效果时使用。单击“曲线”框后，在弹出的“等高线编辑器”对话框中单击预设的下拉按钮▾，可以选择Photoshop提供的多种类型的阴影形态。

h 杂色：在阴影上应用点形态的杂点，表现出粗糙的感觉。值越大，杂点的数量越多，如图4.40所示。

提 示

为图像或文字添加渐变或图案描边效果

要为图像或文字添加渐变或图案的描边效果，最简便的方法是为图像或文字所在的图层添加“描边”图层样式。在添加“描边”图层样式时，系统会弹出“图层样式”对话框，在“描边”选项设置中的“填充类型”下拉列表中选择“渐变”或“图案”选项，然后设置用于填充的渐变色或图案，再单击“确定”按钮。

提 示

图层设置命令

1. 在图层选项板中双击图层或图层设置，出现输入符时对图层名进行修改。

2. 或者选择一个图层或图层设置。执行“图层”→“图层属性”命令，在图层特性对话框的名称项中输入新的图层名即可。

大小：0像素

大小：15像素

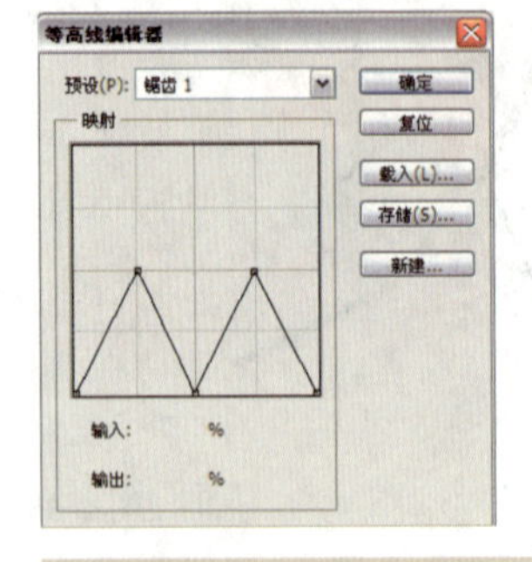

预设：锥形

预设：内凹-深

预设：内凹-浅

杂色：50%

杂色：100%

图 4.40

❸ 内阴影：在图像的内侧制作阴影效果，可以获得像是剪子剪出来的图形效果，如图4.41所示。

距离：0

距离：10

图 4.41

大小：10

等高线：内凹-浅

图 4.41（续）

❹ 外发光和内发光：

ⓐ 外发光：制作出像是从图像外侧发光的效果。通过“扩展”选项可以设置应用照明发光效果的范围，通过“大小”值选项可以设置发光的大小。各种选项的具体功能，与前面“投影”的是一样的，如图4.42所示。

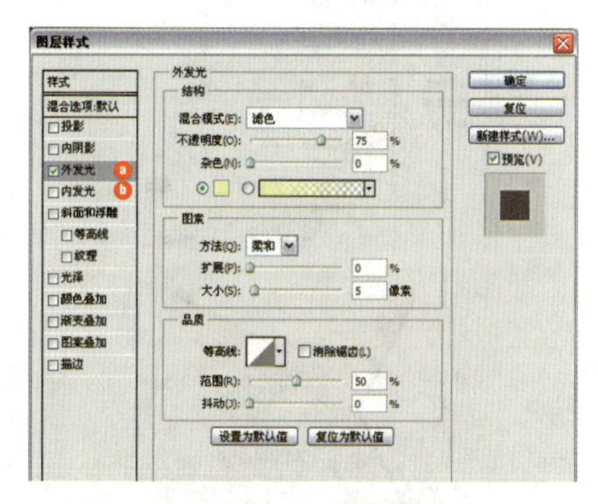

颜色：黄色

大小：95像素

范围：80%

范围：10%

图 4.42

ⓑ 内发光：制作出像是从图像内侧发光的效果。通过“范围”选项可以设置应用照明效果的范围。通过“大小”选项可以对发光的

提 示

将图层样式效果复制到别的图层或另一个文档中

在应用有图层样式效果的图层上单击鼠标右键，选择“拷贝图层样式”命令，然后选择另一个图层或其他文档中的一个图层，并在该图层上单击鼠标右键，从弹出的快捷键菜单中选择“粘贴图层样式”命令即可。

大小进行调整。各项的具体功能与前面学习的“投影”是一样的，这里就不再介绍了。

❺斜面和浮雕：在图层图像上应用高光和阴影的效果，设置立体感或浮雕效果。可以在“结构”的“样式”选项中提供的各种立体形态中选择需要的样式。

ⓐ样式：在图像上应用特殊的效果。

- 外斜面：从图像的边线部分向外应用高光和阴影效果，表现立体效果。
- 内斜面：从图像的内侧部分向外应用高光和阴影效果，表现立体效果，如图4.43所示。

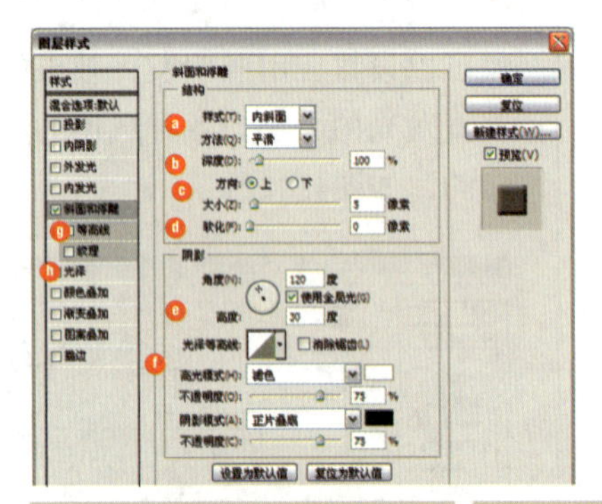

外斜面

内斜面

图 4.43

- 浮雕效果：以图像的边线部分为基准，在内侧应用高光，在外侧应用阴影效果。
- 枕状浮雕：按照图像的边线部分，通过阴刻形态表现出立体效果。
- 描边浮雕：在“图层样式”对话框中的左侧的样式中，勾选“描边”项，在图像的边线部分应用边框形态的样式，如图4.44所示。

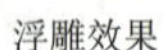

浮雕效果

枕状浮雕

图 4.44

提 示

修改“角度”参数，投影、斜面和浮雕效果都会相应变化

在为图层添加含有“角度”选项的图层样式时，如果选中“使用全局光”选项，那么应用到该图层中的所有角度值都会相同。如果要单独设置不同的角度值，取消选中“使用全局光”选项即可。

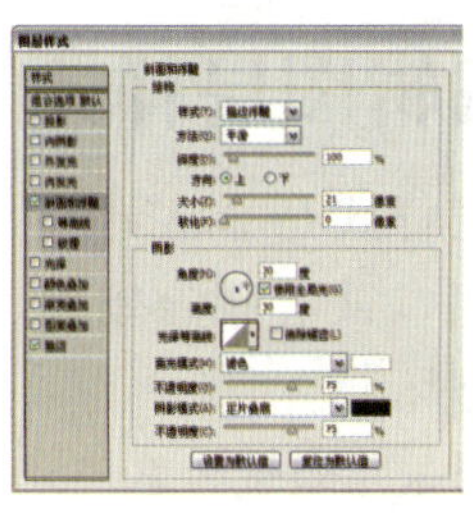

图 4.44（续）

ⓑ 深度：在阳刻的立体效果中调整深度值。

ⓒ 方向：调整高光和阴影的应用方向。

ⓓ 软化：调整应用高光和阴影的边线部分。

ⓔ 高度：调整照明的角度和高度值。越是接近圆的中心，数值越大，应用在整个图像上的高光和阴影就会越柔和。

ⓕ 高光/阴影模式：调整高光和阴影的颜色或者调整混合模式和透明度，如图4.45所示。

浮雕效果，深度：800

软化：10

高光不透明度：100%，阴影不透明度：20%

高光不透明度：20%，阴影不透明度：100%

图 4.45

ⓖ 等高线：调整应用高光和阴影的边线部分的轮廓。勾选该选项后，会生成可以使边线部分更清晰的角。“范围”可以调整根据图像边线部分生成的阴影部分的范围。“等高线”则可以调整颜色对比值，调整外部轮廓的形态，如图4.46所示。

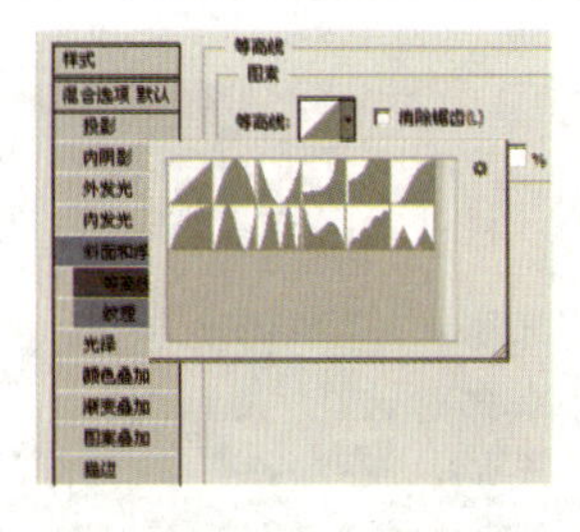

锥形

画圆步骤

图 4.46

ⓗ 光泽：这是一种可以在图像上表现出类似绸缎感觉的功能，可以表现图案形态的图像。在颜色框中，可以选择需要的颜色，单击“等高线”以后，利用弹出的对话框，可以制作出绸缎图像。

提 示

图层样式的作用和特点

图层样式是Photoshop中一个用于制作各种效果的强大功能，利用图层样式功能，可以简单快捷地制作出各种立体投影、各种质感及光景效果的图像特效。与不用图层样式的传统操作方法相比较，图层样式具有速度更快、效果更精确、更强的可编辑性等无法比拟的优势。

4.7 编辑图层样式

图层样式是非常灵活的功能，可以随时修改效果的参数，隐藏效果，或者删除效果，这些操作都不会对图层中的图像造成任何破坏。

显示与隐藏效果

在“图层”面板中，效果前面的眼睛图标用来控制效果的可见性。如果要隐藏一个效果，可单击该效果名称前的眼睛图标；如果要隐藏一个图层中的所有效果，可单击该图层“效果”前的眼睛图标。

如果要隐藏文档中所有图层的效果，可以执行“图层”→“图层样式”→“隐藏所有效果”命令，如图4.47所示。采用任意一种方法打开“图层样式”对话框，对参数进行设置。

原图

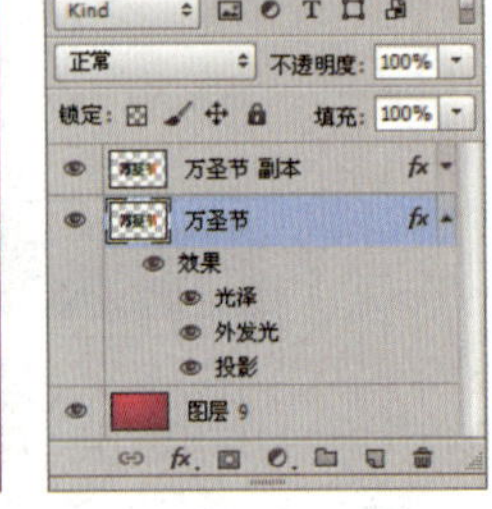

隐藏外发光

隐藏该图层所有效果

图 4.47

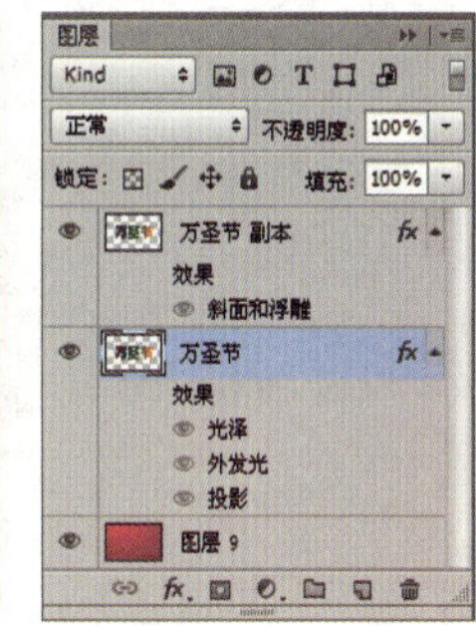

隐藏文档中所有图层的效果

图 4.47（续）

修改效果

在“图层”面板中，双击一个效果的名称，可以打开“图层样式”对话框并进入该效果的设置面板，此时可以修改效果的参数，如图 4.48 所示。也可以在左侧列表中选择新效果，如图 4.49 所示。设置完成后，单击“确定”按钮，可以将修改后的效果应用于图像。

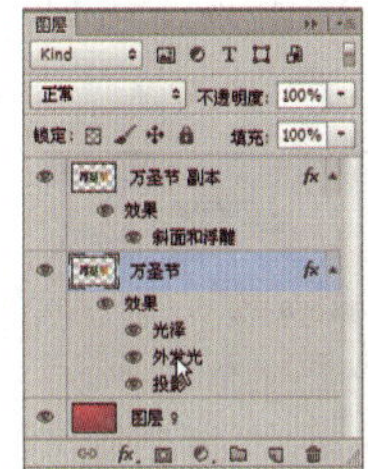

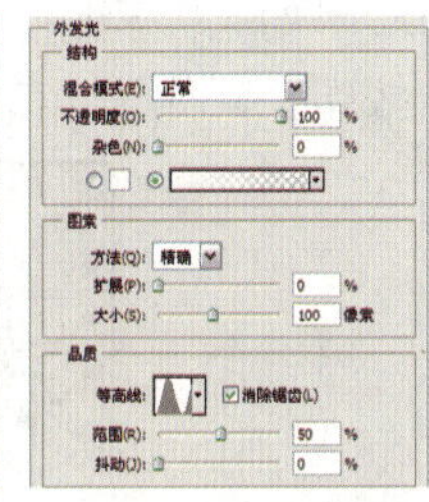

图 4.48

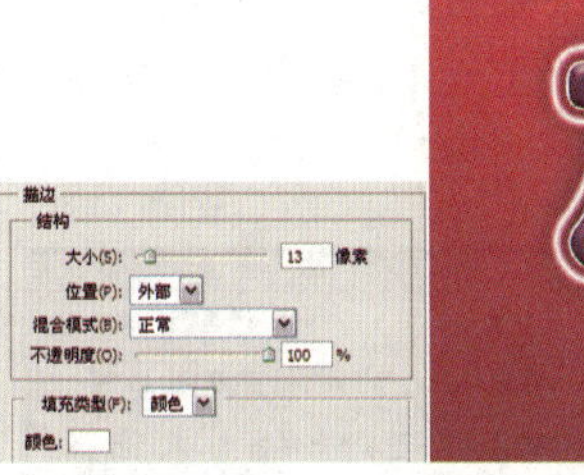

图 4.49

复制、粘贴与清除效果

1. 复制与粘贴效果。

选择添加了图层样式的图层，如图 4.50 所示，执行“图层”→“图层样式”→“拷贝图层样式”命令复制效果，选择其他图层，执行“图层”→“图层样式”→“粘贴图层样式”命令，可以将效果粘贴到该图层中，如图 4.51 所示。

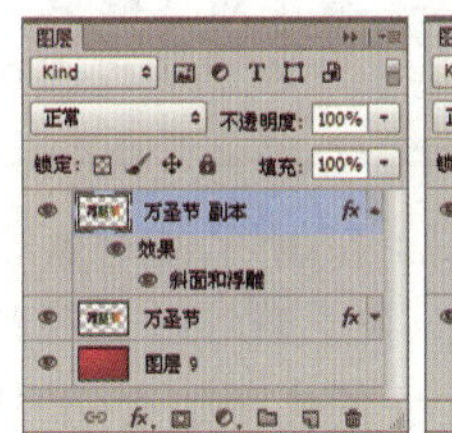

图 4.50

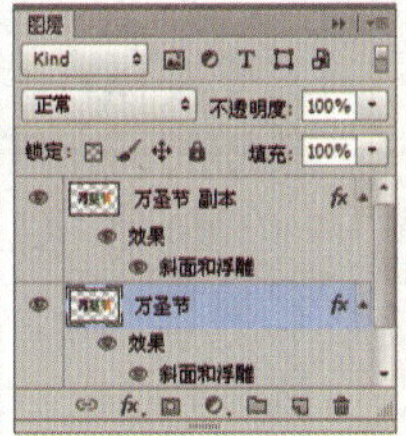

图 4.51

提 示

图层样式

图层样式是应用于一个图层或图层组的一种或多种效果。可以应用Photoshop附带的某一种预设样式，或者使用“图层样式”对话框来创建自定样式。

应用图层样式十分简单，可以为包括普通图层、文本图层和形状图层在内的任何种类的图层应用图层样式。

此外，按住 Alt 键将效果图标 fx 从一个图层拖动到另一个图层，可以将该图层的所有效果都复制到目标图层。如果只需要复制一个效果，可按住 Alt 键并拖动该效果的名称至目标图层，如图 4.52 所示；如果没有按住 Alt 键，则可以将效果转移到目标图层，原图层不再有效果。

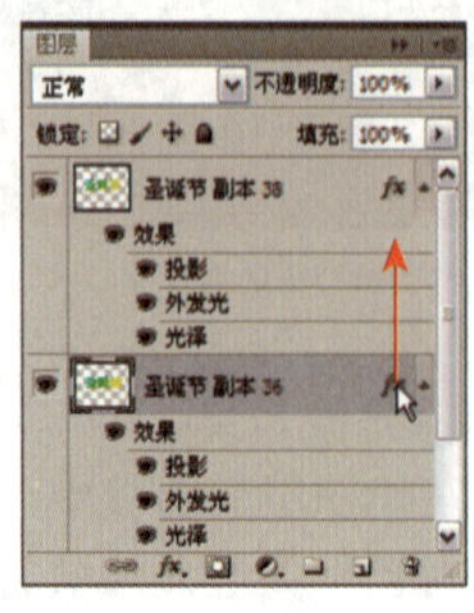

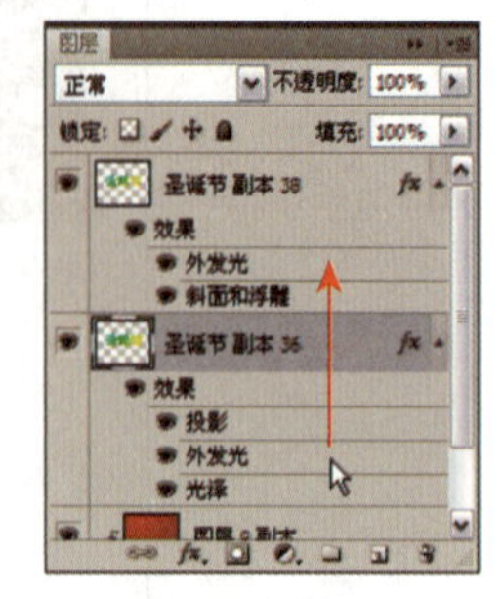

图 4.52

2. 清除效果。

如果要删除一种效果，可以将它拖动到“图层”面板底部的 按钮上，如图 4.53 所示。

图 4.53

如果要删除一个图层的所有效果，可以将效果图标 fx 拖动到“图层”面板底部的 按钮上，如图 4.54 所示。也可以选择图层，然后执行“图层”→“图层样式”→“清除图层样式”命令进行操作。

图 4.54

内容精讲：使用全局光

在“图层样式”对话框中，“投影”“内阴影”“斜面和浮雕”效果都包含一个“全局光”选项，选择了该选项后，以上效果就会使用相同角度的光源。

例如，图 4.55 所示的对象添加了“斜面和浮雕”和“投影”效果，在调整“斜面和浮雕”的光源角度时，如果勾选了“使用全局光”选项，“投影”的光源也会随之改变；如果没有勾选该选项，则“投影”的光源不会变。

提 示

全局光

在选中该选项的情况下，如果改变任意一种图层样式的“角度”数值，将会同时改变所有图层样式的角度。如果需要为不同的图层样式设置不同的“角度”数值，就应该取消此选项。

如果要调整全局光的角度和高度，可执行“图层”→“图层样式”→“全局光”命令，打开“全局光”对话框进行设置，如图 4.55 所示。

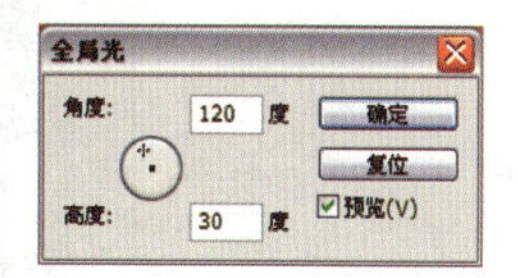

图 4.55

内容精讲：使用等高线

在“图层样式”对话框中，“投影”“内阴影”“内发光”“外发光”“斜面和浮雕”“光泽”效果都包含等高线设置选项。单击“等高线”选项右侧的▾按钮，可以在打开的下拉面板中选择一个预设的等高线样式，如图 4.56 所示。

如果单击等高线缩览图，则可以打开“等高线编辑器”，如图 4.57 所示。等高线编辑器与曲线对话框非常相似，可以通过添加、删除和移动控制点来修改等高线的形状，从而影响“投影”“内发光”等效果的外观。

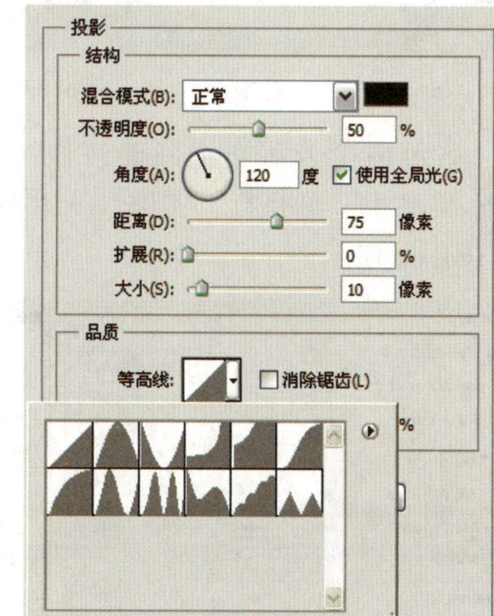

图 4.56

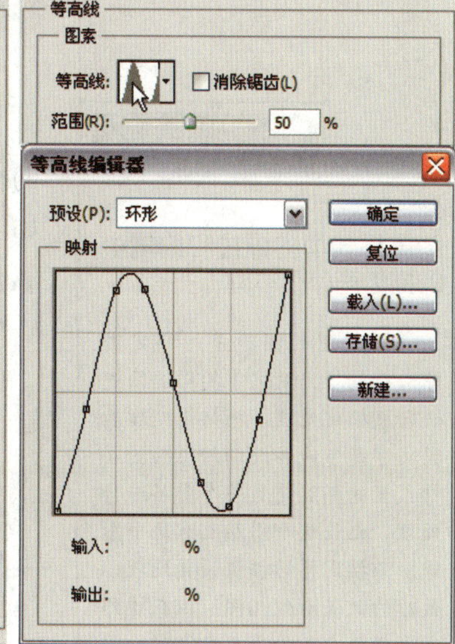

图 4.57

提 示

等高线

等高线决定了物体特有的材质，物体哪里应该凹、哪里应该凸，由等高线来控制（等高线带来不同的亮度，而亮度决定了物体的凹凸，等高线只控制明暗而不是对物体本身的材质）。

内容精讲：图层样式的其他编辑

当对添加了效果的对象进行缩放时，效果仍然保持原来的比例，而不会随着对象大小的变化而改变。如果要获得与图像比例一致的效果，就要单独对效果进行缩放，如图 4.58 所示。下面来学习等比例缩放图像样式。

图 4.58

执行“文件”→“打开”命令，打开Chapter 04\Media\4-7-3.psd和4-7-4.psd文件，如图4.59所示。

图 4.59

这是两个分辨率不同的文件。文字的分辨率大，背景素材的分辨率小。可执行“图像”→“图像大小”命令查看分辨率，如图 4.60 所示。

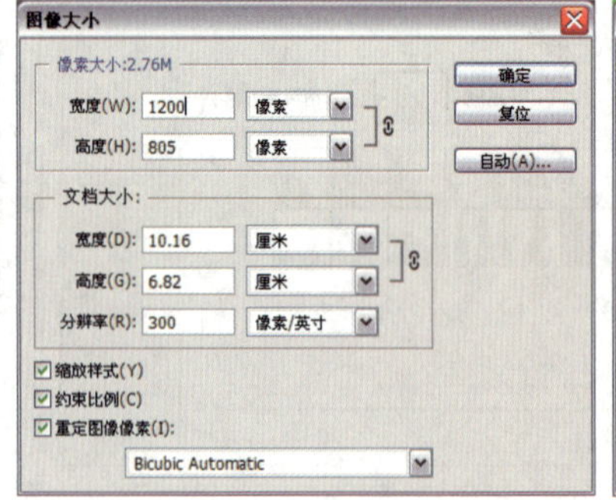

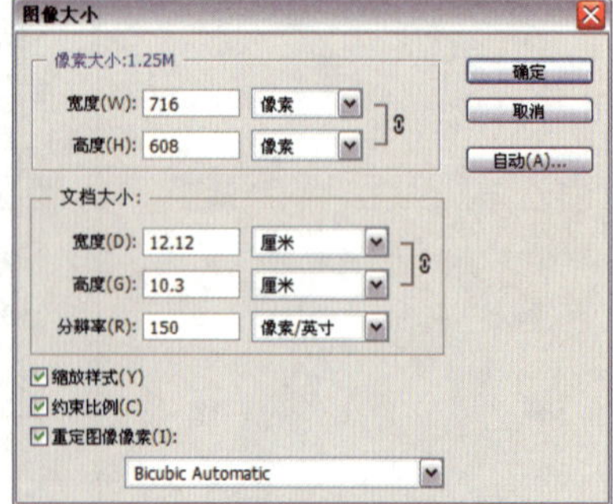

图 4.60

提 示

图层样式中的描边和编辑中的描边有什么不同

编辑里的描边是对指定图像进行处理，对文字的描边须先进行栅格化处理。栅格化处理后的文字是不能再改动的。而图层样式里的描边是对整个图层进行处理，无论这个图层里有几个图像，都按同样的描边设置处理。最后的效果看似相同，但在操作时要根据自己的要求来决定采用哪种方法。

使用移动工具将文字相关图像拖入另一个文档中，如图 4.61 所示。由于文字太大，画面中显示不全。

图 4.61

按下 Ctrl+T 快捷键显示定界框，在工具选项栏中设置缩放为 74%，将文字缩小，按下 Enter 键确认，如图 4.62 所示。

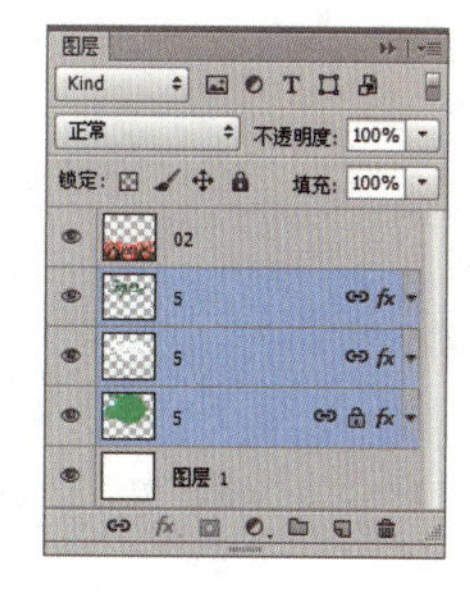

图 4.62

可以看到，文字虽然缩小了，但图层效果的比例没有改变，与文字的比例不协调。执行“图层”→“图层样式”→“缩放效果”命令，打开“缩放图层效果”对话框，将效果的缩放比例也设置为 74%，这样效果就与文字相匹配了，如图4.63所示。

图 4.63

提 示

让样式随图层缩放而缩放

1. 新建一个透明图层，放在使用样式的图层之下，然后把这两层合并，之后就能随意改变大小而不至于走样了。

2. 先调整图层大小，在选项栏的缩放数值栏中输入“50%”。执行“图层”→“图层样式”→“缩放效果”命令，数值输入“50%”即可。

3. 最简单并且效果最好的方法，是直接改变“图像大小”。

08

4.8 使用“样式”面板

“样式”面板用来保存、管理和应用图层样式。也可以将Photoshop 提供的预设样式或者外部样式库载入该面板中使用。

内容精讲：“样式”面板

“样式”面板中提供了各种预设的图层样式，如图4.64所示。

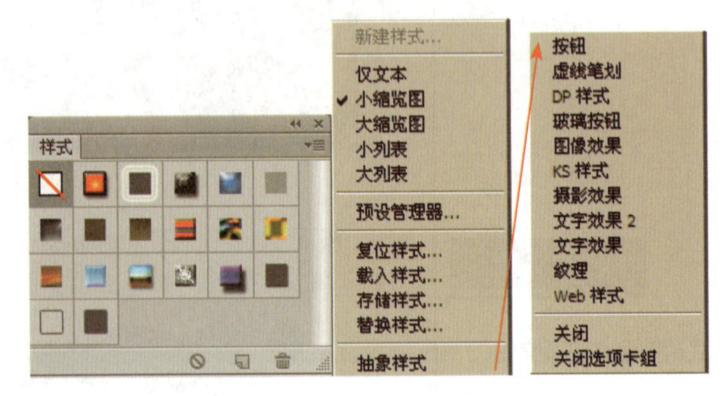

图 4.64

选择一个图层，单击“样式”面板中的一个样式，即可为它添加该样式，如图4.65所示。

图 4.65

提 示

样式面板

样式面板方便了用户的使用，并提高了工作效率。样式是以按钮的形式提供给用户的，用户只需选中需要应用样式效果的图层，再载入所需样式集，然后单击其中所需的样式按钮即可。

更进一步：管理预设样式

管理预设样式包括创建样式、删除样式和存储样式等操作，下面分别介绍它们的操作方法。

1. 新建样式。

在“图层样式”对话框中为图层添加了一种或多种效果以后，可以将该样式保存到“样式”面板中，以方便以后使用。

如果要将效果创建为样式，可以在“图层”面板中选择添加了效果的图层，然后单击“样式”面板中的创建新样式按钮，打开“新建样式”对话框，设置各项并单击“确定”按钮即可创建样式，如图4.66所示。

- 名称：用来设置样式的名称。
- 包含图层效果：勾选该项，可以将当前的图层效果设置为图层样式。
- 包含图层混合选项：如果当前图层设置了混合模式，勾选该项，新建的样式将具有这种混合模式。

> **提 示**
>
> 新建样式的快捷方法
>
> 按住Alt键并单击“创建新样式”按钮，可以创建新样式，但不打开“新建样式”对话框，样式使用系统默认的名称。

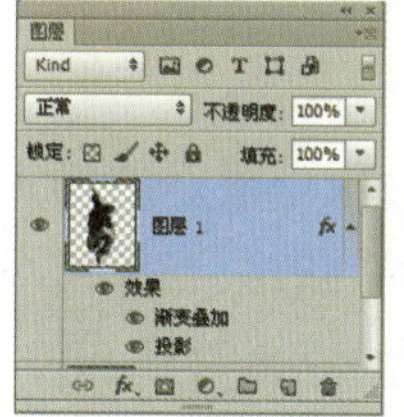

图 4.66

2. 删除样式。

将“样式”面板中的一个样式拖动到删除样式按钮上，即可将其删除。此外，按住Alt键并单击一个样式，则可直接将其删除，如图4.67所示。

> **提 示**
>
> 复位样式
>
> 载入样式后，单击样式控制面板右上角的按钮，在弹出的下拉菜单中选择“复位样式”命令，可以将样式控制面板中的样式还原到默认样式面板中。

图 4.67

3. 存储样式库。

如果在“样式”面板中创建了大量的自定义样式，可将这些样式保存为一个独立的样式库。

执行“样式”面板菜单中的“存储样式”命令，打开“存储”对话框，如图4.68所示。输入样式库名称和保存位置，单击“确定”按钮，即可将面板中的样式保存为一个样式库。如果将自定义的样式库保存在Photoshop程序文件夹中的“Presets”→“Styles”文件夹中，重新运行Photoshop后，该样式库的名称就会出现在“样式”面板菜单的底部，如图4.69所示。

图 4.68

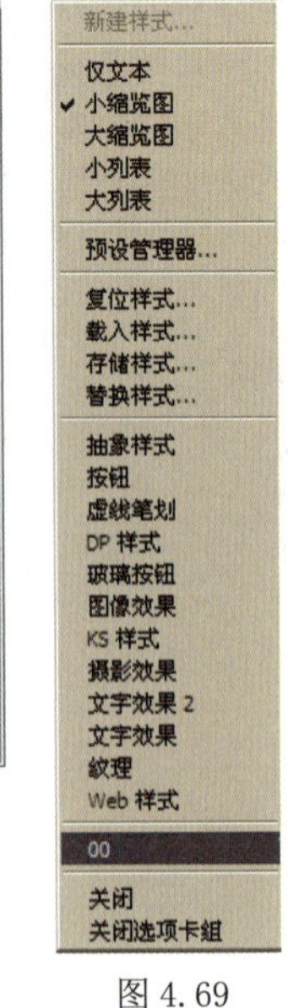

图 4.69

4. 载入样式库。

除了“样式”面板中显示的样式外，Photoshop还提供了其他的样式，它们按照不同的类型放在不同的库中。例如，Web样式库中包含了用于创建Web按钮的样式，“文字效果”样式库中包含了向文本添加效果的样式。要使用这些样式，需要将它们载入“样式”面板中。

打开“样式”面板菜单，选择一个样式库，如图4.70所示，弹出“Adobe Photoshop CS6 Extended”对话框，单击“确定”按钮，可载入样式并替换面板中的样式；单击“追加”按钮，可以将样式添加到面板中；单击“取消”按钮，则取消载入样式的操作。

提 示

存储样式

如果人为地删除或重新安装了Photoshop，那么新建的样式将消失。因此，用户也可以将自己创建的样式保存起来，方法是载入要保存的样式所在的样式集，然后单击“样式”控制面板右上角的按钮，在弹出的下拉菜单中选择“存储样式”命令，将打开“存储”对话框，指定好保存位置和文件后，单击“确定”按钮即可。

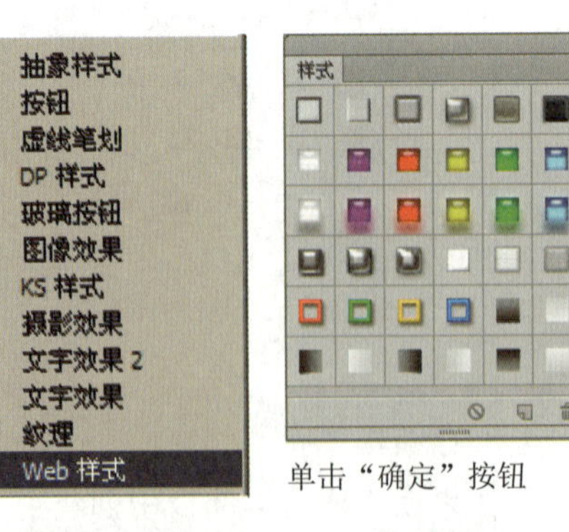

单击“确定”按钮

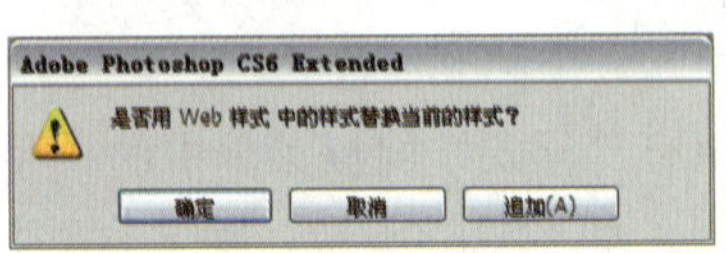

单击“追加”按钮

图 4.70

05

内容提要

只要轻轻一点，精彩效果就会立刻呈现出来，普通的图像转眼间变为非凡的视觉效果图像，这就是滤镜独有的强大功能。在Photoshop CC中，有传统滤镜和一些新滤镜，每一种滤镜又提供了多重细分的滤镜效果，为用户处理位图提供了极大的方便。本章内容丰富有趣，可以按照实例步骤进行制作。

Chapter

滤镜的应用

主要内容

- 滤镜概述
- 滤镜库
- 液化滤镜
- 智能滤镜

知识点播

- 滤镜的使用技巧
- 智能滤镜与普通滤镜的区别
- 不同的滤镜组

01

5.1 滤镜概述

滤镜是Photoshop中最具吸引力的功能之一，它就是一个魔术师，可以把普通的图像变为非凡的视觉艺术作品，滤镜不仅可以制作各种特效，还能模拟素描、油画、水彩等绘画效果。本章将详细介绍各种滤镜的特点与使用方法。

内容精讲：滤镜菜单

滤镜是一些经过专门设计，用于产生特殊图像效果的工具，就好像是特制的眼镜，戴上后所看到的图像会具有特定的效果。本小节推荐几个经典的滤镜制作效果。

当对图片进行独特的效果设置时，经常会用到滤镜选项，以下就是滤镜菜单中的一些独特的效果功能，如图5.1所示。

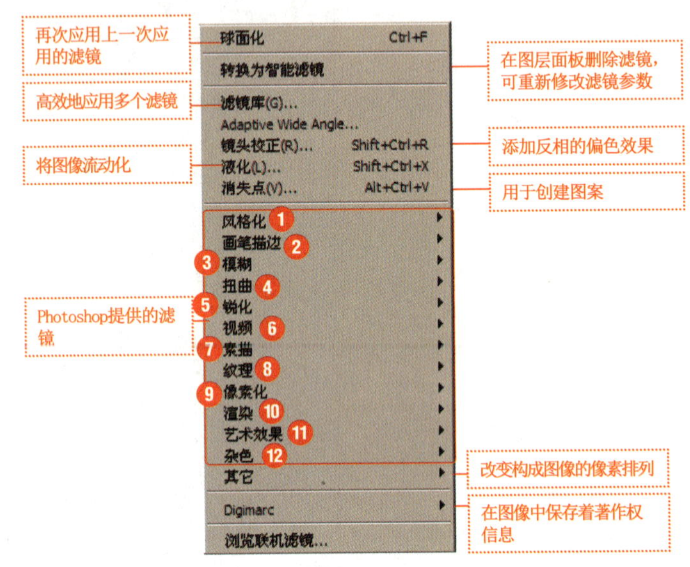

图5.1

❶ 风格化。在图像上应用质感或亮度，使样式产生变化。

❷ 画笔描边。应用画笔表现绘画效果。

❸ 模糊。将像素的表现设置为模糊状态，可以在图像上表现速度感或晃动的效果。

❹ 扭曲。移动构成图像的像素，进行变形、扩展或缩小，可以将原图像变形为各种形态。

❺ 锐化。将模糊的图像制作为清晰的效果，提高主像素的颜色对比值，使画面更加明亮细腻。

❻ 视频。“视频”子菜单中包含“逐行”滤镜和“NTSC 颜色”滤镜。

❼ 素描。使用钢笔或者木炭等将图像制作成好像草图一样的效果。

提 示

滤镜

滤镜是一种图像处理工具，它们在功能上与摄影方面的滤镜相近，但Photoshop CC中的滤镜功能更强大，使用也更方便，并可以重复运用，还可以同时运用多种滤镜效果。滤镜不但可以应用于整个图像，还可以应用于图像中的某通道或图层，也可以应用于图像中的选区。

提 示

滤镜快捷键

Ctrl+F——再次使用刚用过的滤镜。

Ctrl+Alt+F——用新的选项使用刚用过的滤镜。

Ctrl+Shift+F——取消上次用过的滤镜或调整的效果，或改变合成的模式。

提 示

滤镜对话框快捷键

在滤镜窗口中，按Alt键，取消按钮会变成复位按钮，可恢复初始状况。想要放大在滤镜对话框中图像预览的大小，直接按下Ctrl键，用鼠标单击预览区域即可放大；反之，按下Alt键则预览区内的图像迅速变小。

❽ 纹理。为图像赋予质感。除了基本材质外，用户可以直接制作并保存，然后在图像上应用滤镜效果。

❾ 像素化。变形图像的像素，重新构成，可以在图像上显示网点或者表现出铜版画的效果。

❿ 渲染。在图像上制作云彩形态，或者设置照明或镜头光晕效果，制作出各种特殊效果。

⓫ 艺术效果。这是设置绘画效果的滤镜。

⓬ 杂色。在图像上提供杂点，设置效果或者删除由于扫描而产生的杂点。

更进一步：滤镜的使用技巧

1. 每次执行完一个滤镜命令后，“滤镜”菜单的第一行便会出现该滤镜的名称，单击它或按下快捷键Ctrl+F，可以快速应用这一滤镜。如果要对该滤镜的参数做出调整，可以按下快捷键Alt+Ctrl+F，打开滤镜的对话框重新设置参数，如图5.2所示。

图5.2

2. 在任意滤镜对话框中按住Alt键，“取消”按钮都会变成“复位”按钮，单击“复位”按钮可以将参数恢复到初始状态。

3. 应用滤镜的过程中如果要终止处理，可以按下Esc键。

4. 使用滤镜时，通常会打开滤镜库或相应的对话框，在预览框中可以预览滤镜效果，单击−或+按钮可以放大或缩小显示比例，如图5.3所示；单击并拖动预览框内的图像，可以移动图像，如果想要查看某一区域内的图像，可在文档中单击，滤镜预览框中会显示单击处的图像，如图5.4和图5.5所示。

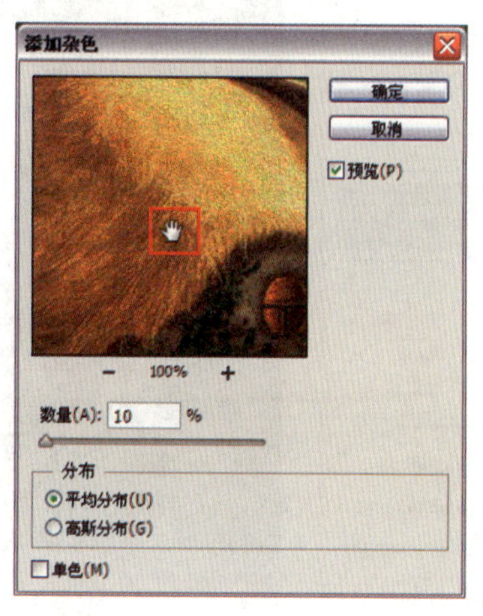

图5.3

提 示

快速改变在对话框中显示的数值

首先用鼠标单击那个数字，让光标处于对话框中，然后就可以用上下方向键来改变该数值了。如果在用方向键改变数值前先按下Shift键，那么数值的改变速度会加快。

图5.4

图5.5

提 示

调整执行滤镜后的效果

在“图层”面板上可对已执行滤镜后的效果调整不透明度和色彩混合等（操作的对象必须是图层）。

5. 使用处理图像后，执行“编辑”→“渐隐”命令可以修改滤镜效果的混合模式和不透明度。“渐隐”命令必须在进行了编辑操作后立即执行，如果这中间又进行了其他操作，则无法执行该命令，如图5.6所示。

修改滤镜的混合模式和不透明度后的效果

图5.6

提 示

渐隐滤镜

即使已经用滤镜处理图层了，也可以执行“编辑”→“渐隐…”命令。用户使用该命令时，要调节不透明度，同时还要改变混色模式。在结束该命令之前，可随意用滤镜处理该层。注意，如果使用了“还原”，就不能再更改了。

02

5.2 滤镜库

滤镜库是一个整合了多种滤镜的对话框，它可以将一个或多个滤镜应用于图像，或者对同一图像多次用同一滤镜，还可以使用对话框中的其他滤镜替换原有滤镜。

内容精讲：滤镜库概览

执行“滤镜”→“滤镜库”命令，或者使用“风格化”“画笔描边”“扭曲”“素描”“纹理”“艺术效果”滤镜组中滤镜，都可以打开“滤镜库”，如图5.7所示。对话框的左侧是预览选区，中间是六组可供选择的滤镜，右侧是参数设置区。

图5.7

❶预览区：用来预览滤镜效果。

❷滤镜组/参数设置区：“滤镜库”中共包含六组滤镜，单击一个滤镜组前的▶按钮，可以展开该滤镜组；单击滤镜组中的一个滤镜即可使用该滤镜。与此同时，有的参数设置区内会显示该滤镜的参数选项。

❸当前选择的滤镜组缩览图：显示当前使用的滤镜。

❹显示/隐藏滤镜组缩览图⌃：单击该按钮，可以隐藏滤镜组，将窗口控件留给图像预览区。再次单击则显示滤镜组。

❺弹出式菜单：单击▼按钮，可在打开的下拉菜单中选择一个滤镜。这些滤镜是按照滤镜名称汉语拼音的先后顺序排列的，如果想要使用某个滤镜，但不知道它在哪个滤镜组，便可以在该下拉菜单中查找。

❻缩放区：单击+按钮，可放大预览区图像的显示比例；单击-按钮，则缩小显示比例。

提 示

Photoshop中的两大类滤镜

Photoshop的滤镜包括内部滤镜和外部滤镜两种。内部滤镜可以满足用户的各种不同需求，不同种类滤镜的使用方法大致相同，有些非常简单，一经选定就立即执行；有些在设置了对话框的参数之后即可执行。外部滤镜也叫外挂滤镜，是由第三方开发的。默认情况下都是安装到Photoshop目录下的Plus-ins文件夹中。

提 示

滤镜库

滤镜库将常用滤镜组合在一个面板中，以折叠菜单的方式显示，并为每一个滤镜提供了直观的效果预览功能。

内容精讲：滤镜的效果

在“滤镜库”中选择一个滤镜后，该滤镜就会出现在对话框右下角的已应用滤镜列表中，如图5.8所示。

图5.8

单击新建效果图层按钮，可以添加一个效果图层。添加效果图层后，可以选取要应用的另一个滤镜，重复此过程可添加多个滤镜，图像效果也会变得更加丰富，如图5.9所示。

图5.9

滤镜效果图层与图层的编辑方法相同，上下拖动效果图层可以调整它们的堆叠顺序，滤镜效果也会发生改变，如图5.10所示。

单击按钮可以删除效果图层。通过单击眼睛图标可以隐藏或显示滤镜，如图5.11所示。

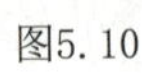

图5.10

图5.11

提 示

快速选择高分辨率图像所需的滤镜

在对分辨率较高的图像文件应用某些滤镜效果时，会占用较多的内存空间，这时会造成电脑的运行速度减慢。在应用滤镜功能前，建议先将局部图像创建为选区，对部分图像应用滤镜效果，得到满意效果后，再对整个图像应用滤镜效果，这样可以提高工作效率。

提 示

不能应用滤镜的图像

滤镜效果不能应用于位图模式、索引颜色及16位/通道的图像，且有些滤镜只能应用于RGB颜色模式的图像，而不能应用于CMYK颜色模式的图像。

提 示

滤镜应用于不同图像，图像效果会有差异

滤镜是以像素为单位对图像进行处理的，因此在对不同像素的图像应用相同参数的滤镜时，所产生的效果可能也会有些差距。

范例操作：用滤镜库制作皱纹壁纸效果

Photoshop的滤镜库中包含了各种滤镜，选择相应的滤镜效果之后，只要设置相关参数，就可以制作出不同的效果，如图5.12所示。本例主要利用滤镜库中的龟裂缝滤镜制作类似皱纹壁纸的效果。

图5.12

1. 按下快捷键Ctrl+O，打开Chapter 05\Media\5-2-3.jpg文件，执行“滤镜”→“纹理”→“龟裂缝”命令，在打开的“滤镜库”对话框中将“裂缝间距”设置为20，“裂缝深度”为4，“裂缝亮度”为8，然后单击“确定”按钮，效果如图5.13所示。

图5.13

2. 执行“滤镜”→“镜头校正”命令，在打开的“镜头校正”对话框中单击“自定”选项卡，然后将“数量”设置为-52，“中点”设置为62，单击“确定”按钮，效果如图5.14所示。

图5.14

提示

将滤镜参数设置为默认状态

在按住Alt键时，滤镜设置对话框中的“取消”按钮将变为“复位”按钮。单击“复位”按钮，即可将滤镜选项恢复为默认状态。

提示

设置滤镜选项参数时，移动预览框中的图像

将光标移动到预览框中，当光标变成抓手形状时，拖动鼠标即可移动视图。

提示

为图像应用多种滤镜效果

在“滤镜库”对话框中，单击对话框右下角的“新建效果图层”按钮，新建一个效果图层，然后单击命令选择区中所需的滤镜效果图标，即可为图像应用两种滤镜效果。按照此种方法，即可为图像同时应用多种滤镜效果。

03

5.3 液化滤镜

“液化”滤镜可用于推、拉、旋转、反射、折叠和膨胀图像的任意区域。创建的扭曲可以是细微的或剧烈的，这就使“液化”命令成为修饰图像和创建艺术效果的强大工具。可将“液化”滤镜应用于8位/通道或16位/通道图像。

范例操作：使用液化命令改变人物面部表情

每个人都会有丰富的表情，在拍照时，有时候会因效果不满意而把它扔掉，那么，在冲洗之前，可以在Photoshop中将其修改为自己希望的样子，使用液化命令，就可以对人物的各种面部表情进行变形。本范例中，将使用液化命令改变人物照片中不满意的面部表情和眼睛的样子，如图5.15所示。

图5.15

1. 按下快捷键Ctrl+O，打开Chapter 05\Media\5-3-1.jpg文件，执行“滤镜”→“液化”命令，弹出“液化”对话框后，使用缩放工具将人物的脸部放大，便于观察，如图5.16所示。

图5.16

提 示

滤镜的作用范围

如果有选定区域，则针对所选择的区域进行处理；如果没有选定区域，则对整个图像做处理；如果只选中某一层或某一通道，则只对当前的层或通道起作用。

提 示

滤镜的处理效果

滤镜的处理效果以像素为单位，就是说，相同的参数处理不同分辨率的图像，效果会不同。

2. 单击工具栏中的按钮，将不需要变形的部分设置为蒙版，如图5. 17所示。

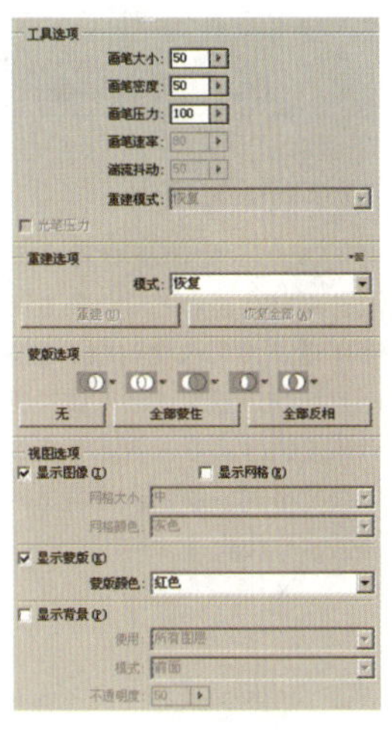

图5. 17

3. 选择向前变形工具以后，将工具选项中的画笔大小值设置为20，调整画笔的大小。提高嘴角部分，制作成咧嘴笑的表情，如图5. 18所示。

提 示

滤镜的应用条件

RGB的模式里可以对图形使用全部的滤镜，文字一定要变成图形才能用滤镜。

图5. 18

4. 在“蒙版选项”中单击 无 按钮，就会在画面中隐藏设置为蒙版的部分。选择膨胀工具后，单击人物的眼球部分，将眼睛略微放大。改变了人物的表情以后，单击“确定”按钮，如图5. 19所示。

提 示

明确滤镜的效果

使用新滤镜应先用缺省设置实验，然后试一试较低的配置，再试一试较高的配置。观察一下变化的过程及结果。用一幅较小的图像进行处理，并保存拷贝的原版文件，而不要使用“还原”。这样可使作者对所做的结果进行比较，记下自己真正喜欢的设置。

图5. 19

内容精讲：液化对话框

液化命令的功能是利用变形工具来扩大、缩小、扭曲图像，是用来修图的。在“液化”对话框中，提供了从变形形态到扭曲程度的各种选项，如图5.20所示。

图5.20

ⓐ 向前变性工具：拖动鼠标，通过推动像素的形式变形图像。

ⓑ 重建工具：通过拖动变形部分的方式，将图像恢复为原始状态。

ⓒ 顺时针旋转扭曲工具：按照顺时针或逆时针方向旋转图像。

ⓓ 褶皱工具：像凹透镜一样缩小图像，进行变形。

ⓔ 膨胀工具：像凸透镜一样放大图像，进行变形。

ⓕ 左推工具：移动图像的像素，扭曲图像。

ⓖ 镜像工具：将图像扭曲为反射形态。

ⓗ 湍流工具：将图像扭曲为好像风火气流流动的形态。

ⓘ 冻结蒙版工具：设置蒙版，使图像不会被变形。

ⓙ 解冻蒙版工具：取消设置好的蒙版区域。

ⓚ 抓手工具：通过拖动鼠标移动图像。

ⓛ 缩放工具：放大或缩小预览窗口的图像。

ⓜ 工具选项：设置图像扭曲中使用的画笔大小和压力程度。

ⓝ 重建选项：用于恢复被扭曲的图像。

ⓞ 蒙版选项：用于编辑、修改蒙版区域。

ⓟ 视图选项：在画面中显示或隐藏蒙版区域或网格。

提 示

快速恢复液化效果

在“液化”对话框中对画面效果进行调整后，如果对效果不满意，可以通过按下快捷键Ctrl+Z恢复上一步操作，可连续按下该快捷键进行恢复操作。另外，还可直接单击“恢复全部”按钮，将图像恢复到调整前的效果。

04

5.4 智能滤镜

智能滤镜是Photoshop CS3版本中出现的功能。滤镜需要修改像素才能呈现特效，而智能滤镜则是一种非破坏性的滤镜，可以达到与普通滤镜完全相同的效果，但它是作为图层效果出现在“图层”面板中的，因而不会真正改变图像中的任何像素，并且可以随时修改参数，或者删除掉。

内容精讲：智能滤镜与普通滤镜的区别

在Photoshop中，普通的滤镜是通过修改像素来生成效果的。图5.21所示为一个图像文件，图5.22为使用“调色刀”滤镜处理后的效果。从“图层”面板中可以看到，“背景”图层的像素被修改了，如果将图像保存并关闭，就无法恢复为原来的效果了。

图5.21

智能滤镜则是一种非破坏性的滤镜，它将滤镜效果应用于智能对象上，并且不会修改图像的原始数据。图5.23所示为智能滤镜的处理结果，可以看到，它与普通“调色刀”滤镜的图层效果完全相同。

图5.22（对图层应用了滤镜）

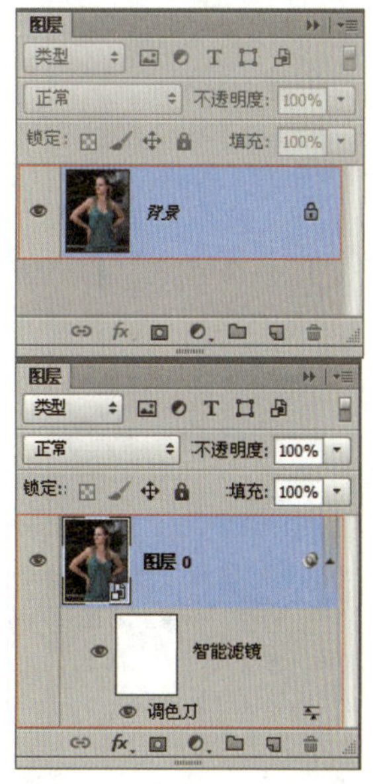

图5.23（对图层应用了智能滤镜）

提 示

智能滤镜

智能滤镜就是给智能对象图层添加滤镜时出现有蒙版状态的滤镜效果。可以通过蒙版来控制需要加滤镜的区域。同时可以在同一个智能滤镜下面添加多种滤镜，并可以随意控制滤镜的顺序，有点类似于图层样式。

提 示

智能滤镜与滤镜的不同之处

当使用一个滤镜以后，可以执行“编辑”→“渐隐”命令，修改滤镜的不透明度和混合模式。但该命令必须在应用滤镜以后马上执行，否则将不能使用，而智能滤镜则不同，可以随时双击智能滤镜旁边的编辑混合选项图标来修改不透明度和混合模式。

更进一步：修改智能滤镜

使用智能滤镜制作素描图像，并不会影响原图的效果。下面以素描图像效果作为素材来讲解如何修改智能滤镜。

1. 按下快捷键Ctrl+O，打开Chapter 05\Media\5-4-2.psd文件，这是一幅利用智能滤镜制作的素描图像效果，双击“炭笔”智能滤镜，重新打开“炭笔”对话框，进行参数修改，如图5.24所示。

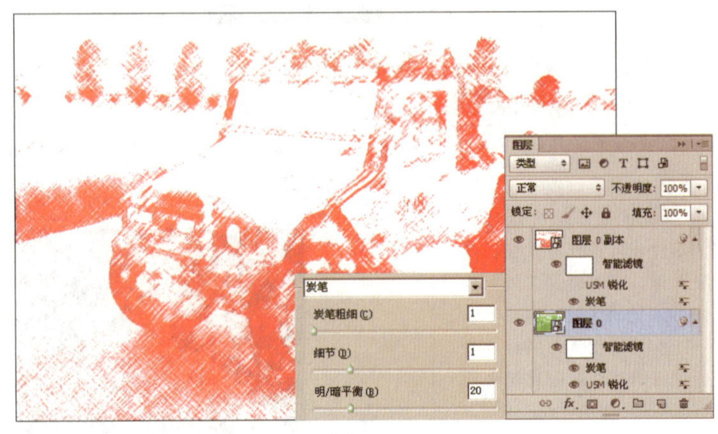

图5.24

2. 双击智能滤镜旁边的编辑混合选项图标，会弹出“混合选项”对话框，设置该滤镜的不透明度和混合模式，如图5.25所示。

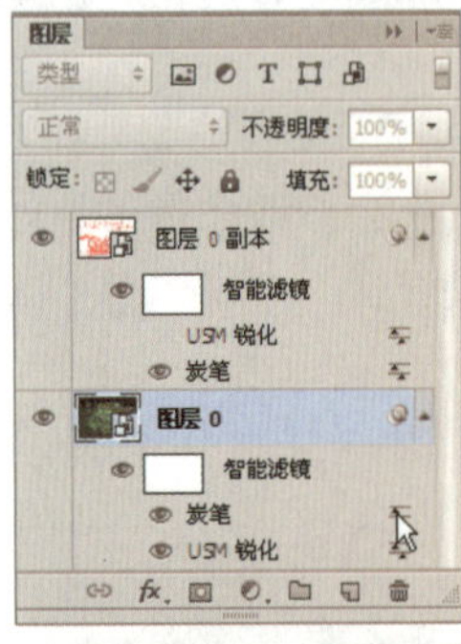

图5.25

提 示

智能对象

在编辑图层的时候，尤其是在改变某个图层文件的大小的时候，通常按Ctrl+T组合键缩小，再按Ctrl+T组合键拉到原来大小，图像看起来就会严重模糊。智能对象就是把编辑的图层转化为有隐藏性质的原本和副本。转为智能对象后，对图层进行变形处理的时候，编辑的就是副本，随意变形。其实原本是没有改变的。

提 示

智能对象应用滤镜

应用于智能对象的任何滤镜都是智能滤镜，因此，如果当前图层为智能对象，可直接对其应用滤镜，而不必将其转换为智能滤镜。

提 示

智能滤镜的范围

除“液化”和“消失点”之外，任何滤镜都可以作为智能滤镜应用，这其中也包括支持智能滤镜的外挂滤镜。此外，“图像”→“调整”菜单中的“阴影/高光”和“变化”命令也可以作为智能滤镜来应用。

内容精讲：智能滤镜的编辑

1. 遮盖智能滤镜

智能滤镜包含一个蒙版，它与图层蒙版完全相同。编辑蒙版可以有选择性地遮盖智能滤镜，使滤镜只影响图像的一部分。

单击智能滤镜的蒙版，如果要遮盖某一处滤镜效果，可以用黑色绘制；如果要显示某一处滤镜效果，则用白色绘制，如图5.26所示。

图5.26

如果要减弱滤镜效果的强度，可以用灰色绘制，滤镜将呈现不同级别的透明度。也可以使用渐变工具在图像中填充黑白渐变，渐变应用到蒙版中，对滤镜效果进行遮盖，如图5.27所示。

图5.27

2. 重新排列智能滤镜

当对一个图层应用了多个智能滤镜以后，可以在智能滤镜列表中上下拖动这些滤镜，重新排列它们的顺序，Photoshop会按照由下而上的顺序应用滤镜，因此，图像效果会发生变化，如图5.28所示。

图5.28

知识链接

Photoshop中的智能对象与智能滤镜是息息相关的，通过对智能滤镜的应用，可以在很大程度上扩展滤镜的功能，赋予图像更多特殊的视觉效果。关于智能滤镜的更多内容，请参阅“13.4 智能滤镜”。

3. 显示与隐藏智能滤镜

如果要隐藏单个智能滤镜，可以单击该滤镜旁边的眼睛图标▣；如果要隐藏应用于智能对象图层的所有智能滤镜，则单击智能滤镜行旁边的眼睛图标▣，或执行“图层”→“智能滤镜”→“停用智能滤镜”命令。如果要重新显示智能滤镜，可在滤镜的眼睛图标▣处单击，如图5.29所示。

提示

停用和删除智能滤镜

执行“图层”→“智能滤镜”→“停用智能滤镜”命令，可以暂时停用智能滤镜的蒙版，蒙版上会出现一个红色的叉；执行“图层”→“智能滤镜”→“删除滤镜蒙版”命令，可以删除智能滤镜。

隐藏单个滤镜效果

隐藏整体滤镜效果

图5.29

4. 复制智能滤镜

在“图层”面板中，按住Alt键，将智能滤镜从一个智能对象拖动到另一个智能对象上，或拖动到智能滤镜列表中的新建位置，放开鼠标以后，可以复制智能滤镜；如果要复制所有智能滤镜，可按住Alt键并拖动在智能对象图层旁边出现的智能滤镜图标◉，如图5.30所示。

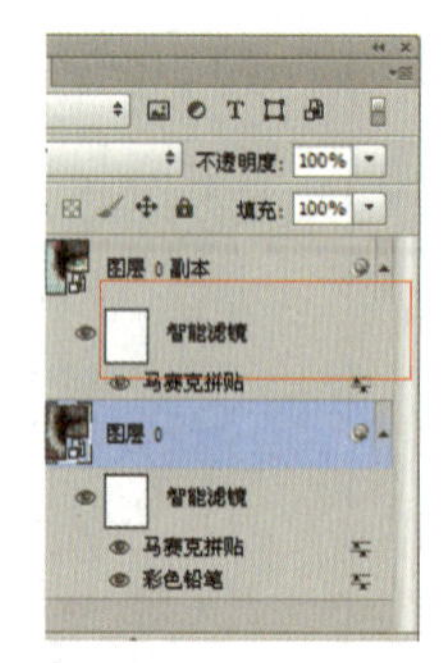

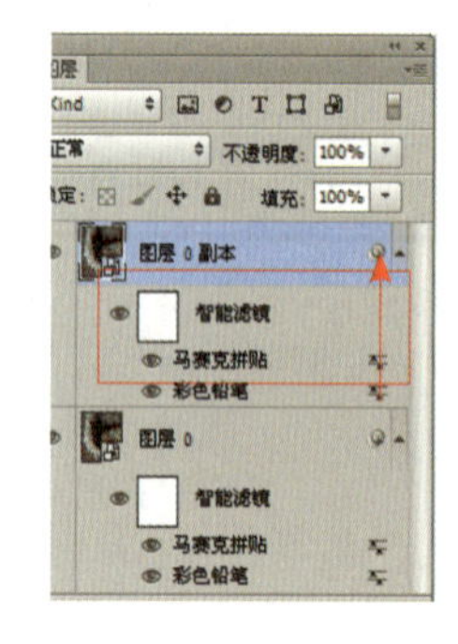

图5.30

提示

智能滤镜蒙版的编辑

智能滤镜蒙版与图层蒙版类似，对蒙版进行编辑后，图像上的效果同时发生变化。单击选择智能滤镜蒙版缩览图，单击画笔工具，设置画笔为黑色柔画笔，在图像上涂抹，即可隐藏该处的滤镜效果。

5. 删除智能滤镜

如果要删除单个智能滤镜，可以将它拖动到“图层”面板中的删除图层按钮🗑上，如果要删除应用于智能对象的所有智能滤镜，可以选择该智能对象图层，然后执行“图层”→“智能滤镜”→“清除智能滤镜”命令，如图5.31所示。

图5.31

范例操作：使用智能滤镜制作水彩图像

使用滤镜制作水彩图像的方法很多，但是使用智能滤镜制作照片的效果不会破坏原图层。本例主要讲解如何使用智能滤镜制作一张栩栩如生的花朵图像，如图5.32所示。

图5.32

1.按下快捷键Ctrl+O，打开Chapter 05\Media\5-4-4.jpg文件，执行菜单栏中的“滤镜”→“转换为智能滤镜”命令，弹出“Adobe Photoshop CC Extended”对话框，单击“确定”按钮，将“背景”图层转换为智能对象，如图5.33所示。

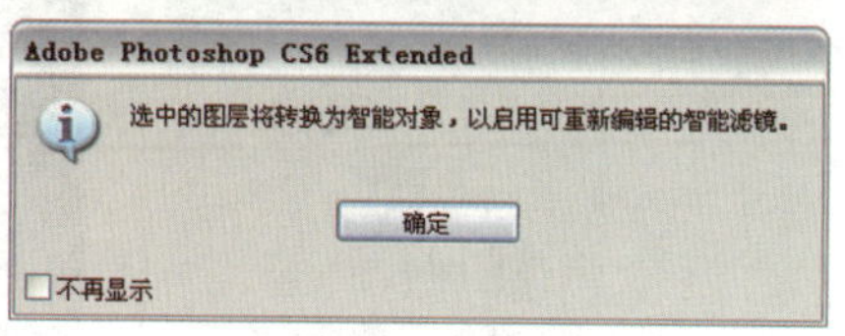

将“背景”图层转换为智能对象

图5.33

提　示

常规图层应用智能滤镜

智能滤镜不仅可以应用在智能对象上，还可以应用于常规图层。智能滤镜应用到常规图层上，可以执行“滤镜”→“转换成智能滤镜”命令，在弹出的对话框中单击“确定”按钮，然后在“滤镜”菜单中选择滤镜功能。

提 示

智能对象和智能图层

在Photoshop中，智能图层和智能对象是一个共生概念。要将普通图层转化为智能图层，在需要转换的普通图层上单击鼠标右键，在弹出的快捷菜单选择“转换为智能对象”选项即可。普通图层转换为智能图层以后，该图层上的图像也就自动转换为智能对象。

2. 按下快捷键Ctrl+J，复制“图层0”，得到“图层0 副本”图层，执行“滤镜”→“艺术效果”→“绘画涂抹”命令，在弹出的“绘画涂抹”对话框中设置参数，如图5.34所示，然后单击“确定”按钮，对图像应用智能滤镜。

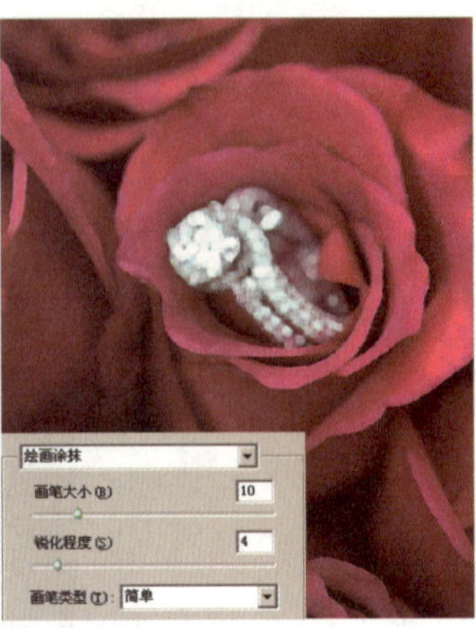

图5.34

3. 执行菜单栏中的“滤镜”→“画笔描边”→“阴影线”命令，为图像添加阴影描边效果，如图5.35所示。

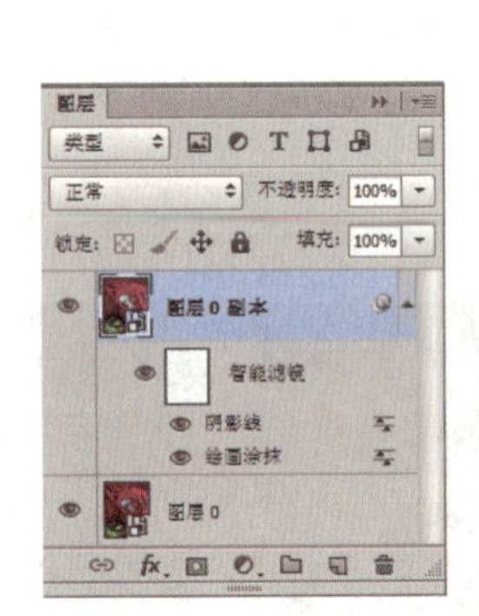

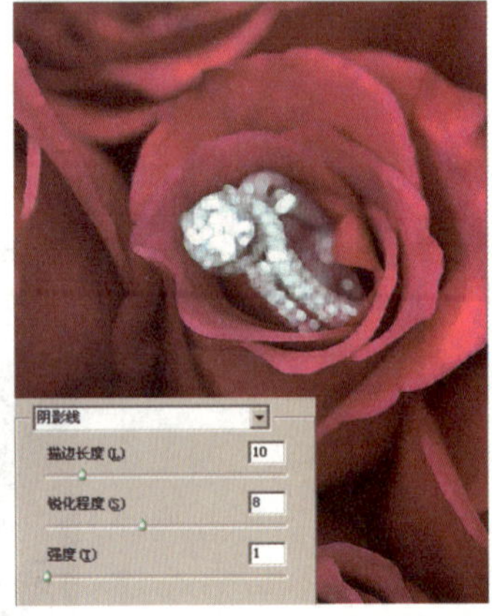

图5.35

4. 将“图层0 副本”图层的混合模式设置为“溶解”，不透明度设置为80%，如图5.36所示。

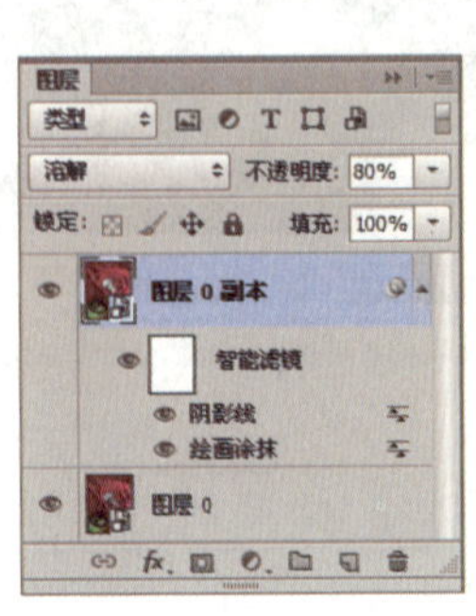

图5.36

5. 按照同样的方法制作“图层0”的效果。首先选择“图层0”图层，执行“滤镜”→“艺术效果”→“绘画涂抹”命令，使用默认的参数，然后单击“确定”按钮，对图像应用智能滤镜，如图5.37所示。

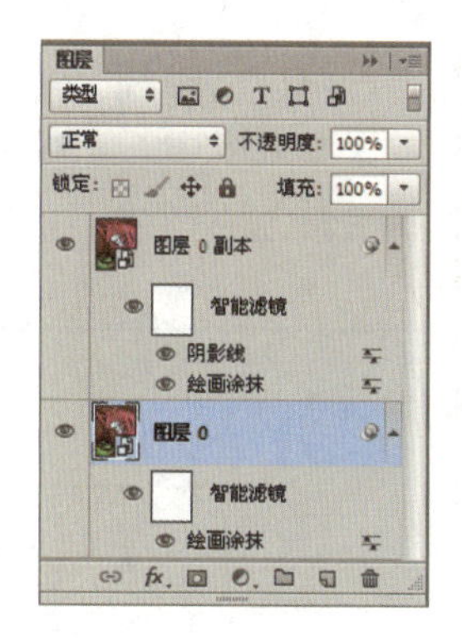

图5.37

6. 执行“滤镜”→“画笔描边”→“阴影线”命令，使用默认的参数，然后单击“确定”按钮，效果如图5.38所示。

图5.38

7. 选择移动工具，按下方向键右键和下键，使上下两个图层中的轮廓错开。最后使用裁剪工具将照片的边缘裁齐。花朵的最终素描效果如图5.39所示。

图5.39

提 示

智能滤镜的使用方法

打开图像后，将图层转换为智能对象，分别为图像应用“表面模糊”和“纹理化”滤镜，这些滤镜显示在智能滤镜层中。双击“纹理化”滤镜层后的“双击以编辑滤镜混合选项”图标，打开“混合选项（纹理化）”对话框，设置模式即可调整图像效果。下面几幅图像为应用智能滤镜的过程图。

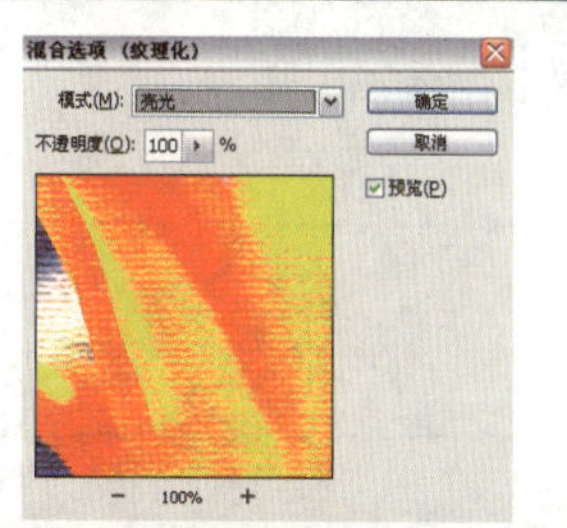

06

Chapter

编辑与应用色彩

内容提要

在日常生活中，人们经常会将自己喜爱的画面用相机拍摄下来，但有时可能由于某种原因导致照片效果不理想，此时可以通过Photoshop软件对图像进行调整和编辑，使之更加完美。本章主要介绍图像的颜色模式以及色彩的编辑方法。

主要内容

- Photoshop 调整命令概览
- 图像的颜色模式
- 快速调整图像的色彩
- 调整图像的色彩

知识点播

- 调整命令的分类
- 不同的图像色彩模式
- 用菜单命令调整图像的色彩

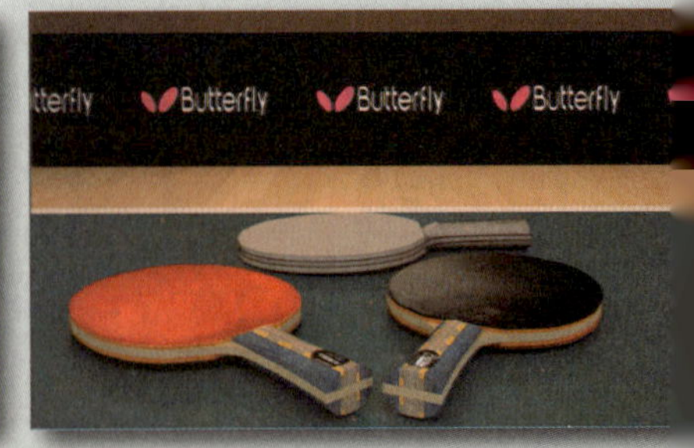

01

6.1 Photoshop 调整命令概览

一张照片或图像，色彩不只是真实地记录下物体，还能够带来不同的心理感受。创造性地使用色彩，可以营造各种独特的氛围和意境，使图像更具表现力。Photoshop提供了大量色彩和色调调整工具，可用于处理图像和数码照片，本节主要讲解这些工具的使用方法。

内容精讲：调整命令的分类

Photoshop的“图像”菜单中包含了用于调整图像色调和颜色的各种命令，其中一部分常用的命令也通过“调整”面板的操作来实现图像效果，这些命令主要分为以下几种类型，如图6.1所示。

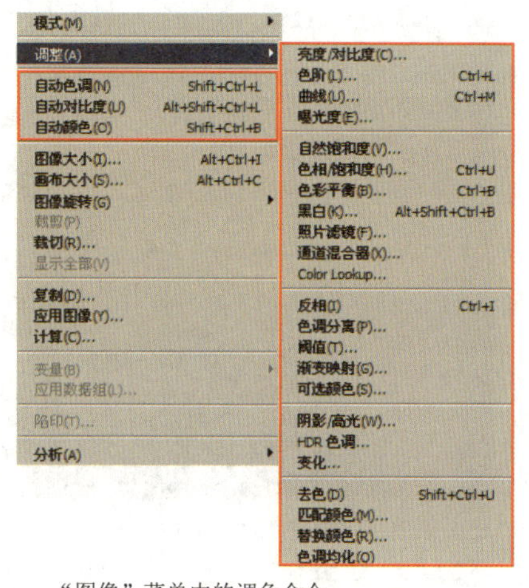

“图像”菜单中的调色命令

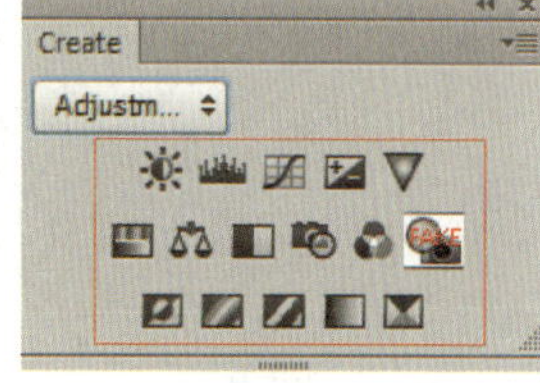

“调整”面板

图6.1

❶调整颜色和色调的命令：“色阶”和“曲线”命令可以调整颜色和色调，它们是最重要、最强大的调整命令；“色相/饱和度”和“自然饱和度”命令用于调整色彩；“阴影/高光”和“曝光度”命令智能调整色调。

❷匹配、替换和混合颜色的命令：“匹配颜色”“替换颜色”“通道混和器”和“可选颜色”命令可以匹配多个图像之间的颜色，替换指定的颜色或者对颜色通道做出调整。

❸快速调整命令：“自动色调”“自动对比度”和“自动颜色”命令能够自动调整图片的颜色和色调，可进行简单的调整，适合初学者使用；“照片滤镜”“色彩平衡”和“变化”是用于调整色彩的命令，使用方法简单且直观；“亮度/对比度”和“色调均化”命令用于调整色调。

❹应用特殊颜色调整的命令：“反相”“阈值”“色调分离”和“渐变映射”是特殊的颜色调整命令，它们可以将图片转换为负片效果、简化为黑白图像、分离色彩或者用渐变颜色转换图片中原有的颜色。

提 示

图像色彩调节的方法

图像的色彩调整主要是色阶调整、亮度调整、对比度调整、色相和饱和度的调整。此外，还可以进行变化、曲线等精确调整，制作去色、换色、混合等特别效果。

内容精讲：调整命令的使用方法

Photoshop的调整命令可以通过两种方式来使用：第一种是直接用“图像”菜单中的命令来处理图像，第二种是使用调整图层来应用这些调整命令。这两种方式可以达到相同的调整结果，它们的不同之处在于：“图像”菜单中的命令会修改图像的像素数据，调整图层则不会修改像素，是一种非破坏性的调整功能。

例如，使用“色相/饱和度”命令调整图像的颜色。如果使用菜单栏中的“图像”→“调整”→“色相/饱和度”命令来操作，“背景”图层中的像素就会被修改。如果使用调整图层操作，则可在当前图层的上面创建一个调整图层，调整命令通过该图层对下面的图像产生影响，调整结果与使用菜单命令中的“色相/饱和度”命令完全相同，但下面图层的像素却没有任何变化，如图6.2所示。

使用菜单命令调整色相/饱和度

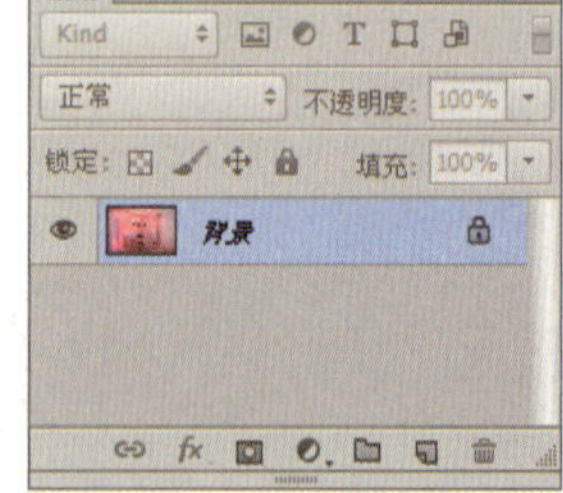

使用菜单命令调整色相/饱和度

使用调整图层来调整色相/饱和度

图6.2

提 示

执行Photoshop的命令

执行 Photoshop的命令可以通过鼠标操作和键盘输入的方式实现。鼠标操作是直接使用鼠标选择需要执行的菜单命令或工具按钮调用命令，而键盘操作是通过在键盘上按下菜单命令对应的快捷键来调用Photoshop 的操作命令。

提 示

在Photoshop中自定义键盘快捷键

执行“编辑”→“键盘快捷键”命令，在弹出的“键盘快捷键和菜单”对话框中单击“键盘快捷键”选项卡，在该选项卡中就可以自定义键盘快捷键。

使用“调整”命令调整图像后，不能修改调整参数，而调整图层却可以随时修改参数，并且只需隐藏或删除调整图层，便可以将图像恢复为原来的状态，如图6.3所示。

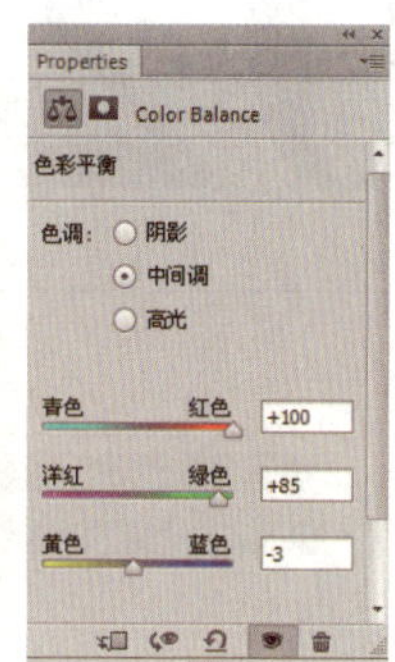

使用调整面板调整色彩平衡

隐藏该图层

使用调整面板调整渐变映射

隐藏该图层

图6.3

提 示

更改尺寸及色彩模式

单击“信息”面板上的吸管或十字标，就可由弹出式菜单更改尺寸及色彩模式。

02

6.2 图像的颜色模式

颜色模式决定了用来显示和打印所处理图像的颜色方法。打开一个文件以后，在“图像”→“模式”下拉菜单中选择一种模式，如图6.4所示，即可将其转换为该模式，其中，RGB、CMYK、Lab等是常用和基本的颜色模式，索引颜色和双色调等则是用于特殊色彩输出的颜色模式。颜色模式基于颜色模型（一种描述颜色的数值方法），选择一种颜色模式，就等于选用了某种特定的颜色模型。

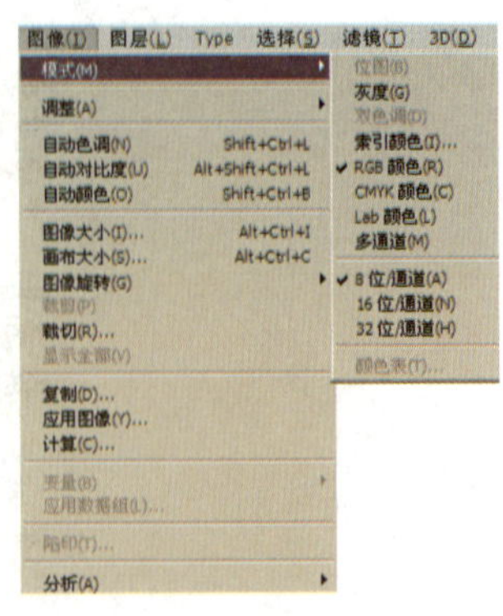

图6.4

提 示

图像的颜色模式

颜色模式决定了用于显示和打印图像的颜色模型，决定了如何描述和重现图像色彩。

内容精讲：位图模式

位图模式只有纯黑和纯白两种颜色，适合制作艺术样式或用于创作单色图形。彩色图像转换为该模式后，色相和饱和度信息都会被删除，只保留亮度信息。只有灰度和双色调模式才能够转换为位图模式。

打开一个RGB模式彩色图像，执行“图像”→“模式”→“灰度”命令，先将它转换为灰度模式，然后再执行“图像”→“模式”→“位图”命令，打开“位图”对话框。在“输出”选项中设置图像的输出分辨率，然后在“方法”选项中选择一种转换方法，包括“50%阈值”“图案仿色”“扩散仿色”“半调网屏”和“自定图案”，如图6.5所示。

❶50%阈值：将50%色调作为分界点，灰色值高于中间色阶128像素转换为白色，灰色值低于色阶128像素转换为黑色。

❷图案仿色：用黑白点图案模拟色调。

❸扩散仿色：通过使用从图像左上角开始的误差扩散过程来转换图像。由于转换过程的误差，会产生颗粒状的纹理。

❹半调网屏：可模拟平面印刷中使用的半调网点外观。

❺自定图案：可选择一种图案来模拟图像中的色调。

提 示

位图模式

Photoshop使用的位图模式只使用黑、白两种颜色中的一种表示图像中的像素。位图模式的图像也叫作做黑白图像，它包含的信息最少，因而图像也最小。

原图　将RGB模式转换为灰度模式　位图对话框

图6.5

内容精讲：双色调模式

双色调模式是采用一组曲线来绘制各种颜色油墨传递灰度信息的方式。使用双色油墨可以得到比单一通道更多的色调层次，能在打印中表现更多的细节。双色调模式还包含三色调和四色调选项，可以为三种或四种油墨颜色制版。但是，只有灰度模式的图像才能转换为双色调模式，如图6.6所示。

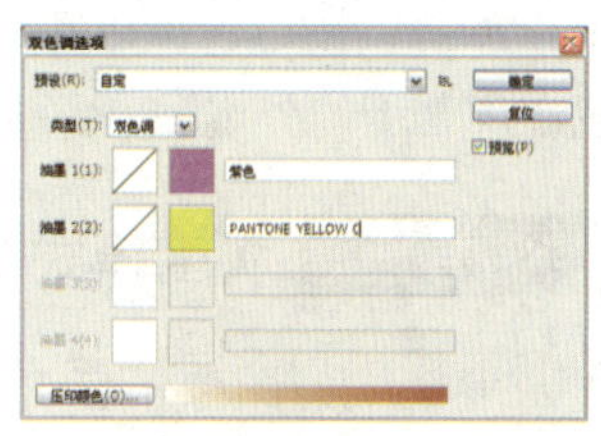

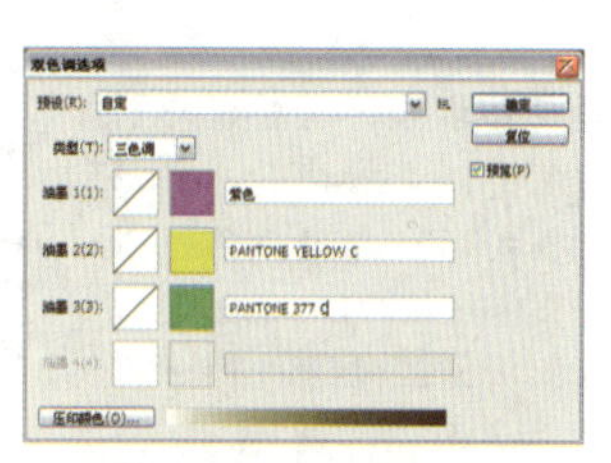

双色调效果

三色调效果

图6.6

❶预设：可以选择一个预设的调整文件。

❷类型：在下拉列表中可以选择“单色调”“双色调”“三色调”“四色调”。单色调是用非黑色的单一油墨打印的灰度图像，双色调、三色调和四色调分别是用两种、三种和四种油墨打印的灰度图像。选择之后，单击各个油墨颜色块，可以打开“颜色库”设置油墨颜色，如图6.7所示。

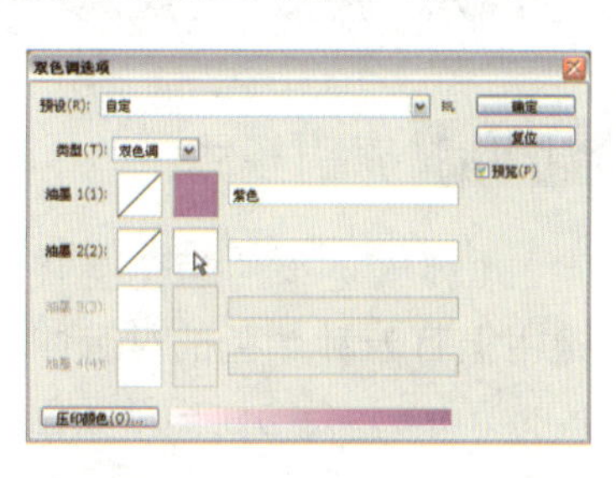

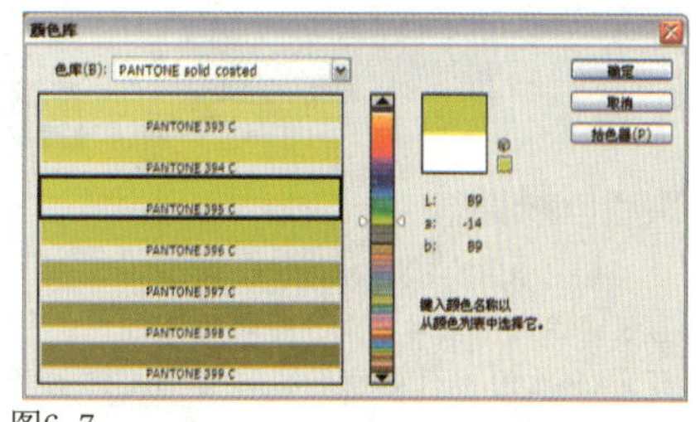

图6.7

❸编辑油墨颜色：选择“单色调”时，只能编辑一种油墨，选择“四色调”时，可以编辑全部的四种油墨。单击如图6.8所示的图标，可以打开“双色调曲线”对话框，调整曲线可以改变油墨的百分比。单击“油墨”，选择右侧的颜色块，可以打开“颜色库”选择油墨。

提示

Photoshop常用的颜色模式

Photoshop CC支持的颜色模式中，常用的颜色模式包括RGB 模式、CYMK 模式、Lab 模式、索引模式、位图模式、灰度模式和双色调等。

提示

双色调模式

采用2～4种彩色油墨混合其色阶来创建双色调(2种颜色)、三色调(3种颜色)、四色调(4种颜色)的图像，在将灰度图像转换为双色调模式的图像过程中，可以对色调进行编辑，产生特殊的效果。使用双色调的重要用途之一是使用尽量少的颜色表现尽量多的颜色层次，降低印刷成本。

提示

交换颜色数据

通过复制、粘贴Photoshop拾色器中所显示的十六进制颜色值，可以在Photoshop和其他程序（其他支持十六进制颜色值的程序）之间交换颜色数据。

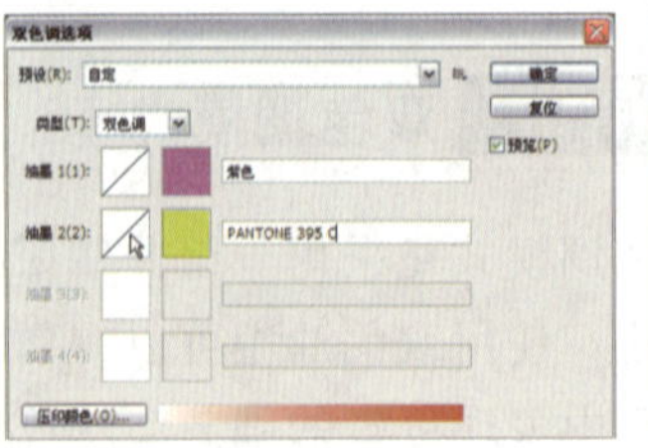

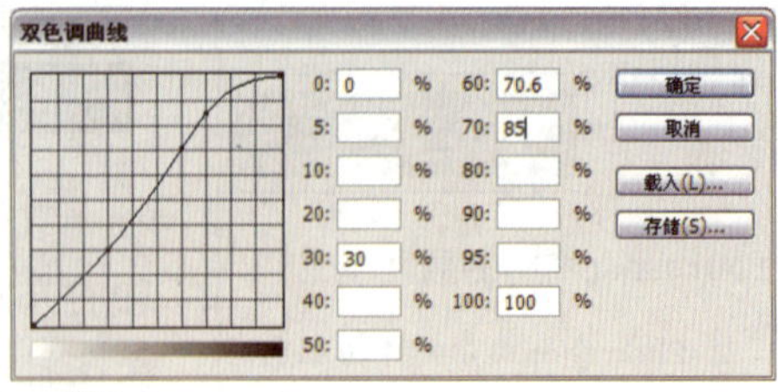

图6.8

❹压印颜色：压印颜色是指相互打印在对方之上的两种无网屏油墨。单击该按钮，可以在打开的“压印颜色”对话框中设置压印颜色在屏幕上的外观。

内容精讲：灰度模式

灰度模式的图像不包含颜色，彩色图像转换为该模式后，色彩信息都会被删除。灰度图像中的每个像素都有一个0～255之间的亮度值，0代表黑色，255代表白色，其他值代表了黑、白中间过渡的灰色。在8位图像中，最多有256级灰度；在16位和32位图像中，图像中的级数比8位图像要大得多。执行“图像”→“模式”→“灰度”命令，会弹出“信息”对话框，单击“扔掉”命令即可，如图6.9所示。

图6.9

内容精讲：索引模式

使用256种或更少的颜色替代全彩图像中上百万种颜色的过程叫作索引。Photoshop会构建一个颜色查找表（CLUT），存放图像中的颜色。如果原图像中的某种颜色没有出现在该表中，则程序会选取最接近的一种，或使用仿色以现有的颜色来模拟该颜色。索引模式是GIF文件默认的颜色模式，如图6.10所示。

“索引颜色”对话框

图6.10

提 示

将图像转换为灰度图像

要将彩色图像转换为灰度图像，使用的方法通常是执行“图像”→“模式”→“灰度”或“图像”→“去色”命令。不过，要使转换后的灰度效果更加细腻，可以先执行“图像”→“模式”→“Lab颜色”命令，将图像转换为Lab颜色模式，然后在“通道”调板中删除通道“a”和通道“b”即可。

提 示

灰度模式

灰度模式用单一色调表现图像，一个像素的颜色用八位元来表示，一共可表现256阶（色阶）的灰色调（含黑和白），也就是256种明度的灰色。用于将彩色图像转为高品质的黑白图像（有亮度效果）。灰度值可以用黑色油墨覆盖的百分比来表示，而颜色调色板中的K值用于衡量黑色油墨的量。

提 示

索引色彩模式

由于RGB或是CMYK的色彩模式占内存空间较大，因此就有了256色的索引颜色表。每个颜色都不能改变它的亮度，如果图像中的颜色亮度与其颜色亮度不符合，则它会自动将图像的文件色彩用相近的色彩取代，使图像文件只显示256色。这使得对于连续的色调的处理，无法像RGB或CMYK那么平顺，因此多用于网络或动画中。

提 示

HSB色彩模式

HSB色彩模式是普及型设计软件中常见的色彩模式。H代表色相；S代表饱和度；B代表亮度。

❶调板/颜色：选择转换为索引颜色后使用的调板类型。它决定了使用哪些颜色。如果选择“平均分布”“可感知”“可选择”或“随样性”，可通过输入颜色值指定要显示的实际颜色数量（多达256种）。

❷强制：可以选择将某些颜色强制包括在颜色表中的选项。选择“黑色和白色”，可将纯黑色和纯白色添加到颜色表中；选择“原色”，可添加红色、绿色、蓝色、青色、洋红、黄色、黑色和白色；选择“Web”，可添加216种Web安全色；选择“自定”，则允许定义要添加的自定颜色。图6.11所示是设置“颜色”为10、“强制”分别为“白色”和“三原色”构建的颜色表及图像效果，如图6.11所示。

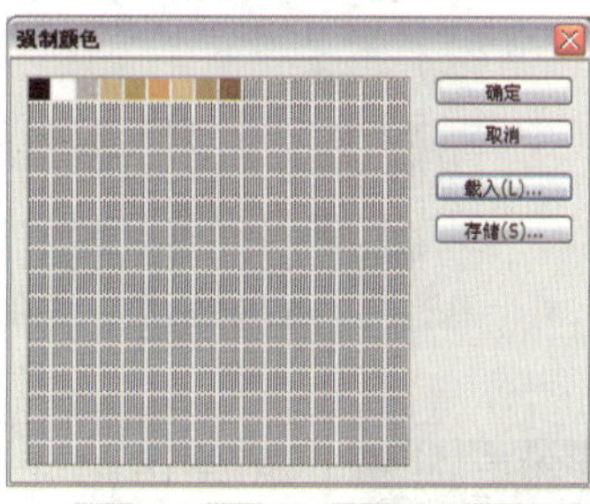

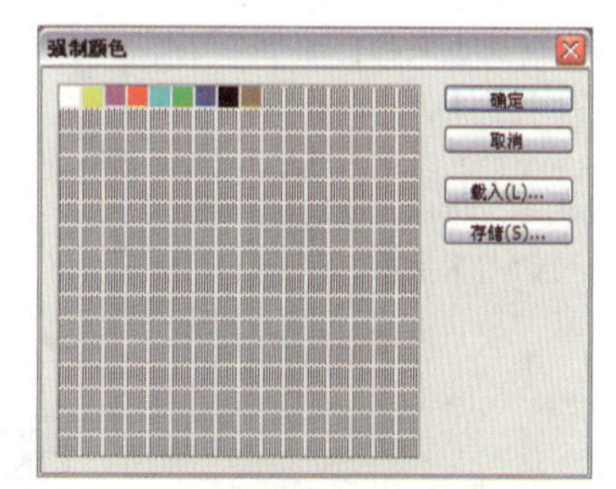

图6.11

❸杂边：指定用于填充于图像的透明区域相邻的消除锯齿边缘的背景色。

❹仿色：在下拉列表中可以选择是否使用仿色。如果要模拟颜色表中没有的颜色，可以采用仿色。仿色会混合现有颜色的像素，以模拟缺少的颜色。要使用仿色，可在该选项下拉列表中选择“仿色”选项，并输入仿色数量的百分比值。该值越高，所仿颜色越多，但可能会增加文件大小。

提 示

RGB颜色模式

一种加光模式。它是基于与自然界中光线的原理相同的基本特性，万紫千红均由红色（R）、绿（G）、蓝（B）三种波长的基本色光叠加产生的。显示器上的颜色便是此种模式。这三种基本色的每一种都有0～255的值。通过对不同值的红、绿、蓝三种基本色的组合来改变像素的颜色。

内容精讲：RGB 和 CMYK 颜色模式

RGB是通过红、绿、蓝三种原色光混合的方式来显示颜色的，显示器、数码相机、电视、多媒体等都采用这种模式。在24位图像中，每一种颜色都有256种亮度值，因此，RGB颜色模式可以重现1 670万种颜色（256×256×256）。在Photoshop中，除非有特殊要求而使用特定的颜色模式外，RGB是首选。在这种模式下，可以使用所有Photoshop工具和命令，而其他模式则会受到限制。

CMYK是商业印刷使用的一种四色印刷模式。它的色域（颜色范围）要比RGB模式的小，只有制作要用印刷色打印的图像时，才使用该模式。此外，在CMYK模式下，有许多滤镜都不能使用。CMYK颜色模式中，C代表了青、M代表了品红、Y代表了黄、K代表了黑色。在CMYK模式下，可以为每个像素的每种印刷油墨指定一个百分比值，如图6.12所示。

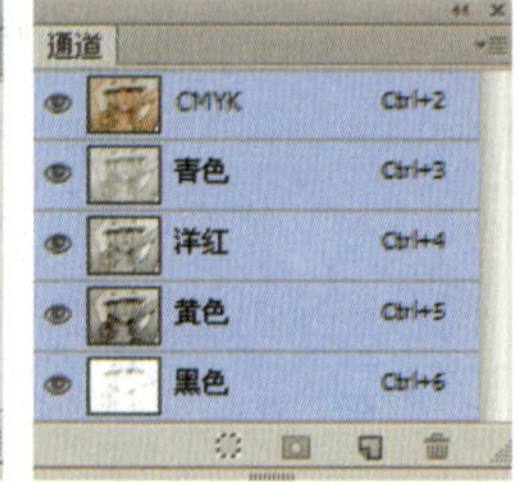

图6.12

提 示

CMYK颜色模式

一种减光模式，是四色打印的基础。四色分别是：青（C）、洋红（M）、黄（Y）、黑（K）。青色和红色、洋红和绿色、黄色和蓝色为互补色。色彩中的互补色相互调和会使色彩纯度降低，变成灰色。这种模式被用于印刷技术，印刷品通过吸收与反射不同数量的光线的原理来实现色彩。所以，要进行印刷，就要用CMYK模式。

内容精讲：Lab 颜色模式

Lab模式是Photoshop进行颜色模式转换时使用的中间模式。例如，在将RGB图像转换为CMYK模式时，Photoshop会在内部先将其转换为Lab模式，再由Lab模式转换为CMYK模式。因此，Lab的色域最宽，它涵盖了RGB和CMYK的色域。

在Lab颜色模式中，L代表了亮度分量，它的范围为0～100；a代表了由绿色到红色的光谱变化；b代表了由蓝色到黄色的光谱变化。颜色分量a和b的取值范围均为+127～-128。

Lab模式在照片调色中有着非常特别的优势。处理明度通道时，可以在不影响色相和饱和度的情况下轻松修改图像的明暗信息；处理a和b通道时，则可在不影响色调的情况下修改颜色，如图6.13所示。

提 示

Lab颜色模式

Lab颜色模式基于人对颜色的感觉。对于Lab中的数值描述，视力正常的人能够看到的所有颜色。因为 Lab 描述的是颜色的显示方式，而不是设备生成颜色所需的特定色料的数量，所以 Lab 被视为与设备无关的颜色模型。颜色色彩管理系统使用 Lab 作为色标，以将颜色从一个色彩空间转换到另一个色彩空间。

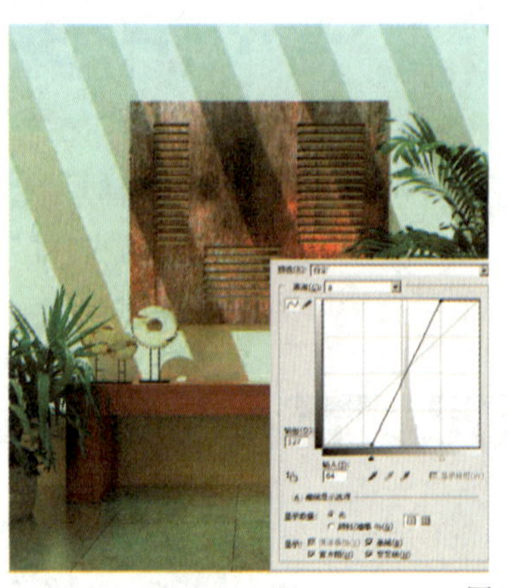

图6.13

提 示

多通道模式

转换为多通道模式的原则：

原始图像中的颜色通道在转换后的图像中变为专色通道。

通过将 CMYK 图像转换为多通道模式，可以创建青色、洋红、黄色和黑色专色通道。

通过将 RGB 图像转换为多通道模式，可以创建红色、绿色和蓝色专色通道。

通过从 RGB、CMYK 或 Lab 图像中删除一个通道，可以自动将图像转换为多通道模式。

内容精讲：多通道模式

多通道是一种减色模式，将RGB图像转换为该模式后，可以得到青色、洋红和黄色通道。此外，如果删除RGB、CMYK、Lab模式的某个颜色通道，图像会自动转换为多通道模式。在多通道模式下，每个通道都是用256级灰度。进行特殊打印时，多通道图像十分有用，如图6.14所示。

图6.14

内容精讲：位深度

位深度也称为像素深度或色深度，即多少位/像素，它是显示器、数码相机、扫描仪等使用的术语。Photoshop使用位深度来存储文件中每个颜色通道的颜色信息。存储的位越多，图像中包含的颜色和色调差就越大。

打开一个图像后，可以在“图像”→“模式”下拉菜单中选择8位/通道、16位/通道、32位/通道命令，改变图像的位深度，如图6.15所示。

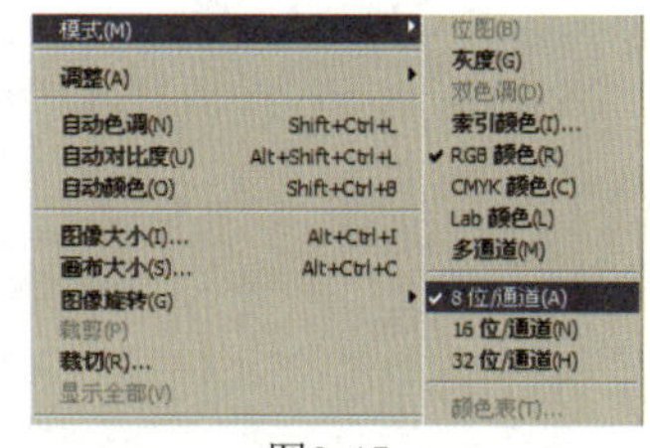

图6.15

❶8位/通道：位深度为8位，每个通道可支持256种颜色，图像可以有1 600万个以上的颜色值。

❷16位/通道：位深度为16位，每个通道可以包含高达65 000种颜色信息。无论是通过扫描得到的16位/通道文件，还是数码相机拍摄得到的16位/通道的Raw文件，都包含了比8位/通道文件更多的颜色信息，因此，色彩渐变更加平滑，色调也更加丰富。

❸32位/通道：32位/通道的图像也称为高动态范围（HDR）图像。文件的颜色和色调更胜于16位/通道文件。用户可以有选择性地对部分图像进行动态范围的扩展，而不至于丢失其他区域的可打印和可显示的色调。目前，HDR图像主要用于影片、特殊效果、3D作品及某些高端图片。

提 示

颜色表

使用“颜色表”命令，可以更改索引颜色图像的颜色表。这些自定功能对于伪色图像尤其有用，伪色图像用彩色而不是灰色阴影来显示灰级的变化，常应用于科学和医学。不过，自定颜色表也可以对颜色数量有限的索引颜色图像产生特殊效果。

内容精讲：颜色表

当将图像的颜色模式转换为索引模式以后，“图像”→“模式”下拉菜单中的“颜色表”命令可用。执行该命令时，Photoshop会从图像中提取256种典型颜色。图6.16所示为一个索引模式的图像，以及图像的颜色表。

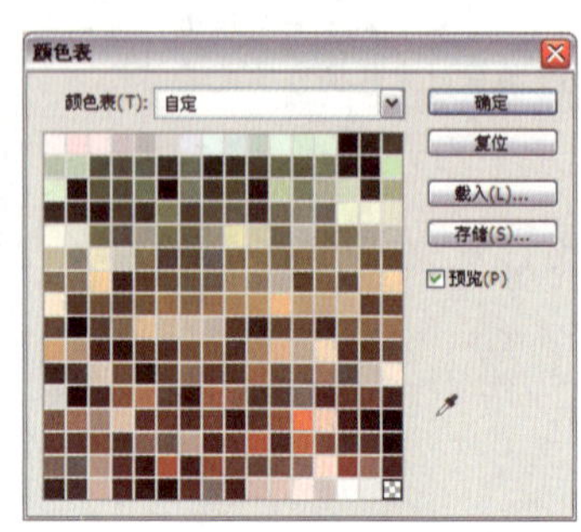

图6.16

在“颜色表”下拉列表中可以选择一种预定义的颜色表，包括“自定”“黑体”“灰度”“色谱”“系统（Mac OS）”和“系统（Windows）”，如图6.17所示。

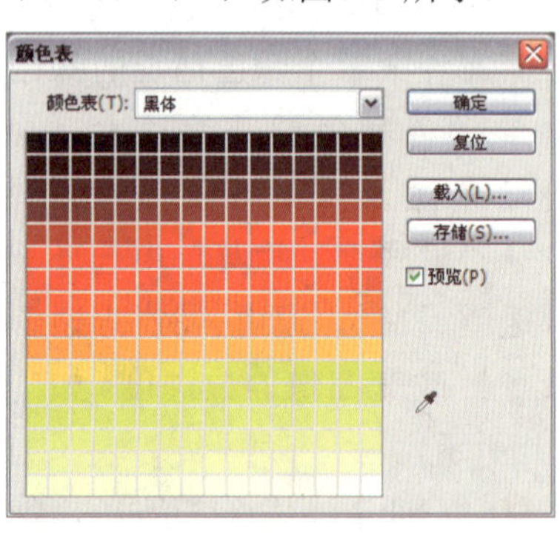

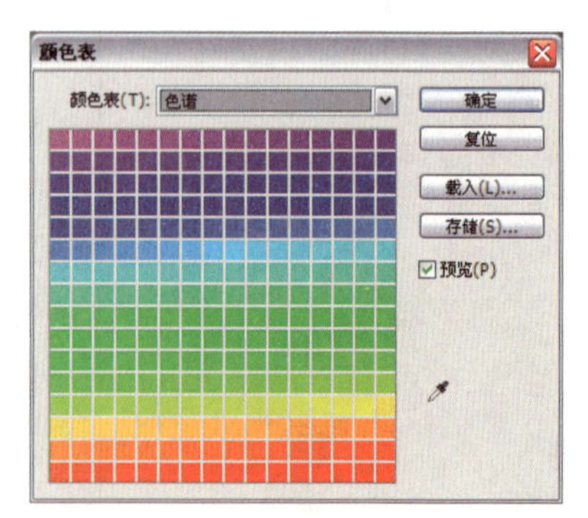

图6.17

❶自定：创建指定的调色板。自定颜色表对于颜色数量有限的索引颜色图像可以产生特殊效果。

❷黑体：显示基于不同颜色的面板，这些颜色是从黑色开始渐变的，从黑色到红色、橙色、黄色和白色。

❸灰度：显示基于从黑色到白色的256个灰阶的面板。

❹色谱：显示基于白光穿过棱镜所产生的颜色的调色板，从紫色、蓝色、绿色到黄色、橙色和红色。

❺系统（Mac OS）：显示标准的Mac OS 256色系统面板。

❻系统（Windows）：显示标准的Windows 256色系统面板。

03

6.3 快速调整图像的色彩

在“图像”→“调整”下拉菜单中，“自动色调”“自动对比度”和“自动颜色”命令可以自动对图像的颜色和色调进行简单的调整，这几个命令比较适合初学者使用。

内容精讲：“自动色调”命令

“自动色调”命令可以自动调整图像中的黑场和白场，将每个颜色通道中最亮和最暗的像素映射到纯白（色阶为255）和纯黑（色阶为0）。中间像素值会按比例重新分布，增强图像对比度。

有时由于拍摄技术或光线的原因，所拍摄的照片色调有些发灰，为了快速调整照片的颜色，可执行“图像”→“自动色调”命令，Photoshop会自动调整图像，使色调变得清晰，如图6.18所示。

原图（照片发灰）

执行“自动色调”命令后的效果

图6.18

提 示

自动调整图像颜色命令

使用“自动色调”“自动对比度”和“自动颜色”命令，即可自动校正图像中存在的色调和颜色问题。

内容精讲：“自动颜色”命令

“自动颜色”命令可以通过搜索图像来标识阴影、中间调和高光，从而调整图像的对比度和颜色，可以使用该命令来矫正出现色偏的照片。打开如图6.19所示的照片，这两张照片的颜色有不同程度的偏色。执行“图像”→“自动颜色”命令，即可矫正颜色。该命令可以改进彩色图像的外观，但无法改善单色调颜色的图像（只有一种颜色的图像）。

原图（图片发红）

执行“自动颜色”命令后的效果

图6.19

提 示

自动颜色

自动颜色命令除了增加颜色对比度以外，还将对一部分高光和暗调区域进行亮度合并。最重要的是，它把处在128级亮度的颜色纠正为128级灰色。正因为这个对齐灰色的特点，使得它既有可能修正偏色，也有可能引起偏色。

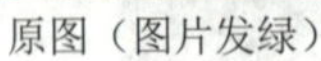

原图（图片发绿）

执行“自动颜色”命令后的效果

图6.19（续）

内容精讲：“自动对比度”命令

“自动对比度”命令可以自动调整图像的对比度，使高光看上去更亮，阴影看上去更暗。图6.20所示是一张色调有些发灰的照片和执行“图像”→“自动对比度”命令之后的效果。

提 示

自动对比度

自动对比度是以RGB综合通道作为依据来扩展色阶的，因此，增加色彩对比度的同时不会产生偏色现象。也正因为如此，在大多数情况下，颜色对比度的增加效果不如自动色调来得显著。

原图

执行“自动对比度”命令后的效果

图6.20

“自动对比度”命令不会单独调整通道，它只调整色调，而不会改变色彩平衡，因此也就不会产生色偏，但也不能用于消除色偏（色偏指色彩发生改变）。该命令可以改进彩色图像的外观，无法改善单色调颜色的图像（只有一种颜色的图像）。

04

6.4 调整图像的色彩

通过调整图像的色彩，可以修复有色彩瑕疵的照片，从而将普通的照片调整为具有艺术感的效果。在做图像处理时，调整图像的色彩是必不可少的环节，经常用Photoshop来对图像的色彩进行不同程度的调整，例如亮度/对比度、色相/饱和度、黑白、反相、去色等命令。同时，还可以将几种命令结合使用，呈现出意想不到的效果，接下来分别讲解不同命令的使用方法。

内容精讲：“亮度 / 对比度”命令

“亮度/对比度”命令可以对图像的色调范围进行调整，它的使用方法非常简单。对于暂时还不能灵活使用“色阶”和“曲线”的用户，需要调整色调和饱和度时，可以通过该命令来操作。

打开一张照片，如图6.21所示，执行“图像”→“调整”→“亮度/对比度”命令，打开“亮度/对比度”对话框，向左拖动滑块，可降低亮度和对比度，向右拖动滑块，可增加亮度和对比度。如果在对话框中勾选“使用旧版”选项，则可以得到与Photoshop CS3以前的版本相同的调整结果。

原图

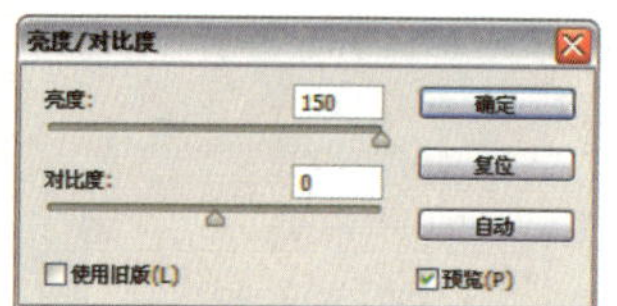

通过调整亮度值修改图像的颜色

图6.21

这里提供的是调整图像颜色时所需要的调整亮度和对比度的选项。亮度的数值越大，构成图像的像素就会越亮，对比度的数值越大，就越会提高高光和阴影的颜色对比，使图像更加清晰。

❶亮度：这是调节亮度的选项，数值越大，图像越亮。

提 示

“亮度/对比度”对话框中“使用旧版”选项

在编辑使用旧版Photoshop创建的“亮度/对比度”调整图层时，就会自动选中“使用旧版”复选框，这样便于在旧版Photoshop中调整“亮度/对比度”选项参数。

提 示

亮度

亮度是颜色的相对明暗程度，通常使用0%（黑色）~100%（白色）来度量。

❷对比度：这是调节对比度的选项，数值越大，图像越清晰，如图6.22所示。

通过调整对比度值修改图像的颜色

图6.22

内容精讲：“色阶”命令

“色阶”命令经常是在扫描完图像以后调整颜色的时候使用的，它可以对亮度过暗的照片进行充分的颜色调整。应用“色阶”命令后，在弹出的“色阶”对话框中会显示直方图，利用下端的滑块可以调整颜色。左边滑块▲代表阴影，中间滑块▲代表中间色，右边滑块 △则代表高光，如图6.23所示。

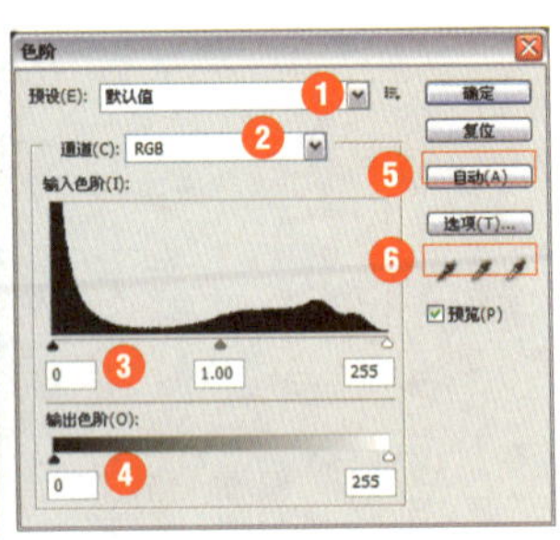

原图

图6.23

❶“预设”下拉列表：利用此下拉列表可根据Photoshop预设的色彩调整选项对图像进行色彩调整。

❷“通道”下拉列表：可以在整个颜色范围内对图像进行色调调整，也可以单独编辑特定的颜色色调。

❸输入色阶：输入数值或者拖动直方图下端的3个滑块，以高光、中间色、阴影为基准调整颜色对比，如图6.24所示。

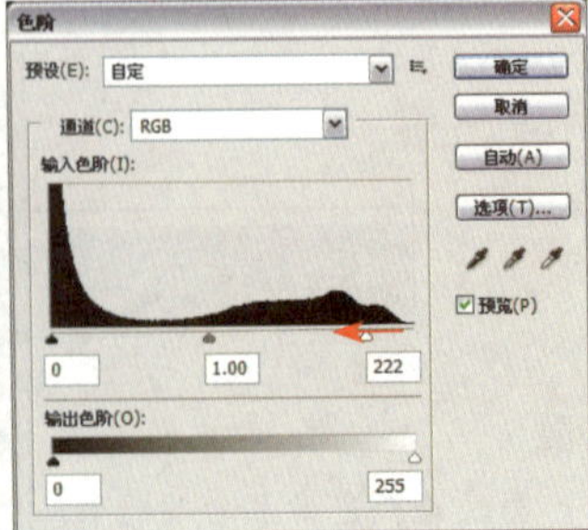

向左拖动高光滑块，图像中亮的部分会变得更亮

图6.24

提 示

调整图像的色阶

色阶表现了一幅图的明暗关系。可以使用“色阶”调整图像的阴影、中间调和高光的强度级别，从而校正图像的色调范围和色彩平衡，同时，也可以将“色阶”设置存储为预设，然后将其应用于其他图像。

提 示

设置图像的白场

在“色阶”对话框中选择白色吸管工具，然后在图像中的高光处单击即可。

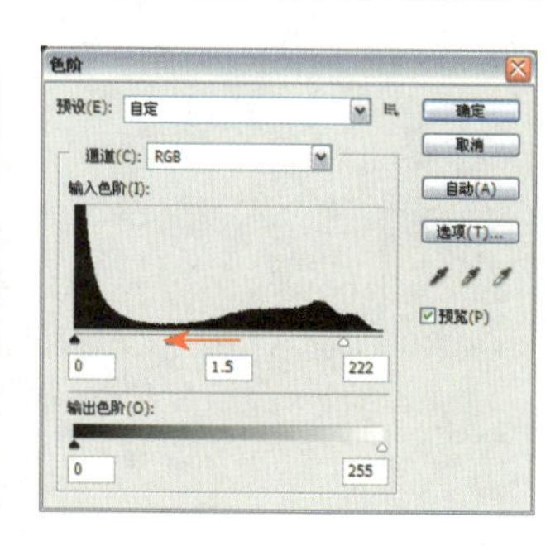

向左拖动中间滑块，图像会整体变亮

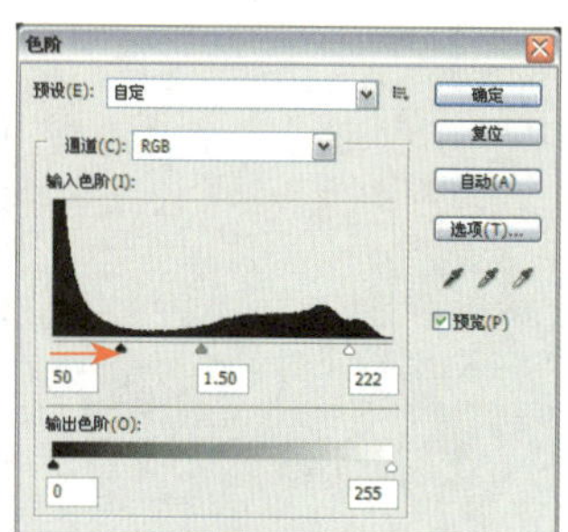

向右拖动阴影滑块，图像中阴影部分会变得更暗。向左拖动高光滑块，则可以得到颜色对比非常强烈的图像。

图6.24（续）

④输出色阶：在调节亮度的时候使用，与图像的颜色无关。

⑤自动：单击“自动”按钮，可以将高光和暗调滑块自动地移动到最亮点和最暗点。

⑥颜色吸管：设置图像的颜色。

- 设置黑场：通过黑色吸管选定的像素被设置为阴影像素，改变亮度值。
- 设置灰点：通过灰色吸管选定的像素被设置为中间亮度的像素，改变亮度值。
- 设置白场：通过白色吸管选定的像素被设置为中间亮度的像素，改变亮度值。

范例操作：用“色阶”命令制作对比鲜明的图像效果

“色阶”命令通过调整图像暗调、灰色调和高光的亮度级别来校正图像的色调，包括反差、明暗、图像层次及平衡图像的色彩。本例讲解的是利用“色阶”命令调整图像的色调，使其更加亮丽，如图6.25所示。

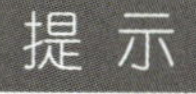

提 示

使用色阶命令使图像变亮或变暗

减小“色阶”对话框中“输入色阶”最右侧的数值，可以使图像变亮；增加“输入色阶”最左侧的数值，可以使图像变暗。

图6.25

1. 按下快捷键Ctrl+O，打开Chapter 06\Media\6-4-3.jpg素材文件，如图6.26所示。

图6.26

2. 将图像变成需要的颜色。执行“图像”→“调整”→“色阶”菜单命令或按下快捷键Ctrl+L，打开“色阶”对话框。为了更鲜亮地表现出图像色彩，调整“色阶”对话框中的参数，改变图像色彩，首先改变图像的亮度，设置高光滑块值为227，使图像变亮，如图6.27所示。

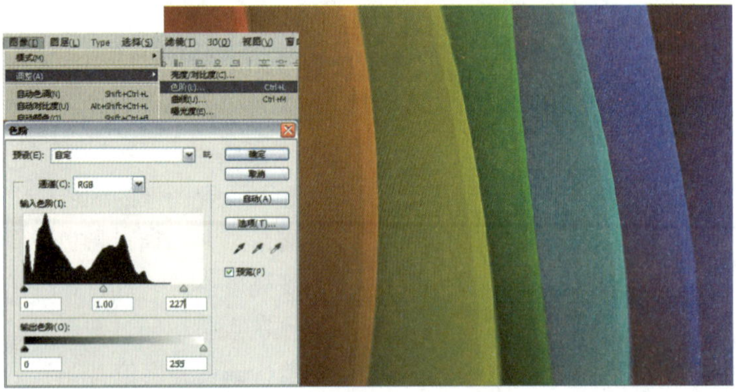

图6.27

提 示

色阶图

色阶图只是一个直方图，用横坐标标注质量特性值，纵坐标标注频数或频率值，各组的频数或频率的大小用直方柱的高度表示。在数字图像中，色阶图是说明照片中像素色调分布的图表。

3. 向右拖动调整图像的中间滑块，设置值为1.6，构成图像的中间颜色部分变得稍亮，整体图像的对比度增强了。向右拖动调整图像阴影颜色的阴影滑块，设置值为22，构成图像的阴影颜色变暗，整个图像的对比度进一步增强了，如图6.28所示。

图6.28

内容精讲：“曲线”命令

Photoshop可以调整图像的整个色调范围及色彩平衡。应用“曲线”命令后，在弹出的“曲线”对话框中可以利用曲线精确地调整颜色。查看“曲线”对话框的曲线框，可以看到，曲线根据颜色的变化被分成上端的高光、中间部分的中间色和下端的阴影3个区域，如图6.29所示。

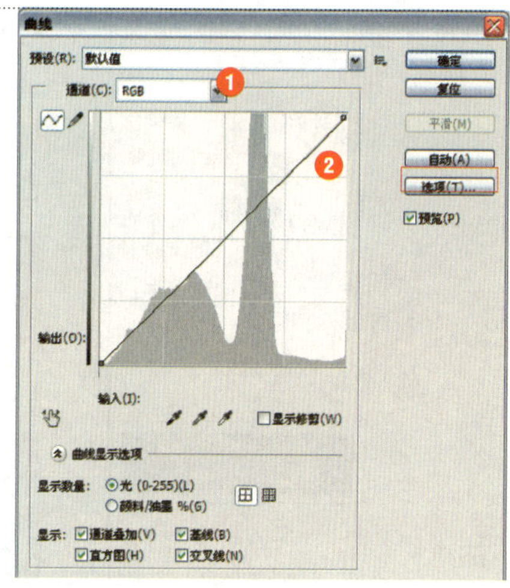

图6.29

❶“通道”下拉列表：若要调整图像的色彩平衡，可以在“通道”下拉列表中选取区所要调整的通道，然后对图像中的某一个通道的色彩进行调整。

❷曲线：水平轴（输入色阶）代表原图像中像素的色调分布，初始时分成了5个带，从左到右依次是暗调（黑）、1/4色调、中间色调、3/4色调、高光（白）；垂直轴代表新的颜色值，即输出色阶，从下到上亮度值逐渐增加。默认的曲线形状是一条从下到上的对角线，表示所有像素的输入与输出色调值相同。调整图像色调的过程就是通过调整曲线的形状来改变像素的输入和输出色调，从而改变整个图像的色调分布。

将曲线向上弯曲会使图像变亮，将曲线向下弯曲会使图像变暗。曲线上比较陡直的部分代表图像对比度较大的区域；相反，曲线上比较平缓的部分代表图像对比度较小的区域，如图6.30所示。

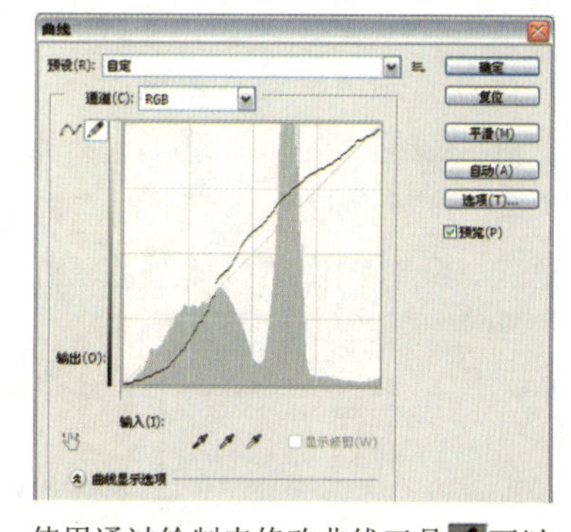

使用通过绘制来修改曲线工具可以在曲线缩略图中手动绘制曲线

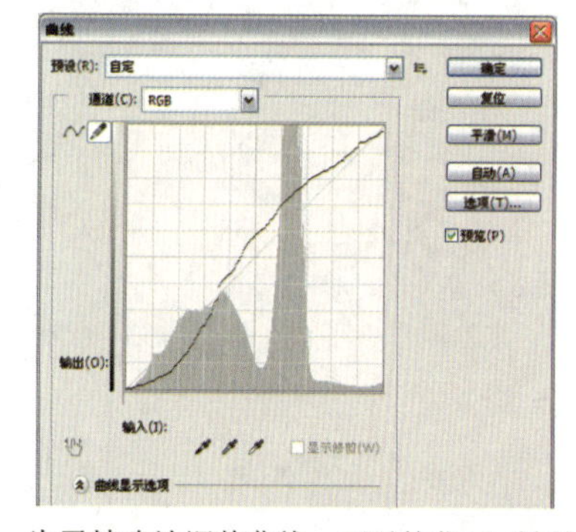

为了精确地调整曲线，可以按住Alt键并单击缩略图，来增加曲线后面的网格数，也可以在“显示数量”选项中单击按钮

图6.30

默认状态下，在“曲线”对话框中，移动曲线顶部的点主要是调整高光；移动曲线中间的点主要是调整中间调；移动曲线底部的点主要是调整暗调。

提　示

在“曲线”对话框中调整对比度

当图像缺乏对比度时，在“曲线”对话框中需要降低高光部分的输入值，并增加阴影部分的输入值。

提　示

曲线对话框快捷键

执行“图像”→“调整”→“曲线”命令，打开“曲线”对话框，按住Alt键并在格线内单击鼠标，可以使格线精细或粗糙；按住Shift键并单击控制点，可选择多个控制点；按住Ctrl键并单击某一控制点，可将该点删除。

范例操作：通过“曲线”命令调整照片的色彩

Photoshop可以调整图像的整个色调范围及色彩平衡，但它不是通过控制3个变量（阴影、中间调和高光）来调节图像的色调，而是对0～255色调范围内的任意点进行精确调节。下面讲解使用“曲线”命令调节图像，使照片的色彩更加亮丽，如图6.31所示。

使用前

使用后

图 6.31

提 示

曲线

曲线是在忠于原图的基础上对图像做一些调整。曲线可以调节全体或是单独通道的对比、调节任意局部的亮度、调节颜色。

1. 按下快捷键Ctrl+O，打开Chapter 06\Media\6-4-4.jpg素材文件，执行“图像”→“模式”→“Lab颜色”命令，将图像色彩转换到Lab颜色模式下，如图6.32所示。

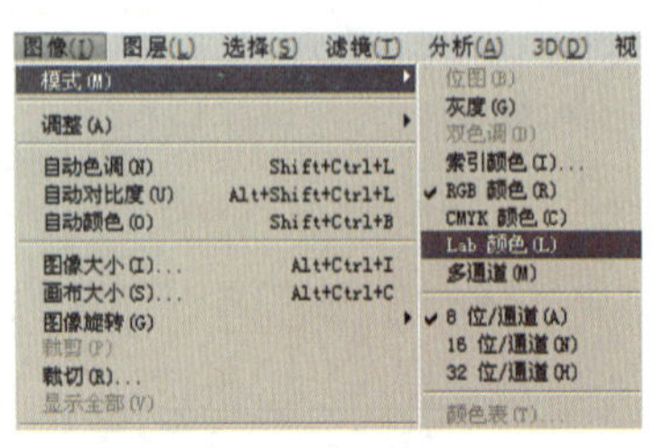

图6.32

2. 执行“图像”→“调整”→“曲线”命令，弹出“曲线”对话框，对曲线的“显示”选项进行参数设置，如图6.33所示。设置通道为a，分别将曲线的两个端点向相反的方向调整两格，使曲线变得更陡。此时图像的整体颜色已经发生改变。

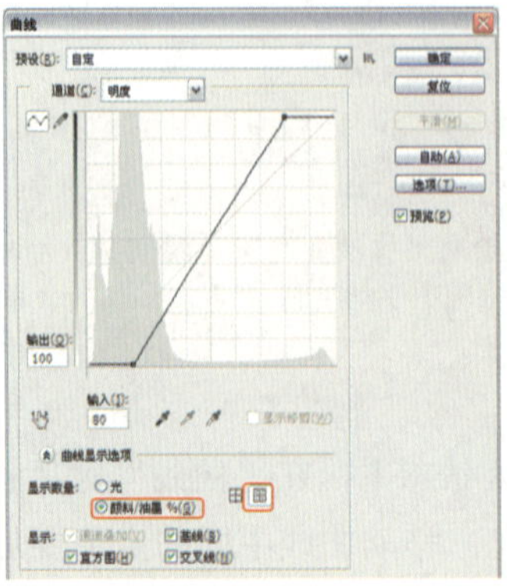

图6.33

3. 设置通道为b，分别将曲线的两个端点向相反的方向调整两格，使曲线变得更陡。此时图像的整体色彩变得亮丽起来，如图6.34所示。

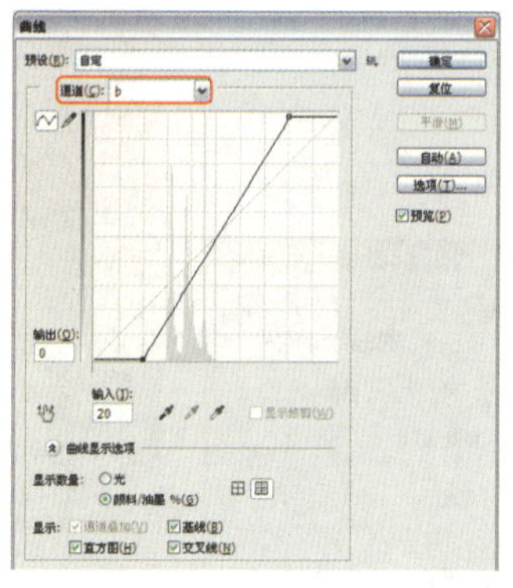

图6.34

4. 设置通道为“明度”，如图6.35所示，将曲线的右端点向左调整一格，提高图像对比度。此时图像的整体色彩变得亮丽起来。执行“图像”→“模式”→“RGB颜色”，将图像模式转换到RGB颜色模式。

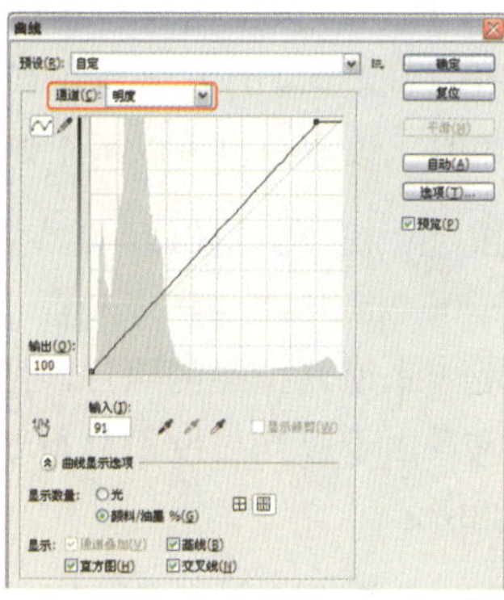

图6.35

5. 为了表现“水彩”滤镜，首先要在图层面板上将“背景图层”拖动到“创建新图层”按钮 上。这样图层就被复制了，生成“背景副本”图层。选择“背景副本”图层，执行“滤镜”→“艺术效果”→“水彩”命令，此时弹出“水彩”对话框，参数设置如图6.36所示，然后单击“确定”按钮。

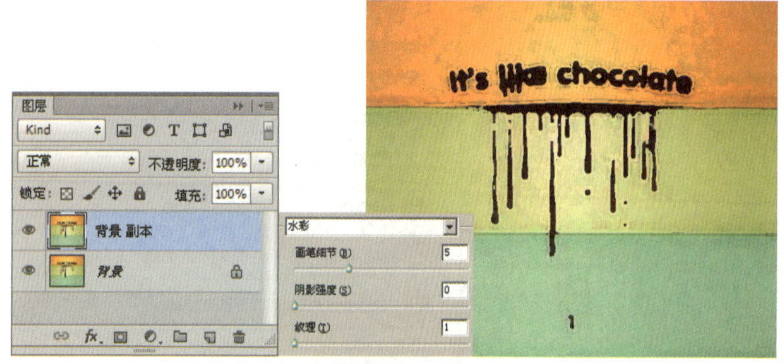

图6.36

提示

曲线调色

曲线被誉为“调色之王”，虽然只是一条曲线，但是几乎可以用它来替换所有的调色工具，它的色彩控制能力在所有调色工具中是最强大的。掌握了曲线，就等于掌握了最简捷、有效的调色秘诀。虽然还有其他的调色工具，但曲线应该是最方便的一种。曲线过渡点平滑，在一次操作中就可以精确地完成图像整体或局部的对比度、色调范围及色彩的调节。

6. 在图层面板中，将“背景副本”图层的不透明度设置为60%，叠加模式为“柔光”。原图像和应用了滤镜的图像合成，制作出色彩斑斓的图像效果，如图6.37所示。

图6.37

内容精讲：“曝光度”命令

“曝光度”命令是专门用于调整HDR图像曝光度的功能。由于可以在HDR图像中按比例表示和存储真实场景中的所有明亮度值，调整HDR图像曝光度的方式与在真实环境中拍摄场景时调整曝光度的方式类似。该命令也可以用于调整8位和16位普通照片曝光度。

1. 按下快捷键Ctrl+O，打开Chapter 06\Media\6-4-5.jpg素材文件，这是一张逆光拍摄的照片，图像中的整个风景由于曝光过度而显得较亮，如图6.38所示。

图6.38

2. 执行“图像”→“调整”→“曝光度”命令，在对话框中设置参数，如图6.39所示，然后单击“确定”按钮。

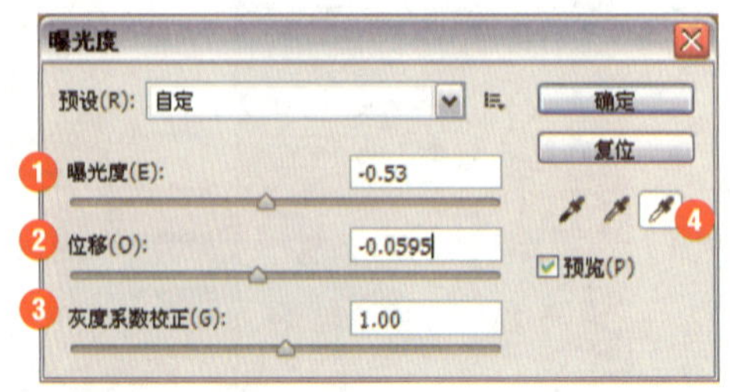

“曝光度”对话框选项

图6.39

提 示

曝光

曝光是胶卷或者数码感光部件（CCD等）接受从镜头进光来形成影像。如果照片中的景物过亮，而且亮的部分没有层次或细节，这就是曝光过度（过曝）；反之，照片较黑暗，无法真实反映景物的细节，就是曝光不足（欠曝）。

提 示

拍摄技巧

相机的曝光程度与光圈、快门速度及感光度有关。光圈表示透光孔的面积，它起到调节曝光的作用；快门速度表示接收光的时间，通过它也可以调节曝光；感光度表示对光线的敏感程度。感光度的调节也会影响曝光。

❶曝光度：调整色调范围的高光端，对极限阴影的影响很轻微。

❷位移：使阴影和中间调变暗，对高光的影响很轻微。

❸灰度系数校正：使用简单的乘方函数调整图像灰度系数。负值会被视为它们的相应正值（这些值仍然保持为负，但会被调整，就像它们是正值一样）。

❹吸管工具：用设置黑场吸管在图像中单击，可以使单击点的像素变为黑色；设置白场吸管工具可以使单击点的像素变为白色；设置灰场吸管工具可以使单击点的像素变为中性色。

范例操作：使用“色相 / 饱和度”命令制作彩色气球

“色相 / 饱和度”是非常重要的命令，它可以对色彩的三大属性，即色相、饱和度（纯度）、明度进行修改。它的特点是，既可以单独调整单一颜色的色相、饱和度和明度，也可以同时调整图像中所有颜色的色相、饱和度和明度。本例将利用该命令制作彩色气球，如图 6.40 所示。

图6.40

1.按下快捷键Ctrl+O，打开Chapter 06\Media\6-4-6.jpg素材文件，在工具箱中选择快速选择工具，将左侧气球的外形作为选区，如图6.41所示。

图6.41

2.按下快捷键Ctrl+U，打开“色相/饱和度”对话框，设置参数，单击“确定”按钮，使选区内图像变为绿色，然后取消选区，如图6.42所示。

图6.42

提 示

色相

色相，顾名思义，即各类色彩的相貌，如大红、普蓝、柠檬黄等。色相是色彩的首要特征，是区别各种不同色彩的最准确的标准。事实上，任何黑白灰以外的颜色都有色相的属性，而色相就是由原色、间色和复色构成的。

提 示

饱和度

饱和度又称彩度，是指颜色的强度或纯度。饱和度表示色相中灰色分量所占比例，它使用0%（灰色）～100%（完全饱和）比来度量。在标准色轮上，饱和度从中心到边缘递增。

提 示

“色相/饱和度”命令和“自然饱和度”命令的区别

“色相/饱和度”命令可以调整整体图像的色相，也可以调整图像中单一颜色的色相、饱和度和明度，同时，可以保持整体色调不变，另外，还可以为灰度图像着色，以产生单色调图像效果。

“自然饱和度”命令用于调整图像色彩的饱和度，以便在颜色接近最大饱和度时最大限度地减少修剪，该命令可以增加与已饱和的颜色相比不饱和颜色的饱和度，还可防止肤色过度饱和。

3. 按照同样的方法，改变右边气球的颜色，最终效果如图6.43所示。

图6.43

范例操作：使用“色彩平衡”命令制作艺术效果照片

色彩平衡命令用于调整各种色彩平衡。它将图像分为高光、中间调和阴影三种色调，可以调整其中一种或两种色调，也可以调整全部色调，本例将介绍利用该命令制作艺术效果照片，如图6.44所示。

图6.44

提 示

将彩色图片转为黑白图片

若要将彩色图片转为黑白图片，可先将颜色模式转化为Lab模式，然后点取通道面板中的明度通道，再执行“图像”→“模式”→“灰度”命令。由于Lab模式的色域更宽，这样转化后的图像层次感更丰富。

1. 按下快捷键Ctrl+O，打开Chapter 06\Media\6-4-7.jpg素材文件，执行“图像”→“调整”→“去色”菜单命令（快捷键Ctrl+Shift+U），就会将图像的彩色去掉，如图6.45所示。

图6.45

2. 按下快捷键Ctrl+M，打开“曲线”命令对话框，调整曲线形状，单击“确定”按钮，改变图像色调，效果如图6.46所示。

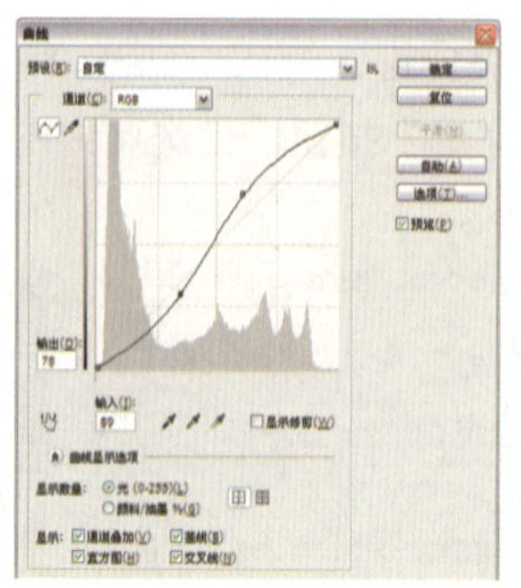

图6.46

3. 在图层面板中，单击“创建新的填充或调整图层”按钮 ，在弹出的下拉菜单中，选择“色彩平衡”命令，就会新建一个调整图层。设置相关参数之后，就会改变图像的色调，如图6.47所示。

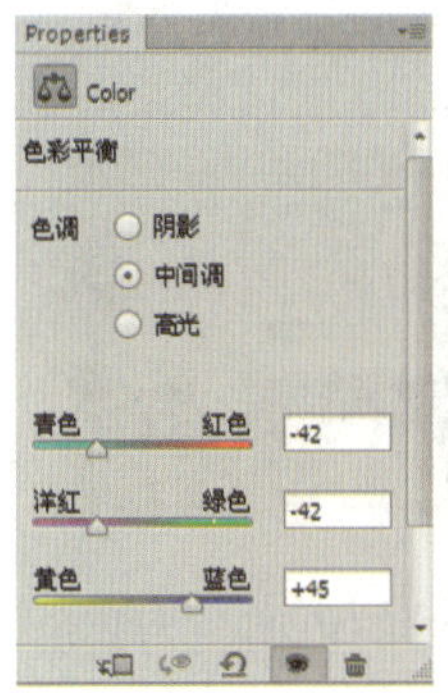

图6.47

4. 复制“背景”图层，将“背景 副本”图层移至最上层；按D键恢复前景色与背景色为默认色，执行“滤镜”→“素描”→“绘图笔”命令，将该图层制作为素描效果。设置该图层的混合模式为“正片叠底”，不透明度为25%，图像效果如图6.48所示。

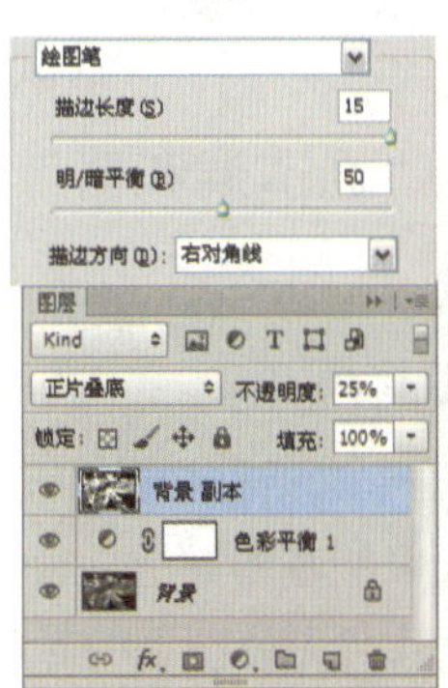

图6.48

内容精讲：“色彩平衡”命令

“色彩平衡”命令是一种利用颜色滑块调整颜色均衡的功能。在“色彩平衡”对话框中，拖动3个颜色滑块到需要的颜色上，就可以调整颜色，默认值为0，如图6.49所示。

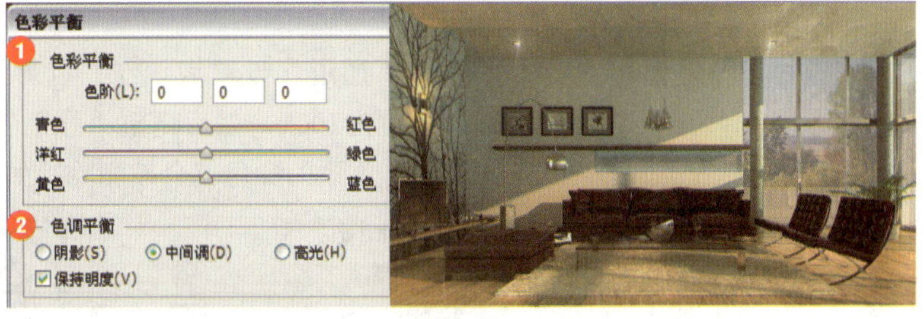

图6.49

❶ 色彩平衡：调整颜色均衡。

- 色阶：输入色阶的数量。
- 颜色滑块：拖动滑块，可以添加或取消颜色。

提 示

控制图像中的色彩平衡

当图像中的色彩不能保持平衡时，图像就会出现色彩失真或偏色问题。要校正这一问题，使用调整命令中的“色彩平衡”命令即可。在“色彩平衡”对话框或对应的“调整”调板中，可以通过调整阴影、中间调或高光中的颜色含量来改变图像中多种颜色的混合效果，从而使整体图像的色彩达到平衡。

❷ 色调平衡：调整色调均衡。可以在阴影、中间调、高光中选择，勾选“保持明度”项后，就可以在保持图像的亮度和对比度的状态下只调整颜色。

如果想将图像的色调变为黄色，可以分别向红色、绿色拖动滑块，如图 6.50 所示。

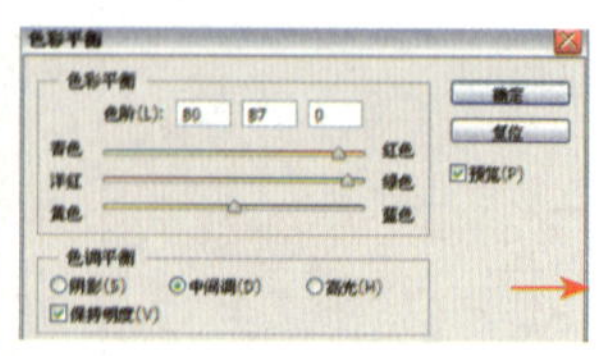

图6.50

如果想将图像的色调变为蓝色，可以分别向青色、蓝色拖动滑块，如图6.51所示。

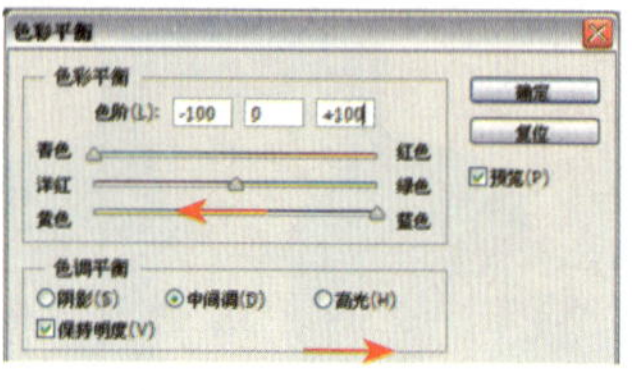

图6.51

内容精讲：“通道混和器”命令

“通道混和器”命令的功能是利用保存颜色信息的通道混合通道颜色，改变图像颜色。

“通道混和器”对话框中的“输出通道”和“源通道”是与图像的通道面板有关联的基本通道，根据图像的颜色构成会显示出不同的通道。“单色”选项是将图像的颜色调整为黑色，如图6.52所示。

提 示

通道混和器

图像处理中的一种通用工具。选定某一图像，以图像中任一通道或任意通道组合作为输入，通过加减调整，重新匹配通道并输出至原始图像。

素材文件6-4-9.jpg

提供颜色信息的RGB颜色通道

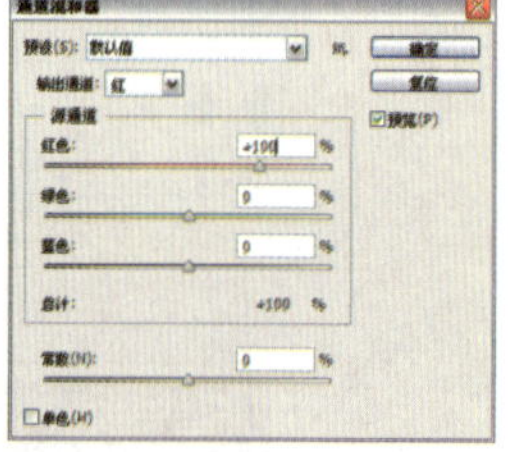

“通道混和器”对话框

图6.52

将“通道”设置为“红”以后，在“源通道”中将“红色”数值设置为200%，然后调整“绿色”滑块，将数值降低到-150%，“红色”色系的颜色就会被删除，如图6.53所示。

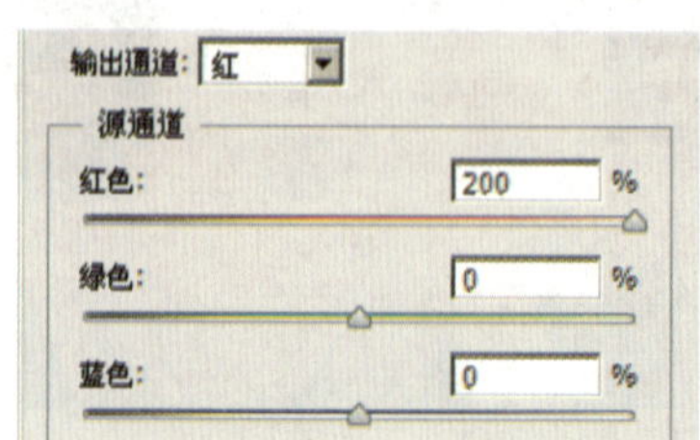

图6.53

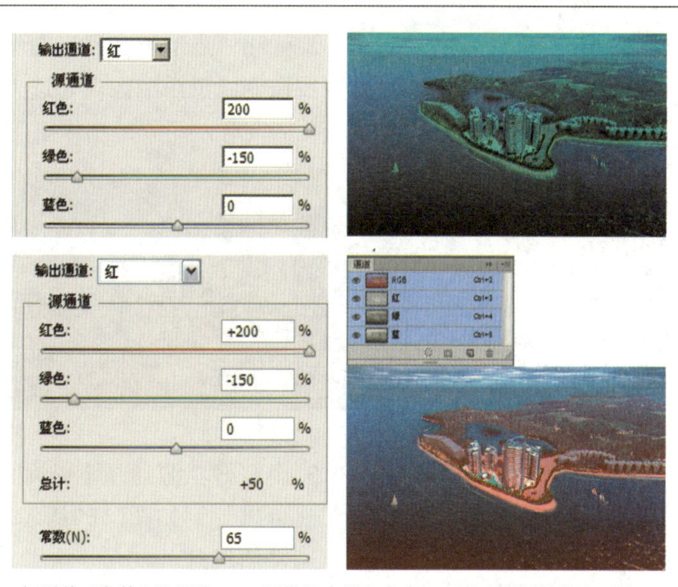

如果将“常数”设置为65%，图像就会增加红色，表现出强烈的颜色对比

图6.53（续）

范例操作：使用“通道混和器”命令制作黑白照片

在转换为黑白照片的命令中，使用“图像”→“调整”→“通道混和器”菜单命令，可以按照图像的不同颜色来调整黑白图像的色调，制作出非常漂亮的黑白照片，如图6.54所示。

提 示

通道混和器原理

使用通道混和器的过程中，需注意进行加或减的颜色资讯来自本通道或其他通道的同一图像位置。输出通道可以是源图像的任一通道，源通道根据图像色彩模式的不同会有所不同，色彩模式为RGB时，源通道为R、G、B，色彩模式为CMYK时，源通道为C、M、Y、K。

图6.54

1. 按下快捷键Ctrl+O，打开Chapter 06\Media\6-4-10.jpg素材文件，如图6.55所示，执行“图像”→“调整”→“通道混和器”命令。

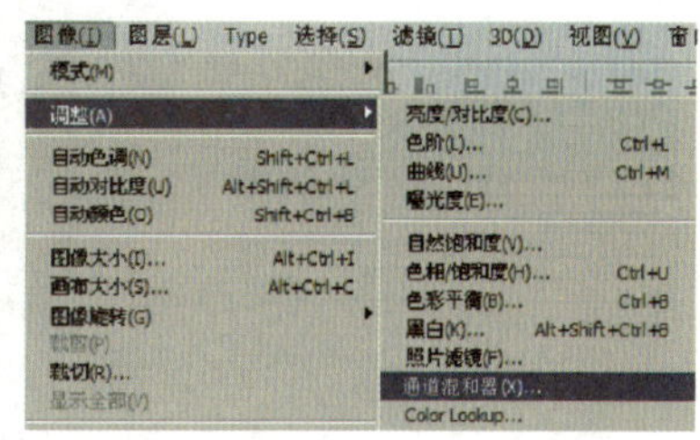

图6.55

提 示

彩色图像转换为灰度图像

要把一个彩色的图像转换为灰度图像，通常的方法是用“图像”→“模式”→“灰度”命令或“图像”→“去色”命令。不过现在有一种方法可以让颜色转换成灰度时更加细腻，步骤是首先单击“图像”→“模式”→“Lab颜色”，把图像转化成Lab颜色模式，然后打开通道面板，删掉通道a和通道b，这样就可以得到一幅灰度更加细腻的图像了。

2. 弹出“通道混和器”对话框，勾选下端的“单色”项，可以看到图像变成黑白图像。勾选“单色”选项的作用是在不对通道产生变化的同时，简单地制作出黑白照片，如图6.56所示。

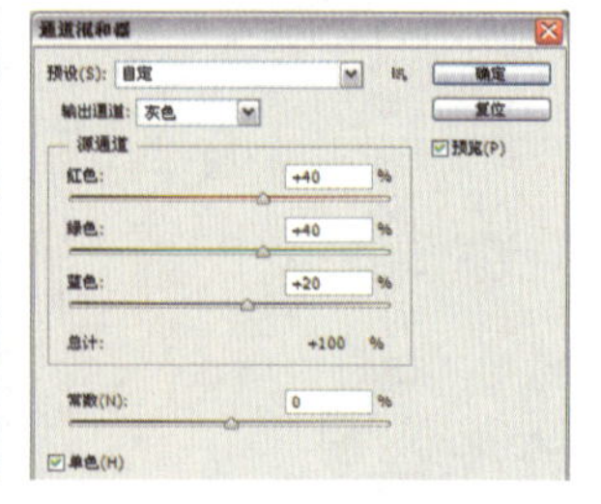

图6.56

3. 调整好“源通道”选项的颜色参数以后，单击“确定”按钮，就可以得到如图6.57所示的黑白图像了。这样更表现出了典雅而高贵的气息。

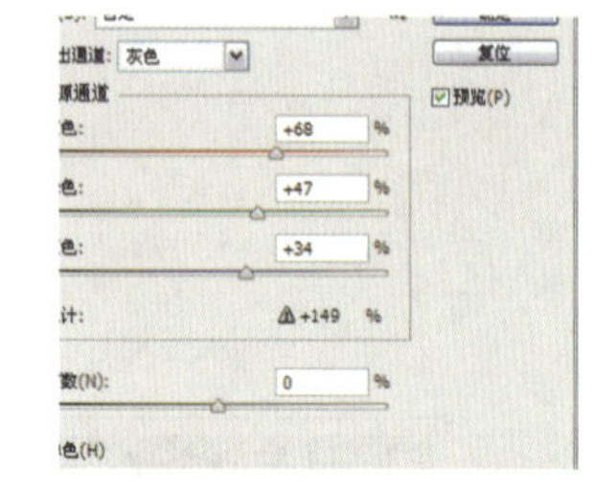

图6.57

提 示

图像的色调

图像的色调通常是指图像的整体明暗度，如果图像中亮部像素较多，则图像整体上看起来较为明快；如果图像中暗部像素较多，则图像整体上看起来较为暗淡。彩色图像具有多个色调，通过调整不同颜色通道的色调，可对图像进行细微的调整。

内容精讲：“色调分离”命令

“色调分离”命令可以按照指定的色阶数减少图像的颜色（或灰度图像中的色调），从而简化图像内容。该命令适合创建大的单调区域，或者在彩色图像中产生有趣的效果。打开一张照片，执行“图像”→“调整”→“色调分离”命令，打开“色调分离”对话框。如果要得到简化的图像，可以降低色阶值；如果要显示更多的细节，则增加色阶值。如果使用“高斯模糊”或“去斑”滤镜对图像进行轻微的模糊，再进行色调分离，就可以得到更少、更大的色块，如图6.58所示。

原图

执行“色调分离”命令后

增加色阶值并使用“高斯模糊”滤镜后

图6.58

内容精讲：“阈值”命令

提 示

制作高对比反差的黑白图像

使用“阈值”命令即可。该命令可以将色阶指定为阈值，亮度值比阈值小的像素将转换为黑色，亮度值比阈值大的像素将转换为白色。

“阈值”命令的功能是将图像变为黑色状态。在0～255的亮度值中，以中间值128为基准，数值越小，颜色越接近白色；数值越大，颜色越接近黑色，如图6.59所示。

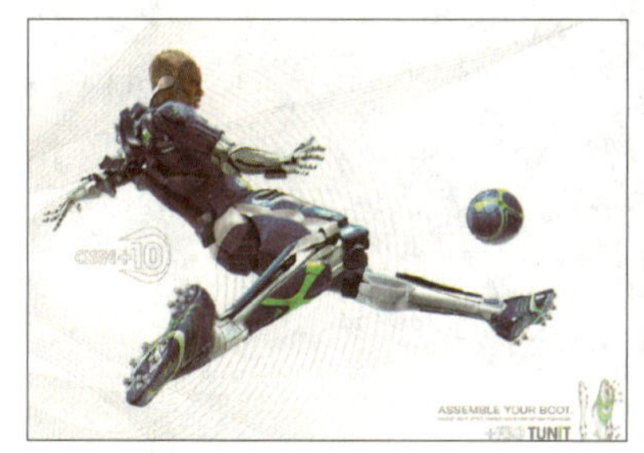

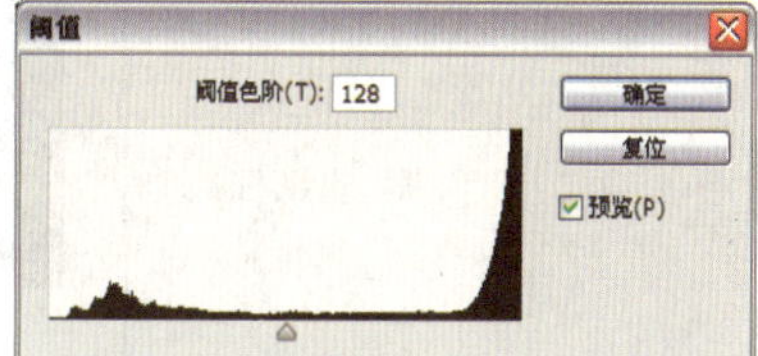

原图像（素材6-4-12.jpg文件）

阈值色阶：128

阈值色阶：200

图6.59

提 示

阈值

使彩色图像或灰度图像转换为高对比度、黑白图像。

内容精讲：“可选颜色”命令

“可选颜色”命令的功能是在构成图像的颜色中选择特定的颜色进行删除，或者与其他颜色混合改变颜色。另外，还提供了以红色、青色、洋红、黄色、黑色等为基准色，来添加或删除颜色，调整混合墨水量的方法功能，如图6.60所示。

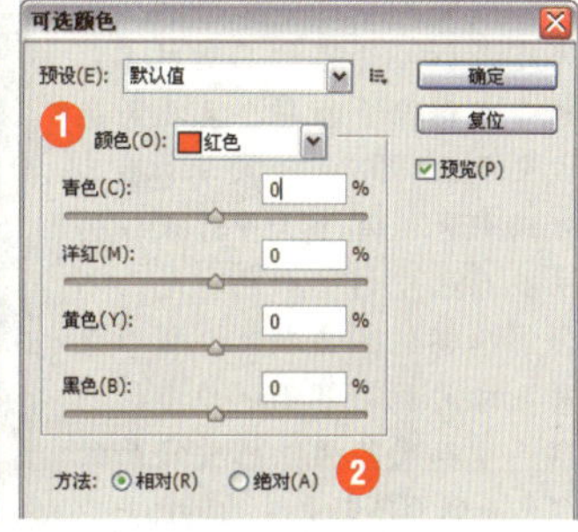

图6.60

❶ 颜色：设置要改变图像的颜色。

❷ 方法：该选项可以设置墨水的量，包括相对和绝对两个选项。

将“颜色”项设置为“红色”，将“洋红”项的数值降低到-100，就会将原有的红色表现出发黄的效果，如图6.61所示。

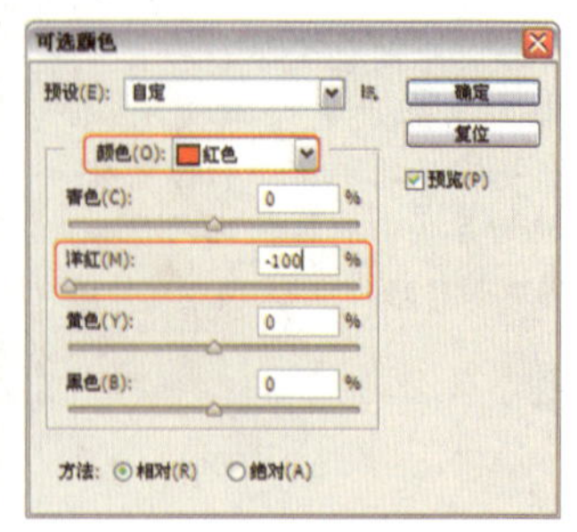

图6.61

将“颜色”项设置为“黄色”，将“青色”项的数值增加到+100，将“洋红”项的数值降低到-100，就会将原有图像表现出发绿的效果，如图6.62所示。

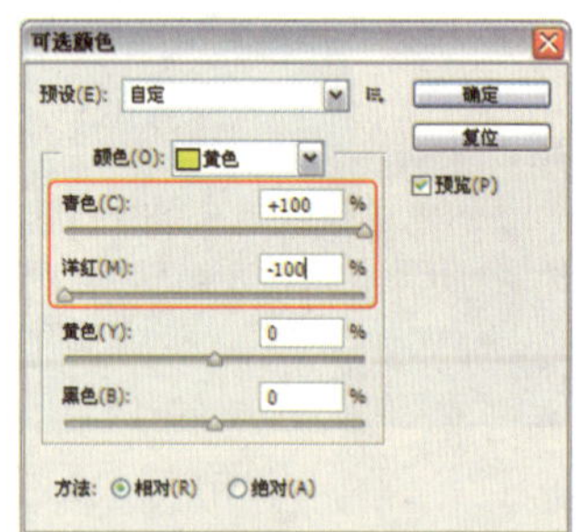

图6.62

范例操作：使用“可选颜色”命令制作时尚冷艳色调

“可选颜色”命令是通过调整印刷油墨的含量来控制颜色的。使用“可选颜色”命令可以有选择性地修改主要颜色中的印刷色的含量，但不会影响其他主要颜色。本例使用此命令来制作时尚冷艳色调的照片效果，如图6.63所示。

使用前　使用后

图6.63

提 示

可选颜色

可选颜色最初是印刷中用来还原扫描分色的一种技术，用于在图像中为每个主要原色成分更改印刷色的数量。因为可选颜色能有选择地修改任何主要颜色中的印刷色数量而不会影响其他主要颜色，所以现在也成为后期数码调整中的利器，可以用其调整想要修改的颜色而保留不想更改的颜色。

1. 执行“文件”→“打开”命令或按下快捷键Ctrl+O，打开Chapter 06\Media\6-4-14.jpg素材文件，如图6.64所示。

图6.64

2. 执行“图层”→“新建调整图层”→“可选颜色”命令，在“颜色”下拉列表中选择“红色”，再选择“相对”选项，设置参数之后，图像效果如图6.65所示。

图6.65

3. 在“颜色”下拉列表中选择“中性色”，增加黄色的含量，减少洋红色，图像效果如图6.66所示。

图6.66

提 示

更加方便地调整颜色

当选择图像之后，只能对选区内的图像进行颜色的调整。如果在取消选区之后，要重新调整图像色彩，就必须重新设定选区，此时，可以将选区中的图像进行复制，更快捷地调整图像色彩。

知识链接

Photoshop中的自动调色命令包括“自动色调”“自动对比度”和“自动颜色”3种。使用这些自动命令能快速完成对图像相应色彩的快速调整。关于自动调色命令的更多内容，请参阅“6.3 快速调整图像的色彩”。

07

Chapter

图像的修饰与润色

内容提要

Photoshop提供了多个照片修饰工具，主要包括污点修复画笔、修复画笔、修补工具、混合工具及红眼工具，而模糊、锐化、涂抹、减淡、加深和海绵工具可以对照片进行润饰，改善图像的细节、色调、曝光，以及色彩的饱和度。本章主要讲解图像的修饰与润色。

主要内容

- 修复工具组
- 图章工具组
- 擦除工具组
- 用“消失点”滤镜制作广告

知识点播

- 用修补工具复制图像
- 使用仿制图章工具去除黑痣
- 用魔术橡皮擦工具抠图

01

7.1 修复工具组

经常会看到一些有瑕疵的照片，如果想将它们焕然一新，可以使用Photoshop所提供的命令和工具对不完美的图像进行修复，使之达到一定的审美情趣。Photoshop CC提供了多个修复照片的工具，包括污点修复工具、修复画笔工具、修补工具Remix Tool及红眼工具，它们可以快速修复图像中的污点和瑕疵。

内容精讲：“仿制源”面板

使用仿制图章工具或修复画笔工具时，可以通过“仿制源”面板设置不同的样本源、显示样本源的叠加，以帮助在特定的位置仿制源。还可缩放或旋转样本源，以更好地匹配目标的大小和方向。

按下快捷键Ctrl+O，打开Chapter 07\Media\7-1-1.jpg素材文件，执行“窗口”→“仿制源”命令，打开“仿制源”面板，如图7.1所示。

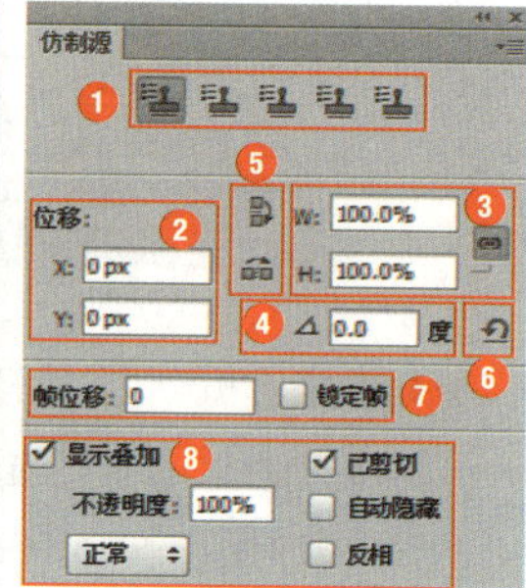

图7.1

❶仿制源：先按下仿制源按钮，使用仿制图章工具或修复画笔工具，按住Alt键在画面中单击，可设置取样点，如图7.2所示。再按下一个按钮，可以继续取样。最多可以设置5个不同的取样源。“仿制源”面板会存储样本源，直到关闭文档。

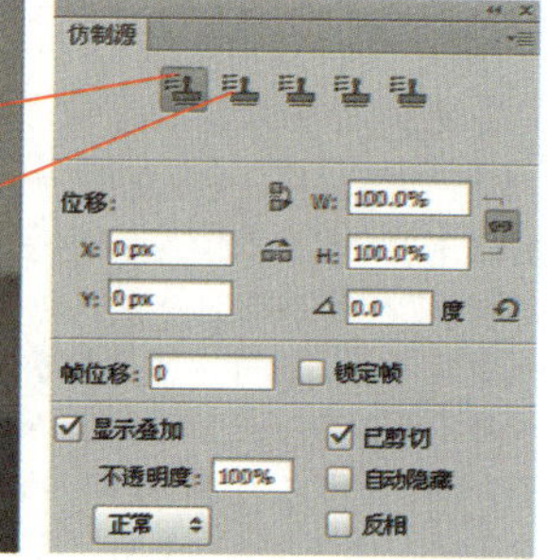

图7.2

❷位移：指定X和Y像素位移时，可以在相对取样点的精确位置进行绘制。

❸缩放：输入W（宽度）或H（高度）值，可缩放仿制的源，如图7.3所示。默认情况下会约束比例，如果要单独调整尺寸或恢复约束选项，可单击保持长宽比例按钮。

提 示

修复照片的工具

仿制图章、污点修复画笔、修复画笔、修补和红眼工具。

提 示

修复的原理

使用图像或图案中的样本像素进行绘画，并将样本像素的纹理、光照、透明度和阴影与所修复的像素相匹配。

知识链接

图像的修饰是指对照片或图像中的一些小瑕疵进行修复，以弥补图像的不足，使图像呈现出更完整的效果。关于修复工具的更多内容，请参阅“7.1修复工具组”。

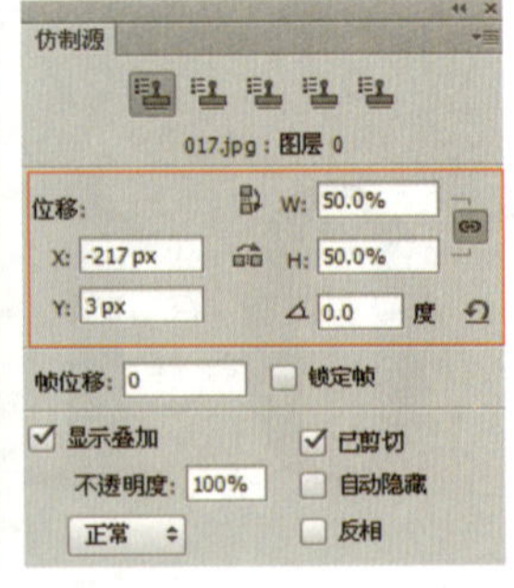

图7.3

❹ 旋转：在文本框中输入旋转角度，可以旋转仿制的源，效果如图7.4所示。

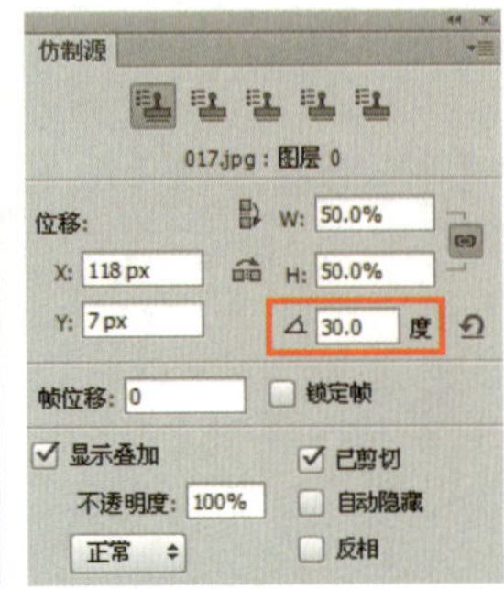

图7.4

❺ 翻转：按下按钮，可以进行水平翻转；按下按钮，可进行垂直翻转，如图7.5所示。

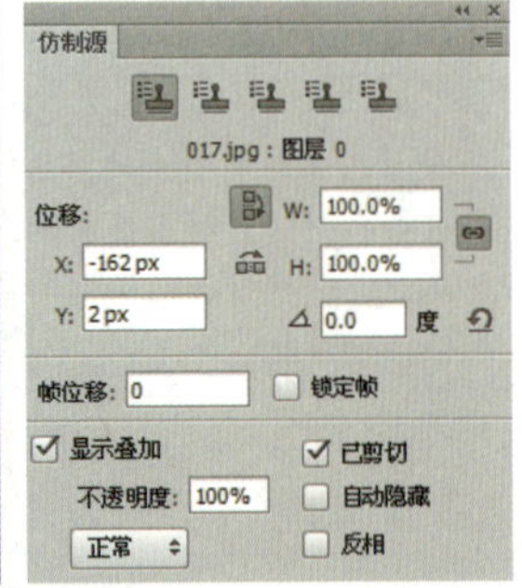

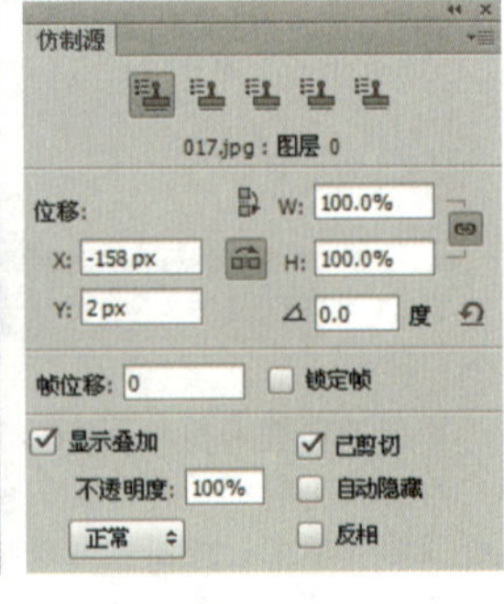

图7.5

❻ 复位变换：单击该按钮，可以将样本源复位到其初始的大小和方向。

提 示

仿制源选项使用

仿制源选项不是一个单独使用的工具，它需要配合图章工具和修复画笔进行使用，或者说，它是图章工具或修复画笔的附属设置。

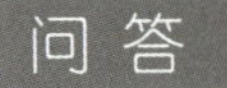

问 答

打开仿制源面板

单击“窗口”菜单下面的“仿制源”选项，就可以打开“仿制源”选项面板。

提 示

巧妙地修饰视频或动画帧

在Photoshop Extended中，可以使用仿制图章工具和修复画笔工具来修饰或仿制视频或动画帧中的对象。使用仿制图章对一个帧（源）的一部分内容取样，并在相同帧或不同的帧（目标）的其他部分进行绘制。要仿制视频帧或动画选项，先将当前时间指标器移动到包含要取样的源的帧。

❼ 帧位移/锁定帧：在“帧位移”中输入帧数，可以使用与初始取样的帧相关的特定帧进行绘制。输入正值时，要使用的帧在初始取样的帧之后；输入负值时，要使用的帧在初始取样的帧之前；如果选择“锁定帧”，则总是使用初始取样的相同帧进行绘制。

❽ 显示叠加：选择“显示叠加”并指定叠加选项，可以在使用仿制图章或修复画笔时，更方便查看下面的图层，如图7.6所示。其中，“不透明度”用来设置叠加图像的不透明度；选择“已剪切”，可将叠加剪切到画笔大小；如果要设置叠加的外观，可以从“仿制源”面板底部的弹出菜单中选择一种混合模式；勾选“反相”，可反相叠加选中的颜色。

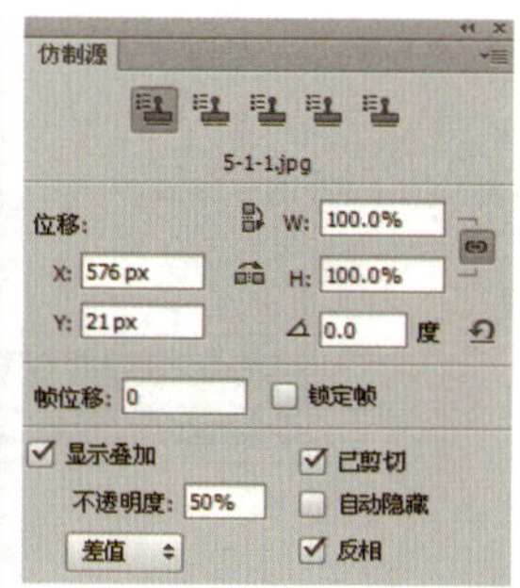

图7.6

提 示

污点修复画笔工具的原理

污点修复画笔工具的原理是将图像的纹理、光照和阴影等与所修饰的图像进行自动匹配。Photoshop CC版本中的该工具更加智能，不仅可用来修复小面积的污点，也可用于对画面中较为单纯的图像进行较大面积的修复。

范例操作：用污点修复画笔工具制作插画

污点修复画笔工具可以快速除去照片中的污点、划痕和其他不理想的部分。它与修复画笔的工作方式类似，也是使用图像或选中该样本像素进行绘画，并将样本像素的纹理、光照、透明度和阴影与所修复的像素相匹配。但修复画笔要求制定样本，而污点修复画笔可以自动从所修饰区域的周围取样。下面通过实例来熟悉此工具的具体操作方法。

1. 按下快捷键Ctrl+O，打开Chapter 07\Media\7-1-2.jpg素材文件，这是一张破损的黑白照片。执行“图像”→“调整”→“亮度/对比度”命令，打开“亮度/对比度”对话框，设置相关参数后，按下“确定”按钮，如图7.7所示。

图7.7

提 示

污点修复画笔工具

污点修复画笔工具可以自动在图像中进行像素取样，只需要在图像中的污点上单击，即可以消除此处的污点。

2. 按下快捷键Ctrl+L，打开“色阶”对话框，调整参数之后，单击“确定”按钮，图像效果如图7.8所示，照片中黑色更黑，亮色更亮。

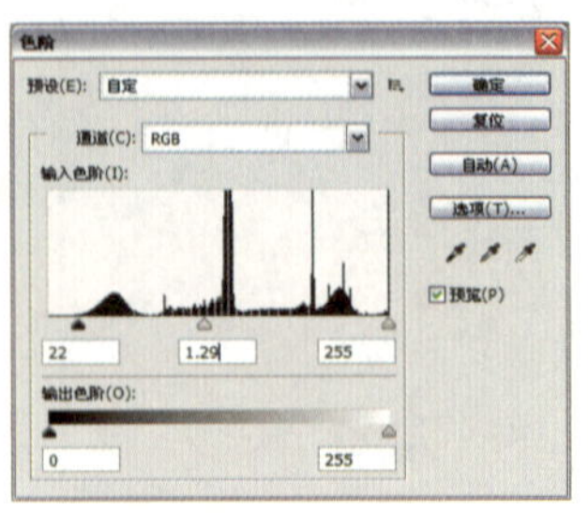

图7.8

3. 在工具箱中选择污点修复画笔工具，在选项栏中设置参数之后，在人物脸部如图7.9所示部位单击，就会自动从所修饰区域的周围取样，从而改善人物的皮肤。

图7.9

4. 单击“图层”面板下方的创建新的填充或调整图层按钮，在弹出的快捷菜单中选择“渐变映射”命令，就可以创建一个调整图层，设置渐变颜色为从棕色（R:119,G:63,B:8）到白色，图像表现出华丽效果，如图7.10所示。

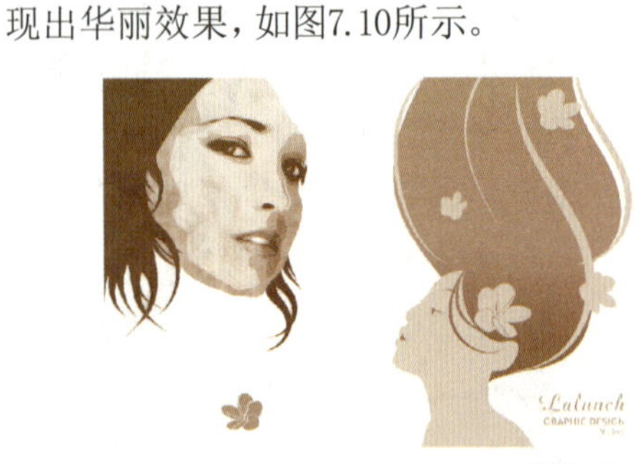

图7.10

5. 按照上述同样的方法，还可以将图像显示为其他色系效果。图7.11所示分别为蓝色系和绿色系的图像效果。

图7.11

提 示

使用图案进行修复

默认情况下，在修复画笔工具属性栏中单击“取样”单选按钮，此时使用修复画笔工具对图像进行修复时以图像区域中的某处颜色作为基点。也可以单击“图案”单选按钮，则需要在该按钮右侧拾取器中选择已有的图案，然后在图像中按住左键拖动鼠标，使用图案样式来修复图像。

提 示

修复画笔工具与污点修复画笔工具的区别

修复画笔工具与污点修复画笔工具最根本的区别在于使用前需要指定样本。取样是指在画面中相似的无污点位置进行单击取样，再用取样点的样本图像来修复图像。使用修复画笔工具可以消除图像中的划痕及褶皱，使瑕疵与周围的图像融合。

范例操作：用修复画笔工具修复照片

修复画笔工具可用于消除并修复瑕疵，使图像完好如初。与仿制图章工具一样，使用该工具可以利用图像或图案中的样本像素来绘画。但是修复画笔工具可将样本像素的纹理、光照、透明度和阴影等与源像素进行匹配，从而使修复后的像素不留痕迹地融入图像的其他部分。

1. 按下快捷键Ctrl+O，打开Chapter 07\Media\7-1-3.jpg素材文件，然后在工具箱中选择修复画笔工具，并在选项栏中设置各项参数，如图7.12所示。

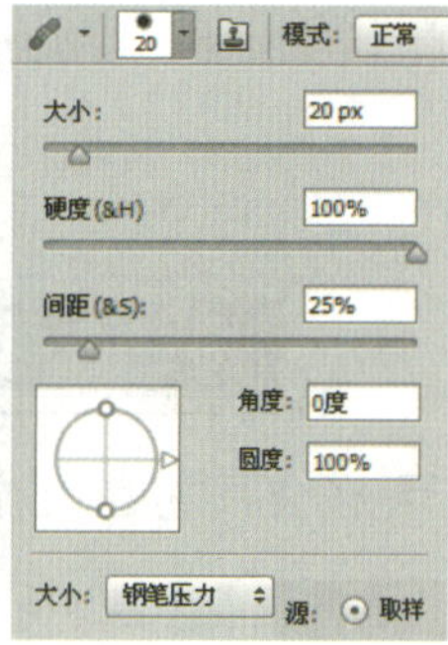

图7.12

2. 按住Alt键并单击鼠标，复制图像的起点，在需要修饰的地方单击并拖曳鼠标，如图7.13所示。

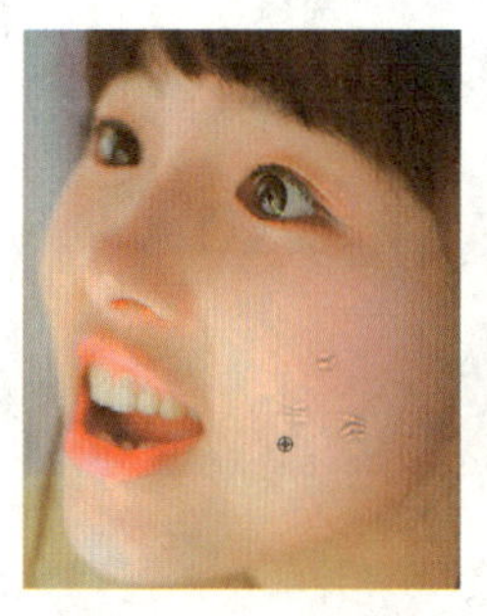

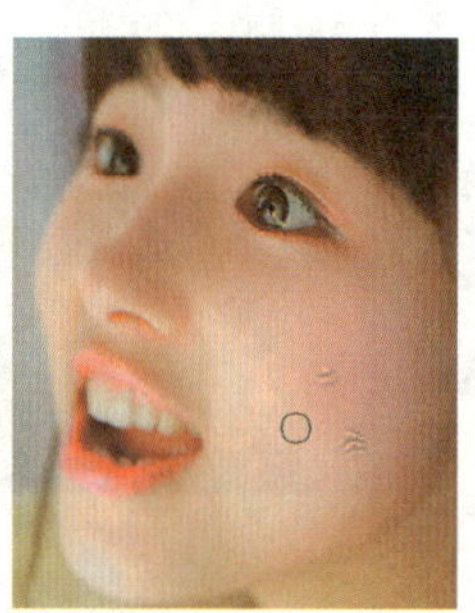

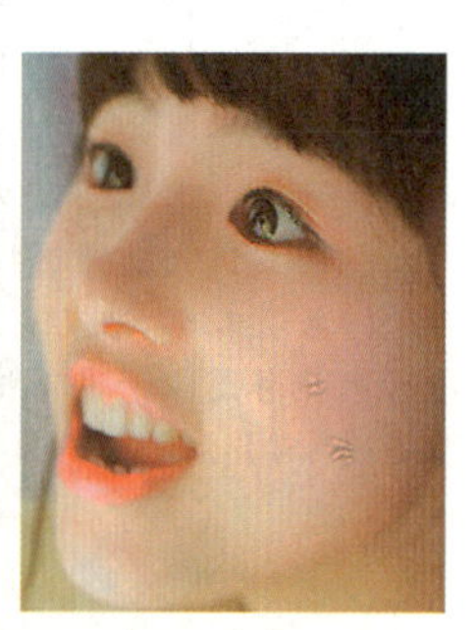

图7.13

3. 多次改变取样点进行修饰，效果如图7.14所示。

图7.14

提 示

修复画笔工具

在修复画笔弹出的调板中只能选择圆形的画笔，只能调节画笔的粗细、硬度、间距、角度和圆度的数值，这是和图章工具的不同之处。

提 示

修复工具和图章工具的区别

修复画笔工具一般用在两幅图合并的时候，先调出两个格式相同的图，然后在其中一个图上取点，接着在另一幅图上涂抹。会发现涂抹完之后它会自动把颜色和周围环境变得更加的融合。

仿制图章工具则是用来修复图形某部所缺失的，难以用工具画出来的图案。一笔画下来，取点的位置是什么样，则涂抹的位置相应地也是什么样，不会自动发生颜色变化。

范例操作：用修补工具复制图像

修补工具可以说是修复画笔工具的一个补充，也可以用其他区域或图案中的像素来修复选中区域，并将样本像素的纹理、光照和阴影与源像素进行匹配。该工具的特别之处是需要用选区来定位修补范围。本例主要讲解利用修补工具复制图像的过程。

1. 按下快捷键Ctrl+O，打开Chapter 07\Media\7-1-4.jpg素材文件，选择工具箱中的修补工具，在工具栏中将“修补”设置为“目标”，在画面中单击并拖动鼠标创建选区，将瓶体选中，如图7.15所示。

图7.15

2. 将光标放在选区内，单击并向左拖动，以复制图像。然后按下快捷键Ctrl+D，取消选择，如图7.16所示。

图7.16

提 示

修补工具

使用“修补工具”框选图像中的破损处，然后在选区内按下鼠标左键，将选区拖动到周围完好的图像上，以指定用于修复此处的目标图像，释放鼠标后，即可完成对此处图像的修复操作。

提 示

在同一个图层中复制图像

通常使用复制图层的方法，就可以复制图层及图层中的图像。但是如果复制较多数量的图像，就会产生很多的图层，这样会增加图像的大小，同时也不便于对图层进行管理。因此，在同一个图层中复制图像将会是个很好的方法，其操作方法是，选择图像所在的图层，将图像创建为选区，然后选择移动工具，按住Alt键在选区内拖移图像，即可将该图像复制到目标位置。

提 示

巧妙地运用修补工具

可以用矩形选框工具、魔棒工具或套索等工具创建选区，然后用修补工具拖动选区内的图像进行修补。

范例操作：用混合工具复制图像

混合工具既可以将选区内的图像进行移动，也可以复制选区内的图像，和修补工具的用法相似。本范例主要讲解利用该工具复制图像的过程，具体操作方法如下。

1. 按下快捷键Ctrl+O，打开Chapter 07\Media\7-1-5.jpg素材文件，选择工具箱中的混合工具，在工具栏中设置相关参数，将Remix项设置为Move，用该工具将图像中的壁灯设置为选区，如图7.17所示。

图7.17

2. 用鼠标将选区向图像的左侧拖动，至合适位置之后，释放鼠标，再按下快捷键Ctrl+D，取消选区，就可将壁灯移至其他位置，如图7.18所示。

图7.18

3. 打开“历史记录”面板，选择“混合工具”步骤，在选项栏中重新设置参数，将Remix项设置为Entend，然后再将选区拖动到其他位置，即可发现壁灯被复制了。取消选区，图像效果如图7.19所示。

图7.19

提 示

复制图像

若要直接复制图像而不希望出现命名对话框，可以先按住Alt键，然后执行“图像”→“复制”命令。

提 示

通过拷贝的图层

使用“通过复制新建层（Ctrl+J）”或“通过剪切新建层（Ctrl+Shift+J）”命令可以在一步完成拷贝到粘贴和剪切到粘贴的工作；通过复制（剪切）新建层命令粘贴时，仍会放在原来的地方，然而通过拷贝（剪切）再粘贴，就会贴到图片（或选区）的中心。

提 示

复制技巧

按住Ctrl+Alt组合键拖动鼠标可以复制当前层或选区内容。

范例操作：使用红眼工具消除红眼现象

使用闪光灯拍摄人物照片时，常常会出现眼球部位变红的现象。该现象就是常说的红眼现象。在Photoshop中，可以使用红眼工具清除红眼现象，本例将介绍利用红眼工具消除红眼现象的过程。

1. 按下快捷键Ctrl+O，打开Chapter 07\Media\7-1-6.jpg素材文件。为了将本范例中人物的眼球部分放大，单击工具箱中的缩放工具，将人物脸部放大，如图7.20所示。

图7.20

2. 选择工具箱中的红眼工具，然后在选项栏中设置相关参数，在人物眼球部分的红眼处单击，即可消除红眼现象，效果如图7.21所示。

图7.21

3. 为了表现出女孩的可爱，再新建一个图层，设置前景色为（R:229,G:158,B:152）。在选项栏中单击径向渐变按钮，然后在该图层中拖曳鼠标，绘制出女孩的腮红，将图层不透明度设为50%。按照同样的方法，制作另外一个腮红，效果如图7.22所示。

图7.22

提示

红眼产生的原因

人类红眼现象一般是在光线较暗的环境下拍摄的时候产生的。拍摄时，瞳孔放大，以便让更多的光线通过，因此视网膜的血管就会在照片上产生泛红现象。而对于动物来说，即使在光线充足的情况下，拍摄也会出现这类现象。

Photoshop CC中可以使用红眼工具清除红眼现象。

提示

正确使用红眼工具

选择红眼工具，在照片中的眼球部分单击，红颜就会自动消失。

更进一步：各项修复工具的选项栏

提 示

用污点修复画笔工具进行内容识别修复

选择工具箱中的污点修复画笔工具，在选项栏中选择“内容识别”单选按钮。“内容识别”是比较附近的图像内容，不留痕迹地填充被污点修复画笔工具涂抹的区域。

1.污点修复画笔工具选项，如图7.23所示。

图7.23

●模式：用来设置修复图像时使用的混合模式。除“正常”“正片叠底”等常用模式外，该工具还包含一个“替换”模式。选择该模式时，可以保留画笔描边的边缘处的杂色、胶片颗粒和纹理。

●类型：用来设置修复方法。选择“近似匹配”，可以使用选区边缘周围的像素来查找要用作选定区域修补的图像区域。如果该选项的修复效果不能令人满意，可还原修复并尝试“创建纹理”选项。选择“创建纹理”，可以使用选区中的所有像素创建一个用于修复该区域的纹理，如果纹理不起作用，可尝试再次拖过该区域；选择“内容识别”，可使用选区周围的像素进行修复。

●对所有图层取样：如果当前文档中包含多个图层，勾选该项后，可以从所有可见图层中对数据进行取样；取消勾选，则只从当前图层中取样。

2. 修复画笔选项栏，如图 7.24 所示。

图7.24

●模式：在下拉列表中可以设置修复图像的混合模式。“替换”是比较特殊的模式，它可以保留画笔描边的边缘处的杂色、胶片颗粒和纹理，使修复效果更加真实。

●源：设置用于修复像素的源。选择“取样”，可以从图像的像素上取样；选择“图案”，则可在图案下拉列表中选择一个图案作为取样，效果类似于使用图案图章工具绘制图案。

3.修补工具选项栏，如图7.25所示。

图7.25

●选区创建方式：按下新选区按钮，可创建一个新的选区，如果图像中包含选区，则原选区将被新选区替换；按下添加到选区按钮，可以在当前选区的基础上添加新的选区；按下从选区减去按钮，可以在原选区中减去当前绘制的选区；按下与选区交叉按钮，可得到原选区与当前创建的选区的相交部分。

●透明：勾选该项后，可以使修补的图像与原图像产生透明的叠加效果。

●修补：用来设置修补方式。如果选择“源”，当选区拖至要修补的区域以后，放开鼠标就会用当前选区中的图像修补原来选中的内容；如果选择“目标”，则会将选中的图像复制到目标区域。

●使用图案：在图案下拉面板中选择一个图案后，单击该按钮，可以使用图案修补选区内的图像。

4.红眼工具选项栏，如图7.26所示。

●瞳孔大小：可设置瞳孔（眼睛暗色的中心）的大小。

●变暗量：用来设置瞳孔的暗度。

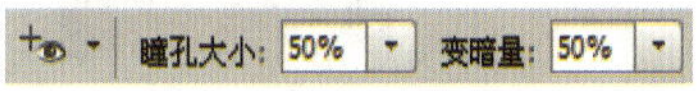

图7.26

提 示

应用内容识别填充

内容识别填充会随机合成相似的图像内容。如果不喜欢原来的结果，则执行“编辑”→“还原”命令，然后应用其他的内容识别填充。

02

7.2 图章工具组

图章工具组包括仿制图章和图案图章两个工具。它们的基本功能都是复制图像，但复制的方式不同。仿制图章工具对于复制对象或移去图像中的缺陷很有用，图案图章工具可以将图像复印到原图上，常用于复制大面积的图像区域。

范例操作：使用仿制图章工具去除黑痣

使用仿制图章工具或修复画笔工具时，可以通过“仿制源”面板设置不同的样本源、显示样本源的叠加，以帮助在特定的位置仿制源。还可缩放或旋转样本源，以更好地匹配目标的大小和方向，如图7.27所示。

使用前

使用后

图7.27

1. 按下快捷键Ctrl+O，打开Chapter 07\Media\7-2-1.jpg素材文件，利用放大镜工具将人物面部放大；在工具箱中选择仿制图章工具，并在选项栏中设置相关参数，如图7.28所示。

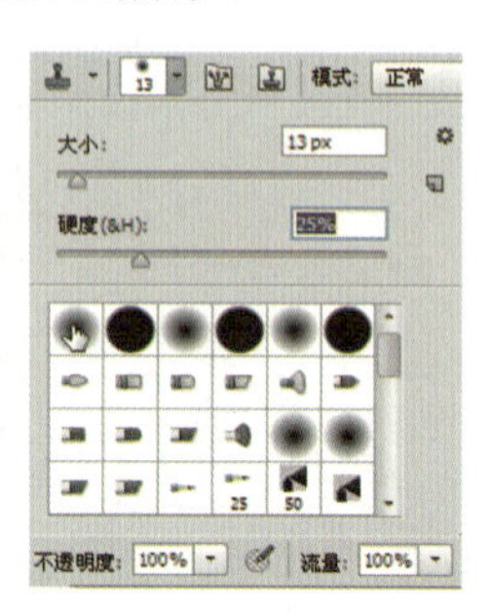

图7.28

2. 按住Alt键，在人物脸部黑痣旁边单击取样，然后在黑痣部分单击将其替换，可反复单击直到黑痣被消除，如图7.29所示。

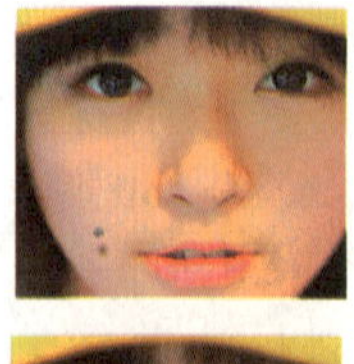

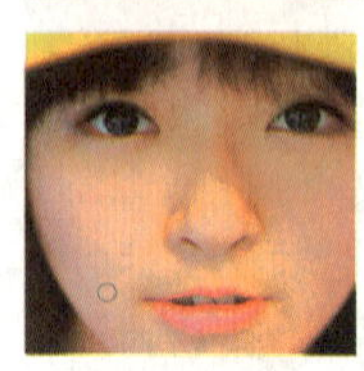

图7.29

提 示

图章工具

图章工具包括仿制图章工具和图案图章工具，仿制图章工具复制的是选择的对象，而图案图章工具复制的是设定的图案。

提 示

设置仿制图章工具的取样源

按住Alt键并使用仿制图章工具在图像上单击，即可设置仿制图章工具的取样源。在Photoshop中，一共可以设置5个仿制源。

提 示

缩放旋转仿制源

要缩放样本源，在“仿制源”调板中的“W”（宽度）或“H”（高度）数值框中输入百分比值即可。默认状态下将约束宽高比例，要单独调整尺寸或恢复约束选项，可单击“保持长宽比”按钮。要旋转样本源，可在角度数值框中输入一个角度值，或拖动“旋转仿制源”图标，以预览样本源旋转的效果。

更进一步：仿制图章工具的选项栏

仿制图章工具可以从图像中拷贝信息，将其应用到其他区域或者其他图像中。该工具常用于复制图像内容或去除照片中的缺陷。在仿制图章的工具选项栏中，除“对齐”和“样本”外，其他选项均与画笔工具相同。下面主要介绍该工具的参数设置，如图7.30所示。

图7.30

- 对齐：勾选该项，可以连续对像素进行取样；取消选择，则每单击一次鼠标，都使用初始取样点中的样本像素，因此，每次单击都被视为一次复制。
- 样本：用来选择从指定的图层中进行数据取样。如果要从当前图层及其下方的可见图层中取样，应选择“当前和下方图层”；如果仅从当前用图层中取样，可选择“当前图层”；如果要从所有可见图层中取样，可选择“所有图层”；如果要从调整图层以外的所有可见图层中取样，可选择“所有图层”，然后单击选项右侧的忽略调整图层按钮。
- 切换仿制源面板：单击该按钮，可以打开或者关闭“仿制源”面板。
- 切换画笔面板：单击该按钮，可以打开或关闭“画笔”面板。

提 示

光标中心十字线有什么用处

使用仿制图章时，按住Alt键在图像中单击，定义要复制的内容，然后将光标放在其他位置，放开Alt键拖动鼠标涂抹，即可将复制的图像应用到当前位置。与此同时，画面中会出现一个圆形光标和一个十字形光标，圆形光标是正在涂抹的区域，而该区域的内容则是从十字形光标所在位置的图像上拷贝的。

范例操作：使用图案图章工具制作寸照集

图案图章工具用来复制预先定义好的图案。使用图案图章工具可以利用图案进行绘画，可通过拖动鼠标填充图案。常常用于背景图片的制作过程中。下面的范例中，将详细介绍图案图章工具。

1. 按下快捷键Ctrl+O，打开Chapter 07\Media\7-2-2.jpg素材文件，执行“图像”→“调整”→“亮度/对比度”命令，在打开的对话框中设置参数后单击“确定”按钮，使图像变亮，如图7.31所示。

图7.31

提 示

仿制图章工具

仿制图章工具不仅可以在一个图像上操作，还可以从任何一张打开的图像上取样后复制到现用图像上，但却不改变现用图像和非现用图像的关系。在复制图像的过程中，可经常改变画笔的大小及其他设定项，以达到精确修复的目的。

2. 按下快捷键Ctrl+A，将图像全部作为选区。执行“编辑”→“变换”命令，选区四周会出现八个控制手柄，按住Shift键拖动四周节点，使图像等比例缩小，按Enter键确认，再取消选区，这样就会使图像的四周出现一个白色边框，如图7.32所示。

图7.32

3. 执行“编辑”→“定义图案”命令，在弹出的对话框中将其命名为“人物”，然后单击“确定”按钮，就会将该图像添加到图案样式中，如图7.33所示。

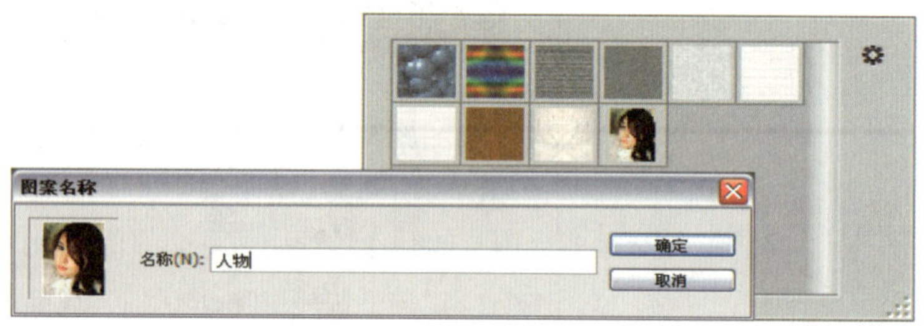

图7.33

4. 按下快捷键Ctrl+N，在弹出的“新建文档”对话框中设置相关参数，单击“确定”按钮，新建一个空白文档，如图7.34所示。

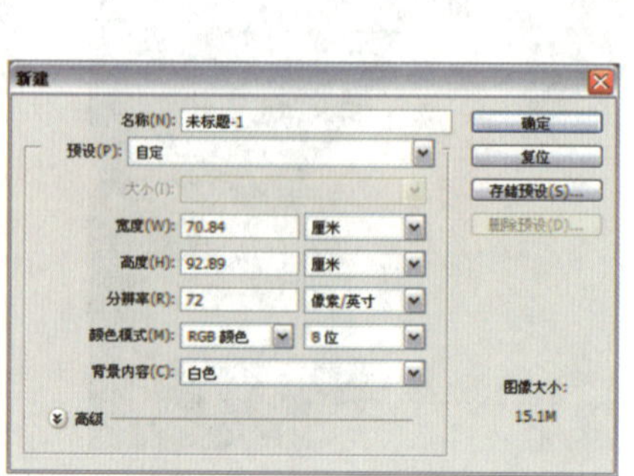

图7.34

提 示

设定取样位置

按住Alt键后，使用仿制图章工具在任意打开的图像视窗内单击鼠标，即可在该视窗内设定取样位置，但不会改变作用视窗。

5. 在工具箱中选择图案图章工具，然后在选项栏中设置相关参数，并在“图案”下拉列表中选择“人物”图案。在文档中拖动鼠标，即可绘制出连续的人像照片，这样就可以简单地制作出一张寸照集，如图7.35所示。

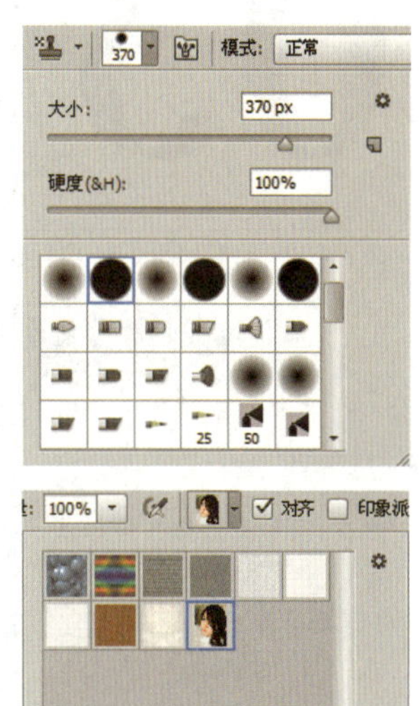

图7.35

提 示

图案图章工具与仿制图章工具的区别

图案图章工具与仿制图章工具有许多相似之处，两者都是要复制图像的常用工具，但仿制图章工具使用的是本图像的像素样本，而图案图章工具使用的是外来的图像样本。这两个工具都可以结合画笔工具使用，创造更多的图像效果，其他功能跟仿制图章工具相同。

更进一步：图案图章工具的选项栏

在图案图章工具选项栏中，“模式”“不透明度”“流量”“喷枪”等与仿制图章和画笔工具基本相同。接下来介绍图案图章工具的选项栏的参数设置，如图7.36所示。

图7.36

●对齐：选择该选项以后，可以保持图案与原始起点的连续性，即使多次单击鼠标也可以，如图7.37所示。取消选择时，则每次单击鼠标都重新应用图案。

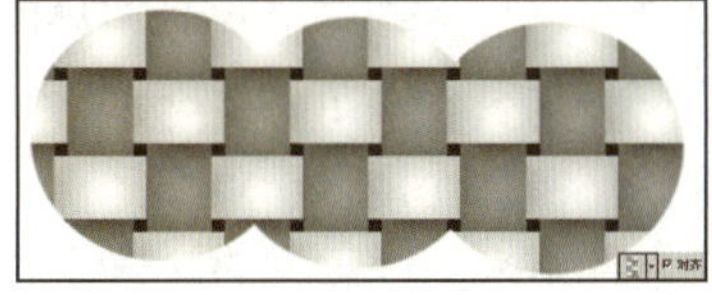

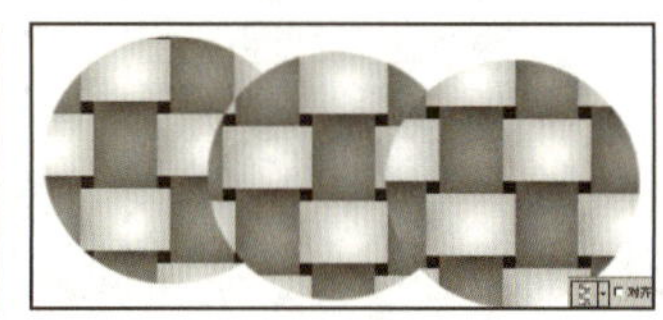

图7.37

●印象派效果：勾选该项后，可以模拟出印象派效果的图案，如图7.38所示。

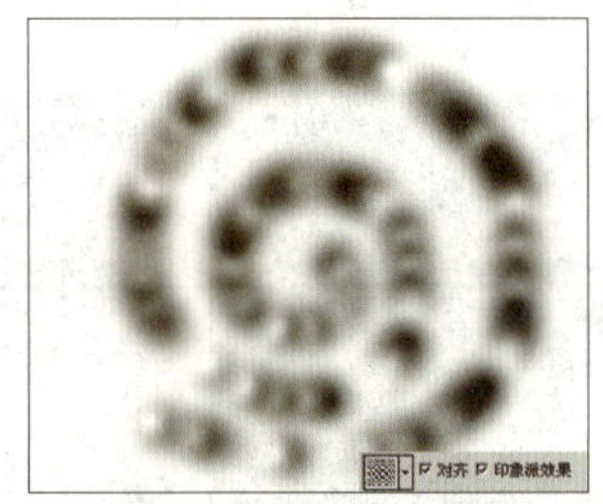

柔角画笔绘制的印象派效果

尖角画笔绘制的印象派效果

图7.38

提 示

散布仿制效果

在默认情况下，仿制工具属性栏中勾选的是“对齐”复选框，此时进行取样后拖动，即可对取样处的图像进行全部复制。如果取消勾选“对齐”复选框，则可以在不同位置进行仿制，此时仅能仿制出一个固定位置的图像，以便对图像进行散布仿制。

03

7.3 擦除工具组

在绘制图像时，有些多余的部分可以通过擦除工具将其擦除，使用擦除工具还可以进行一些图像的选择和拼贴。Photoshop中包含三种类型的擦除工具：橡皮擦、背景橡皮擦和魔术橡皮擦。后两种橡皮擦主要用于抠图（去除图像的背景）。橡皮擦会因设置的选项不同而具有不同的用途。

> **提 示**
>
> 橡皮工具组
>
> 橡皮工具组主要包括橡皮擦工具、背景色橡皮擦工具和魔术橡皮擦工具。

内容精讲：橡皮擦工具

橡皮擦工具可以擦除图像。图7.39所示为它的工具选项栏。如果处理的是“背景”图层或锁定了透明区域（按下“图层”面板中的按钮）的图层，涂抹区域弧显示为背景色，如图7.40所示；处理其他图层时，可擦除涂抹区域的像素，如图7.41所示。

图7.39

图7.40　　图7.41

❶模式：可以选择橡皮擦的种类。选择“画笔”，可创建柔边擦除效果，如图7.42所示；选择“铅笔”，可创建硬边擦除效果，如图7.43所示；选择“快”，可擦除块状效果如图7.44所示。

❷不透明度：用来设置工具的擦除强度，100%的不透明度可以完全擦除像素，较低的不透明度将部分擦除像素。将“模式”改为“快”时，不能使用该选项。

❸流量：用来控制工具的涂抹速度。

❹抹到历史记录：与历史记录画笔工具的作用相同。勾选该选项后，在“历史记录”面板选择一个状态后快照，在擦除时，可以将图像恢复为指定状态。

> **提 示**
>
> 橡皮擦工具
>
> 在锁定当前图层的透明像素后，使用橡皮擦工具擦除图像时，被擦除的区域将被填充为背景色。要使擦除的区域变为透明，需要解除对该图层透明像素的锁定。在使用橡皮擦工具时，按住Alt键即可将橡皮擦功能切换成恢复到指定的步骤记录状态。

图7.42

图7.43

图7.44

范例操作：用背景橡皮擦工具擦除背景

背景橡皮擦工具是一种智能橡皮擦，它可以自动地采集画笔中心的色样，同时删除在画笔内出现的这种颜色，使擦除区域成为透明区域。本例将介绍利用此工具擦除植物背景，为其更换其他背景的制作方法。

提 示

用背景橡皮擦工具抠图

背景色橡皮擦的取样方式有三种：连续、一次、背景色板。

“连续”选项经常用于擦除颜色不断变化的对象边缘。“一次”选项可用于清除图像中的纯色区域。“背景色板”选项与“一次”选项类似，不过它是通过设置背景色来确定取样颜色的。魔术橡皮擦与魔术棒工具差不多。

1. 按下快捷键Ctrl+O，打开Chapter 07\Media\7-3-1.jpg素材文件，在工具箱中选择“背景橡皮擦工具”，在选项栏中设置参数，如图7.45所示。

图7.45

2. 将光标放在靠近汽车的背景图像上，光标会变为圆形，圆形中心有一个十字线，如图7.46所示。在擦除图像时，Photoshop会采集十字线位置的颜色，并将出现在圆形区域内的类似颜色擦除。单击并拖动鼠标即可擦除背景。

提 示

透明区域

背景图像被删除后，显示出棋盘格花纹，这表示透明区域。

图7.46

3. 打开Chapter 07\Media\7-3-2.jpg文件，使用移动工具将去除背景的汽车拖入该文件中，然后调整其位置与大小，如图7.47所示。

图7.47

范例操作：用魔术橡皮擦工具抠图

使用魔术橡皮擦工具时，如果在带有锁定透明区域的图层中工作，像素会更改为背景色；否选择像素会被抹为透明。可以仅抹除当前图层上的临近像素，或当前图层上的所有相似像素。在本范例中，将使用橡皮擦工具为人物更换漂亮的背景。

1.按下快捷键Ctrl+O，打开Chapter 07\Media\7-3-3.jpg素材文件，在工具箱中用鼠标右键单击橡皮擦工具，在弹出的隐藏菜单中选择魔术橡皮擦工具，如图7.48所示。

图7.48

提 示

用魔术橡皮擦工具擦除图像背景时，调整擦除范围

在魔术橡皮擦工具选项栏中增加“容差”选项值即可。该值越大，选取颜色的范围就越广，擦除的图像区域就越大。

2.单击人物的背景部分，可以看到背景被删除，只留下了人物图像，如图7.49所示。

图7.49

3.打开Chapter 07\Media\7-3-4.jpg文件，将背景全选，再按快捷键Ctrl+C复制；切换到7-3-3.jpg文件，按下快捷键Ctrl+V粘贴图像，此时系统自动产生一个新的图层。在图层面板中调整图层的位置，如图7.50所示。

图7.50

提 示

魔术橡皮擦工具

魔术橡皮擦工具可以自动分析图像的边缘。如果在“背景”图层或是锁定了透明区域的图层中使用该工具，被擦除的区域会变为背景色；在其他图层中使用该工具，被擦除的区域会成为透明区域。

更进一步：背景、魔术橡皮擦工具的选项栏

学习了背景橡皮擦工具和魔术橡皮擦工具的使用方法之后，下面主要对两者的选项栏中的参数设置等加以具体介绍。

1.“背景橡皮擦”工具选项栏，如图7.51所示。

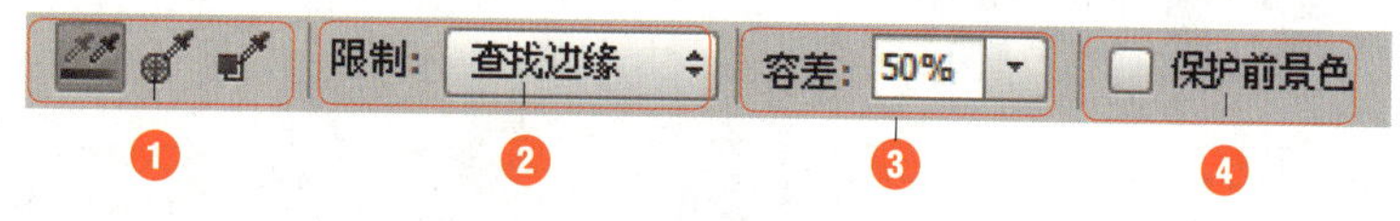

图7.51

❶取样：用来设置取样方式。按下连续按钮，使用光标可对颜色进行取样，凡是出现在光标中心十字线内的图像都会被擦除；按下一次按钮，只擦除包含第一次单击点颜色的图像；按下背景色板按钮，只擦除包含背景色的图像，如图7.52所示。

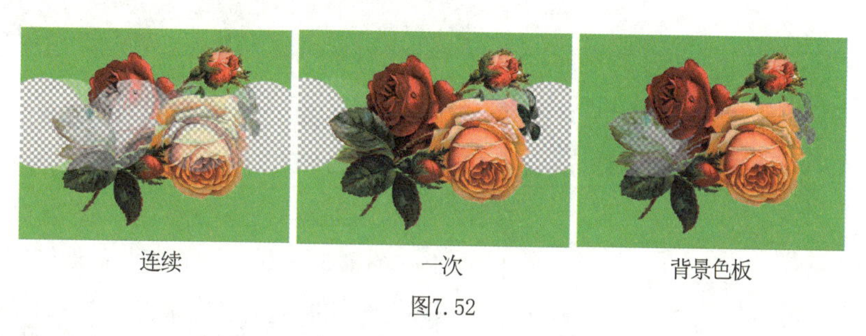

连续　　一次　　背景色板

图7.52

❷限制：定义擦除时的限制模式。选择“不连续”，可擦除出现在光标下任何位置的样本颜色；选择“连续”，只擦除包含样本颜色并且相互连接的区域；选择“查找边缘”，可擦除包含样本颜色的连续区域，同时更好地保留形状边缘的锐化程度。

❸容差：用来设置颜色的容差范围。低容差仅限于擦除与样本颜色非常相似的区域，高容差可擦除范围更广的颜色。

❹保护前景色：勾选该项后，可防止擦除与前景色匹配的选区。

2.“魔术橡皮擦”工具选项栏，如图7.53所示。

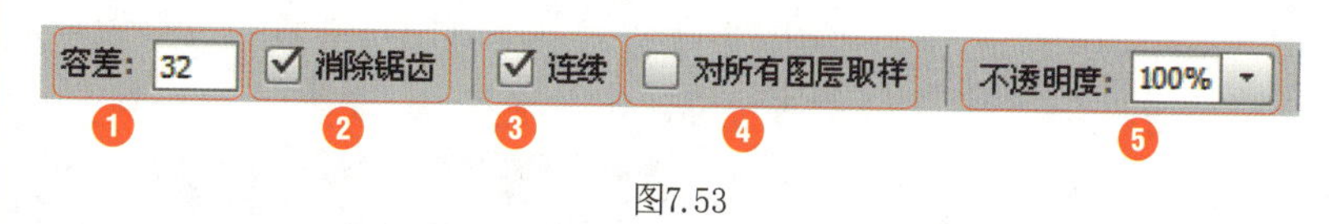

图7.53

❶容差：用来绘制可查出的颜色范围。低容差会擦除颜色值范围内与单击点像素非常相似的像素，高容差可擦除范围更广的像素。

❷消除锯齿：可以使擦除区域的边缘变得平滑。

❸连续：只擦除与单击点像素邻近的像素；取消勾选时，可擦除图像中所有相似的像素。

❹对所有图层取样：对所有可见图层中的组合数据采集抹除色样。

❺不透明度：用来设置擦除强度，100%的不透明度将完全擦除像素，较低的不透明度可部分擦除像素。

提 示

使用背景橡皮擦工具的另一作用

在使用背景橡皮擦工具进行擦除时，如果当前图层是“背景”图层，Photoshop将自动将其转换成普通图层。

提 示

使擦除区域呈直线

在橡皮擦工具属性栏中设置模式为“块”，在图像上单击，并在按住Shift键的同时在另一处单击，即可擦除这两个点之间的图像。或者按住Shift键后按住左键拖动鼠标，也可以擦除直线图像。

提 示

对所有图层取样

对所有图层取样，也就是说，要擦除的像素可以在所有图层中的相同或相近的像素中取样，但是要擦除某个像素，要指定具体在哪个图层，只能选一个图层，即要擦除的颜色可以在所有的图层中找到相同的或相近的颜色，单击就会在指定的图层上擦除，而不是擦除所有图层中指定的相同或相近的颜色。

04

7.4 用“消失点”滤镜制作广告

1. 打开Chapter 07\Media\7-4-1.jpg、7-4-2.jpg素材文件，将7-4-1.jpg文件设置为当前工作文件，按下Ctrl+A组合键全选图案，按下Ctrl+C组合键将图案复制到剪贴板中。返回7-4-2.jpg文件窗口中，执行“滤镜”→“消失点”命令，打开消失点对话框，如图7.54所示。

图7.54

2. 在对话框左侧选择创建平面工具，在图像预览区域中单击，确定绘制网格的起点，然后移动鼠标，单击确定网格的其他3个控制点，设置网格大小为25。按下Ctrl+V组合键将前面复制到剪贴板中的图案粘贴到“消失点”对话框中，如图7.55所示。

图7.55

3. 按下Ctrl+T组合键拖动控制点调整图像大小，用鼠标拖动图案，将其移动到网格中，并调整大小，单击“确定”按钮。至此，本实例就制作完成了，如图7.56所示。

图7.56

提 示

消失点滤镜

“消失点”滤镜工具是Photoshop中提供的一个全新的工具，在消失点滤镜工具选定的图像区域内进行克隆、喷绘、粘贴图像等操作时，会自动应用透视原理，按照透视的角度和比例来适应图像的修改，从而大大节约了精确设计和修饰照片所需的时间。

知识链接

Photoshop中的润色工具包括减淡工具、加深工具和海绵工具，这些工具收录在减淡工具组中。合理使用这些工具，可以对图像的颜色进行润色，使其更贴合需要表达的意境和效果。关于润色工具的更多内容，请参阅“7.5图像的润色”。

05

7.5 图像的润色

模糊、锐化、涂抹、减淡、加深和海绵等工具可以对照片进行润饰，改善图像的细节、色调、曝光，以及色彩的饱和度。

内容精讲：模糊和锐化工具

模糊工具可以柔化图像，减少图像细节；锐化工具可以增强图像中相邻像素之间的对比度，提高图像的清晰度。选择这两个工具以后，在图像中单击并拖动鼠标即可进行处理。

打开Chapter 07\Media\7-5-1.jpg文件，使用模糊工具处理背景使其变虚，可以创建景深效果；使用锐化工具处理前景，可以使其更加清晰，如图7.57所示。

> **提 示**
>
> 色调调整工具
>
> 包括模糊工具、锐化工具、涂抹工具、减淡工具、加深工具和海绵工具。

原图

模糊背景

锐化人物

图7.57

使用模糊工具时，如果反复涂抹图像上的同一区域，会使该区域变得更加模糊；使用锐化工具反复涂抹同一区域，则会造成图像失真。图7.58所示为模糊工具选项栏，锐化工具与其相同。

> **提 示**
>
> 锐化工具
>
> 锐化工具是将图像的清晰度做调整，锐化值越高，边缘相对会越清晰。锐化工具在使用中不带有类似喷枪的可持续作用性，在一个地方停留并不会加大锐化程度。不过一般锐化程度不能太大，否则会失去良好的效果。

90　模式：正常　强度：100%　对所有图层取样

图7.58

- 画笔：可以选择一个笔尖，模糊或锐化区域的大小取决于画笔的大小。
- 模式：用来设置工具的混合模式。
- 强度：用来设置工具的强度。
- 对所有图层取样：如果文档中包含多个图层，勾选该选项，表示使用所有图层中的数据进行处理；取消勾选，则只处理当前图层中的数据。

内容精讲：涂抹工具

使用涂抹工具涂抹图像时，可拾取鼠标单击点的颜色，并沿拖移的方向展开这种颜色，模拟出类似于用手指涂沫油漆的效果。图7.59所示为涂抹工具的选项栏，除“手指绘画”外，其他选项均与模糊和锐化工具相同。

> **提 示**
>
> 涂抹工具
>
> 使用涂抹工具时，按住Alt键可由纯粹涂抹变成用前景色进行涂抹。在Photoshop中，使用涂抹工具处理图像时，可以创建手指画效果。

13　模式：正常　强度：50%　对所有图层取样　手指绘画

图7.59

●手指绘画：勾选该选项后，可以在涂抹时添加前景色；取消勾选，则使用每个描边起点处光标所在位置的颜色进行涂抹，如图7.60所示。

原图　　勾选手指绘画项　　取消手指绘画项

图7.60

> **提 示**
>
> 海绵工具的使用
>
> 海绵工具主要用来增加或减少图片的饱和度。在校色的时候经常用到。如图片局部的色彩浓度过大，可以用降低饱和度模式来减少颜色。同时，图片局部颜色过淡的时候，可以用增加饱和度模式来加强颜色。这款工具只会改变颜色，不会对图像造成任何损害。

内容精讲：海绵工具

海绵工具可以修改色彩的饱和度。选择该工具后，在画面单击并拖动鼠标涂抹即可进行处理。图7.61所示为海绵工具选项栏，其中“画笔”和“喷枪”选项与加深和减淡工具相同。

图7.61

●模式：如果要增加色彩的饱和度，可以选择“饱和”；如果要降低饱和度，则选择“降低饱和度”，如图7.62所示。

原图　　降低饱和度　　饱和

图7.62

> **提 示**
>
> 快捷调整局部图像的饱和度
>
> 选择海绵工具，在该工具选项栏中的“模式”下拉列表中选择“降低饱和度”选项，然后在图像上进行涂抹，可降低此部分图像的饱和度。在“模式”下拉列表中选择“饱和”选项，然后在图像上进行涂抹，可提高此部分图像的饱和度。

●流量：可以为海绵工具指定流量。该值越高，工具的强度越大，效果越明显。

●自然饱和度：选择该项，可以在增加饱和度时，防止颜色过度饱和而出现溢色。

内容精讲：减淡和加深工具

减淡工具和加深工具用于调节图像特定区域的曝光度，可以使图像区域变亮或变暗，二者选项栏中的参数设置相同，如图7.63所示。摄影时，摄影师减弱曝光度可以使照片中的某个区域变亮（减淡），增加曝光度可使照片中的区域变暗（加深）。减淡和加深工具的作用相当于摄影时调节光度。

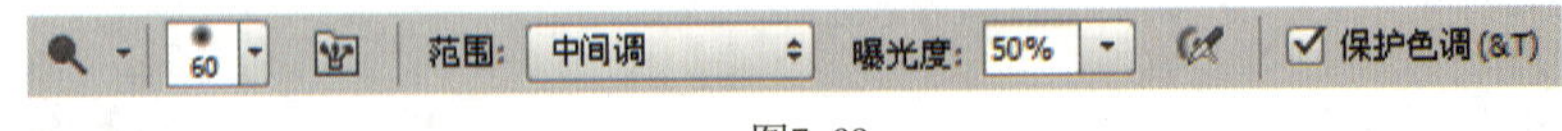

图7.63

> **提 示**
>
> 快捷地调整局部图像的亮度
>
> 使用减淡工具即可对局部图像进行提亮加光处理。使用加深工具即可降低图像的曝光度，并加深图像的局部色调。

在“范围”下拉列表中，有以下选项：

- 阴影：选中后只作用于图像的阴影区域。
- 中间调：选中后只作用于图像的中间调区域。
- 高光：选中后只作用于图像的高光区域。
- 曝光度：用于设置图像的曝光强度。建议使用时先把曝光度的值设置得小一些，一般选择15%比较合适。

范例操作：用不同的润色工具制作炫彩图案

当对一张图像进行修饰时，可以将几种不同的修饰工具结合起来用，从而更好地修饰图像。本例主要运用了模糊工具、锐化工具、减淡工具加深工具及涂抹工具，使图像表现出更加活泼的效果。

1. 按下快捷键Ctrl+0，打开Chapter 07\Media\7-5-4.jpg素材文件，在工具箱中选择模糊工具，在选项栏中设置参数，在红色的图形中涂抹，使其变得模糊，如图7.64所示。

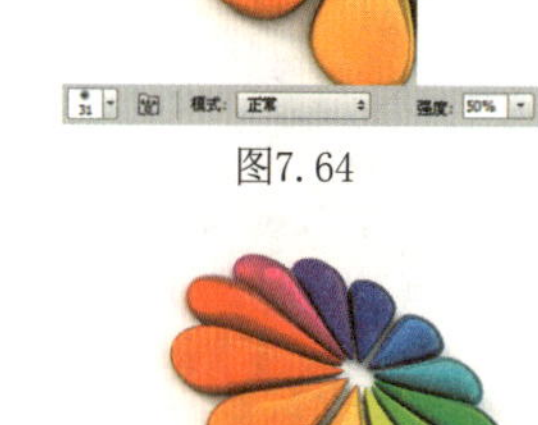

图7.64

2. 按照上述同样的方法，在工具箱中选择锐化工具，在选项栏中设置相关参数之后，在绿色的图形上涂抹，使其色彩更加亮丽，如图7.65所示。

图7.65

3. 选择减淡工具，在选项栏中设置相关参数之后，在蓝色的图形上涂抹，提高亮度，如图7.66所示。

图7.66

4. 选择加深工具，在选项栏中设置相关参数之后，在洋红色的图形上涂抹，加深洋红的深度，如图7.67所示。

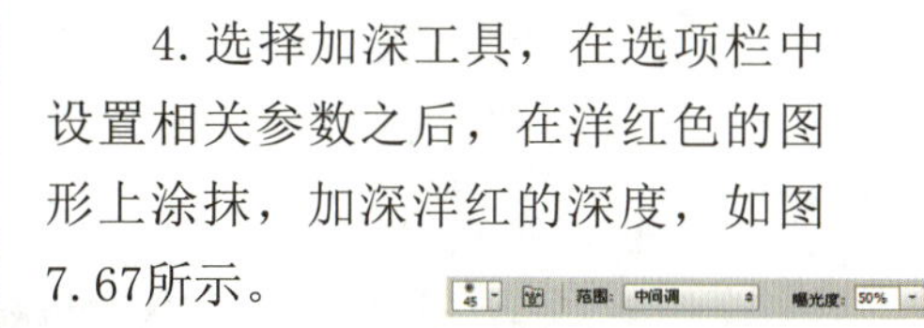

图7.67

5. 选择海绵工具，在选项栏中设置参数，对黄色图形进行涂抹，如图7.68所示。

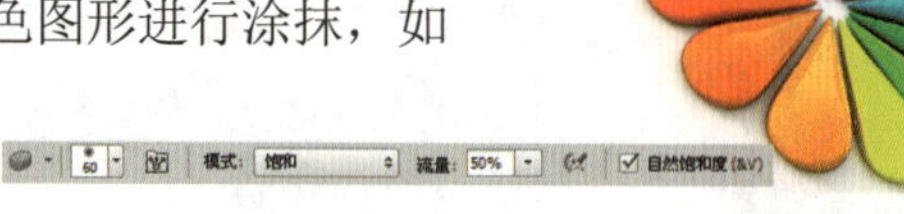

图7.68

6. 为了加强图像的活泼性，选择工具箱中的涂抹工具，在不同的图形周围涂抹，改变其形状，如图7.69所示。

图7.69

提 示

快速切换减淡工具和加深工具

在使用减淡工具时，如果同时按下Alt键，可暂时切换为加深工具。同样，在使用加深工具时，如果同时按下Alt键，则可暂时切换为减淡工具。

提 示

模糊工具与“高斯模糊”滤镜的区别

模糊工具含有模糊、锐化、涂抹三种工具，其作用分别为将画面局部变成模糊效果、锐利清晰效果、涂抹效果。高斯模糊是整体图像全部模糊。

提 示

模糊工具

使用模糊工具可以降低图像中相邻像素之间的对比度，从而使像素与像素的边界区域变得柔和，产生一种模糊效果，起到凸显主体部分图像的作用。

08

Chapter

强大的绘画功能

内容提要

Photoshop CC在图像创作方面有着非常强大的功能，它在色彩设置、图像绘制、图像的变换等方面有着无可比拟的优势。本章将从绘画图像、清除图像、还原图像三方面来讲解，三部分内容既有很大的区别，但联系又非常密切，在绘制图像的过程中经常会结合使用，从而绘制出漂亮的效果。

主要内容

- 画笔工具组
- 历史记录画笔工具组

知识点播

- 画笔工具
- “画笔”面板
- 用“描边”命令制作线描插画

01

8.1 画笔工具组

在Photoshop中，有不同的绘图工具，绘图工具组包括画笔工具、铅笔工具、颜色替换工具和混合器画笔工具，每个工具都有各自的优势，在应用的时候应该正确选择相关工具。在本节中，将学习画笔工具组中工具的用法。

范例操作：使用画笔工具为人物化妆

无论是在绘制图像、使用蒙版，还是在利用通道抠图，经常会用到画笔工具。只要在选项栏中设置相关参数，就可以随心所欲地绘制，本例将讲解利用画笔工具模仿眼影笔，为人物绘制美丽的眼影效果。

1. 按下快捷键Ctrl+0，打开Chapter 08\Media\8-1-1.jpg素材文件，在工具箱中选择画笔工具，然后在选项栏中设置相关参数，如图8.1所示。

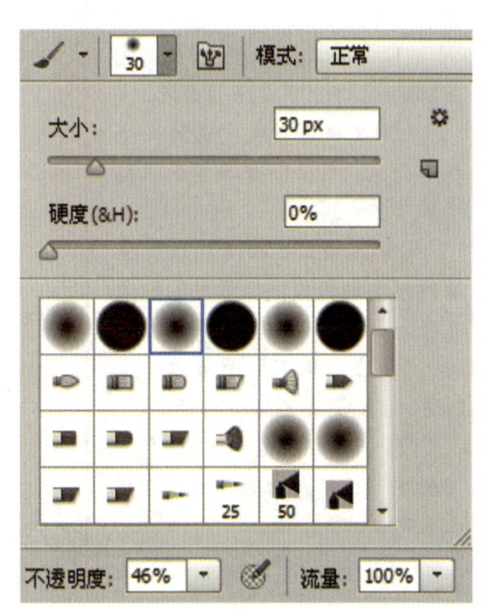

图8.1

2. 单击设置前景色按钮，打开“拾色器（前景色）”对话框，设置前景色为（R:72,G:28,B:99），然后单击“确定”按钮。执行“图层”→“新建”→“图层”命令，在弹出的“新建图层”对话框中设置参数之后，单击“确定”按钮，就可以新建一个空白图层，如图8.2所示。

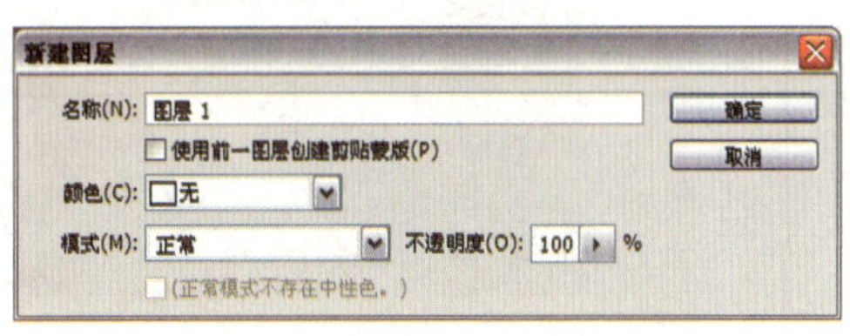

图8.2

提　示

快速画出虚线

选择画笔工具，在“画笔”调板中设置笔刷属性时，将圆形笔刷压扁，然后增加笔刷的间距，即可绘制出虚线。

提　示

画笔的不透明度和流量有什么区别

画笔的“不透明度”选项用于设置画笔工具在绘图时的不透明程度，该值越小，绘制的笔触越透明，当该值为0%时，绘制的笔触完全透明。“流量”选项用于设置画笔工具在绘图时笔墨扩散的浓度，该值越大，笔墨扩散的浓度越大。

3. 利用已经设置好参数的画笔工具在“图层1”图层上涂抹，绘制人物的眼影为紫色。按照同样的方法可以反复涂抹，在涂抹的过程中，可以根据需要调整画笔的大小、笔刷及不透明度等参数，如图8.3所示。

图8.3

4. 设置该图层的混合模式为“颜色加深”，使其更好地与皮肤融合，并且能够表现出彩妆的亮度，如图8.4所示。

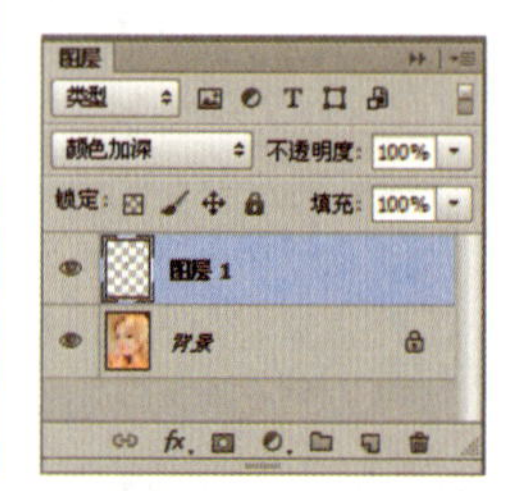

图8.4

5. 单击“图层”面板下方的创建新图层按钮，在最上层新建一个“图层2”图层。设置前景色为（R:245,G:231,B:9），并且选择画笔工具，在选项栏中设置相关参数后，在人物的眼睛上面绘制黄色的眼影，如图8.5所示。

图8.5

6. 设置该图层的混合模式为“正片叠底”，不透明度为80%，使眼影看起来更加逼真，如图8.6所示。

图8.6

提 示

储存画笔

如果想在作品中重复使用一个漂亮的标记，可用套索工具选好它，在笔刷的弹出菜单中选“储存画笔…”，然后用画笔工具选中这个新笔刷。

提 示

利用现有的画笔创建自己的画笔

① 单击工具属性栏中的画笔下拉按钮，打开画笔下拉面板。

② 在画笔列表中选择一个基本画笔，作为新建画笔的原型画笔。

③ 拖动主直径滑块或直接填写想要的数值，设置画笔的主直径。

④ 在画笔下拉面板中单击按钮，打开画笔名称对话框。

⑤ 填写画笔名称，单击“确定”按钮则新画笔将被放在画笔列表的最下面。

提 示

画笔颜色的设置

当不需要准确设置画笔颜色的时候，可以不采用在“拾色器”对话框中设置颜色，而是在画面中找到合适的颜色，使用吸管工具便可以得到想要的颜色。

提 示

自定义画笔

1.打开一幅素材图片，并定义图像选区。

2.选择“编辑”→“定义画笔”菜单，打开画笔名称对话框，输入画笔名称，然后单击“确定”按钮。

3.选中画笔工具，打开画笔下拉面板，可以看到前面自定义的画笔已经出现在画笔面板的最下方。

4.选择自定义画笔，并调整画笔的主直径，然后进行绘画。

7. 再次新建一个图层，设置前景色为（R:255,G:246,B:0），设置画笔参数，在下眼睑部分绘制眼影，最后设置该图层的混合模式为“亮光”，不透明度为90%，如图8.7所示。

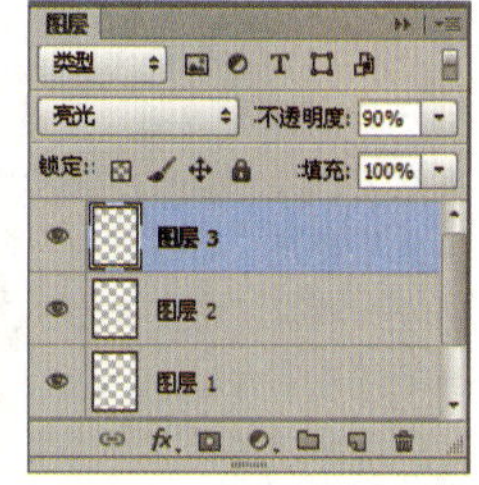

图8.7

8. 按照同样的方法，为人物的右眼添加同样色调的眼影，如图8.8所示。

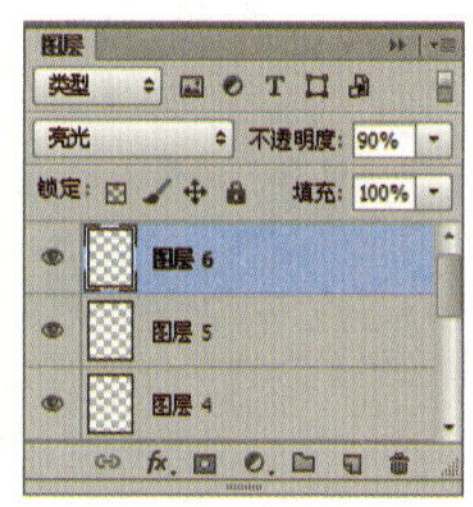

图8.8

提 示

显示更多的画笔样式

在Photoshop中选择画笔工具后，在其画笔样式设置面板中单击右上角的扩展按钮，其中提供了15类画笔样式组。每个组中包含了多个不同的画笔样式，选择画笔样式组选项，在弹出的对话框中单击“追加”按钮即可将其添加到画笔样式设置面板中。

9. 再新建一个图层，设置前景色为（R:229,G:158,B:152），利用画笔工具为人物添加腮红，如图8.9所示。

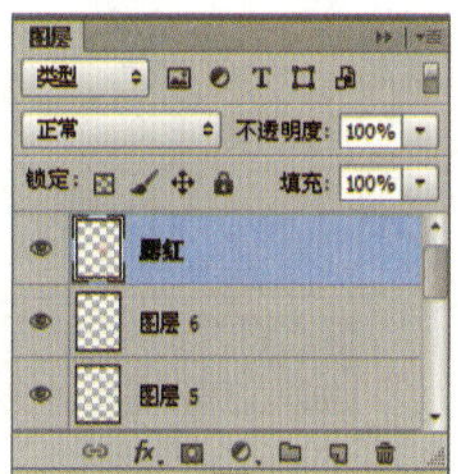

图8.9

内容精讲：选择合适的画笔

下面学习利用画笔选项来使用多种形态的画笔的方法。当然，还可以制作个性化的画笔。

1. 使用画笔工具制作笔触。

使用画笔的时候，先要在图层中单击“创建新图层”按钮，然后选择画笔工具，在选项栏中单击笔刷项下拉按钮，选择星状画笔，如图8.10所示。

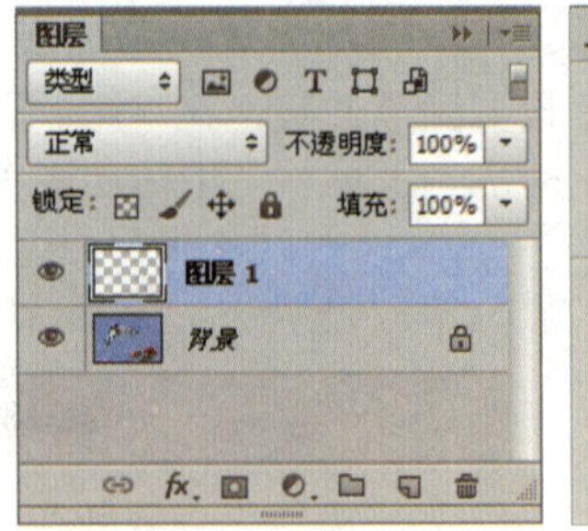

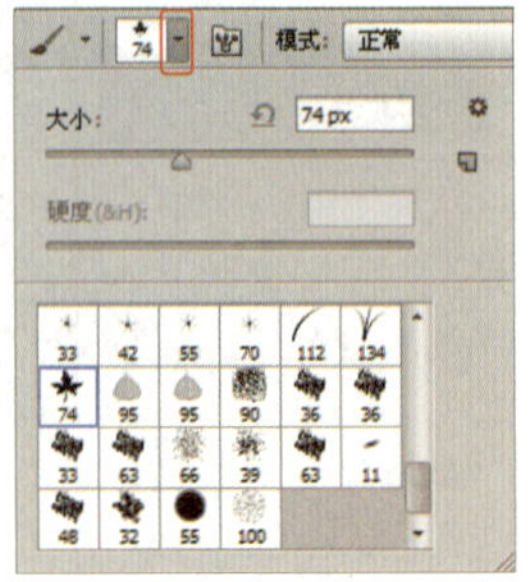

图8. 10

提 示

画笔工具的使用技巧

按下[键可将画笔调小，按下]键则调大。对于实边圆、柔边圆和书法画笔，按下Shift+[组合键可减小画笔硬度，按下Shift+]组合键则增加硬度。按下数字键可调整画笔不透明度。使用画笔工具时，在画面中单击，然后按住Shift键并单击画面中的任意一点，两点之间会以直线连接。按住Shift键还可以绘制水平、垂直或以45°为增量的直线。

将画笔的大小设置为50 px，在选项栏中，设置不透明度为60%。单击工具箱的“前景色”色块，在弹出的“拾色器”对话框中，设置颜色参数分别为（R:220, G:60, B:50）。然后单击“确定”按钮，如图8. 11所示。

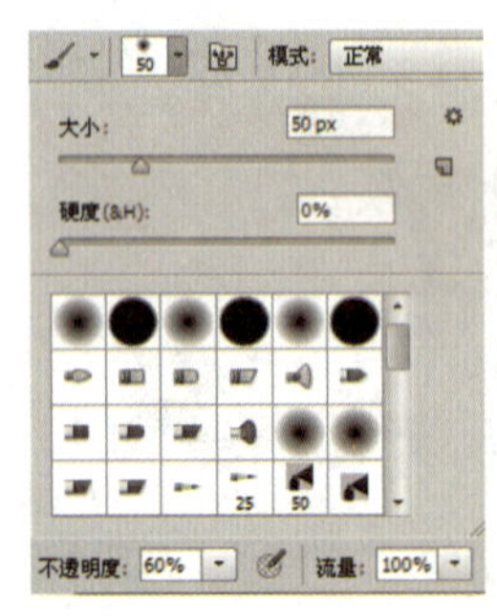

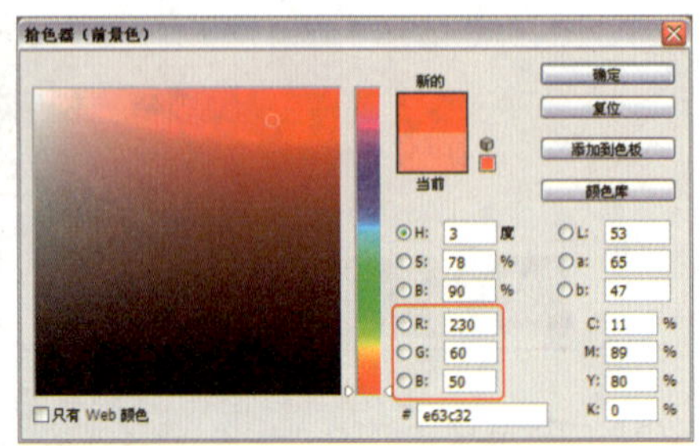

图8. 11

在画面上面连续单击鼠标，就可绘制出树叶的形状。继续单击笔刷项的下拉按钮，在弹出的下拉菜单中选择画笔形态，如图8. 12所示。

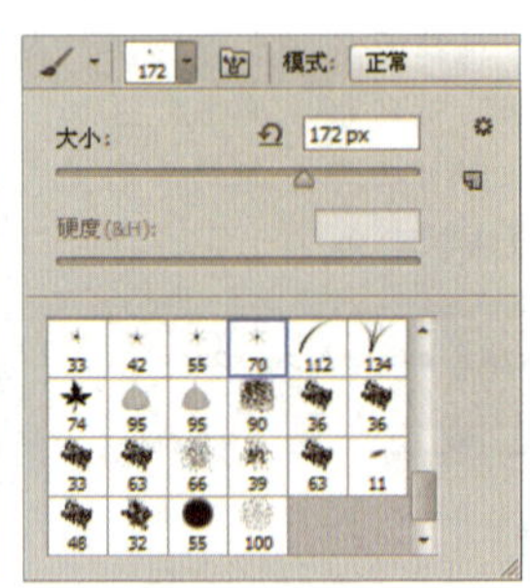

图8. 12

知识链接

Photoshop中基本的绘图工具有画笔工具、铅笔工具、颜色替换工具、混合器画笔工具、历史记录画笔工具及历史记录艺术画笔工具。使用这些工具能够完成图像的绘图操作，从而拓宽图像处理的空间，增加软件的灵活性。关于绘图工具的更多内容，请参阅“8.1画笔工具组”。

单击“前景色”色块，设置颜色值为（R:253, G:113, B:179）。在图像上新建一个图层，单击或拖曳鼠标绘制图像，效果如图8. 13所示。如果对图像效果不满意，还可以设置其他笔触和颜色。

图8. 13

提 示

反向和反相的区别

“选择”→“反向”命令，可以对选区进行反向选择。而“图像”→“调整”→“反相”命令Ctrl+I，则是用于翻转选区颜色。

2. 自定义画笔形状。

在工具箱中单击魔棒工具按钮，单击背景图像，单击“添加到选区”按钮，将背景设置为选区。执行“选择”→“反向”命令，或按下快捷键Shift+F7，对选区进行反选，将小熊图像作为选区，如图8.14所示。

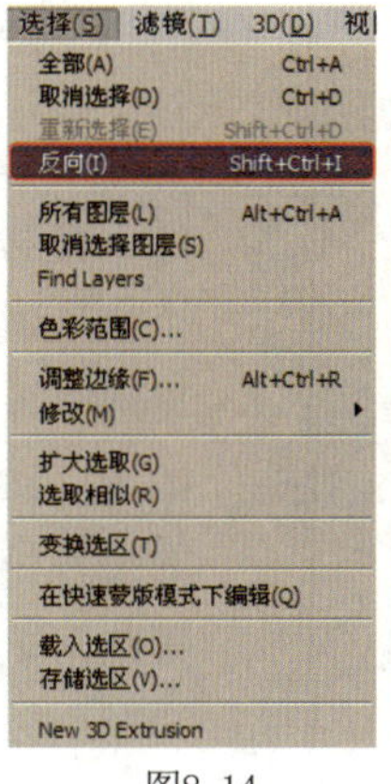

图8.14

提 示

查看画笔样式的名称

画笔样式名称可以将一个画笔样式区别于其他样式，要将画笔样式的名称显示出来，可单击选择需要显示名称的画笔样式，在该选择面板中单击右上角的“从此画笔创建新的预设”按钮，打开“画笔名称”对话框，此时该画笔样式的名称则自动出现在名称栏中。

接下来将选区设置为画笔。执行“编辑”→“定义画笔预设”命令。在弹出的“画笔样式”对话框中，设置名称为“小熊”，然后单击“确定”按钮，如图8.15所示。

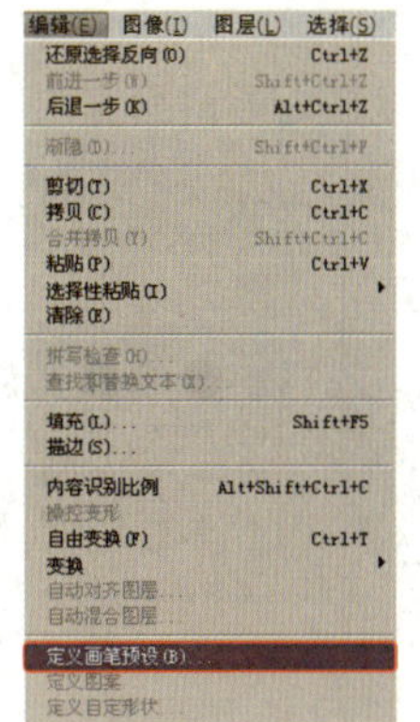

图8.15

提 示

在画笔样式选择框中快速选择相应的画笔样式

在画笔样式选择框中，除了可以在需要选择的画笔样式上单击选择外，还可以通过按下键盘上的上、下方向键依次向上或向下切换画笔样式。当选择的画笔样式缩览图周围出现黑色方框时，则表示选择的是当前画笔样式。

选择画笔工具，在选项栏中单击笔刷项的下拉按钮，在弹出的下拉菜单中，选择小兔画笔。单击“前景色”色块，设置颜色值分别为（R:244,G:58,B:163）。在新图像上面拖动画笔，进行绘制，同时也可改变画笔的大小与前景色，如图8.16所示。

图8.16

更进一步：画笔工具的选项栏

选择画笔工具后，图像上端会显示出画笔工具的选项栏，如图8.17所示。

图8.17

❶ 画笔下拉面板：单击该选项的下拉按钮后，会弹出一个显示画笔形态的面板，可以选择画笔笔尖，设置画笔的大小和硬度。单击面板上的按钮，会显示出扩展菜单，如图8.18所示。

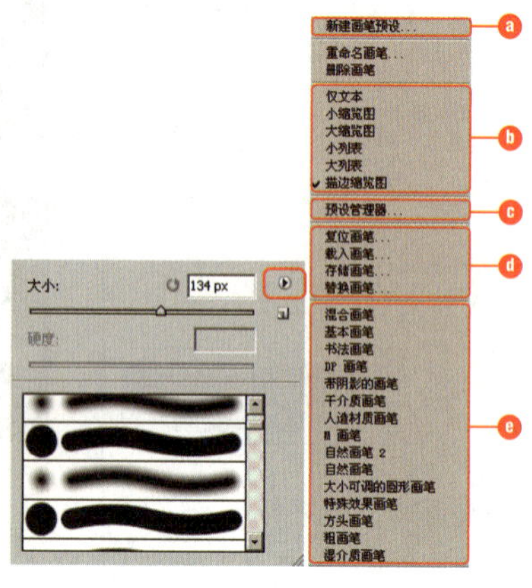

图8.18

ⓐ 新建画笔预设：这是创建新画笔的命令，弹出“画笔名称”对话框以后，输入画笔名称，然后单击“确定”按钮，载入画笔。

ⓑ 画笔形式：默认设置为描边缩览图，如图8.19所示。

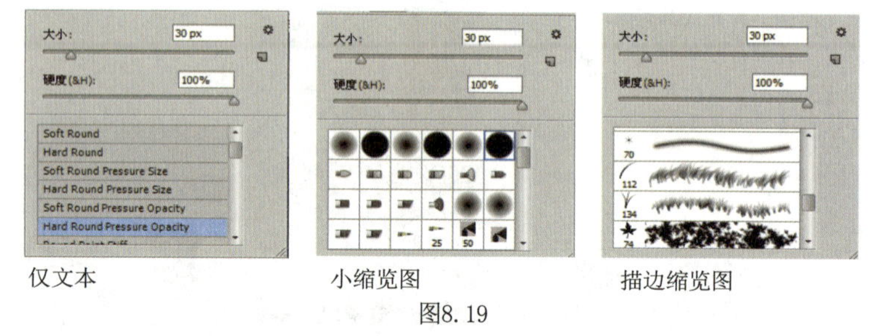

仅文本　　小缩览图　　描边缩览图

图8.19

ⓒ 预设管理器：运行以后，会弹出“预设管理器”对话框。在这里可以选择并设置Photoshop提供的多种画笔。单击“载入”按钮后，在弹出的“载入”对话框中选择画笔画库，然后单击“载入”按钮，如图8.20所示。

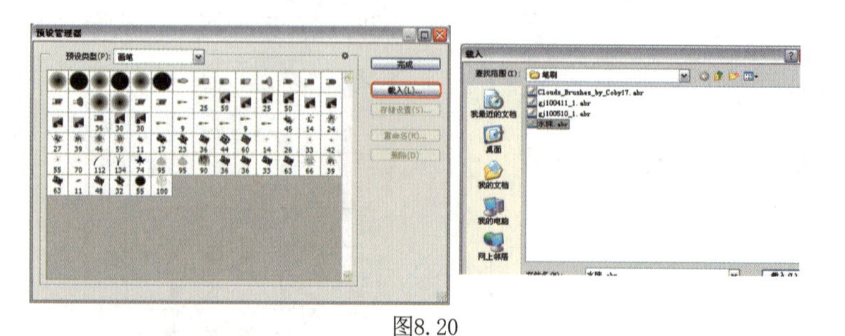

图8.20

ⓓ 复位画笔或者载入画笔、存储画笔、替换画笔、替换画笔：运行复位画笔命令后，会弹出一个对话框，询问是否替换当前的画

提 示

绘制特殊的笔触路径

在使用画笔工具的过程中，按住Shift键可以绘制水平、垂直或者以45°为增量角的直线；如果在确定起点后，按住Shift键并单击画布中的任意一点，则两点之间以直线相连接。

笔。单击“确定”按钮后，就会被新画笔替代；如果单击“取消”按钮，则会把新画笔添加到当前设置的画笔项上，如图8.21所示。

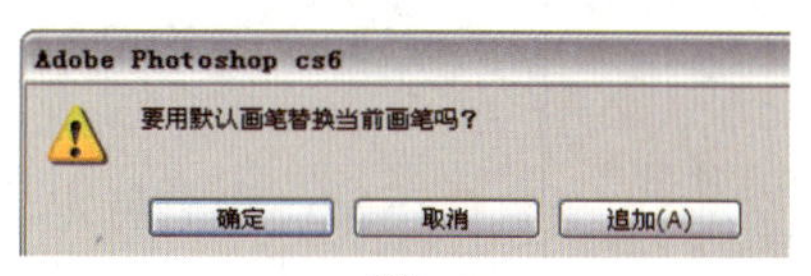

图8.21

ⓔ 显示当前Photoshop提供的各类画笔，如图8.22所示。

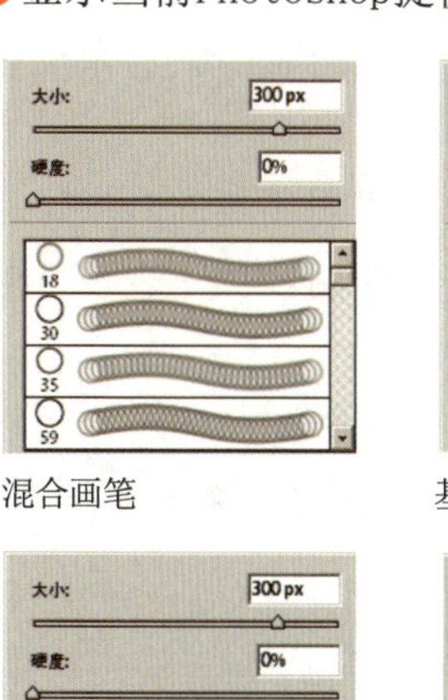

混合画笔

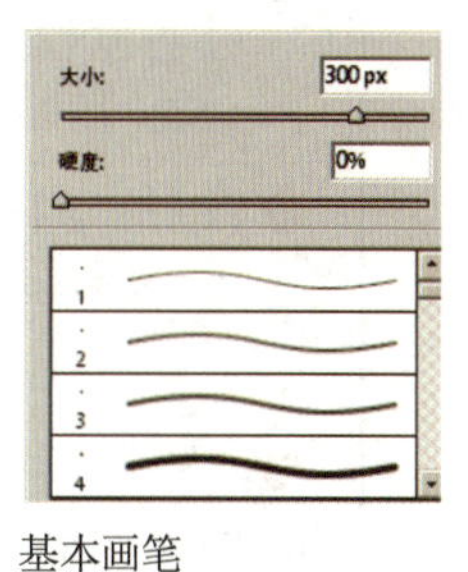

基本画笔

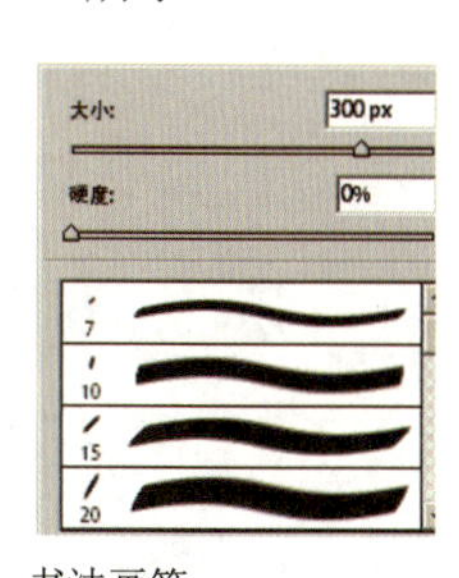

书法画笔

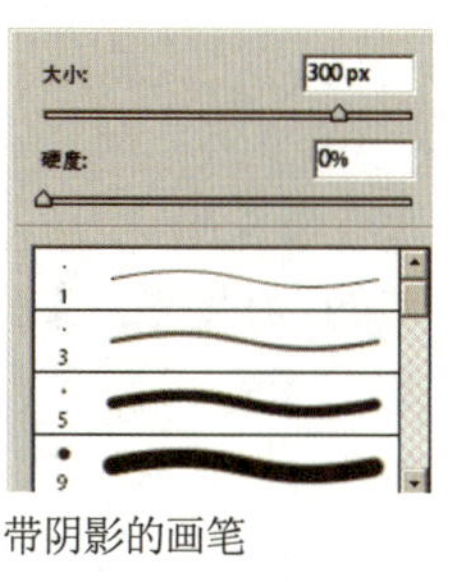

带阴影的画笔

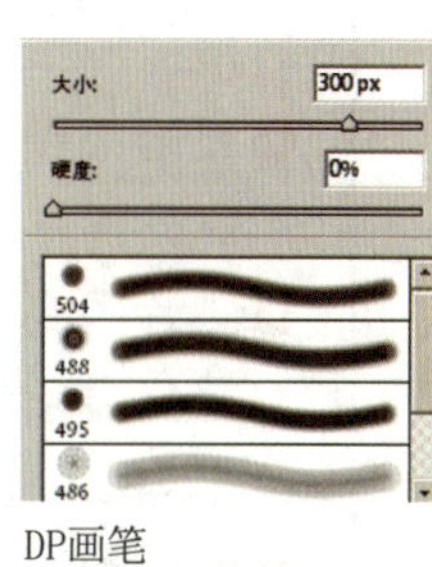

DP画笔

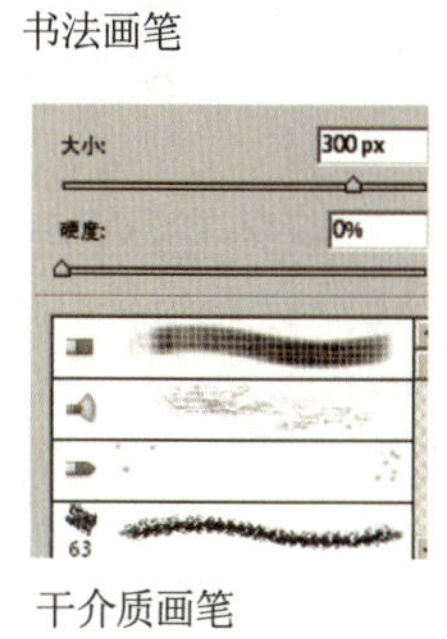

干介质画笔

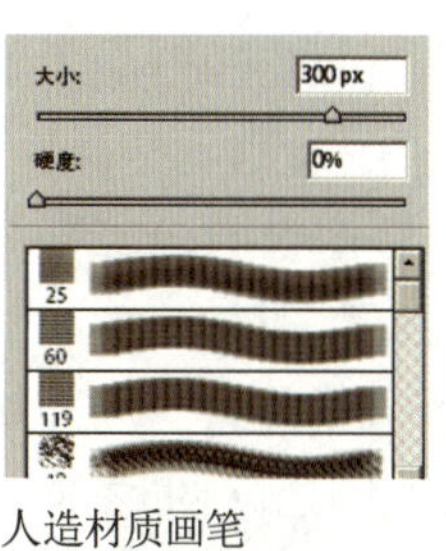

人造材质画笔

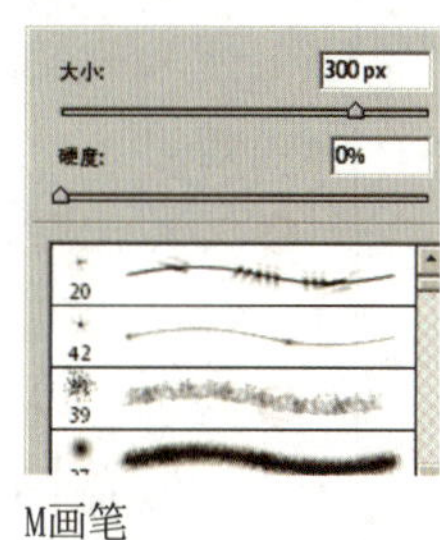

M画笔

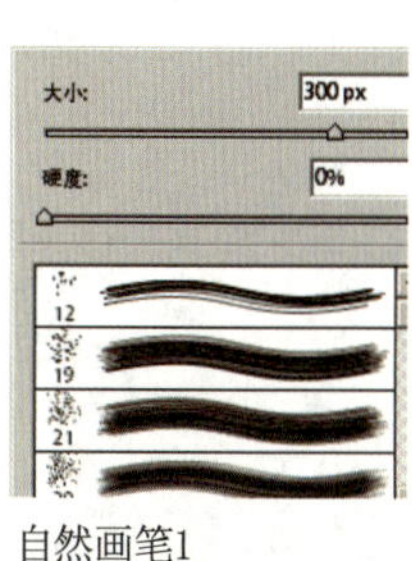

自然画笔1

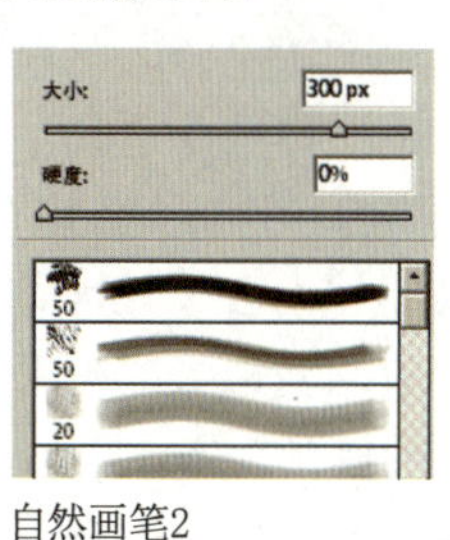

自然画笔2

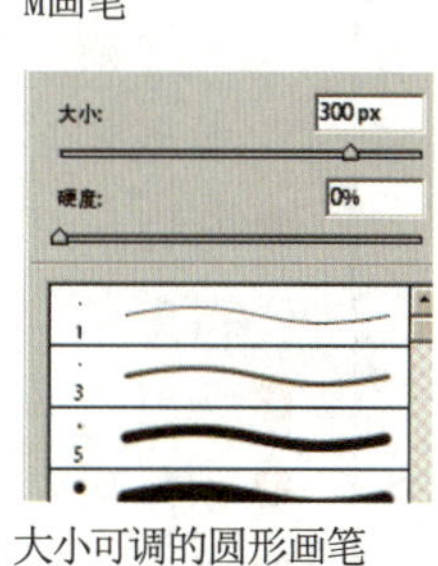

大小可调的圆形画笔

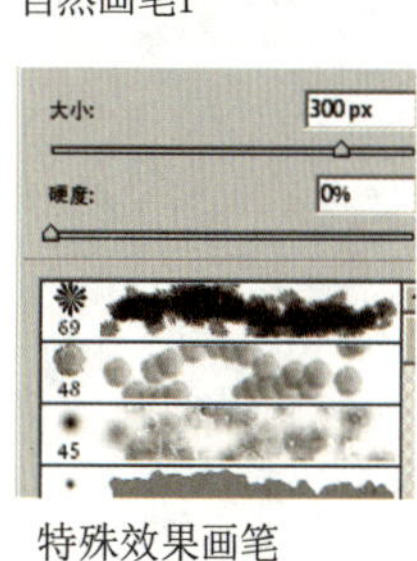

特殊效果画笔

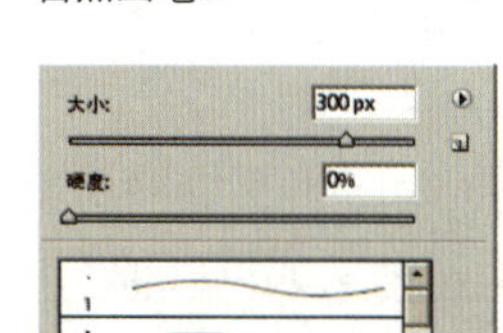

方头画笔

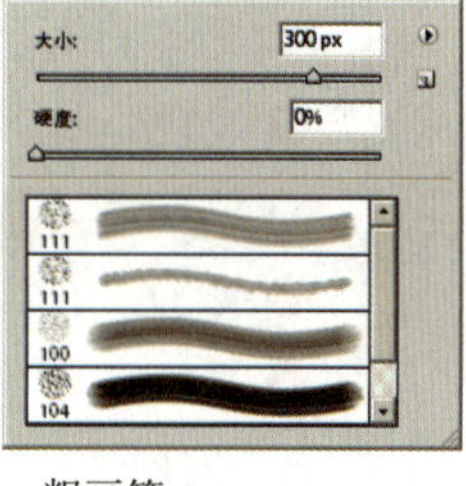

粗画笔

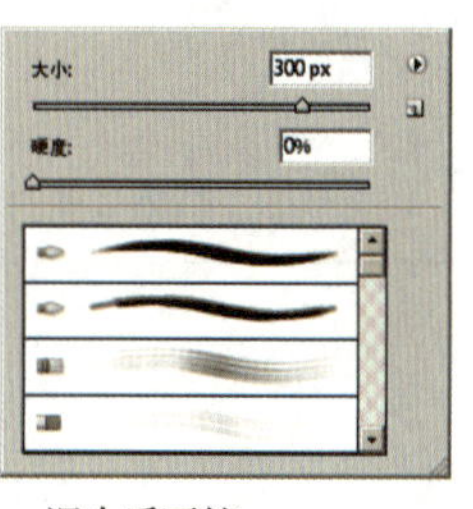

湿介质画笔

图8.22

提 示

“画笔预设”面板

“画笔预设”面板中提供了各种预设的画笔。预设画笔带有诸如大小、形状和硬度等定义的特性。使用绘画或修饰工具时，如果要选择一个预设的笔尖，并只需要调整画笔的大小，可执行“窗口”→“画笔预设”命令打开“画笔预设”面板进行设置。

提 示

笔尖的种类

包括圆形笔尖、非圆形的图像样本笔尖及毛刷笔尖。

提 示

圆形笔尖

圆形笔尖包含尖角、柔角、实边和柔边几种样式。使用尖角和实边笔尖绘制的线条具有清晰的边缘；而所谓的柔角和柔边，就是线条的边缘柔和，呈现逐渐淡出的效果。

提 示

画笔模式

画笔模式用来定义绘图色与底图的作用模式，即画笔工具以何种方式对图像中的像素产生影响。

❷ 切换到画笔调板：在画面上显示画笔面板。

❸ 模式：如图8.23所示，该选项提供了画笔和图像的合成效果，一般叫作混合模式，可以在图像上应用独特的画笔效果。

ⓐ 正常：没有特定的合成效果，直接表现选定的画笔形态。

ⓑ 溶解：按照像素形态显示笔触，不透明度值越小，画面上显示的像素越多。

ⓒ 背后：当有透明图层的时候可以使用，只能在透明区域里表现笔触效果。

ⓓ 清除：当有透明图层的时候可以使用，笔触部分会被表现为透明区域。

ⓔ 变暗：颜色深的部分没有变化，而高光部分则被处理得变暗。

ⓕ 正片叠底：前景色与背景图像颜色重叠显示的效果，重叠的颜色会显示为混合后的颜色。

ⓖ 颜色加深：和加深工具一样，可以使颜色变深，在白色部分上不显示效果。

ⓗ 线性加深：强调图像的轮廓部分，可以表现清楚的笔触效果。

ⓘ 深色：以图像中颜色深的为准，显示基色图层或混合色图层的颜色（哪个颜色深，就显示哪个颜色，不会混合出第三种颜色）。

ⓙ 变亮：可以把某个颜色的笔触表现得更亮，深色部分也会被处理得更亮。

ⓐ	正常
ⓑ	溶解
ⓒ	背后
ⓓ	清除
ⓔ	变暗
ⓕ	正片叠底
ⓖ	颜色加深
ⓗ	线性加深
ⓘ	深色
ⓙ	变亮
ⓚ	滤色
ⓛ	颜色减淡
ⓜ	线性减淡（添加）
ⓝ	浅色
ⓞ	叠加
ⓟ	柔光
ⓠ	强光
ⓡ	亮光
ⓢ	线性光
ⓣ	点光
ⓤ	实色混合
ⓥ	差值
ⓦ	排除
ⓧ	减去
ⓨ	划分
ⓩ	色相
aa	饱和度
bb	颜色
cc	明度

图8.23

ⓚ 滤色：可以将笔触表现为貌似漂白的效果。

ⓛ 颜色减淡：类似减淡工具的效果，将笔触处理得亮一些。

ⓜ 线性减淡（添加）：在白色以外的颜色上混合白色，表现整体变亮的笔触。

ⓝ 浅色：比较混合色和基色的所通道值的总和，并显示较大的颜色。“浅色”不会生成第三种颜色。

ⓞ 叠加：在高光和阴影部分上表现涂抹颜色的合成效果。

ⓟ 柔光：图像比较亮的时候，就像使用了减淡工具，变得更亮；图像比较暗的时候，好像使用了加深工具，表现得更暗。

提　示

正片叠底模式

将两个颜色的像素值相乘，然后再除以255，得到的结果就是最终色的像素值。通常执行正片叠底模式后的颜色比原来两种颜色都深。任何颜色和黑色执行后仍是黑色，和白色执行后保持原色不变。

提　示

柔光模式

根据绘图色的明暗程度来决定最终色是变亮还是变暗。如果绘图色比50%的灰度要亮，则底色图像变亮；如果绘图色比50%的灰度要暗，则底色图像就变暗。注：在柔光模式下，使用50%的灰度填充可代替“加深和减淡”工具。

q 强光：表现如同照射了高光一样的笔触。

r 亮光：应用比设置颜色更亮的颜色。

s 线性光：强烈表现颜色对比值，表现强烈的笔触。

t 点光：表现整体较亮的笔触，将白色部分处理为透明效果。

u 实色混合：通过强烈的颜色对比效果，表现出接近于原色的笔触。

v 差值：将应用笔触的部分转换为底片颜色。

w 排除：如果是白色，表现为图像颜色的补色，如果是黑色，则没有任何变化。

x 减去：从基准颜色中去除混合颜色。

y 划分：查看每个通道中的颜色信息，并从基色中分割混合色。

z 色相：考虑到对比度、饱和度、颜色，只会对混合颜色应用变化。

aa 饱和度：调整混合笔触的饱和度，应用颜色变化。

bb 颜色：调整混合笔触的颜色，应用颜色变化。

cc 明度：保留基色的色相和饱和度，使用混合色的明度，构建出新的颜色。

参数的各种变化如图8.24所示。

原图

正常

溶解

背后

清除

变暗

正片叠底

颜色加深

线性加深

深色

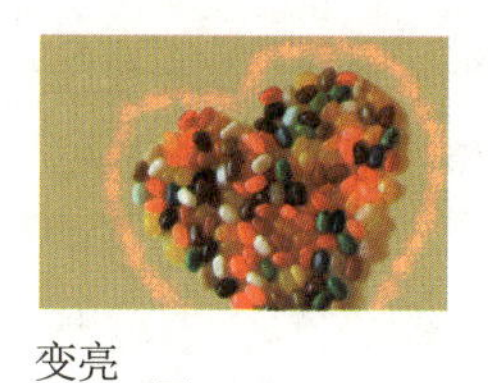
变亮

滤色

图8.24

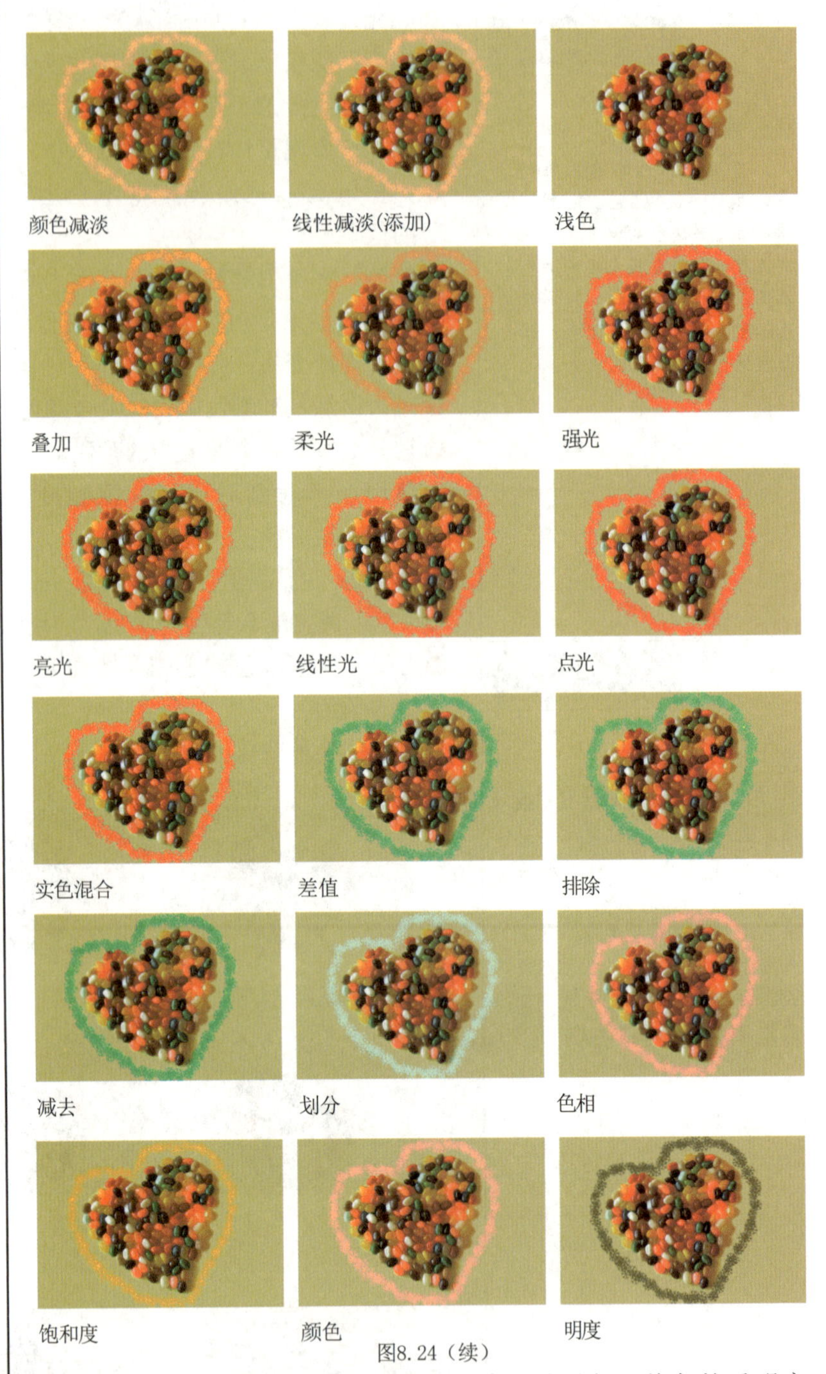

图8.24（续）

❹ 不透明度：用来设置画笔的不透明度，值越低，线条的透明度越高。

❺ 流量：用来设置当光标移动到某个区域上方时应用颜色的速率。在某个区域上方涂抹时，如果一直按住鼠标按键，颜色将根据流动速率增加，直至达到不透明度设置。

❻ 喷枪：按下该按钮，可以启用喷枪功能，Photoshop会根据鼠标按键的单击程度确定画笔线条的填充数量。例如，未启用喷枪时，鼠标每单击一次，便填充一次线条。启用喷枪后，按住鼠标左键不放，便可持续填充线条。

提 示

喷枪

将渐变色调应用于图像，同时模拟传统的喷枪技术。该选项与工具选项栏中的喷枪选项相对应，勾选该选项，或者按下工具选项栏中的喷枪按钮，都能启动喷枪功能。

内容精讲：“画笔”面板

执行“窗口”→“画笔”菜单命令，打开画笔调整面板。画笔调整面板可以调整画笔的大小、旋转角度及深浅程度等，如图8.25所示。

> **提 示**
>
> 保护纹理
>
> “保护纹理”选项的作用是将形状图案和缩放比例应用于具有纹理的所有画笔预设。选择该选项后，使用多个纹理画笔笔尖绘画时，可以模拟出一致的画布纹理。

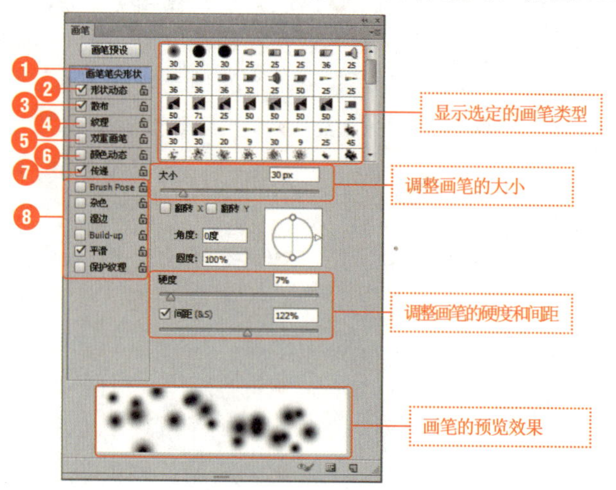

图8.25

❶画笔笔尖形状：调整画笔的大小、角度、间距和硬度，如图8.26所示。

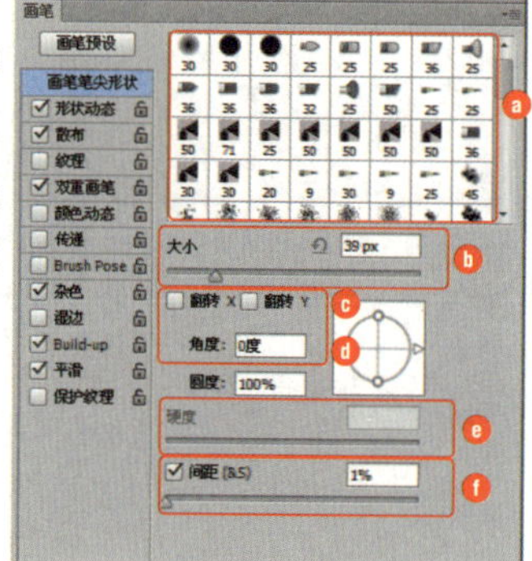

图8.26

ⓐ 画笔选择窗口：选择需要的画笔选项。

ⓑ 大小：通过拖动滑块或者输入数值来调整画笔的大小，值越大，画笔的笔触越粗。

> **提 示**
>
> 大小抖动
>
> 用来设置画笔笔尖大小的改变方式，该值越高，轮廓越不规则。在“控制”选项下拉列表中可以选择抖动的改变方式，选择“关”，表示不控制画笔笔尖的大小；选择“渐隐”，可按照指定数量的步长在初始直径和最小直径之间渐隐画笔笔尖的大小，使笔尖产生逐渐淡出的效果。

ⓒ 角度：调整画笔的绘画角度。可以在文本框中指定角度值，或者在右侧的坐标上通过拖动鼠标进行指定。

ⓓ 圆度：调整画笔的笔触形状。当值为100%时，为圆形。随着圆度值逐渐变小，画笔也将逐渐变为椭圆形。

ⓔ 硬度：调整画笔的硬度。硬度值越大，画笔的笔触越明显。

ⓕ 间距：调整画笔的间距，默认值为25%。间距值越大，画笔之间的间距越宽。

❷形状动态：此选项可以调整画笔的大小抖动、最小直径、角度抖动及圆度抖动等，如图8.27所示。

ⓐ 大小抖动：调整画笔的抖动大小。值越大抖动的幅度越大。

- 关：不指定画笔抖动的程度。
- 渐隐：使画笔的大小逐渐缩小。
- 钢笔压力：根据画笔的压力调整画笔的大小。
- 钢笔斜度：通过工具倾斜程度调整画笔的属性。
- 光笔轮：根据旋转程度调整画笔的大小。

ⓑ 最小直径：在画笔的抖动幅度中设置最小直径。值越小，画笔的

> **提 示**
>
> 杂色
>
> 可以为个别画笔笔尖增加额外的随机性。当应用于柔画笔笔尖（包含灰度值的画笔笔尖）时，该选项最有效。

提 示

圆度

用来设置画笔长袖和短袖之间的比率。可以在文本中输入数值，或拖动控制点来调整。当该值为100%时，笔尖为圆形，设置为其他值时，可将画笔压扁。

抖动越严重。

c 倾斜缩放比例：在画笔的抖动幅度中指定倾斜幅度。在“大小抖动”的“控制”选项中，选择“钢笔斜度”选项后才可以应用。

d 角度抖动：在画笔的抖动幅度中指定的画笔角度。值越小，越接近保存的角度值。在“控制”选项中提供各种控制类型，可以调整画笔的抖动效果。

- 关：不指定画笔的抖动效果。
- 渐隐：使画笔的角度逐渐减小。
- 钢笔压力：根据画笔的压力（用笔强度）调整画笔的角度。
- 钢笔斜度：根据倾斜角度调整画笔的角度。
- 光笔轮：根据旋转情况调整画笔的角度。
- 旋转：根据旋转程度调整画笔的旋转角度。
- 初始方向：维持原始值的同时调整画笔的角度。
- 方向：调整画笔的角度。

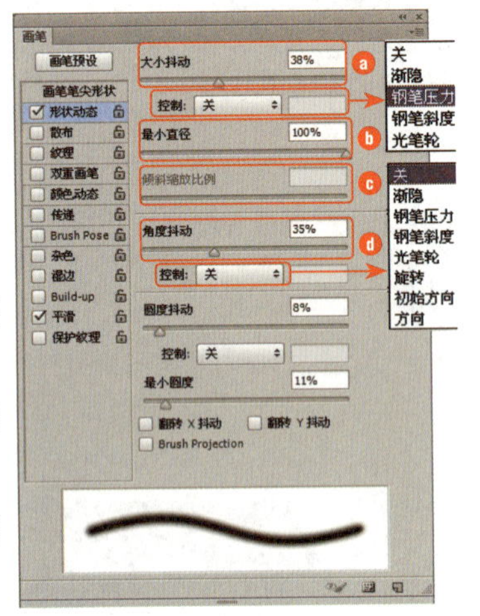

提 示

圆度抖动

用来设置画笔笔迹的圆度在描边中的变化方式。可以在“控制”下拉菜单中选择一种控制方法，当启用了一种控制方法后，可在“最小圆度”中设置画笔笔迹的最小圆度。

e 圆度抖动：在画笔抖动幅度中，指定笔触的椭圆程度。值越大，椭圆越扁。在“控制”选项中提供多个控制类型，可以调整画笔的效果。

- 关：不指定画笔的抖动效果。
- 渐隐：画笔的笔触椭圆度越来越小。
- 钢笔压力：根据画笔的压力调整笔触的椭圆程度。
- 钢笔斜度：根据倾斜度调整笔触的椭圆程度。
- 光笔轮：根据旋转程度调整笔触的椭圆度。
- 旋转：根据旋转程度，调整画笔的旋转圆度。

f 最小圆度：根据画笔的抖动程度指定画笔的最小直径。

3 散布：调整画笔的笔触分布密度，如图8.28所示。

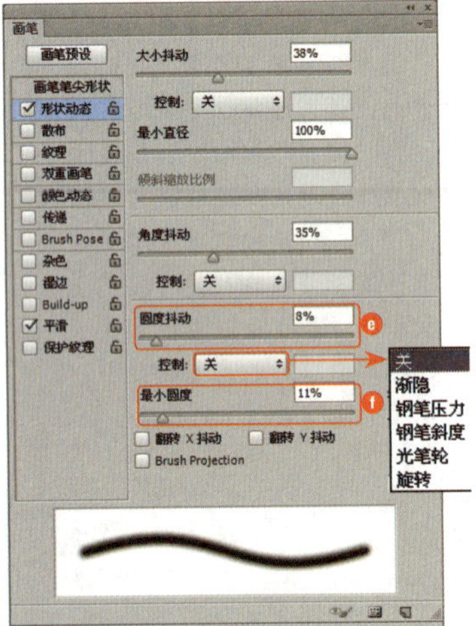

图8.27

提 示

散布

“散布”决定了描边中笔迹的数目和位置，使笔迹沿着绘制的线条扩散。单击“画笔”面板中的“散步”选项，会显示相关设置内容。

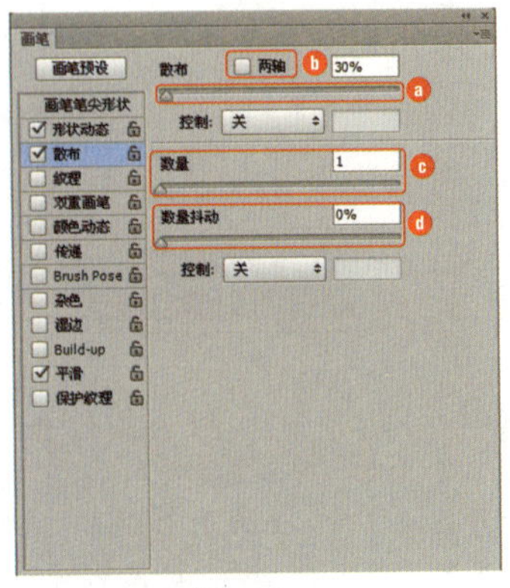

图8.28

ⓐ散布：调整画笔笔触的分布密度。值越大，分布密度越大。

ⓑ两轴：勾选此选项，画笔的笔触分布范围将缩小。

ⓒ数量：指定分布画笔笔触的粒子密度。值越大，密度越大，笔触越浓。

ⓓ数量抖动：调整笔触的抖动密度。值越大，抖动密度越大。

❹纹理：指定画笔的材质特性。可以应用纹理样式的连续状态，如图8.29所示。

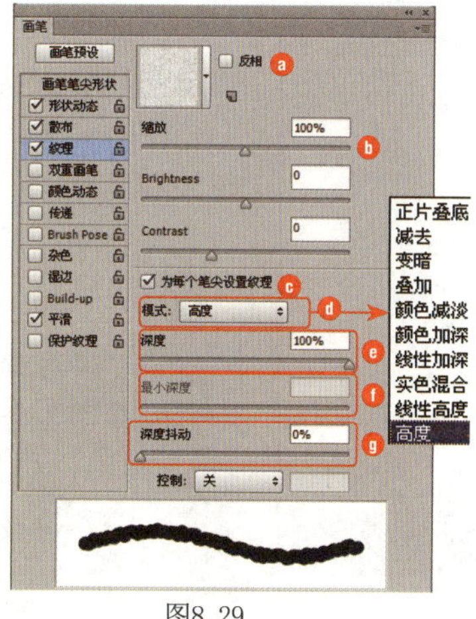

图8.29

ⓐ反相：翻转纹理图片。

ⓑ缩放：可以放大或者缩小纹理。

ⓒ为每个笔尖设置纹理：勾选此项后，可以通过调整深度抖动，更加细腻地完成调整笔刷。

ⓓ模式：与画笔的笔触混合应用模式，如图8.30所示。

ⓔ深度：调整质感的深度。

ⓕ最小深度：调整质感的最小深度。

ⓖ深度抖动：质感深度的抖动变化。

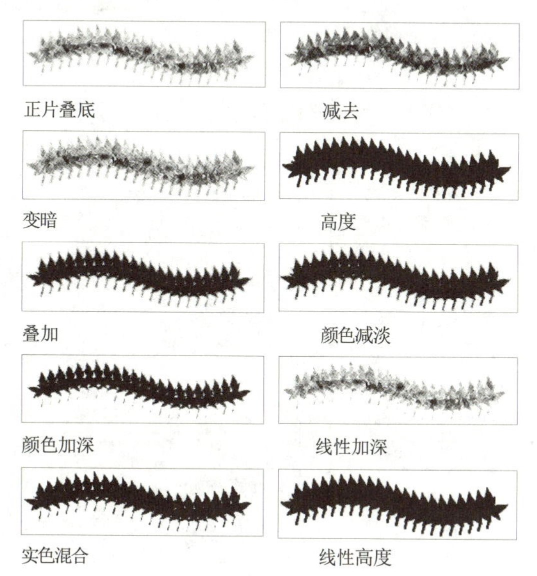

图8.30

提 示

深度

用来指定油彩渗入纹理中深度。该值为0%时，纹理中的所有点都接受相同数量的油彩进而隐藏图案；该值为100%时，纹理中的暗点不接受任何油彩。

提 示

深度抖动

用来设置纹理抖动的最大百分比。只有勾选“为每个笔尖设置纹理”选项后，该选项才可以使用。如果要指定如何控制画笔笔迹的深度变化，可在“控制”下拉列表中选择一个选项。

提 示

为每个笔尖设置纹理

用来决定绘画时是否单独渲染每个笔尖。如果不选择该项，将无法使用“深度”变化选区。

提示

颜色动态

如果要让绘制出的线条的颜色、饱和度和明度等产生变化，可单击“画笔”面板左侧的“颜色动态”选项，通过设置选项来改变描边路线中油菜颜色的变化方式。

提示

前景/背景抖动

用来指定前景色和背景色之间的油菜变化方式，该值越小，变化后的颜色越接近前景色；该值越大，变化后的颜色越接近背景色。

提示

色相、亮度、饱和度抖动

色相抖动用来设置颜色变化范围。该值越小，颜色越接近前景色；该值越大，色相变化越丰富。亮度抖动用来设置颜色的亮度变化范围。该值越小，亮度越接近前景色；该值越大，颜色的亮度值越大。饱和度抖动用来设置颜色的饱和度变化范围。该值越小，饱和度越接近前景色；该值越大，色彩的饱和度越高。

5 双重画笔：将不同的画笔合成，制作出独特的画笔，如图8.31所示。

6 颜色动态：根据拖动画笔的方式调整颜色、明暗度和饱和度等，如图8.32所示。

a 前景/背景抖动：利用工具箱中的“设置前景色”和“设置背景色”按钮调整画笔的颜色范围。

b 色相抖动：以前景色为基准，调整颜色范围。

c 饱和度抖动：调节颜色饱和度范围。值越大，饱和度越低。

d 亮度抖动：调整颜色的亮度范围。值越大，亮度越暗。

e 纯度：调整颜色的纯度。负值无色，正值将表现为深色。

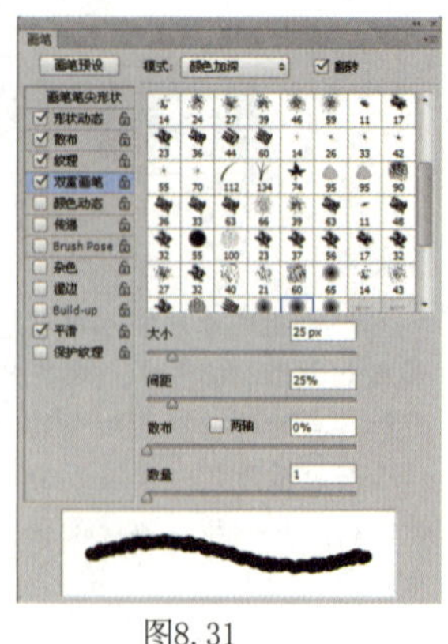

图8.31

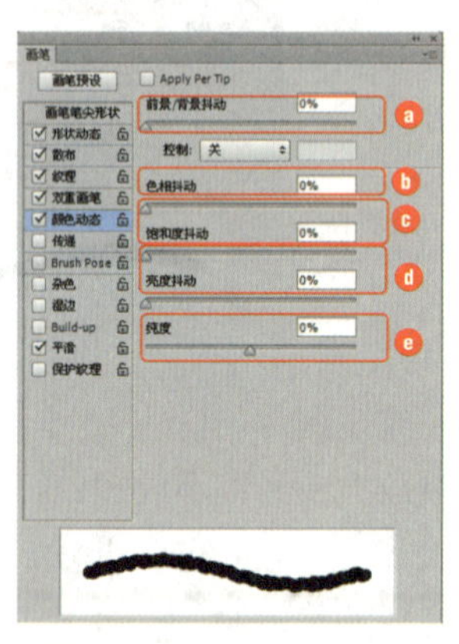

前景/背景抖动

色相抖动

饱和度抖动

亮度抖动

纯度

图8.32

7 传递：包括设置不透明度、流量抖动、湿度抖动和混合抖动。不透明度的值越大，越会出现断断续续的现象，如图8.33所示。

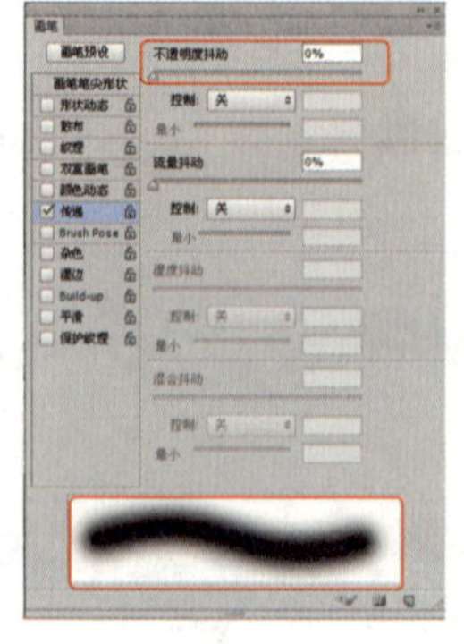

不透明度：0%

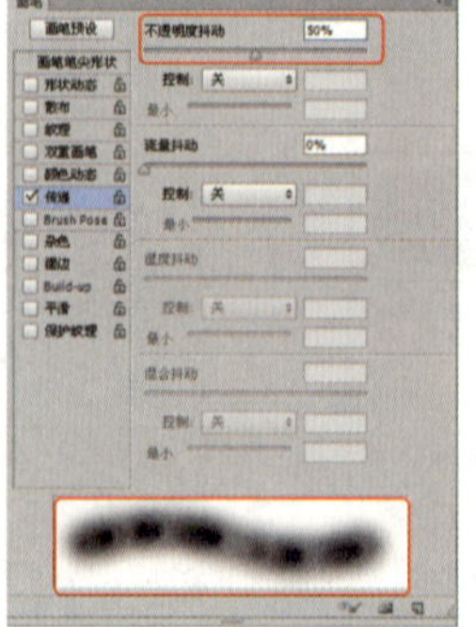

不透明度：50%

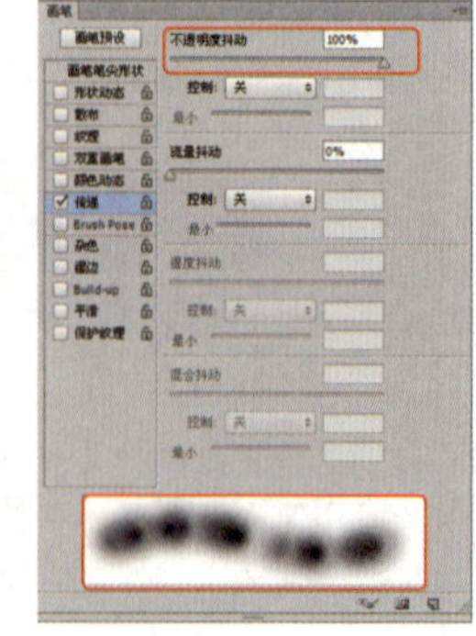

不透明度：100%

图8.33

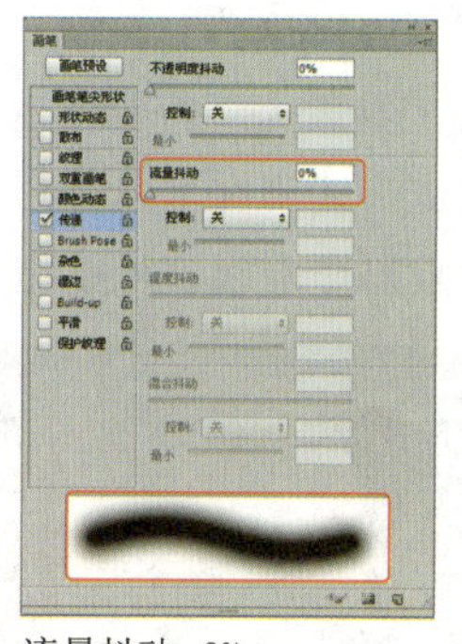
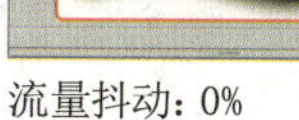

流量抖动：0%

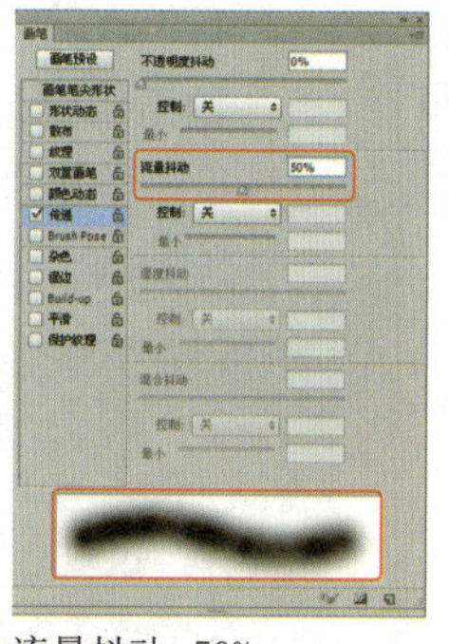

流量抖动：50%

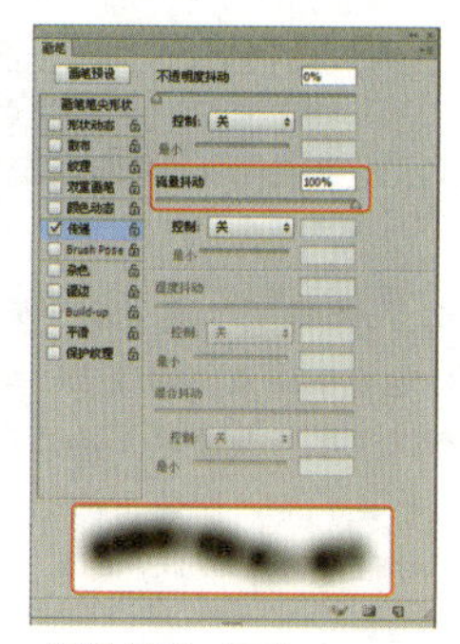

流量抖动：100%

图8.33（续）

8 另外，还有一些能够给纹理加入变化的选项，如图8.34所示。

- 平滑：实现柔滑的画笔笔触效果。
- 保护纹理：保护画笔笔触中的应用质感。
- 杂色：在画笔的边缘部分加入杂点。
- 湿边：应用水彩画特色的画笔笔触效果。
- 喷枪：应用喷枪效果。

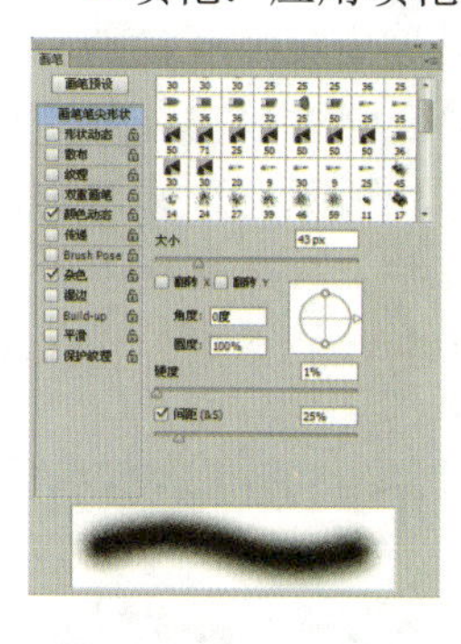
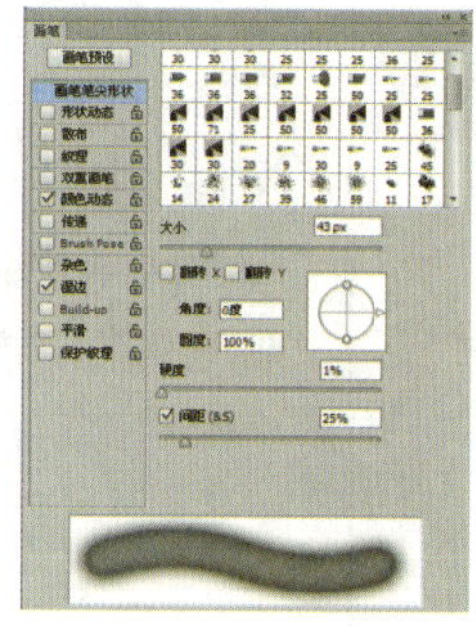
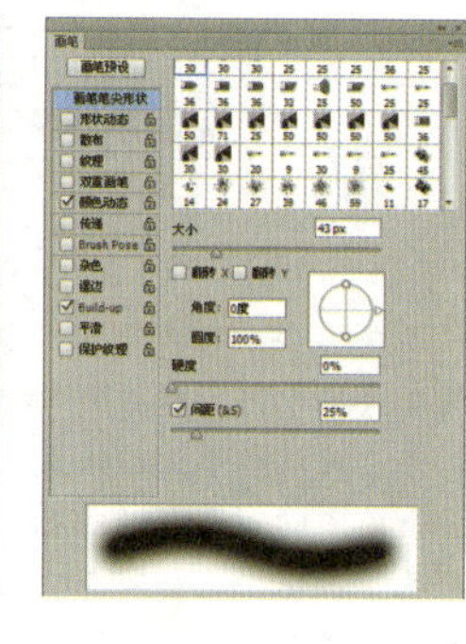

图8.34

内容精讲：铅笔工具

铅笔工具也是使用前景色来绘制线条的，它与画笔工具的区别是：画笔工具可以绘制带有柔边效果的线条，而铅笔工具只能绘制硬边线条。图8.35所示为铅笔工具的工具选项栏，除“自动抹除”功能外，其他选项均与画笔工具相同。

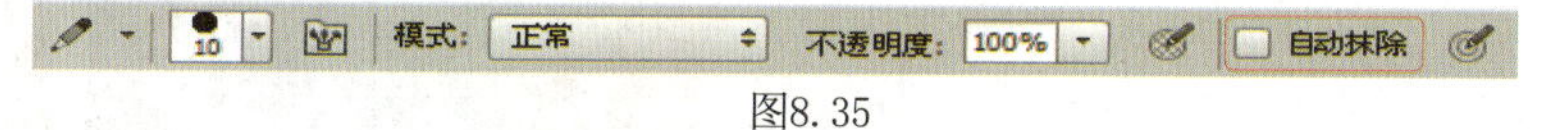

图8.35

自动抹除：选择该项后，开始拖动鼠标时，如果光标的中心包含在前景色的区域上，可将该区域涂抹成背景色；如果光标的中心不包含前景色的区域上，可将该区域涂抹成前景色，如图8.36所示。

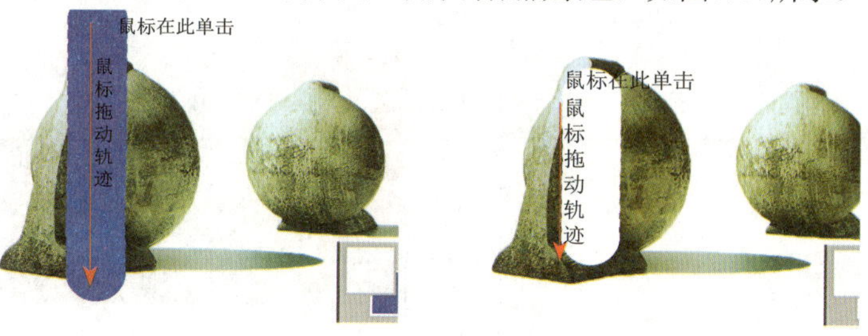

图8.36

提 示

铅笔工具

主要是模拟平时画画所用的铅笔，选用铅笔工具后，在图像内按住鼠标左键不放并拖动，即可以进行画线，它与喷枪、画笔的不同之处是所画出的线条没有蒙边，笔头可以在右边的画笔中选取。

提示

铅笔工具和画笔工具的异同

铅笔绘制出来的图像比较生硬，有锯齿感；而画笔工具画出来的线条是软边。在使用两个工具时，按住Alt键可以取色。

铅笔工具的主要用途：

如果用缩放工具放大观察铅笔工具绘制的线条，就会发现线条边缘呈现清晰的锯齿。现在非常流行的像素画，便主要是通过铅笔工具绘制的，并且需要出现多种锯齿，如图8.37所示。

图8.37

内容精讲：混合器画笔工具

提示

混合器画笔工具

混合器画笔工具是CC新增的工具之一，是较为专业的绘画工具。通过属性栏的设置，可以调节笔触的颜色、潮湿度、混合颜色等，这些就如同在绘制水彩或油画的时候，随意地调节颜料颜色、浓度、颜色混合等，可以绘制出更为细腻的效果。

混合器画笔工具可以混合像素，创建类似于传统画笔绘画史颜料之间相互混合的效果。打开一个文件，如图8.38所示。选择混合器画笔工具，在工具选项栏中设置画笔属性，如图8.39所示，在画笔中涂抹即可混合颜色。

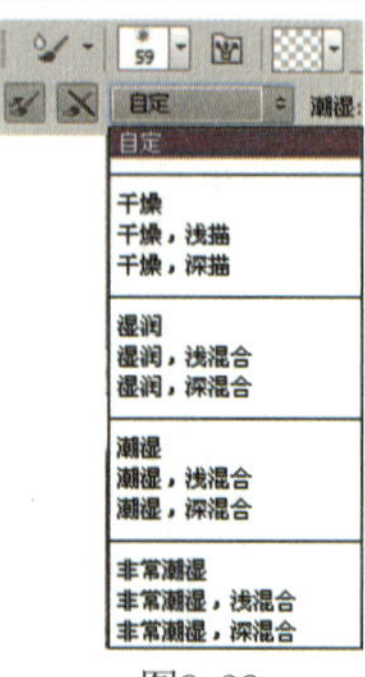

图8.38

图8.39

如果按下按钮，则可以使光标下的颜色与前景色混合，如图8.40所示。

图8.40

内容精讲：颜色替换工具

颜色替换工具如图8.41所示。

图8.41

❶模式：用来设置可以替换的颜色属性，包括“色相”“饱和度”“颜色”和“明度”。默认为“颜色”，它表示可以同时替换色相、饱和度和明度。

❷取样：用来设置颜色取样的方式。按下“连续”按钮，在拖动鼠标时刻连续对颜色取样；按下“一次”按钮，只替换包含第一次单击的颜色区域中的目标颜色；按下“背景色板”按钮，只替换包含当前背景色的区域。

❸限制：选择“不连续”，可替换出现在光标下任何位置的样本颜色；选择“连续”，只替换与光标下的颜色邻近的颜色；选择“查找边缘”，可替换包含样本颜色的链接区域，同时保留形状边缘的锐化程度。

❹容差：用来设置工具的容差。颜色替换工具只替换鼠标单击点颜色容差范围内的颜色，该值越高，包含的颜色范围就越广。

❺消除锯齿：勾选该项，可以为校正的区域定义平滑的边缘，从而消除锯齿。

范例操作：利用颜色替换工具改变图像颜色

通过颜色替换工具，可以用前景色替换图像中的颜色。该工具不能用于位图、索引或多通道颜色模式的图像。本例主要讲解利用颜色替换工具表现创意色彩，如图8.42所示。

使用前　　图8.42　　使用后

1.按下快捷键Ctrl+O，打开Chapter 08\Media\8-1-9.jpg素材文件，按下快捷键Ctrl+J，通过拷贝的图层，得到“图层1”图层。在“色板”面板中选中如图8.43所示的颜色样本。

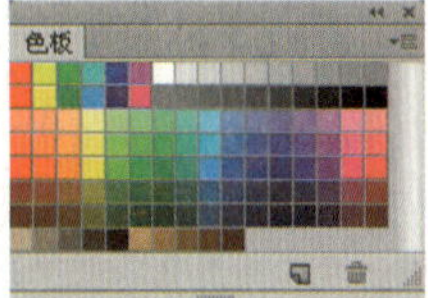

图8.43

提 示

颜色替换工具的使用方法

在原始图像上按住Alt键可以获取需要替换的颜色（也可自定颜色），然后在要修改的图像上涂抹，原图像可被当前颜色替换掉并保留原有材质的感觉和明暗关系。

提 示

使用颜色替换工具的原理

颜色替换工具的原理是用前景色替换图像中指定的像素，因此，使用时需选择好前景色。选择好前景色后，在图像中需要更改颜色的地方涂抹，即可将其替换为前景色。不同的绘图模式会产生不同的替换效果，常用的模式为“颜色”。

提 示

油漆桶工具与颜色替换工具的区别

1.颜色替换工具可以调容差，而油漆桶工具不能。

2.颜色替换工具替换全图或是选择区域操作，油漆桶只能填充连续区域。

2. 选择颜色替换工具，在选项栏中选择一个柔角笔尖，并在选项栏中设置各项参数。在“图层1”的背景中涂抹，替换背景的颜色，如图8.44所示。

提 示

替换一种颜色的相近区域

在选项栏中单击颜色替换工具“一次”，然后在背景上单击要替换的颜色并拖动鼠标进行颜色替换，不松开鼠标，将只替换第一次点按的颜色所在区域的目标颜色。

图8.44

3. 设置“图层1”的混合模式为“色相”，如图8.45所示。

提 示

色相模式

色相模式只用混合色的色相值进行着色，而饱和度和亮度值保持不变。

图8.45

4. 选择“背景”图层，执行“图像”→“调整”→“亮度/对比度”命令，在相应的对话框中设置参数后，单击“确定”按钮，效果如图8.46所示。

提 示

颜色替换工具和图像调整里的替换颜色的区别

画笔中的颜色替换有四种模式，可以替换颜色，也可以保留原有饱和度而直接改成灰度图，以前主要用来改红眼。

图像调整的颜色替换就是用来替换掉某种颜色，在容差较小（颜色区分不明显）的情况下选择替换范围方便。一般矢量图建议直接用魔棒选择再填充。

图8.46

02

8.2 历史记录画笔工具组

历史记录画笔工具组包括历史记录画笔工具和历史记录艺术画笔工具。和指定区域的操作相比，应用修饰工具能够更加自然地表现图像的内容。这些修饰工具用于给图片加入绘画风格的特效等修饰。

历史记录画笔工具组中的两个画笔是与历史面板结合使用的，其共同优点是通过作图的形式，将图像的局部恢复至某一特定的历史操作状态。历史记录艺术画笔工具可以使制定历史状态或快照作为绘画的源来绘制各种艺术效果的笔触。两者的功能基本相同，区别在于使用历史记录艺术画笔时，可以选择一种艺术笔触绘制出有艺术风格的作品，如图8.47所示。

应用画笔，为图片加入独特的画笔特效或者复原为原图的时候，可以应用如右图所示的工具。	历史记录画笔工具 Y • 历史记录艺术画笔工具 Y	历史记录画笔工具：快捷键Y 历史记录艺术画笔工具：快捷键Y

图8. 47

在修饰工具中，使用历史记录画笔工具调整图像的艺术效果，如图8. 48所示。

原图

调整亮度/对比度之后的图像效果

艺术背景

艺术主体

图8. 48

范例操作：用历史记录画笔工具恢复局部色彩

历史记录画笔工具可以将图像恢复到编辑过程中的某一步骤状态，或者将部分图像恢复为原样。该工具需要配合“历史记录”面板一同使用。本实例主要是应用此工具恢复局部色彩，如图8. 49所示。

使用前

使用后

图8. 49

知识链接

Photoshop中的历史记录画笔是通过重新创建指定的原数据来绘制的。使用该工具可以将图像恢复为某个历史状态下的效果，图像中未被修改的区域将保持不变。关于历史记录画笔工具的更多内容，请参阅“8.3历史记录画笔组”。

提 示

使用历史记录画笔的注意事项

历史记录画笔的笔刷设定与在前面课程中学习过的完全一样，除了默认的圆形笔刷，也可以使用各种形状各种特效的笔刷。同时，在顶部公共栏中可以设定画笔的各种参数。更改笔刷大小的快捷键和软硬度的快捷键是一样的。因此，前面就说过，笔刷并不只针对某一工具，而是一种全局性的设定，在以后还有许多工具会使用到笔刷。

1. 按下快捷键Ctrl+O，打开Chapter 08\Media\8-2-2.jpg素材文件，按下快捷键Ctrl+J，通过拷贝图层，得到“图层1”图层，如图8.50所示。

图8.50

2. 按下快捷键Ctrl+U，打开“色相/饱和度”对话框，设置相关参数，调整图像色彩；切换到“历史记录”面板，想要将部分内容恢复到哪一个操作阶段的效果（或者恢复为原始图像），就在“历史记录”面板中该操作步骤前面单击，步骤前面会显示历史记录画笔的源图标，如图8.51所示。

图8.51

3. 用历史记录画笔工具涂抹人物的手部，即可将其恢复到“通过拷贝的图层”时的彩色图像状态，如图8.52所示。

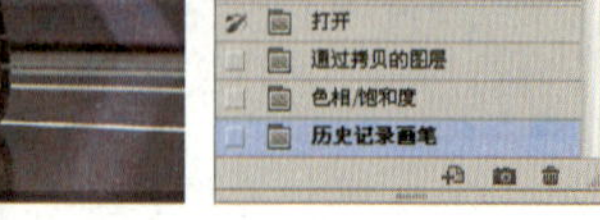

图8.52

提 示

历史记录画笔

历史记录画笔是Photoshop里的图像编辑恢复工具。使用历史记录画笔，可以将图像编辑中的某个状态还原出来。使用历史记录画笔可以起到突出画面重点的作用。

范例操作：用历史记录艺术画笔工具制作水彩效果

在照片图像中，表现画笔的笔触质感的工具，便是历史记录艺术画笔工具。通过应用此工具，可以选用各种不同的笔触质感，简单地通过拖动鼠标完成漂亮的图像制作。在下面范例中，使用历史记录艺术画笔工具完成花朵的艺术效果，如图8.53所示。

使用前　　使用后

图8.53

1. 按下快捷键Ctrl+O，打开Chapter 08\Media\8-2-3.jpg素材文件，按下快捷键Ctrl+J，通过拷贝的图层，得到“图层1”图层，如图8.54所示。

图8.54

2. 为了使处理过程可以快速地返回到原始状态，可以为图像建立一个快照。在历史记录面板中，单击“创建新快照”按钮。在图层面板单击创建新图层按钮，得到“图层2”。将前景色设为（R:128,G:128,B:128），按下快捷键Alt+Delete进行填充，如图8.55所示。

图8.55

3. 选择历史记录艺术画笔工具，在选项栏中设置画笔的大小及其他参数。本范例中，单击画笔选项下拉菜单，指定画笔大小为5 px，如图8.56所示。

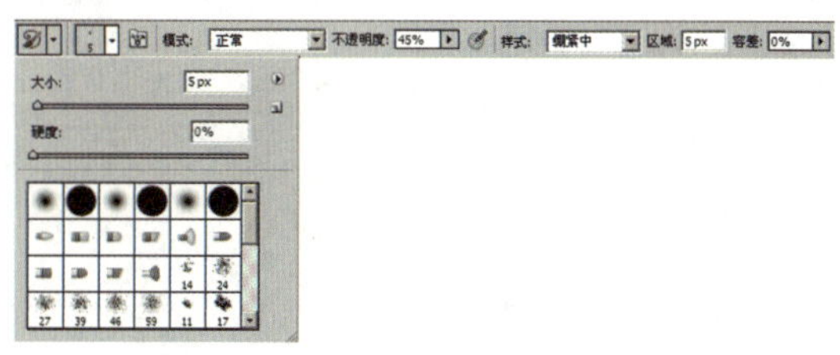

图8.56

提示

快速恢复原始图像

在使用历史记录艺术画笔工具时，“历史记录”面板中设置历史记录画笔的源图标所在的位置将作为源图像。在打开图像时，会自动登录到快照区，图标也在原始图像的快照上。要恢复原始图像，并通过工具的涂抹使其产生绘画效果，则不用修改图标的位置。

4. 用历史记录艺术画笔在新建的中性灰“图层2”上把整幅图完全涂抹，效果如图8.57所示。

图8.57

5. 为了返回初始状态，打开“历史记录”面板，选择“快照1”，此时图片将返回到初始状态，之前的绘画特效将会消失，如图8.58所示。

图8.58

内容精讲：调整历史记录状态

Photoshop的历史记录步骤为20，如果超过20步，在20步之前的操作步骤将会被清除。为了调整历史记录的步骤数，可以执行“编辑”→“首选项”→“性能”菜单命令，弹出“首选项”对话框，如图8.59所示。在“历史纪录状态”的文本框中输入数值，如果输入的数值过大，Photoshop的执行速度将会受到影响，从而使操作缓慢，应该合理的数值。

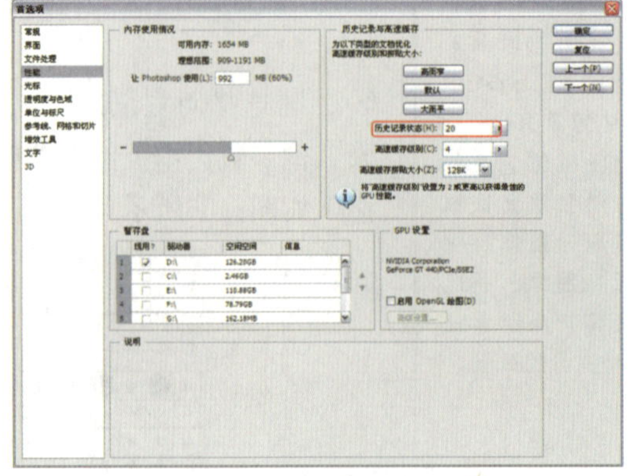

图8.59

提 示

历史记录艺术画笔

主要对图像做特殊效果，历史记录艺术画笔工具可以使用指定历史记录状态或快照中的源数据，以风格化描边进行绘画。通过尝试使用不同的绘画样式、大小和容差选项，可以用不同的色彩和艺术风格模拟绘画的纹理。

提 示

历史记录画笔与历史记录艺术画笔的区别

与历史记录画笔一样，历史记录艺术画笔也是用指定的历史记录状态或快照作为源数据。但是，历史记录画笔通过重新创建指定的源数据来绘画，而历史记录艺术画笔在使用这些数据的同时，还使用为创建不同的色彩和艺术风格设置的选项。

提 示

历史记录和历史记录画笔

所谓历史记录，是指图像处理的某个阶段，建立快照后，无论何种操作，系统均会保存该状态，历史记录画笔工具和历史记录面板相结合，可以用来恢复图像的区域。历史记录艺术画笔工具设置不同的属性参数和不同的画笔式样，可以得到不同风格的笔触，从而使图像看起来像不同风格的绘画艺术作品。

更进一步：历史记录画笔工具组的选项栏

1. 历史记录画笔工具（图8.60）。

图8.60

❶模式：是图像的混合模式，用于指定原图像和另一个合成图像的合成方式，如图8.61和图8.62所示。

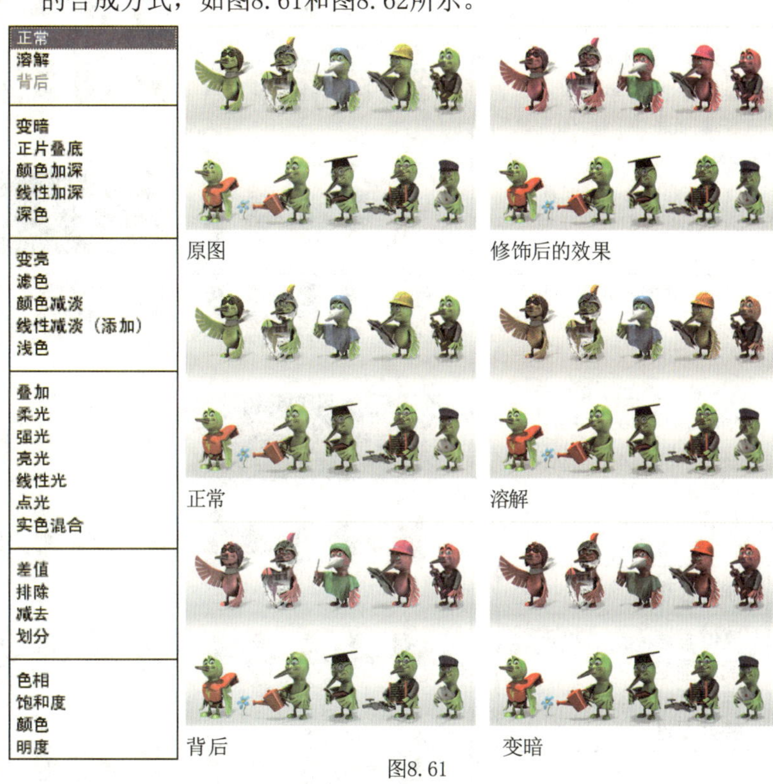

原图　修饰后的效果

正常　溶解

背后　变暗

图8.61

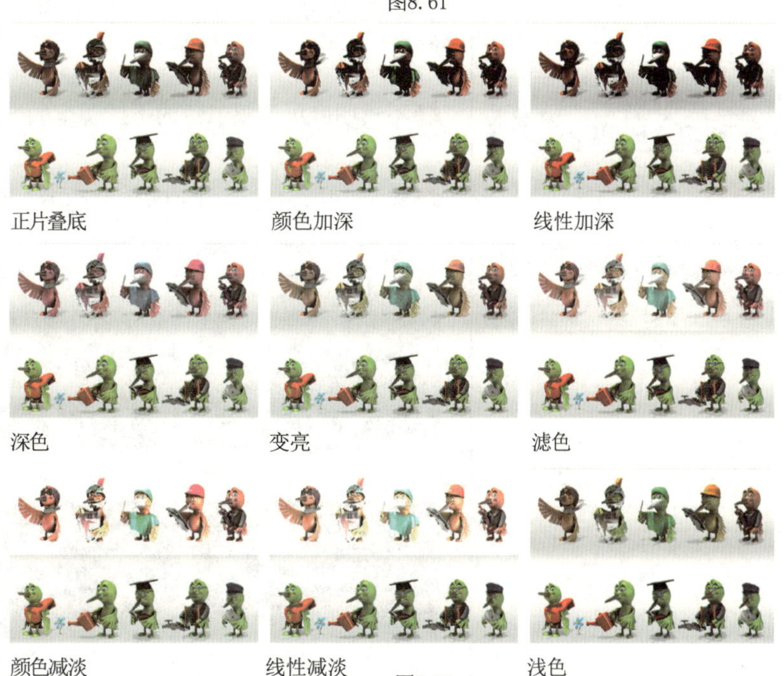

正片叠底　颜色加深　线性加深

深色　变亮　滤色

颜色减淡　线性减淡　浅色

图8.62

提　示

历史记录画笔工具的应用

Photoshop历史记录画笔属于恢复工具。图01为原素材，设置其“色彩平衡”参数如图02所示，调整图像颜色效果，如图03所示。单击历史记录画笔工具，设置合适的画笔大小与硬度，在图像中天空以外部分进行涂抹。恢复其原来效果，如图04所示，以丰富图像的颜色层次。

01

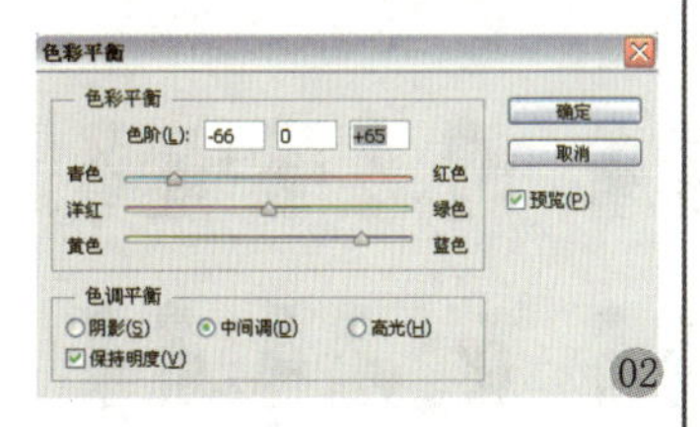

02

03

04

提 示

复位画笔样式

单击画笔工具，在属性栏中单击画笔栏旁的下拉按钮，打开画笔样式的设置面板，单击扩展按钮，即可打开扩展菜单，在其中选择“复位画笔”（图01），此时会弹出询问对话框（图02），在其中单击“追加”按钮，即可再次将默认的画笔样式追加到选择框中。

值得注意的是，若此时在弹出询问的对话框中单击“确定”按钮，即可使用默认画笔替换当前画笔，此时还会弹出图03所示的询问对话框图。若需要存储当前画笔样式，则可单击“是”按钮，一般情况下单击“否”按钮，即可恢复到默认的画笔样式。

预设管理器...
复位画笔
载入画笔...
存储画笔...
替换画笔...
01

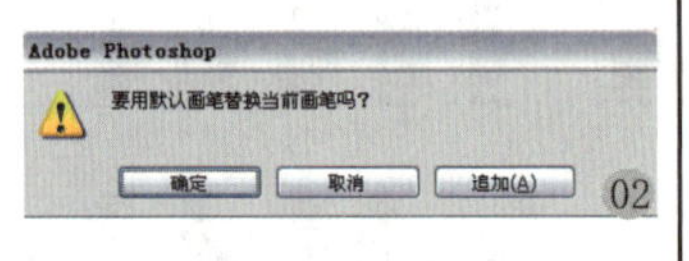

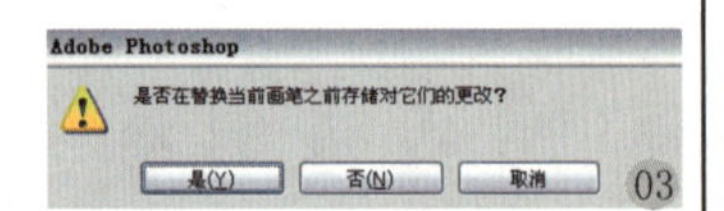

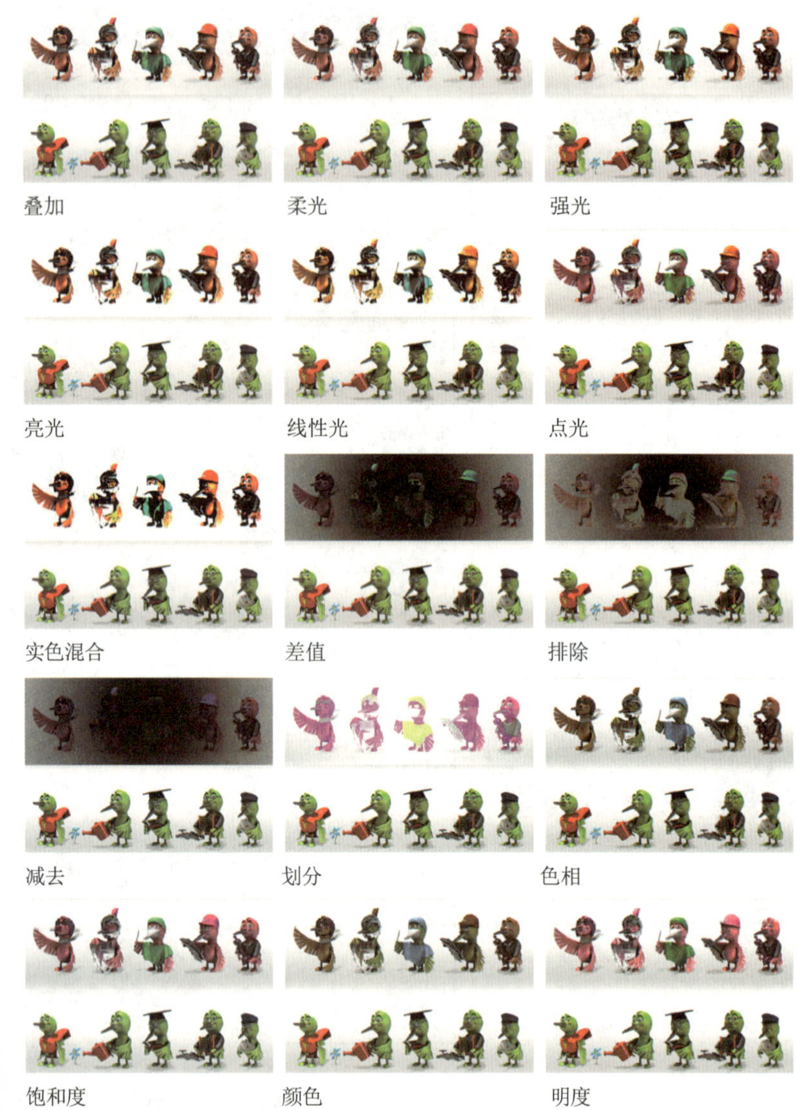

叠加　柔光　强光
亮光　线性光　点光
实色混合　差值　排除
减去　划分　色相
饱和度　颜色　明度

图8.62（续）

❷ 不透明度：调整颜色的不透明度的选项，值越大越透明，如图8.63所示。

❸ 流量：指定应用画笔的密度选项，与不透明度选项有相似的处理效果。只是与不透明度选项不同，此选项将调整油墨喷绘程度。

❹ 喷枪：将历史记录画笔转换为喷枪功能。

原图

修饰后的效果图

透明度为20%

透明度为100%

流量为30%

流量为100%

图8.63

2. 历史记录艺术画笔工具（图8.64）。

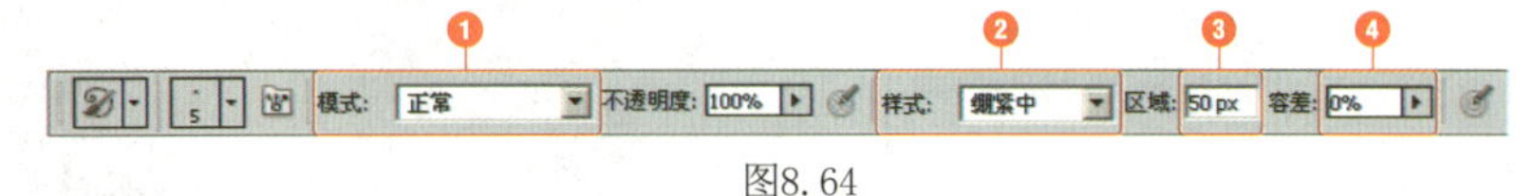

图8.64

❶模式：选择历史记录艺术画笔工具的绘图模式，如果选择正常，将根据绘图样式在原图中应用画笔，如图8.65和图8.66所示。

原图　　正常

图8.65

变暗　　变亮　　色相

饱和度　　颜色　　明度

图8.66

❷样式：根据绘图样式，在原图中应用画笔笔触特效。根据画笔的类型，原图的风格也会发生变化，如图8.67和图8.68所示。

原图　　绷紧短

图8.67

绷紧中　　绷紧长　　松散中等

图8.68

提 示

历史记录艺术画笔工具的应用

下面用历史记录画笔为图像添加具有绘制质感的效果。图01为原素材，放大图像，单击历史记录画笔工具，设置合适的画笔大小与硬度（图02），在图像右上角的花朵上单击并拖动鼠标，绘制效果如图03所示。使用相同的方法在其他叶片上绘制，效果如图04所示。

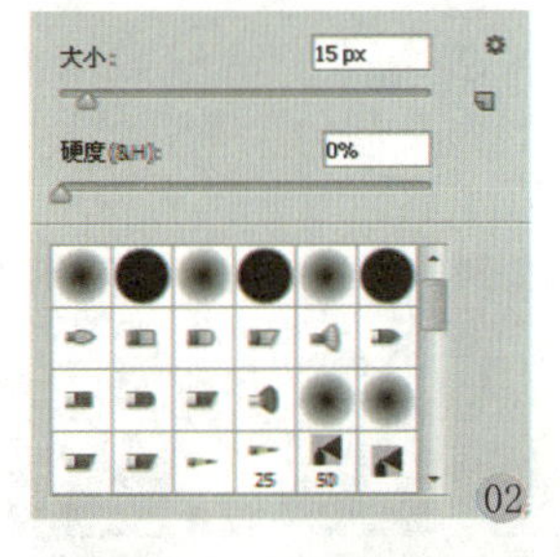

提 示

历史记录艺术画笔工具的不同样式

在历史记录艺术画笔工具的"样式"下拉列表框中有十余种样式可供选择，如图01所示。在其中选择不同的样式类型，可以绘制出不同的笔触和风格的图像，图02和图03所示为分别为设置"绷紧短"和"松散长"样式的图像效果。

绷紧短
绷紧中
绷紧长
松散中等
松散长
轻涂
绷紧卷曲
绷紧卷曲长
松散卷曲
松散卷曲长

01

02

03

松散长

轻涂

绷紧卷曲

绷紧卷曲长

松散卷曲

松散卷曲长

图8.68（续）

❸区域：设置画笔的笔触区域。值越小，适用范围也越窄，如图8.69所示。

区域:5px

区域：20px

区域:100px

图8.69

❹容差：调整画笔笔触应用的间隔范围。值越小，画笔应用得越加细腻，如图8.70所示。

容差：20%

容差：60%

容差：100%

图8.70

更进一步："历史记录"面板

历史记录工具，会将在Photoshop中的先后操作顺序记录下来，以便于在需要时返回指定的位置，对图片重新进行编辑，如图8.71所示。

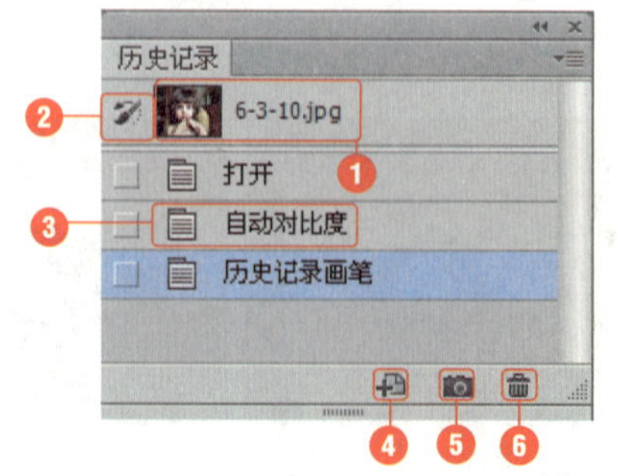

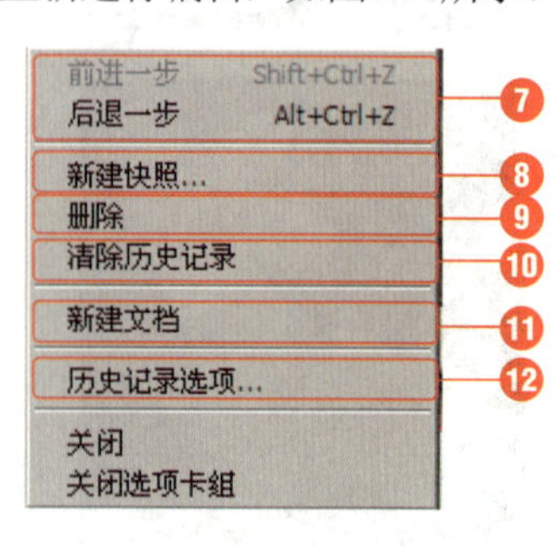

图8.71

❶ 预览框：可以预览操作图片的缩览图。双击此项，可以更改图片的名称。

❷ 历史记录画笔图标：应用历史记录画笔工具，可以退回到此前操作的步骤。

❸ 历史步骤：记录Photoshop的操作命令。

❹ 从当前状态创建新文档：将画面中的图片复制，从而得到一个新的图片。

❺ 创建新快照：将操作的照片设置为快照。

❻ 删除当前状态：将历史步骤拖曳到该按钮，即可删除选择的操作步骤。

❼ 前进一步/后退一步：从当前的操作步骤向前或向后移动一步。

❽ 新建快照：执行此命令，可以将当前图片保留为快照。

❾ 删除：执行此命令，可以删除当前的操作步骤及快照。

❿ 清除历史记录：将当前选择的历史记录之外的操作步骤清除。

⓫ 新建文档：将画面中的图片进行复制后，用其创建一个新的图片窗口。

⓬ 历史记录选项：保存历史记录面板的记载方式。单击会弹出“历史记录选项”对话框，如图8.72所示。

ⓐ 选择此项时，在打开一个图片的文件或者是复制并新建一个图片窗口的时候，会自动打开图片或者对当前选定步骤下的图片进行快照处理。

ⓑ 选择选定此项后，打开图片或者保存图片时，将会自动创建新快照。

历史记录选项
ⓐ ☑ 自动创建第一幅快照(A)
ⓑ ☑ 存储时自动创建新快照(C)
☐ 允许非线性历史记录(N)
☐ 默认显示新快照对话框(S)
☐ 使图层可见性更改可还原(L)

图8.72

1. 创建新快照。

历史记录面板下端的“创建新快照”按钮，可以灵活地应用于需要执行多项操作的较为复杂的图像处理过程。通过快照功能，可以记录必需的操作步骤，即使删除所有的操作步骤，快照仍然存在。如果在创作过程中有必须要记录的图片处理步骤，可以应用快照功能将其保存下来，方便操作。下面的范例将对图片的部分进行裁剪，再为裁剪结果设置色调，并应用滤镜特效。

① 按下快捷键Ctrl+O，打开Chapter 08\Media\8-2-10.jpg素材文件，如图8.73所示。

图8.73

提 示

删除“历史记录”调板记录的某一项操作

可以单独删除最后一次记录的操作状态，但是在删除其他操作状态时，系统会将当前所选记录及下方的所有记录全部删除。

提 示

历史记录

Photoshop除了熟悉的快捷键Ctrl+Z（可以自由地在历史记录和当前状态中切换）之外，还增加了快捷键Shift+Ctrl+Z（用以按照操作次序不断地逐步恢复操作）和快捷键Alt+Ctrl+Z（使用户可以按照操作次序不断地逐步取消操作）。按Ctrl+Alt+Z和Ctrl+Shift+Z组合键分别为在历史记录中向后和向前一步。

提 示

使用历史记录面板的注意事项

1.程序范围内的更改不会添加到“历史记录”面板中。

2.默认情况下，“历史记录”面板将列出前20个状态。

3.当关闭并重新打开文档后，上次工作过程的所有状态和快照都将从面板中清除。

4.默认情况下，选择一个状态将使其下面的状态变暗。

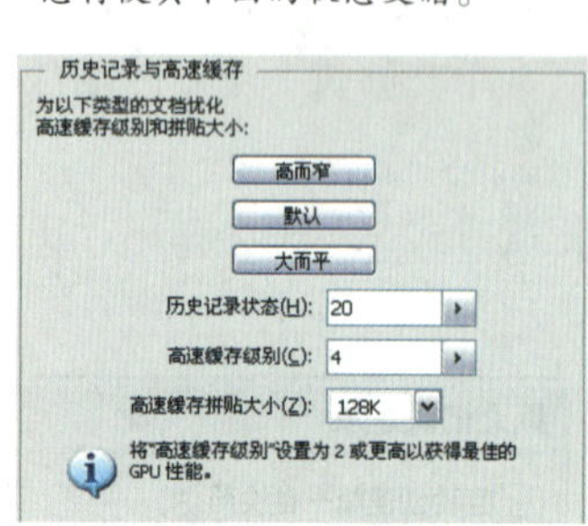

②选择裁剪工具，拖动鼠标，创建裁剪区域。按Enter键或者双击选区内侧，应用裁剪，如图8.74所示。

图8.74

③执行“图像”→“调整”→“色相/饱和度”命令，在弹出的“色相/饱和度”对话框中设置参数，调整颜色，如图8.75所示。

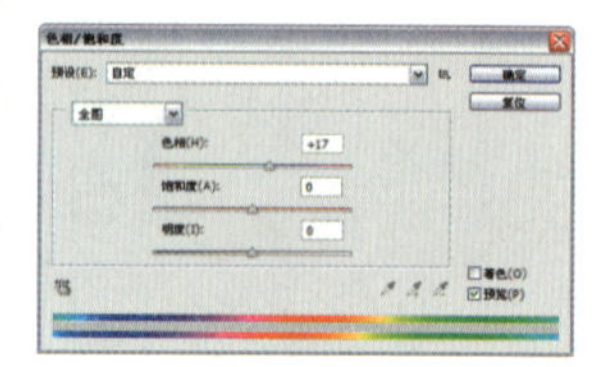

图8.75

④执行“滤镜”→“扭曲”→“海洋波纹”命令，设置相关参数，单击“确定”按钮，完成海洋波纹特效的制作，如图8.76所示。

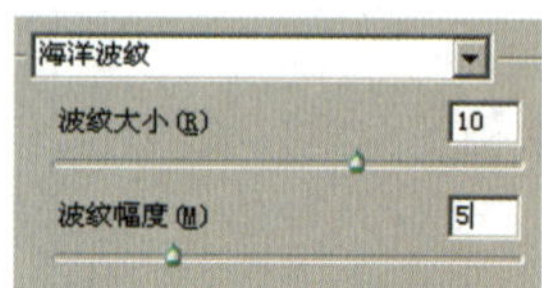

图8.76

⑤ 为了将裁剪的照片保存为快照，在历史记录面板中选择“裁剪”步骤，并单击扩展按钮，然后选择新建快照命令。在弹出的“新建快照”对话框中输入“裁剪”，然后单击“确定”按钮，如图8.77所示。

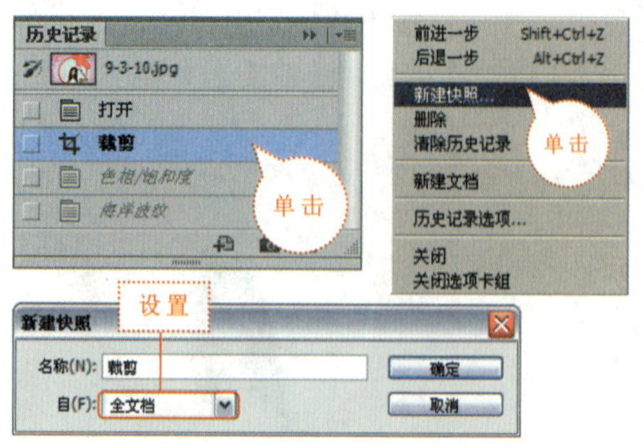

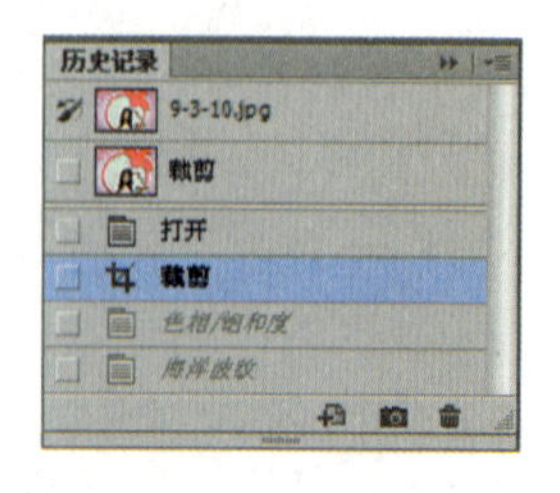

图8.77

提 示

从当前状态创建新文档

在“历史记录”调板中单击“从当前状态创建新文档”按钮，即可从当前操作记录下的图像状态创建一个新文档。

⑥此时，在历史记录面板上方会显示“裁剪”快照，单击“裁剪”，可以退回到该快照的记录状态下，如图8.78所示。

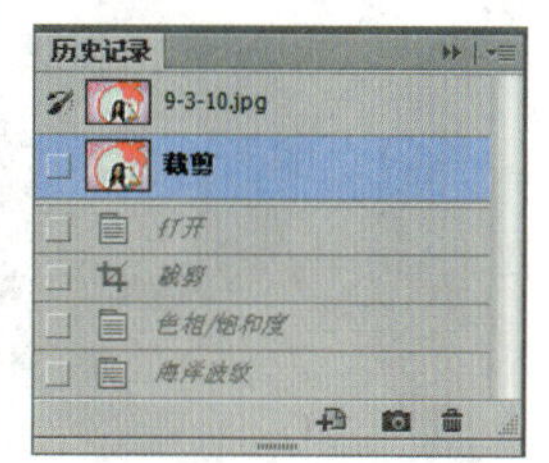

图8.78

⑦为了在裁剪的图片上面应用新的滤镜，执行“滤镜”→“纹理”→“拼缀图”命令，查看历史记录面板，可以看到原有的操作步骤被清除了，而快照则仍然保留了下来，如图8.79所示。

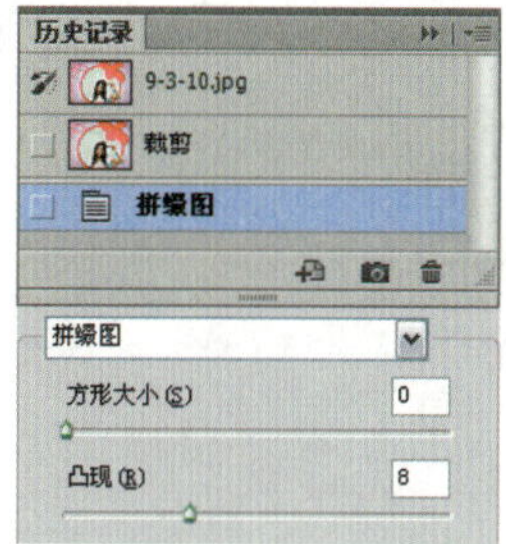

图8.79

2. 从当前状态创建新文档。

应用历史记录面板下的“从当前的状态创建新文档”按钮，可以将操作过程记录保存的快照或者历史记录面板中某以特定步骤的结果图片创建为新的图片窗口，如图8.80所示。

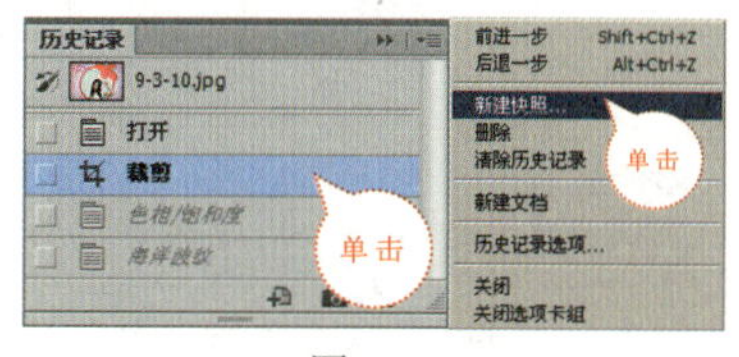

图8.80

下面范例中，将打开照片，将结果建立为新的图片文档。

①按下快捷键Ctrl+O，打开Chapter 08\Media\8-2-11.jpg素材文件，对图片进行如“历史记录”面板中的一系列操作。在“历史记录”面板中选择最后执行的步骤“取消选择”，然后单击面板下方的“从当前状态创建新文档”按钮，如图8.81所示。

图8.81

②画面中会显示新的图片窗口，在标题栏中会显示历史记录面板中选定的“取消选择”。历史记录面板的第一个步骤将记录为“复制状态”，如图8.82所示。

图8.82

09

Chapter

创建与编辑文字

内容提要

文字是设计作品的重要组成部分，它不仅可以传达信息，还能起到美化版面、强化主题的作用。Photoshop提供了多个用于创建文字的工具，文字的编辑方法也非常灵活。本章将详细了解文字的创建与编辑方法。

主要内容

- 创建文字
- 编辑文字

知识点播

- 创建变形文字
- 创建路径文字
- 编辑段落文字

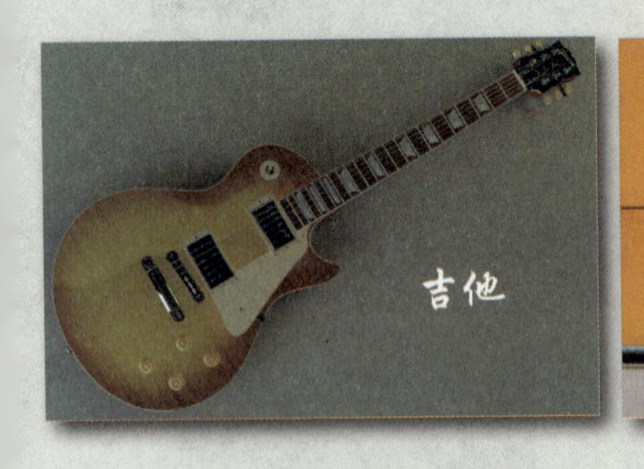

01

9.1 创建文字

应用文字工具，可以在图像中加入文字。还可以对字体的大小、颜色、文字间距等进行调整。下面将对文字工具进行介绍。Photoshop CS4以上版本中自带的3D工具功能非常强大，可以随意给立体面加上想要的纹理素材，这样就可以很轻松地制作出非常逼真的纹理质感立体图形或文字。

内容精讲：文字工具

广告、网页或者印刷品等作品中，能够直观地将信息传递给观众的载体就是文字。将文字以更加丰富多彩的方式加以表现，是设计领域里面一个至关重要的主题。其应用已扩展到多媒体、演示、网页文字的各个领域。

Photoshop提供的文字工具，可以对文字进行适当的操作，使其应用特效。用文字工具输入文字，与一般程序中编辑输入文字的方法基本一致，但是Photoshop可以给文字添加多样的文字特效，使文字更加的生动、漂亮，如图9.1和图9.2所示。

用于文字、文字蒙版工具纵向或者横向输入文字。	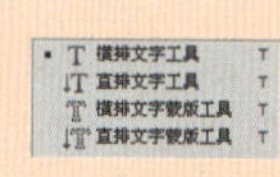	横排文字工具：快捷键T 直排文字工具：快捷键T 横排文字蒙版工具：快捷键T 直排文字蒙版工具：快捷键T

图9.1

横排文字

文字旋转

输入不规则的文字

封面文字版式

对文字进行设计

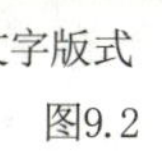

图9.2

提 示

文字工具的基本使用方法

Photoshop CC中用于创建文字对象的工具一共有四种形式：文字工具、文字蒙版工具、横排文字工具和竖排文字工具。文字工具、横排文字工具和竖排文字工具可以在新的图层上建立彩色的文字对象，可以随时透过文字图层来编辑文本。文字工具使用时需要注意蒙版和文字的区别。

提 示

空白的文字图层

在 Photoshop 中输入文字时，会自动创建以文字内容命名的文字图层。因此，只要使用横排文字工具或直排文字工具在图像窗口中单击，当出现文字光标后，即使没有输入任何文字，Photoshop也会自动创建一个不包含任何内容的文字图层，此时图层将被命名为“图层X”。

内容精讲：文字的类型

Photoshop中的文字是由以数学方式定义的形状组成的。在介绍文字栅格化以前，Photoshop会保留关于矢量的文字轮廓，可以任意缩放文字或调整文字大小，而不会产生锯齿。

可以通过三种方式创建文字：在点上创建、在段落中创建和沿路径创建，Photoshop提供了四种文字工具，其中，横排文字工具和直排文字工具用来创建点文字、段落文字和路径文字，横排文字蒙版工具和直排文字蒙版工具用来创建文字选区。

> **提 示**
>
> **选择一个文字图层中的部分文字**
>
> 使用文本工具在文字上单击，插入文字光标，然后在需要选择的第一个字符前按下鼠标左键向后拖动，直到选取完最后一个字符后释放鼠标，即可选择这部分文字。

更进一步：文字工具的选项栏

在工具箱中选择横排文字工具，画面上端将显示如图9.3所示的选项栏。

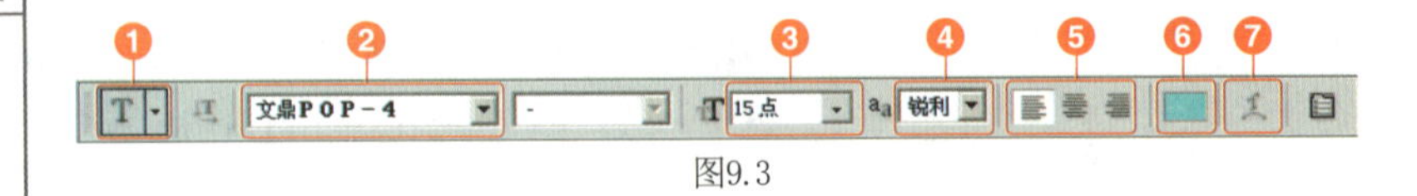

图9.3

> **提 示**
>
> **文本工具选项栏中的设置字体样式选项**
>
> 只有在为英文设置相应的英文字体后，“设置字体样式”选项才能被激活，在该选项下拉列表中显示了当前所选字体中包含的所有字体样式。根据选择的英文字体的不同，字体样式选项也会不同。

❶ 更改文字方向：可以选择纵向或横向的文本输入方向，每次单击都会更改当前的文字方向，如图9.4所示。

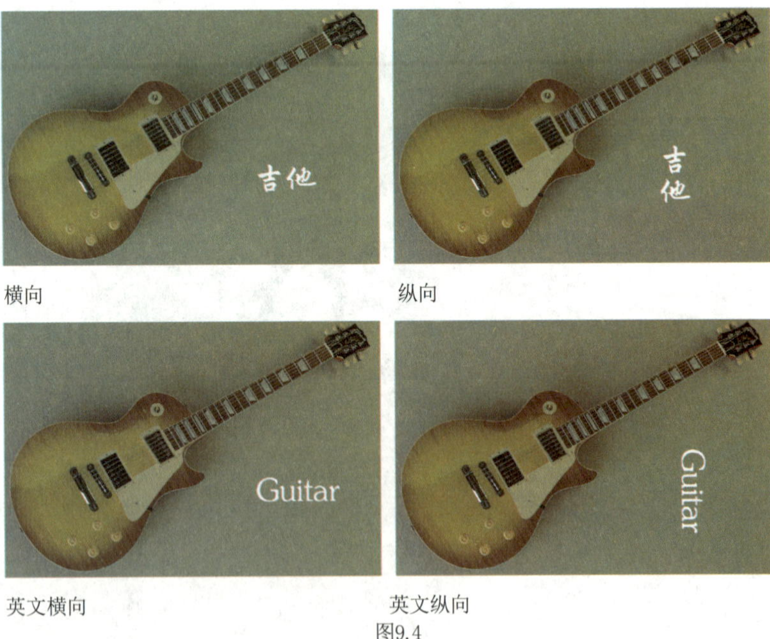

图9.4

❷ 设置字体：选择要输入文字的字体。单击下拉菜单按钮后，可以从字体列表中选择需要的字体。该列表中有Windows系统默认提供的字体及用户自己安装的字体。

❸ 设置字体大小：指定输入文字的大小。单击右侧的下拉菜单，选择需要的字体大小，或者直接输入字体大小值。

> **提 示**
>
> **用直排文本工具输入英文时，使倒立的英文直立排列**
>
> 选择直排英文所在的图层，然后单击“字符”调板右上角的按钮，从弹出式菜单中选择“标准垂直罗马对齐方式”命令即可。

提 示

为部分文字设置文本属性

选择需要编辑的部分文字，然后通过文本工具选项栏或“字符”调板，即可修改文本的基本属性。

❹ 设置消除锯齿的方法：将文字的轮廓线和周围的颜色混合之后，使图片更加自然的一项文字处理功能。单击下拉菜单并选择需要的效果，如图9.5所示。

- 无：在文字的轮廓线中不应用消除锯齿功能，以文字原来的样子加以表现。
- 锐利：使文字的轮廓线比“无”更加柔和，但比“犀利”更粗糙。
- 犀利：使文字的轮廓线柔和。通过调整混合颜色的像素值，可以更加细腻地表现文字。

图9.5

提 示

在输入文字过程中变换文字

在输入文本时，按住Ctrl键，在文字四周将出现变换控制框，这时即可对文字进行缩放、旋转、倾斜和镜像等操作。

- 浑厚：加深消除锯齿功能的应用效果，使照片更加柔和。通过增加混合颜色的像素数，使文字稍微变大。
- 平滑：在文字的轮廓中加入自然柔和的效果。这是Photoshop的消除锯齿功能的默认值，如图9.6所示。

图9.6

❺ 文字对齐图标：对输入的文本进行左对齐、右对齐或者居中对齐，如图9.7所示。

图9.7

提 示

将文字图层转换为普通图层后修改部分文本的颜色

文本图层被转换为普通图层后，文本将被作为图像来处理。要修改部分文字的颜色，可以先锁定该图层的透明像素，然后框选需要修改颜色的文本，再为其填充所需的颜色即可。

❻ 设置文本颜色：单击颜色框，会出现“文本颜色”对话框，在该对话框中可以直接指定需要的颜色，也可以通过输入颜色值来设置文字的颜色。

在这里可以选择是不是Web颜色。可以通过勾选“只有Web颜色”选项，将颜色更改为Web的颜色面板，如图9.8所示。

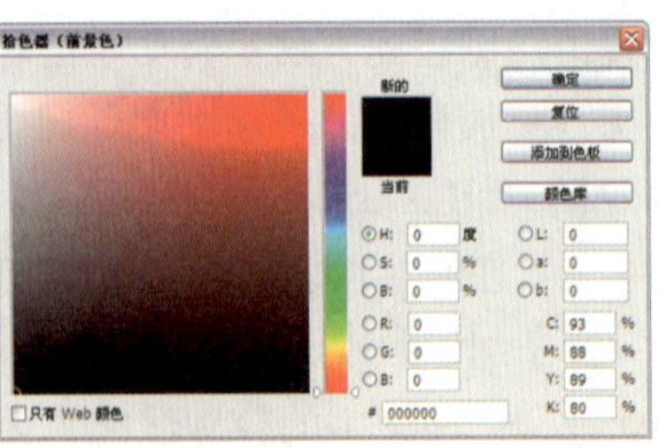

“文本颜色”对话框

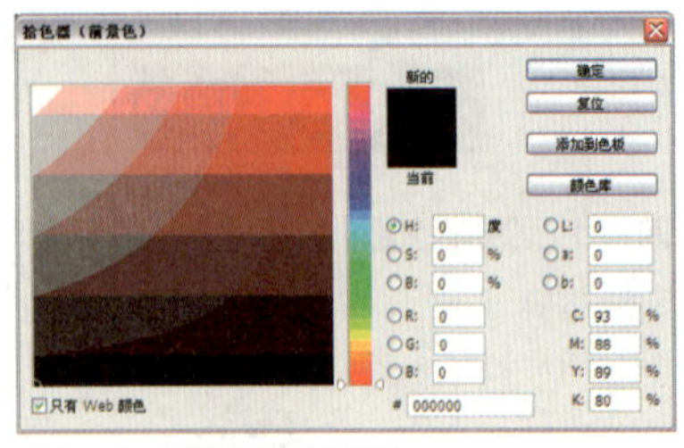

“Web文本颜色”对话框

图9.8

❼ 创建文字变形按钮：使文字的样式更加多样。单击该按钮后，将弹出“变形文字”对话框，单击“样式”后面的下拉按钮，在下拉列表中选择需要的文字样式，如图9.9和图9.10所示。

变形文字
样式(S): 扇形
确定
复位
水平(H) 垂直(V)
弯曲(B): +50 %
水平扭曲(O): 0 %
垂直扭曲(E): 0 %

原图

图9.9

扇形

下弧

上弧

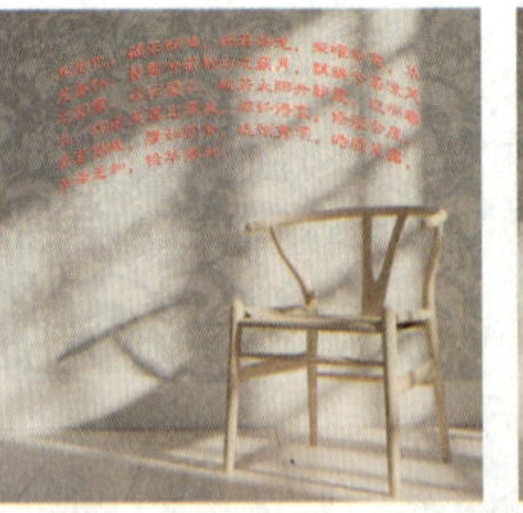

拱形

凸起

贝壳

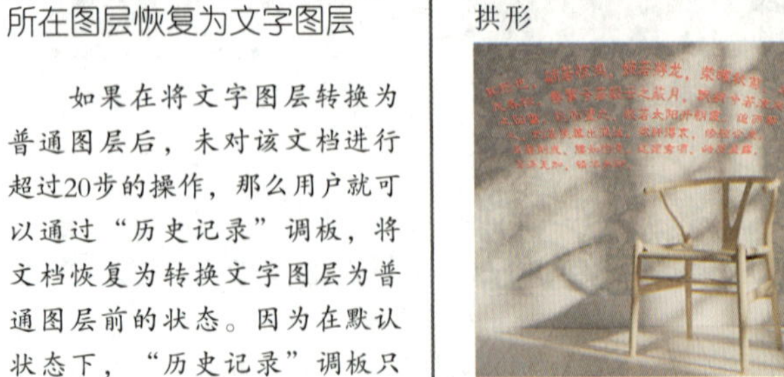

花冠

旗帜

波浪

图9.10

提 示

用直排文字工具输入数字时，使倒立的数字横向排列

使用文本工具单独选择数字，然后在“字符”调板弹出式菜单中选择“直排内横排”命令即可。

提 示

文字图层栅格化后，将文字所在图层恢复为文字图层

如果在将文字图层转换为普通图层后，未对该文档进行超过20步的操作，那么用户就可以通过“历史记录”调板，将文档恢复为转换文字图层为普通图层前的状态。因为在默认状态下，“历史记录”调板只会记录对当前文档所进行的最近20步的操作。

鱼形

增加

鱼眼

膨胀

挤压

扭转

图9.10（续）

范例操作：创建点文字

点文字是一个水平或垂直的文本行，在处理标题等字数较少的文字时，可以通过点文字来完成。本例是一个利用创建点文字来制作艺术文字的操作过程。

1. 按下快捷键Ctrl+O，打开Chapter 09\Media\9-1-9.jpg素材文件，在工具箱中选择横排文字工具T，在工具选项栏中设置字体、大小和颜色，如图9.11所示。

图9.11

2. 在需要输入文字的位置单击，设置插入点，画面中会出现一个闪烁的I形光标，如图9.12所示。输入文字，同时“图层”面板中会出现一个文字图层。

图9.12

提 示

向Photoshop中加字体

Photoshop使用的是Windows系统的字体，因此，在Windows/fonts/下安装新字体就可以了。

提 示

文字工具

使用横排文字工具在图像中单击，可输入水平方向的文本；使用直排文字工具在图像中单击，输入垂直文本的工具，很适合中文排版。横排文字蒙版工具是水平文本工具的扩展，输入完成后，文本被透明的选择区轮廓替代；直排文字蒙版工具是垂直文本工具的扩展，输入完成后文本被透明的选择区域轮廓代替。

知识链接

在Photoshop中使用文字工具为图像添加文字效果，并且通过对输入文字格式的设置和编辑，可以赋予文字更多的变化效果，从而使图像呈现更为丰富的视觉效果。关于文字工具的更多内容，请参阅“9.1创建文字”。

3. 文字输入完成后，可单击工具选项栏中的✓按钮，或按下数字键盘中的Enter键结束操作，如图9.13所示。

图9.13

内容精讲："字符"面板

执行"Type"→"面板"→"字符面板"命令，或单击文字选项栏中的"切换字符和段落"按钮，会显示"字符"面板。再次单击该按钮，会隐藏与文字相关的字符面板和排版相关的段落面板。

字符面板：应用该面板可以对文字的字体、大小及间隔、颜色、字间距、行间距、平行、基准线调整等进行详细的设置，如图9.14所示。

提 示

设置文字图层属性

通过设定文字属性，Photoshop可以精确地控制文字的字体、大小、行距、字距、字距微调、基线微调、文字走向、文字旋转等。

ⓐ 更改文本方向：将输入的文本更改为横向或者纵向。

ⓑ 仿粗体：文字以粗体显示。

ⓒ 仿斜体：文字以斜体显示。

ⓓ 全部大写字母：文字以大写字母显示。

提 示

文字工具的应用

Photoshop提供文字工具的目的是在图像中进行文字的输入，输入的文字可以是点文字，也可以是段落文字。Photoshop同时也提供了"字符"面板，方便对文字进行调整。

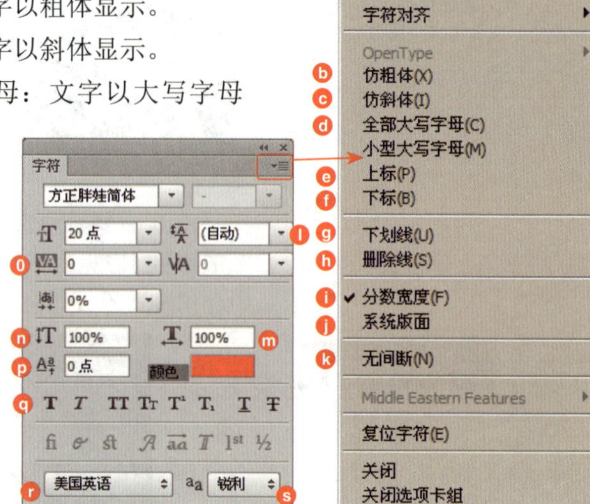

图9.14

ⓔ 上标：文字以上标显示。

ⓕ 下标：文字以下标显示。

ⓖ 下划线：在文字下添加下划线。

提 示

文字的划分方式

文字的划分方式有很多种，如果从排列方式上划分，可分为横排文字和直排文字；如果从文字的类型上划分，可分为文字和文字蒙版；如果从创建的内容上划分，可分为点文字、段落文字和路径文字；如果从样式上划分，可分为普通文字和变形文字。

- ⓗ 删除线：在选定文字上添加删除线。
- ⓘ 分数宽度：任意调整文字之间的间距。
- ⓙ 系统版面：以使用者系统的操作文字版面进行显示。
- ⓚ 无间断：保证文字不出现错误的间断。
- ⓛ 设置行距：调整文字的行间距。单击下拉按钮，可以选择行间距的数值，也可以直接输入数值，默认的值为“自动”，值越大，间距越宽，如图9.15所示。

行间距：自动

行间距：30

行间距：60

图9.15

- ⓜ 水平缩放：用于调整字符的宽度，可以应用该选项进行设置，系统默认值为100%，值越大，文字越扁，如图9.16所示。

水平缩放：100%

水平缩放：50%

水平缩放：150%

图9.16

- ⓝ 垂直缩放：要在垂直的方向上调整文字的高度，可以应用此选项进行设置，默认值为100。如果选的数值比默认值大，那么文字就会被拉长，如图9.17所示。

垂直缩放：100%

垂直缩放：50%

垂直缩放：150%

图9.17

提 示

快速找到文字所在的图层

在Photoshop中输入文字后，有可能将输入的文字置于不同的图层上，这会造成文字图层较多，无法区分哪些文字位于哪个图层上。单击移动工具，在需要调整的文字上单击右键，在弹出的快捷键菜单中单击选择文字内容，此时“图层”面板中即可自动反色显示该文字所在的文字图层。

o 设置所选字符的字距调整：缩小或者放大文字的字间距。字间距的默认值为0，值越大，字间距越宽，如图9.18所示。

字间距：0　　字间距：100　　字间距：300

图9.18

p 设置基线偏移：调整文字的基线。默认值为0，如果设置的数值比默认值大，基线上移，相反则下移，如图9.19所示。

基线偏移：50点　　基线偏移：0点　　基线偏移：-50点

图9.19

q 样式：将文字变为粗体或斜体，或将文字设置为上标和下标，如图9.20所示。

原文　　仿粗体　　仿斜体

全部大写字母　　小型大写字母　　上标

下标　　下划线　　删除线

图9.20

r 语言设置：按国家选择语言。

s 设置消除锯齿的方法：设置文字的轮廓线形态。

提 示

变形文字选区

使用段落文字蒙版工具和直排文字蒙版工具创建选区时，在文本输入状态下同样可以进行变形操作，这样就可以得到变形的文字选区。

提 示

解决文字输入后却看不到的问题

首先在“字符”面板中查看字符的颜色是否与背景图层颜色相同。若相同，可单击颜色色块，在对话框中设置新的文字颜色。其次也可能由于文字字号小，在较大的图像中不易被发现，此时只需适当调整文字字号即可。

提 示

进行文字编辑时的注意事项

当文字处于编辑状态时，无法使用快捷键进行常规操作，除非结束文字编辑或退出文字编辑状态。但可以使用剪切、复制、粘贴等快捷键进行文字的编辑操作，还可以按下快捷键Ctrl+T对文字进行自由变换操作。

提 示

文字基线

当使用文字工具在图像中单击设置文字插入点时，会出现一个闪烁“I”形光标，光标中的小线条标记的就是文字基线的位置。默认情况下，绝大部分基线位于基线之上，小写的g、p、q位于基线之下。调整字符的基线可以上升或下降字符，以满足一些特殊文本的需要。

提 示

在Photoshop中文字显示出的最大字号

在“设置字体大小”下拉列表框中可以设置6～72点之间的数值，如果需要将文字调整得更大一些，可直接在数值框中输入相应的数值。Photoshop允许的文字大小调整范围为0.01～1 296点之间，超出取值范围时，则会弹出如下图所示的提示对话框，单击“确定”按钮关闭该对话框，重新设置文字大小即可。

更进一步：“字符样式”面板

当在对大量文字进行编辑时，有时候难免会将多段文字设置成一样的格式，如果每次都将文字选中，然后在选项栏或“字符”面板中设置属性，这样会很复杂，并且浪费时间。Photoshop CC软件中新加的“字符样式”面板就可以很好地完成这一操作。

执行“Type”→“面板”→“字符样式”命令，或执行“窗口”→“字符样式”命令，打开“字符样式”面板，如图9.21所示。具体介绍如下。

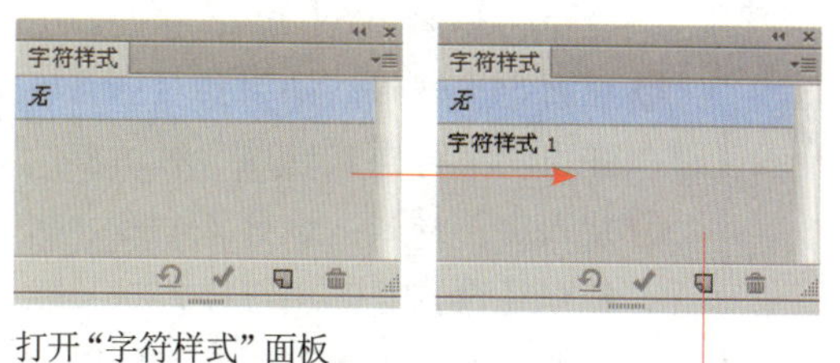

打开“字符样式”面板

单击“创建新的字符样式”按钮，新建一个样式

双击“字符样式1”，打开“字符样式选项”对话框，在该对话框中设置参数

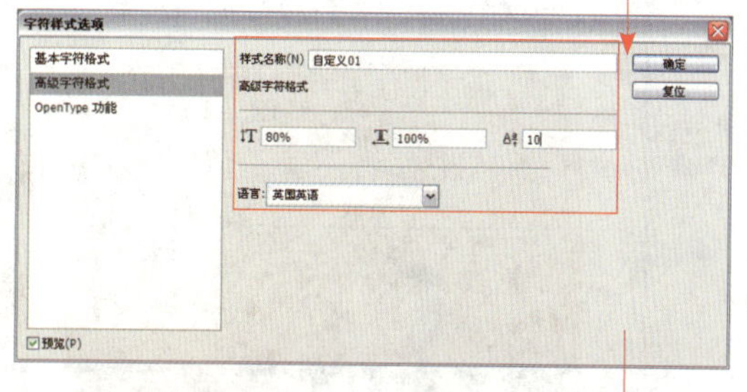

切换到“高级字符格式”选项，设置参数，完成后单击“确定”按钮

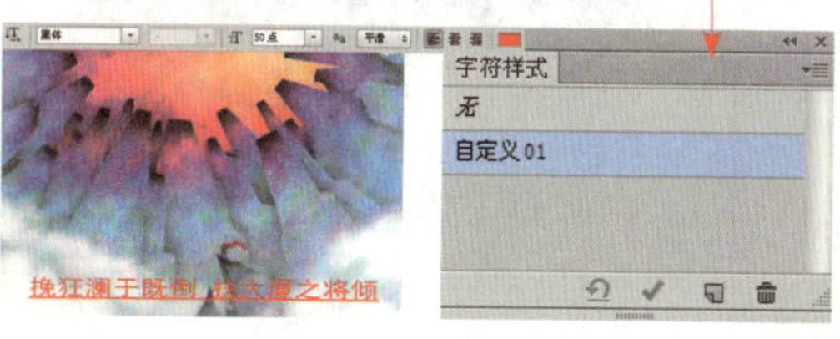

输入文字之后，单击“自定义01”样式，即可对文字应用该样式

图9.21

单击“字符样式”面板右上方的按钮，在弹出的下拉菜单中可以执行不同的命令，如图9.22所示。

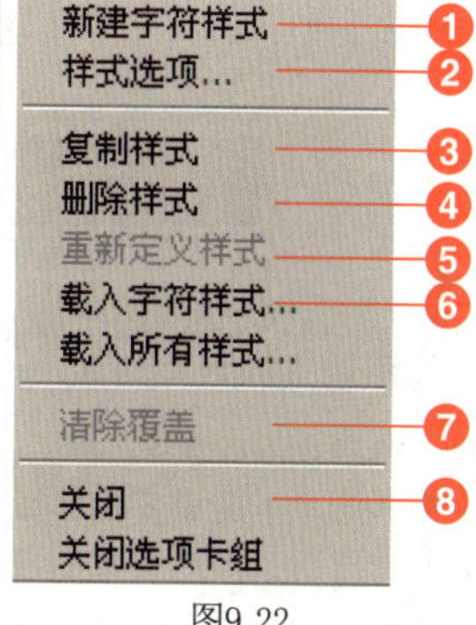

图9.22

❶ 新建字符样式：选择该命令，可以新建一个字符样式，然后可以根据上述方法设置字符的参数，如图9.23所示。

❷样式选项：选择该命令，可以打开“字符样式选项”对话框，重新设置字符参数，如图9.24所示。

❸复制样式：选择该命令，可以将该样式复制，如图9.25所示。

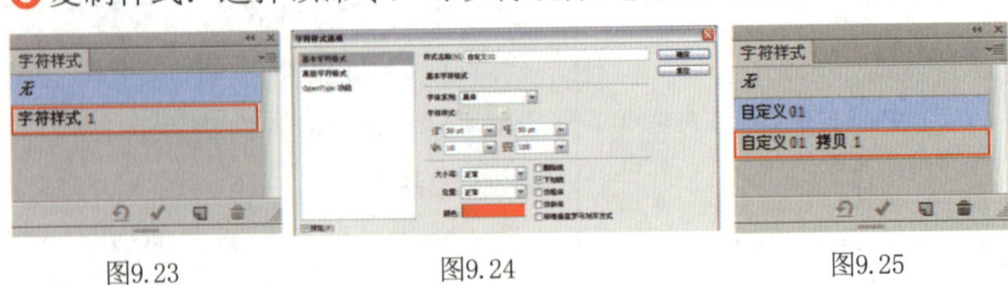

图9.23　　图9.24　　图9.25

❹删除样式：如果不需要某个字符样式，将其选中，执行该命令，可以将其删除。

❺重新定义样式：如果要对字符样式进行更改，选择该命令，就会弹出“字符样式选项”对话框，重新设置参数即可。

❻载入字符样式：选择该命令，可以打开“载入”对话框，可以选择已经设置好的字符样式将其载入。

❼清除覆盖：选择该命令，可以用当前的字符样式将原有的字符样式覆盖。

范例操作：创建段落文字

段落文字是在定界框内输入的文字，它具有自动换行、可调整文字区域大小的优势。在需要处理文字量较大的文本时，可以使用段落文字来完成。本例通过创建诗歌文本来介绍此操作，如图9.26所示。

使用前　　使用后

图9.26

1. 按下快捷键Ctrl+O，打开Chapter 09\Media\9-1-12.jpg素材文件，在工具箱中选择“横排文字工具”T按钮，在工具选项栏中设置字体、大小和颜色，如图9.27所示。

图9.27

提 示

在输入段落文本时不能完全显示输入的所有文本

在输入段落文本时，如果输入的文本超出了段落文本的显示范围，则超出文本框的文字将不能显示。这时可以拖动段落文本框四周的控制点，调整文本框的大小，直到完全显示所有的文字为止。

提 示

段落文字大小对话框

在单击并拖动鼠标定义文字区域时，如果同时按住Alt键，会弹出“段落文字大小”对话框，在对话框中输入“宽度”和“高度”值，可以精确定义文字区域的大小。

2. 在画面中单击并向右下角拖出一个定界框，放开鼠标时，画面中会出现闪烁的I形光标，此时可输入文字，当文字达到文本框边界时会自动会换行，如图9.28所示。

图9.28

3. 输入完成后，按下快捷键Ctrl+Enter，即可创建段落文本，如图9.29所示。

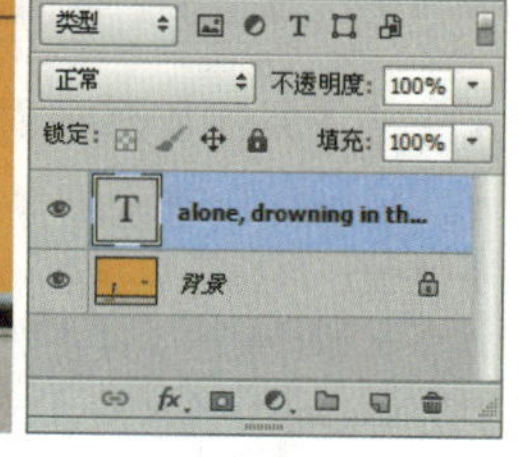

图9.29

提 示

使段落文本的各行（除最后一行）完全对齐

在编排段落文本时，将各行文字完全对齐后可以得到更为规整的排列效果。要使各行文字（除最后一行）都能完全对齐，可以在选择段落文本所在的文字图层后，单击“段落”调板中的“最后一行左对齐”按钮即可。

内容精讲：“段落”面板

“段落”面板用来设置段落属性，执行“Type”→“面板”→“段落面板”命令就可显示“段落”面板。如果要设置单个段落的格式，可以用文字工具在该段落中单击，设置文字插入点并显示定界框；如果要设置多个段落格式，先要选择这些段落；如果要设置全部段落的格式，则要在“图层”面板中选择该文本图层，如图9.30所示。

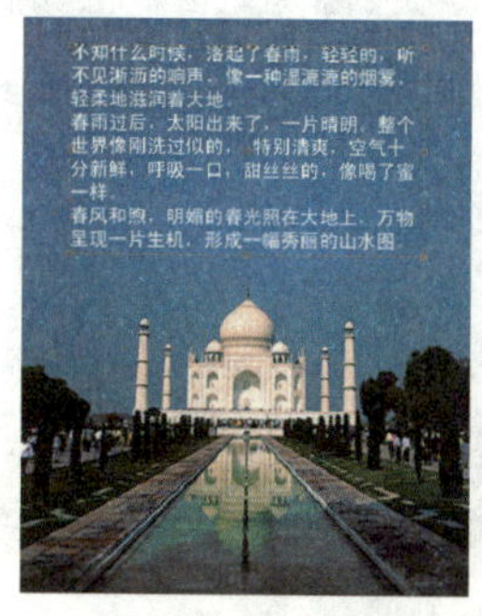

图9.30

提 示

精确设置每个段落首行向右缩进的距离

选择段落文本所在的文字图层，然后在“段落”调板中的“首行缩进”数值框中输入缩进值，再按下Enter键即可。

“段落”面板最上面的一排按钮用来设置段落的堆砌方式，它们可以将文字与段落的某个边缘对齐，如图9.31所示。

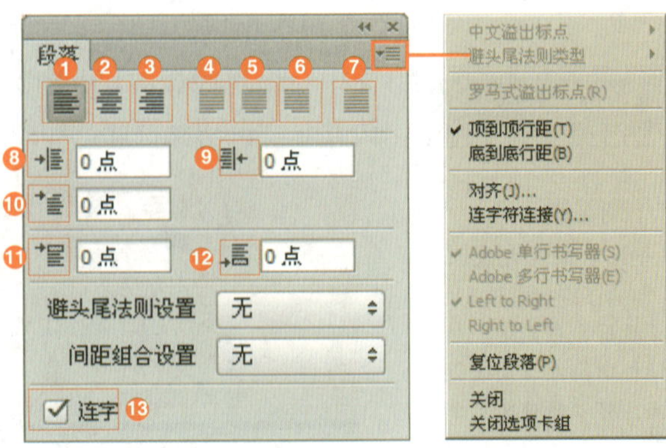

图9.31

❶ 左对齐文本▤：文字左对齐，段落右段参差不齐，如图9.32所示。

❷ 居中对齐文本▤：文字居中对齐，段落两端参差不齐。

❸ 右对齐文本▤：文字右对齐，段落左端参差不齐。

❹ 最后一行左对齐▤：最后一行左对齐，其他行左右两端强制对齐。

❺ 最后一行居中对齐▤：最后一行居中对齐，其他行左右两端强制对齐。

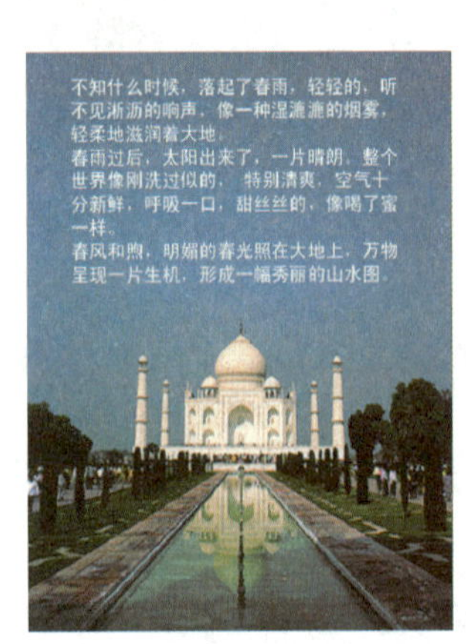

图9.32

❻ 最后一行右对齐▤：最后一行右对齐，其他行左右强制对齐。

❼ 全部对齐▤：在字符间添加额外的间距，以使文本左右两端强制对齐，如图9.33所示。

居中对齐

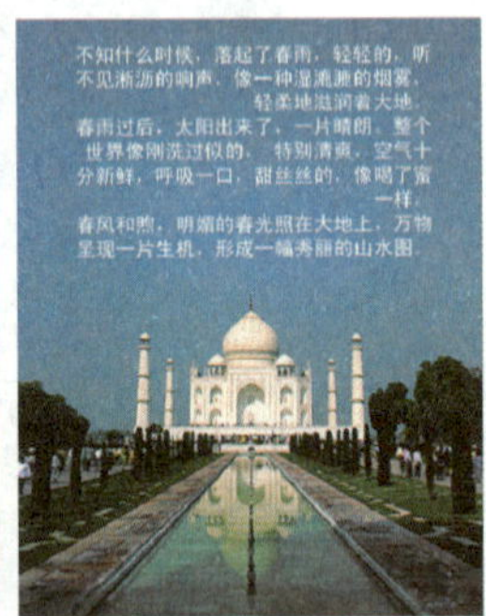
右对齐

最后一行左对齐

最后一行居中对齐

最后一行右对齐

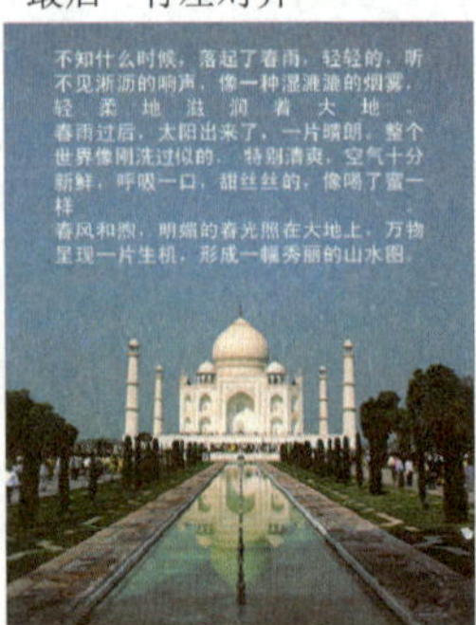
全部对齐

图9.33

提 示

字符、段落面板的智能处理

“字符”面板智能处理被选择的字符，“段落”面板则不论是否选择了字符，都可以处理整个段落。

提 示

对文字图层应用滤镜效果

在对文字图层应用滤镜效果前，系统会栅格化文字图层，使其转换为普通图层，这样在应用滤镜效果后，就不能编辑文本内容，也不能设置文本属性了。

提 示

为段落文本应用变形文字的效果

Photoshop可以为点文本和段落文本都应用变形文字效果。当对段落文本应用变形文字效果后，段落文本框会同文字一起产生相应的变形，以使文字在该形状内产生变形，并在该形状内进行排列。

提 示

创建不规则文本框，通过改变文本框形状改变文本排列

要创建不规则的段落文本框，首先使用钢笔工具绘制一个异形的封闭路径，然后使用横排文字工具或直排文字工具在路径内单击，在出现文字光标后输入所需的文字内容，输入的文字即可在异形段落文本框中排列。要改变异形段落文本框的形状，只需要改变路径的形状即可。

❽左缩进：调整整个文本左侧的空白。

❾右缩进：调整整个文字右侧的空白。

❿首行缩进：调整整个段落首行缩进。

⓫段前添加空格：在文本段前初始位置加入空格。

⓬段后添加空格：在文本末尾结束位置加入空格。

⓭连字：选择该项后，输入英文单词时，部分文字转入下一行时用连字符表示，如图9.34所示。

左缩进：50点

右缩进：50点

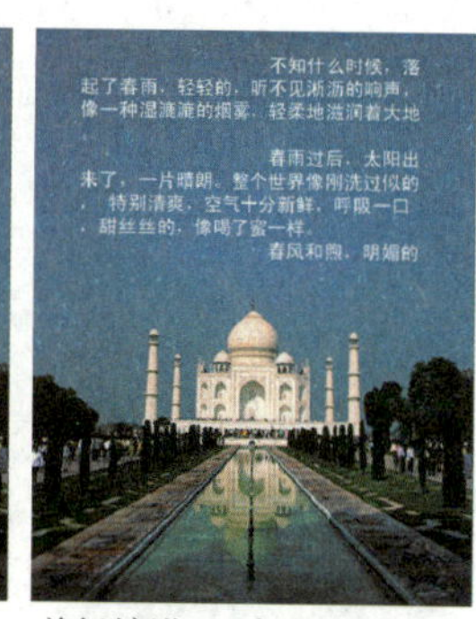

首行缩进：50点

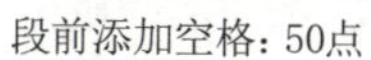

段前添加空格：50点

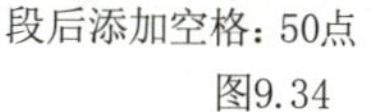

段后添加空格：50点

连字

图9.34

更进一步："段落样式"面板

段落样式的用法与字符样式的相似，两者的区别在于：字符样式是针对少量的文字进行格式设置的，而段落样式则是针对大量的段落文字来设置格式的。执行"Type"→"面板"→"段落样式"命令，或执行"窗口"→"段落样式"命令，就可以打开"段落样式"面板，如图9.35所示。

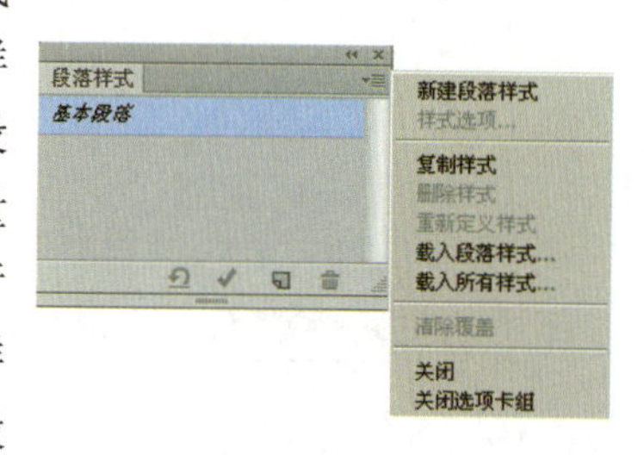

图9.35

打开"段落样式"面板以后，单击"创建段落样式"按钮，就会新建一个段落样式。对其双击，就可打开"段落样式选项"对话框，可以在不同的属性名称间切换，设置参数，如图9.36所示。

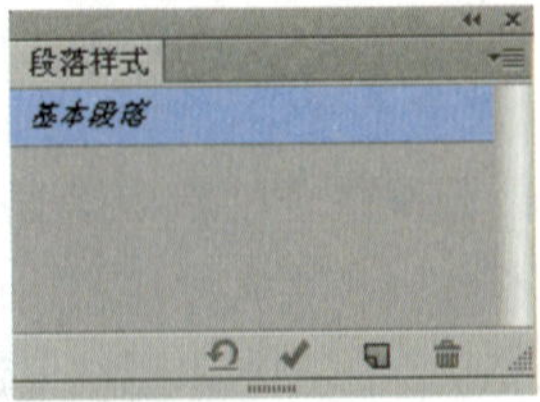

打开“段落样式”面板

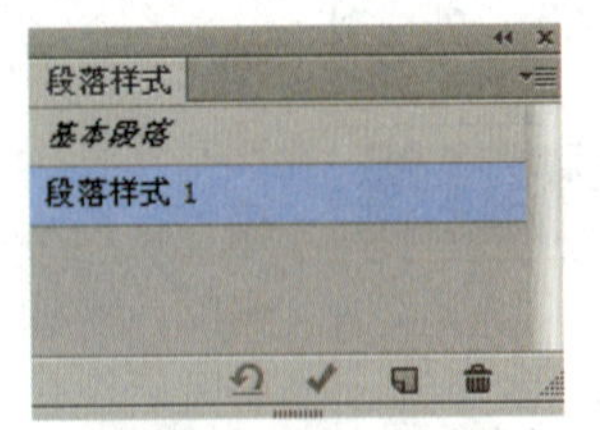

新建一个段落样式

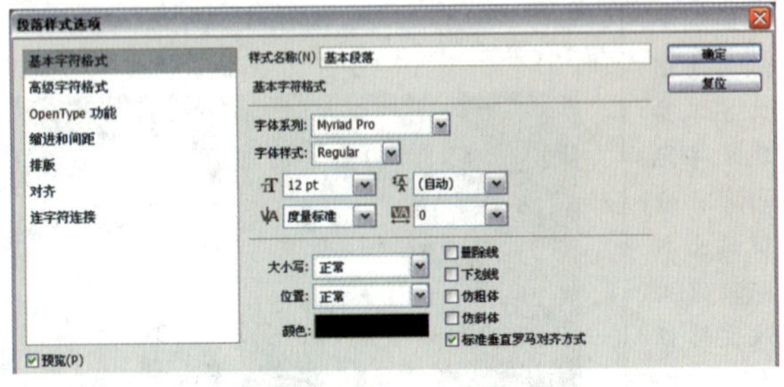

“基本字符格式”选项

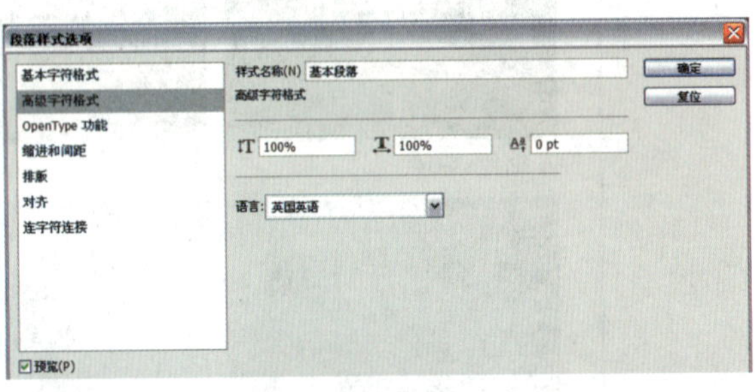

“高级字符格式”选项

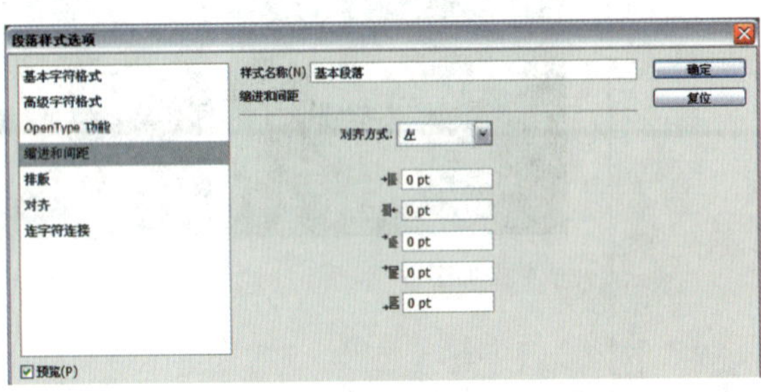

“缩进和间距”选项

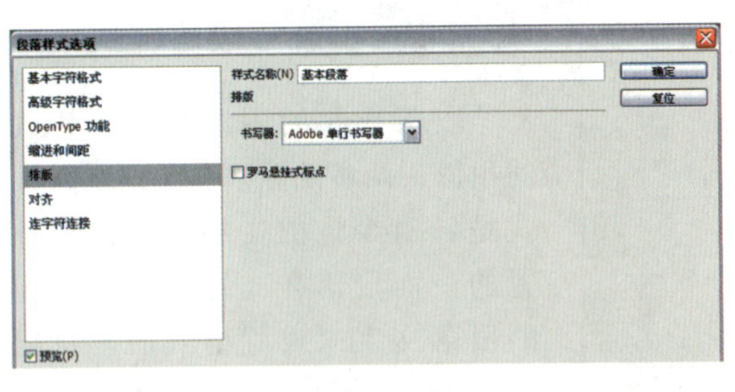

“排版”选项

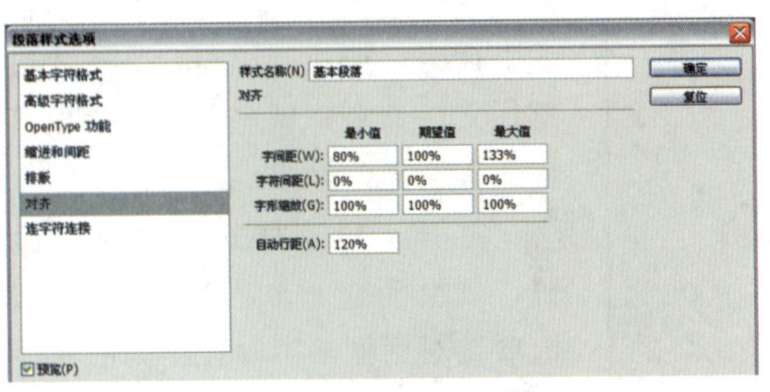

“对齐”选项

图9.36

提 示

段落样式

命名和存储为集合的字符和段落格式特征的组合。可选择段落并使用样式一次将所有格式特征应用到段落中。

提 示

转换点文本与段落文本

点文本和段落文本可以互相转换。如果是点文本，可执行“图层”→“文字”→“转换为段落文本”命令，将其转换为段落文本；如果是段落文本，可执行“图层”→“文字”→“转换为点文本”命令，将其转换为点文本。

提 示

文本转换的技巧

将段落文本转换为点文本时，所有选定定界框的字符都会被删除。因此，为避免丢失文字，应首先调整定界框，使所有文字在转换前都显示出来。

范例操作：创建变形文字

在海报及一些宣传作品中，能够看到文字适当变化后制作的图案风格的作品。Photoshop 中通过应用文字变形工具可以以对称或者非对称的形式对文字加以变形、扭曲。下面的范例中，应用简单的文字功能完成一个作品。

1. 按下快捷键Ctrl+O，打开Chapter 09\Media\9-1-12.jpg素材文件，在工具箱中选择横排文字工具 T，在画面上方的选项栏中调整文字的字体、大小。单击选项栏中的“设置文字颜色”按钮，在弹出“选择文本颜色”对话框中设置RGB的颜色值为（R:254，G:213，B:131），如图9.37所示。

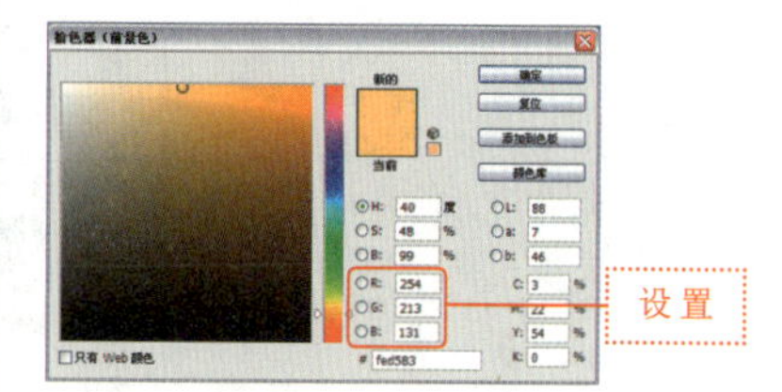

图9.37

2. 选择横排文字工具，在画面的右上方单击，此时会出现文字的光标，输入“夜，是最安全的孤寂者，也是最遥远的思忆回放的屏幕，总是让人想起过往。总是尝试早睡，最终发现其实一切都是枉然，因为我就是夜最忠实的读者，读取着前路与未知，怀想着过往与旧忆。”，然后拖动文字边框来移动文字的位置，如图9.38所示。

图9.38

3. 在画面的右上方单击“创建变形文字”按钮。在弹出“变形文字”对话框中将文字的样式设置为“扇形”，设置相关参数，单击“确定”按钮。变形的文字已经处理完成，如图9.39所示。

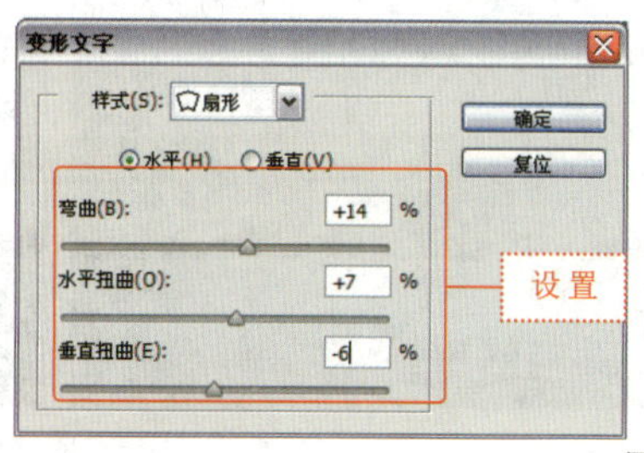

图9.39

提示

编辑文字的字形

首先输入文字，并为文字设置一种适当的字体，然后执行“图层”→“文字”→“转换为形状”命令，将文字图层转换为形状图层，此时的文字具有矢量特性，因此用户就可以在该文字的基础上，按照编辑路径形状的方法，并根据自己的构思对字形进行有效的编辑了。

提示

变形文字操作

1.在图层选项板中选择文字图层。

2.执行“图层”→“文字”→“文字变形”命令。

3.从类型弹出式菜单中选择一种扭曲类型。

4.选择扭曲效果的方向：水平和垂直。如果需要，可在附加扭曲选项中指定数值。

提示

取消变形文字方法

选择已经过扭曲的文字图层，选择文字工具，在选项栏的扭曲按钮上单击或“选择”→“文字”→“文字变形”命令，然后在“类型”弹出式菜单中选择“无”，单击“确定”按钮完成。

范例操作：创建路径文字

下面介绍沿路径排列文字的方法。应用路径功能，可以沿着路径自动输入并排列文字。路径可以通过应用路径选择工具 和直接选择工具 进行适当的变形和更改。

1. 按下快捷键Ctrl+O，打开Chapter 09\Media\9-1-15.jpg素材文件，选择工具箱中的“钢笔工具” ，然后在选项栏中单击 右边的小三角，在弹出的下拉列表中选择Path，如图9.40所示。

图9.40

2. 选择钢笔工具，单击a点，然后再单击b点，此时在两点之间制作直线路径。在按住鼠标的同时，向c点拖动鼠标，制作出路径曲线。单击d点之后，向e点方向拖动鼠标，这样就可以制作出需要的路径曲线。选择直接选择工具，通过拖动锚点，可以调整锚点的位置，如图9.41所示。

图9.41

> **提 示**
>
> 紧排文字
>
> 当想“紧排”（调整个别字母之间的空位）文字时，首先在两个字母之间单击，按下Alt键后用左右方向键调整。

3. 选择工具箱中的文字工具，并单击路径左侧的a点。当光标位于路径之上时，输入文字。为了调整文字的大小、字体及颜色，需要将文字选中，如图9.42所示。

图9.42

> **提 示**
>
> 沿路径排列文字
>
> 先绘制好路径或区域，再用文字工具在路径上或区域中写上需要的文字，会看到文字按预先的路径方向排列。完成以后还可以继续调整路径或区域，文字会自动适应变化。

4. 为了调整文字的颜色，单击字符面板的颜色框。在弹出的“选择文本颜色：”对话框中，设置文字的RGB值为（R:30,G:110,B:14），单击“确定”按钮，如图9.43所示。

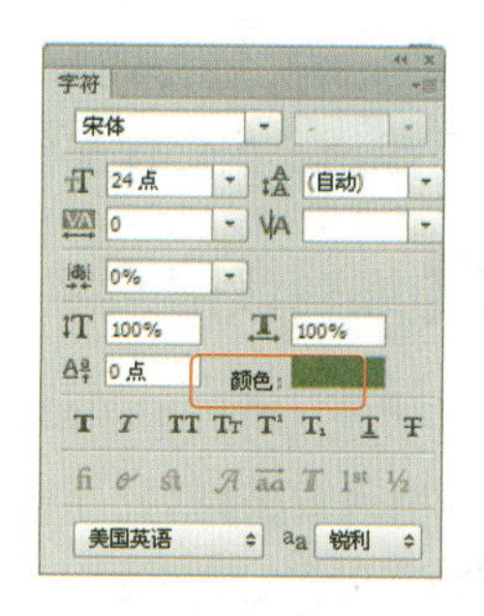

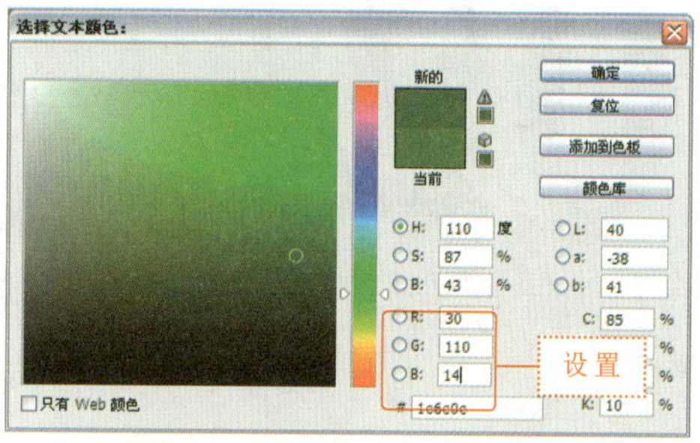

图9.43

5. 选择合适的文字字体，将文字的大小调整为22点，此时可以看到文字的颜色、字体和大小均发生了变化，如图9.44所示。

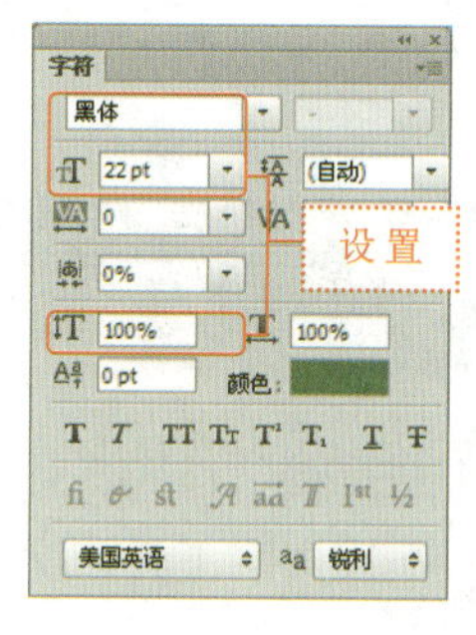

图9.44

6. 使用路径输入的文字也可以应用图层样式效果。执行“窗口”→“样式”命令，在“样式”面板中单击“蓝色玻璃（按钮）”，效果如图9.45所示。

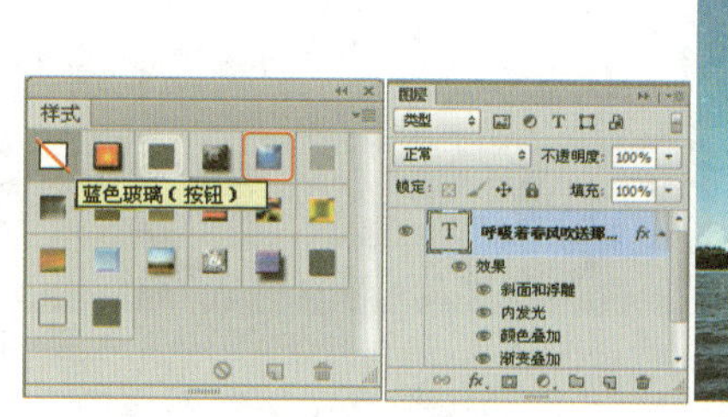

图9.45

7. 使用同样方法，在另一个位置应用钢笔工具加入路径，然后输入文字。在样式面板中，选择文字的图层样式。设置好文字的样式之后，将文字移至页面合适的位置，效果如图9.46所示。

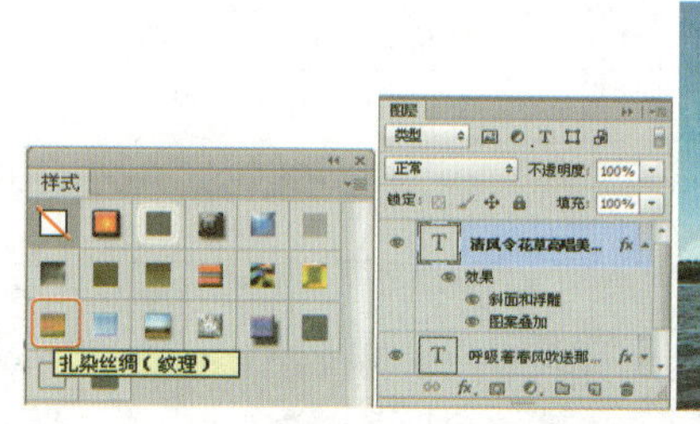

图9.46

提 示

文字的换行和移动

输入文字时，如果要换行，可以按下Enter键。如果要移动文字的位置，可以将光标放在字符以外，单击并拖动鼠标。

提 示

快速查找和替换输入错误的文本

执行“编辑”→“查找和替换文本”命令，在“查找和替换文本”对话框中的“查找内容”选项内输入要替换的内容，在“更改为”选项内容输入用来替换的内容，然后单击“查找下一个”按钮，Photoshop会搜索并突出显示查找到的内容。如果要替换内容，可以单击“更改”按钮；如果要替换所有符合要求的内容，可单击“更改全部”按钮。

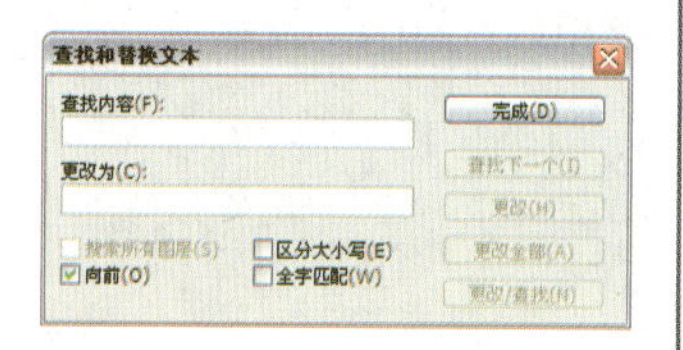

02

9.2 编辑文字

在利用Photoshop CC进行平面广告设计时，对文字的编辑是必不可少的。单一的文字会使整个版面看起来比较呆板，编辑的艺术文字对版面起到了决定性的作用，本小节讲解文字的编辑。

范例操作：编辑段落文字

创建段落文字后，可以根据需要调整定界框的大小，文字会自动在调整后的定界框内重新排列，通过定界框还可以旋转、缩放和斜切文字。本例主要介绍编辑段落文字的具体操作方法，如图9.47所示。

图9.47

1. 按下快捷键Ctrl+O，打开Chapter 09\Media\9-2-1.psd素材文件，使用横排文字工具在文字中单击，设置插入点，同时显示文字的定界框，如图9.48所示。

图9.48

2. 拖动控制点调整定界框的大小，文字会在调整后的定界框内重新排列。当定界框内不能显示全部文字时，它右下角的控制点会变为十字状，如图9.49所示。

图9.49

提 示

拼写检查

如果要检查当前文本中的英文单词拼写是否有误，可以执行"编辑"→"拼写检查"命令，打开"拼写检查"对话框，检查到错误时，Photoshop会提供修改的建议。

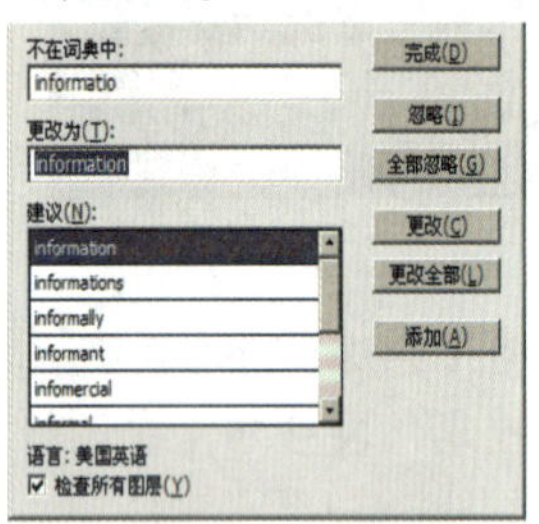

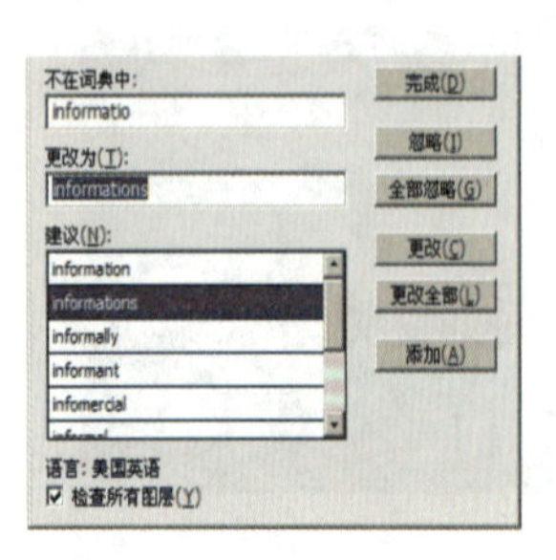

提 示

文字的特殊编辑

执行“文字”→“更新所有文本图层”命令，可以更新当前文件中所有文字图层的属性。

打开文件时，如果该文档中的文字使用了系统中没有的字体，会弹出一条警告消息，指明缺少哪些字体。出现这种情况时，可以执行“文字”→“更换所有丢失字体”命令，用系统中安装的字体替换文档中欠缺的字体。

提 示

在使用文字蒙版工具创建文字型选区时，更改文本属性

在使用横排文字蒙版工具或直排文字蒙版工具输入所需的文字后，将以文字形状创建蒙版，此时就可以通过工具选项栏或“字符”调板修改文本属性。完成设置后，按下Enter键确认输入的文字，蒙版将自动转换为文字型选区，这时就不能修改文本属性了。

提 示

建立文字选区

选择快捷工具栏中的文字蒙版工具或垂直文字蒙版工具，然后单击文字选区建立标志，输入文字，按“确定”按钮即可。如果已经建立了文字，可以新建一个图层，在文字选区选择文字后，转向新图层，选取区域依然存在。

3. 如果按住Ctrl键并拖动控制点，可以等比例缩放文字。将光标移至定界框之外，当指针变为弯曲的双向箭头时，拖动鼠标可以旋转文字，如果同时按下Shift键，则能够以15° 为增量进行旋转，如图9.50所示。

图9.50

4. 单击工具选项栏中的✔按钮，完成对文本的编辑操作，并且利用移动工具将文字移至页面合适位置。如果要放弃对文字的修改，可在编辑过程中按下Esc键，如图9.51所示。

图9.51

更进一步：转换水平文字与垂直文字

执行“文字”→“方向”→“水平/垂直”命令，或者单击工具选项栏中的更改文本方向按钮，可以切换文本的方向。例如，图9.52中原本为水平方向排列的文字，执行“垂直”命令后，文字为竖直方向。

图9.52

更进一步：创建文字状选区

横排文字蒙版工具和直排文字蒙版工具用于创建文字状选区。选择其中的一个工具，在画面单击，然后输入文字即可创建文字选区。也可以使用创建段落文字的方法，单击并拖出一个矩形定界框，在定界框内输入文字创建文字选区。文字选区可以像任何其他选区一样移动、复制、填充或描边，如图9.53所示。

图9.53

10

Chapter

通道的应用

内容提要

通道是图像的重要组成部分，记录了图像的大部分信息，利用通道可以创建像发丝一样精细的选区。Photoshop的通道有多种用途，它可以显示图像的分色信息、存储图像的选取范围和记录图像的特殊信息等。如果用户只是简单地应用Photoshop来处理图片，有时可能用不到通道，但是有经验的用户却离不开通道。

主要内容

- 通道的分类
- “通道”面板
- 管理与编辑通道
- 通道与抠图

知识点播

- 通道的编辑
- 用颜色通道抠图
- 通道与色彩

01

10.1 通道的分类

通道是Photoshop的高级功能，它与图像内容、色彩和选区有关。Photoshop提供了三种类型的通道：颜色通道、Alpha通道和专色通道。下面来了解这几种通道的特征和主要用途。

内容精讲：颜色通道

颜色通道就像是摄影胶片，记录了图像内容和颜色信息。图像的颜色模式不同，颜色通道的数量也不相同。如图10.1所示，RGB图像包含红、绿、蓝和一个用于编辑图像内容的复合通道；CMYK图像包含青色、洋红、黄色、黑色和一个复合通道；Lab图像包含明度、a、b和一个复合通道。位图、灰度、双色调和索引颜色的图像只有一个通道。

RGB图像通道

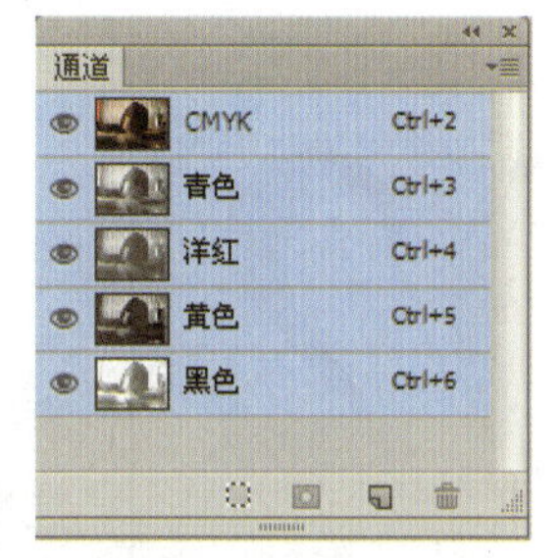

CMYK图像通道

Lab图像通道

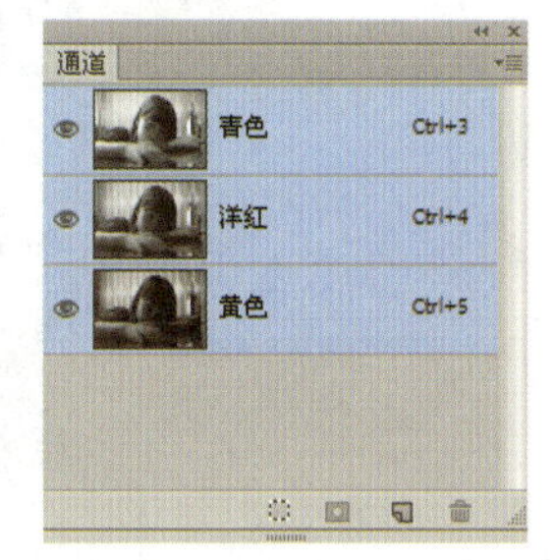

多通道

图10.1

内容精讲：Alpha 通道

Alpha通道有三种用途：一是用于保存选区；二是可将选区存储为灰度图像，这样就能够用画笔、加深、减淡等工具及各种滤镜，通过编辑Alpha通道来修改选区；三是可以从Alpha通道中载入选区。

在Alpha通道中，白色代表了可以被选择的区域，黑色代表了不能被选择的区域，灰色代表了可以被部分选择的区域（即羽化区域）。用白色涂抹Alpha通道可以扩大选区范围；用黑色涂抹则收缩选区；用灰色涂抹可以增加羽化范围。如图10.2所示，在Alpha通道制作一个呈现灰度阶梯的选区，可从中选取所需的图像部分。

提 示

通道的作用

通道是不同文件格式，按照色彩信息和透明度信息分解的结果。通道有两个用途：储存图像色彩资料和储存选区范围。可以利用通道快捷地创建部分图像的选区，可以调整每个颜色的多少，还可以利用通道做各种各样的效果，例如对单一颜色的选取、通过新建通道制作雕刻字等。

提 示

通道的类型

根据色彩信息，通常情况下分为R\G\B或者C\M\Y\K四色通道。当然，有全色通道和专色通道，以及与透明度相关的Alpha通道。

提 示

Alpha通道

Alpha通道是用于存储选区的蒙版，它不能存储图像的颜色信息。在“通道”调板中，新创建的通道为Alpha通道。

原图

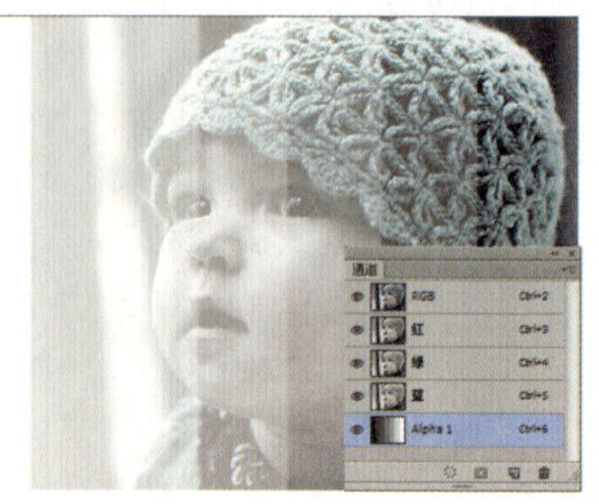

在Alpha通道中制作灰度阶梯的选区效果

图10.2

提 示

建立专色通道方式

1.单击通道面板旁的三角就会弹出一个菜单，选择“新专色通道”，会弹出一个对话框，输入专色通道的名称后设置颜色与实色数值。在通道中白色位置表示没有颜色，黑色为专色油墨。

2.双击Alpha通道会出现一个对话框，在“色彩指示”中选择“专色”，并选择相对应的颜色即可。但是CMYK油墨无法重现专色通道的色彩范围，色彩信息会有损失。

内容精讲：专色通道

专色通道用来存储印刷用的专色。专色是特殊的预混油墨，如金属金银色油墨、荧光油墨等，它们用于替代或补充普通的印刷色油墨。通常情况下，专色通道都是以专色的名称来命名的。

10.2 “通道”面板

“通道”面板可以创建、保存和管理通道。当打开一个图像时，Photoshop会自动创建该图像的颜色信息通道。图10.3所示分别为“通道”面板和面板菜单。

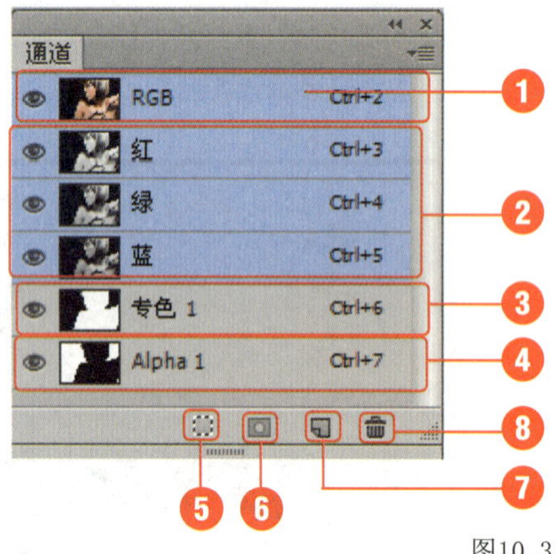

图10.3

提 示

载入Alpha通道中的选区，实现和原选区相关的操作

按住Ctrl键并单击Alpha通道缩览图，可载入保存在通道中的选区，原来的选区将被替换。按住Ctrl+Shift键并单击Alpha通道缩览图，将载入保存的选区与原选区相加后得到的选区。按住Ctrl+Alt键并单击Alpha通道缩览图，将载入原选区减去保存的选区后得到的选区。按住Ctrl+Shift+Alt键并单击Alpha通道缩览图，将载入原选区与保存的选区的交集。

❶复合通道：面板中最先列出的是复合通道，在复合通道下可以同时预览和编辑所有颜色通道。

❷颜色通道：用于记录颜色信息的通道。

❸专色通道：用来保存专色油墨的通道。

❹Alpha通道：用来保存选区的通道。

❺将通道作为选区载入：单击该按钮，可以载入所选通道内的选区。

❻将选区存储为通道：单击该按钮，可以将图像中的选区保存在通道内。

❼创建新通道：单击该按钮，可以创建Alpha通道。

❽删除当前通道：单击该按钮，可删除当前选择的通道。但复合通道不能删除。

03

10.3 管理与编辑通道

本节主要介绍如何使用“通道”面板和面板菜单中的命令创建通道，以及对通道进行复制、删除分离与合并等操作。

内容精讲：选择通道的方法

单击“通道”面板中的一个通道即可选择该通道，文档窗口中会显示所选通道的灰度图像；按住Shift键单击其他通道，可以选择多个通道，此时窗口中会显示所选颜色通道的复合信息；通道名称的左侧显示了通道内容的缩览图，在编辑通道时，缩览图会自动更新，如图10.4和图10.5所示。

提 示

通道基本操作

通道的基本操作有：创建新通道、复制通道、删除通道，以及将新通道转换为专色通道等。

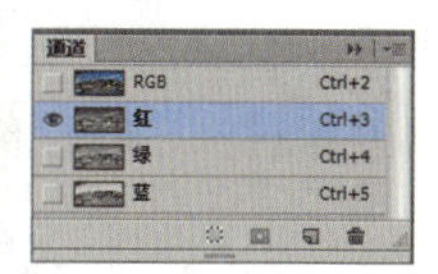

图10.4

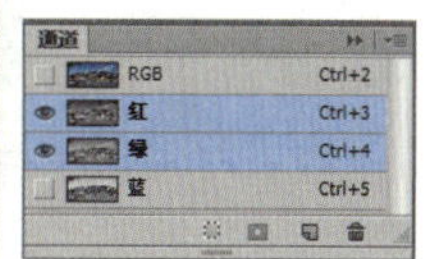

图10.5

单击RGB复合通道可以重新显示其他颜色通道，如图10.6所示，此时可同时预览和编辑所有颜色通道。

提 示

通道的理解

普通的印刷CMYK应该是最流行的通道模式了，做图片的时候，也可以利用通道来做一些单色的调整。RGB这样光色原理的通道更适用于网络。LAB更适用于扫描仪这样的设备，因为它不会丢失颜色。至于专色通道，一般采用于高级的印刷品，应用于特殊的油墨，如常见的人民币印刷。

图10.6

更进一步：通过快捷键选择通道

按下Ctrl+数字键可以快速选择通道。例如，如果图像为RGB模式，按下快捷键Ctrl+3可选择红色通道，按下快捷键Ctrl+4可以选择绿色通道，按下快捷键Ctrl+5可以选择蓝色通道，按下快捷键Ctrl+6可以选择蓝色通道下面的Alpha通道。如果要回到RGB复合通道，可以按下快捷键Ctrl+2。

内容精讲：Alpha 通道与选区的相互转换

1. 将选区保存到Alpha通道中。

如果在文档中创建了选区，单击按钮可将选区保存到Alpha通道中，如图10.7所示。

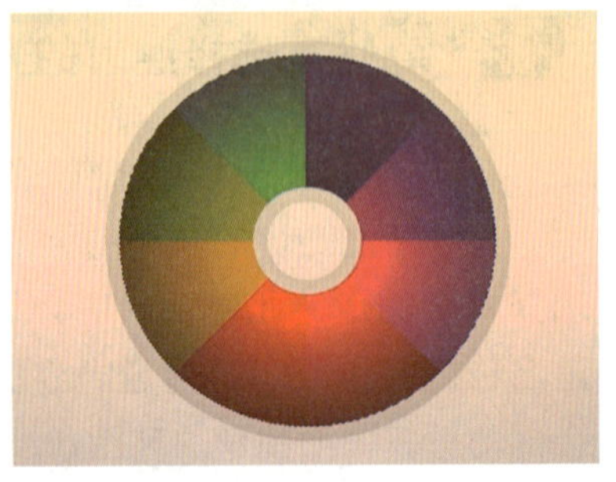

图10.7

2. 载入Alpha通道中的选区。

在“通道”面板中选择要载入选区的Alpha通道，单击将通道作为选区载入按钮，可以载入通道中的选区。此外，按住Ctrl键并单击Alpha通道也可以载入选区，这样操作的好处是不必来回切换通道，如图10.8所示。

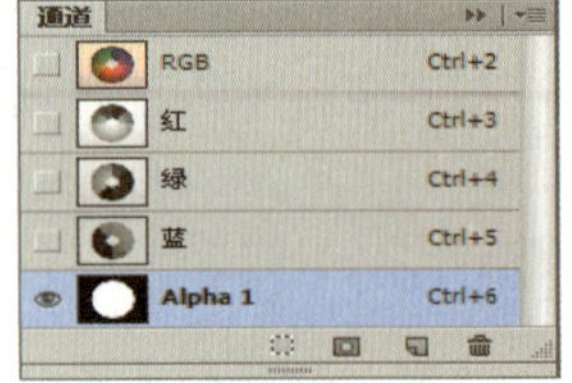

图10.8

提 示

查看Alpha通道中存储的选区

默认状态下，Alpha通道中的白色部分为选取区域，黑色部分为非选取区域，灰色部分为半透明区域。

范例操作：在图像中定义专色

专色印刷是指采用黄、品红、青、黑四色墨以外的其他色油墨来复制原稿颜色的印刷工艺。当要将带有专色的图像印刷时，需要用专色通道来存储专色。本例主要讲解在图像中定义专色的操作过程，如图10.9所示。

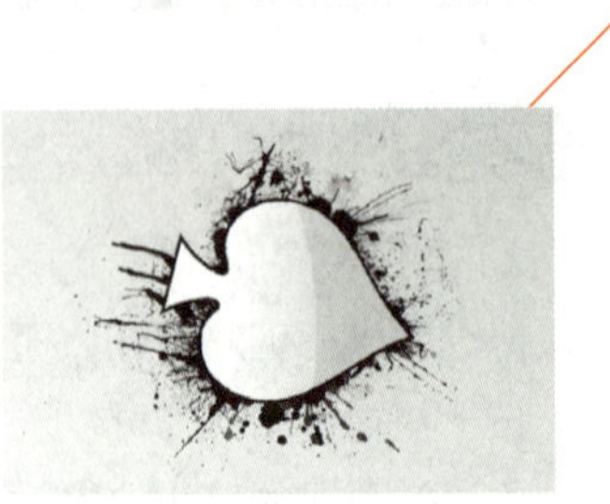

使用前

使用后

图10.9

提 示

专色

专色是一系列特殊的预混墨色，用来替代或补充CMYK中的油墨色，以便更好地体现图像效果。而添加专色，就必须添加专色通道。专色可以局部使用，也可作为一种色调应用于整个图像中。但首先要添加专色通道，而要让专色应用于整个图像中，又必须先将图像模式转为双色调模式，然后在转换模式对话框中进行进一步的修改。

1. 按下快捷键Ctrl+0，打开Chapter 10\Media\10-3-3.jpg素材文件，选择魔棒工具，在选项栏中设置“容差”为15，勾选“连续”选项，单击桃形部分，如图10.10所示。

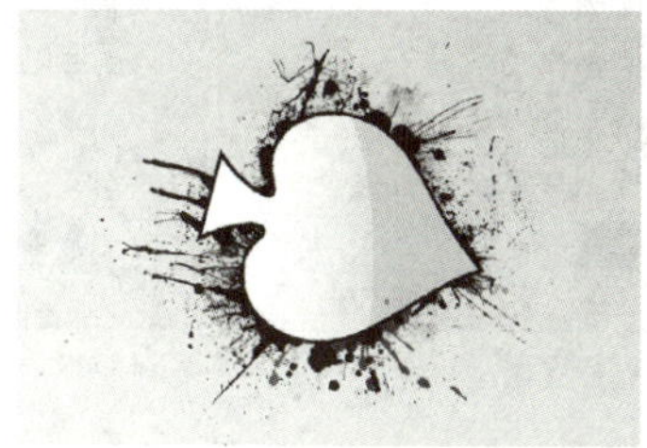
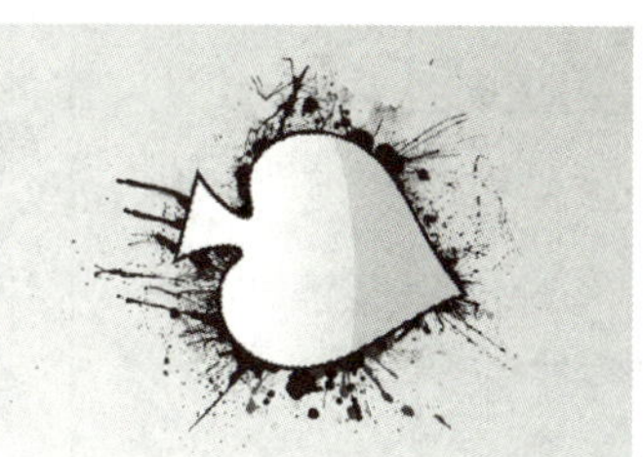

图10.10

提 示

密度选项的用处

“密度”值用于在屏幕上模拟印刷时专用的密度，100%可以模拟完全覆盖下层油墨的油墨，0%可模拟完全显示下层油墨的透明油墨。

2. 选择“通道”面板菜单中的“新建专色通道”命令，打开“新建专色通道”对话框，将“密度”设置为100%。单击“颜色”选项右侧的颜色块，打开“拾色器”，再单击“颜色库”按钮，切换到“颜色库”，选择一种专色，如图10.11所示。

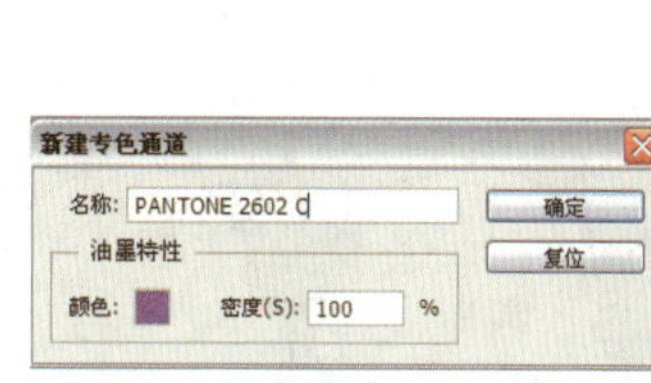

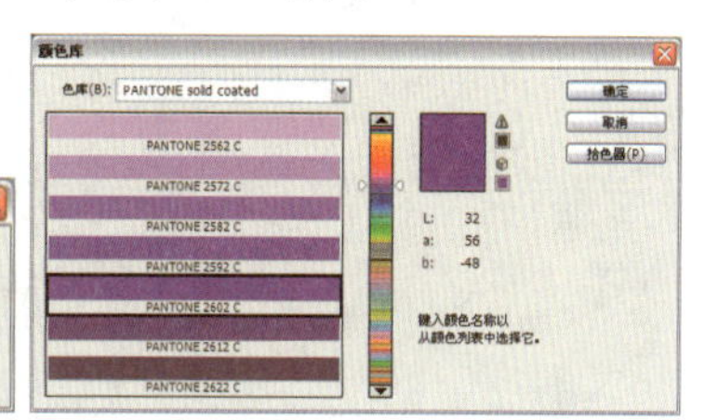

图10.11

3. 单击“确定”按钮返回到“新建专色通道”对话框，不要修改“名称”，否则可能无法打印此文件。单击“确定”按钮，创建专色通道，即可用专色填充选中的图像，如图10.12所示。

提 示

专色通道的基本操作

作为专色通道，可以实现一般通道的操作，也可以进行专色通道合并等独特操作。

图10.12

内容精讲：通道的编辑

1. 重命名通道。

双击“通道”面板中一个通道的名称，在显示的文本输入框中可以为它输入新的名称，如图10.13所示；但复合通道和颜色通道不能重命名。

2. 复制和删除通道。

将一个通道拖动到“通道”面板中的创建新通道按钮上，可以复制该通道；在“通道”面板中选择需要删除的通道，单击删除当前通道按钮，可将其删除，也可以直接将通道拖动到该按钮上进行删除。

提 示

通道的分类

1.用来存储图像色彩资料，属于内建通道。

2.用来固化选区和蒙版，进行与图像相同的编辑工作，以完成与图像混合、创建新选区等操作。

提 示

通道的隐藏

通道的隐藏与图层的隐藏方法相同。单击通道缩略图前面的“隐藏/显示”按钮，可将显示的通道隐藏，再次单击，即可以显示该通道。

复合通道不能被复制，也不能删除。颜色通道可以复制，但如果删除了，图像就会自动转换为多通道模式，如图10.13所示。

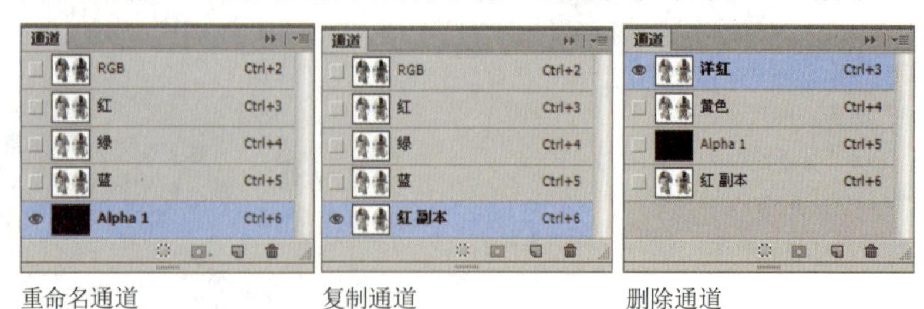

重命名通道　　复制通道　　删除通道

图10.13

3. 同时显示Alpha通道和图像。

编辑Alpha通道时，文档窗口中只显示通道中图像，这使得某些操作，如描绘图像边缘时会因看不到彩色图像而不够准确。遇到这种问题时，可在复合通道前单击，显示眼睛图标，Photoshop会显示图像，并以一种颜色替代Alpha通道的灰度图像。这种效果类似于在快速蒙版状态下编辑选区，如图10.14所示。

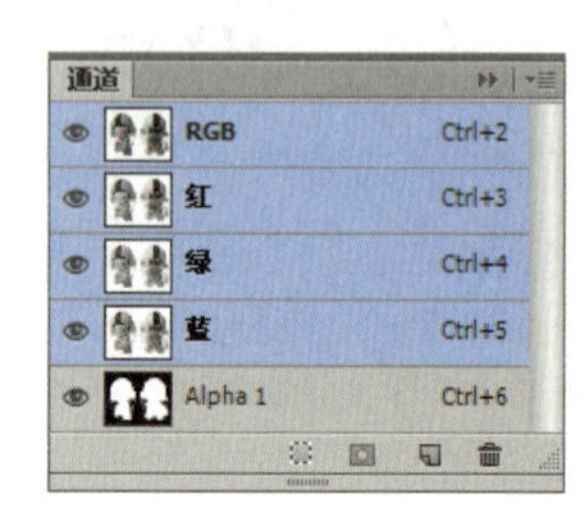

图10.14

范例操作：通过分离通道创建灰度图像

1. 按下快捷键Ctrl+O，打开Chapter 10\Media\10-3-5.jpg素材文件，如图10.15所示。

图10.15

提 示

通道

通道在Photoshop中是非常独特的，它是基于色彩模式衍生出的简化操作工具。每一个通道其实就是一幅图像中的某一种基本颜色的单独通道，也就是说，通道是利用图像的色彩值进行图像的修改的。

2. 执行“通道”面板菜单中的“分离通道”命令，可以将通道分离成单独的灰度图像文件，其标题栏中的文件名为源文件的名称加上该通道名称的缩写，原文件则关闭，如图10.16所示。当需要在不能保留通道的文件格式中保留单个通道信息时，分离通道非常有用。

图10.16

3. 如果图像为CMYK模式，则执行“分离通道”命令后，即可将图像分离成单独的四个灰度图像，效果分别如图10.17所示。

图10.17

范例操作：通过合并通道创建彩色图像

1. 按下快捷键Ctrl+O，打开Chapter 10\Media\10-3-6.jpg、10-3-7.jpg、10-3-8.jpg素材文件，三个均为灰度图像，如图10.18所示。

图10.18

提 示

通道优点

通道是保存信息的地方，通道是按照8位来存储信息的，而Photoshop的图层是24位，这样按照存储格式，PSD是很占硬盘空间的，而用通道保存信息，就可以少占用硬盘空间。同时，许多标准图像式，如TIF、TGA等，均可以包含通道信息，这样就更加方便不同应用程序进行信息共享了。

> **提 示**
>
> 通道的功能
>
> 通道最主要的功能是存储与载入图像选区，以辅助编辑图像，表现效果。

2. 执行“通道”面板菜单中的“合并通道”命令，打开“合并通道”对话框。在“模式”下拉列表中选择“RGB颜色”，单击“确定”按钮，弹出“合并RGB通道”对话框，设置各个颜色通道对应的图像文件，如图10.19所示。

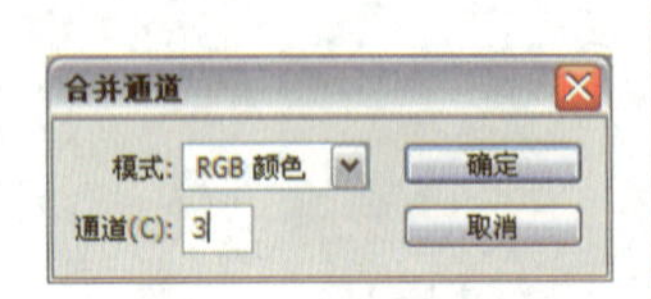

图10.19

3. 单击“确定”按钮，将它们合并为一个彩色的RGB图像，如图10.20所示。如果在“合并RGB通道”对话框中改变通道所对应的图像，则合成后图像的颜色也不相同，如图10.21和图10.22所示。

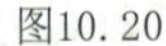

图10.20

图10.21

图10.22

> **知识链接**
>
> Photoshop中有3种类型的通道：颜色通道、Alpha通道和专色通道。颜色通道记录了图像内容和颜色信息；Alpha通道用于保存选区；专色通道用来存储印刷用的专色。关于通道的更多内容，请参阅“12.6通道总览”。

内容精讲：将通道中的图像粘贴到图层中

1. 按下快捷键Ctrl+0，打开Chapter 10\Media\10-3-9.jpg素材文件，在“通道”面板中选择蓝色通道，画面中会显示该通道的灰度图像，按下快捷键Ctrl+A全选，按下快捷键Ctrl+C复制，如图10.23所示。

图10.23

2. 按下快捷键Ctrl+2，返回到RGB复合通道，显示色彩的图像，按下快捷键Ctrl+V可以将复制的通道粘贴到新的图层中，如图10.24所示。

图10.24

> **知识链接**
>
> Photoshop中的通道是用来存放图像的颜色信息的。通过对各种通道中的颜色信息进行调整，即可改变图像的整体色彩。关于认识通道的更多内容，请参阅“12.2通道面板”。

内容精讲：将图层中的图像粘贴到通道中

1. 按下快捷键Ctrl+O，打开Chapter 10\Media\10-3-10.jpg，按下快捷键Ctrl+A全选，再按下快捷键Ctrl+C复制图像，如图10.25所示。

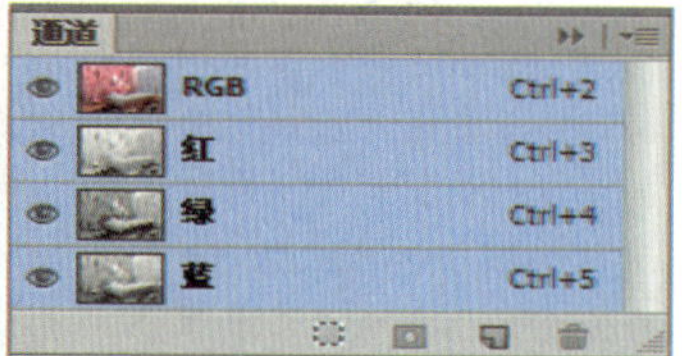

图10.25

2. 单击“通道”面板中的按钮，新建一个通道；按下快捷键Ctrl+V，即可将复制的图像粘贴到该通道中，如图10.26所示。

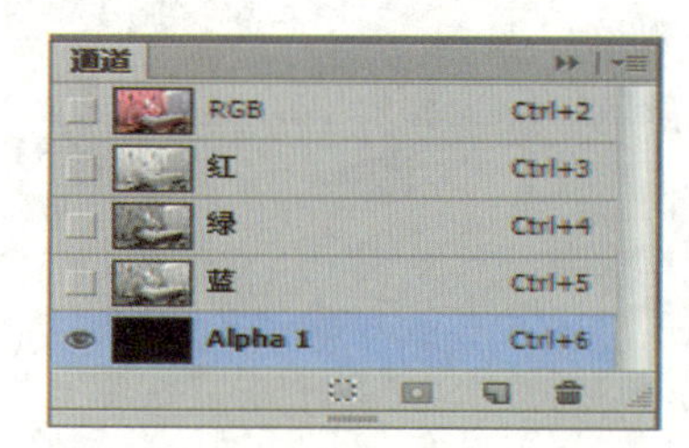

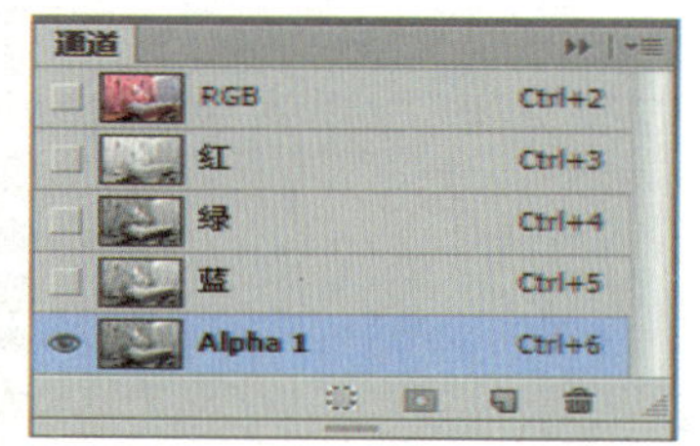

图10.26

提 示

新建通道

单击“通道”面板中的“创建新通道”按钮，就可以新建一个Alpha通道。在单击“创建新通道”按钮的同时按住Alt键，就会弹出“新建通道”对话框，可以在该对话框中设置新建通道的名称、颜色、不透明度等。单击“通道”面板中的“扩展”按钮，在弹出的下拉菜单中选择“新建通道”命令，也会弹出“新建通道”对话框。

内容精讲：限制混合通道

“通道”选项与“通道”面板中的各个通道一一对应。RGB图像包含红（R）、绿（G）和蓝（B）三个通道，它们混合生成RGB复合通道。复合通道中的图像也就是在窗口中看到的彩色图像。如果取消了一个通道的勾选，例如取消G的勾选，就会从复合通道中排除此通道，此时看到的彩色图像就只是R和B这两个通道混合生成的，如图10.27所示。

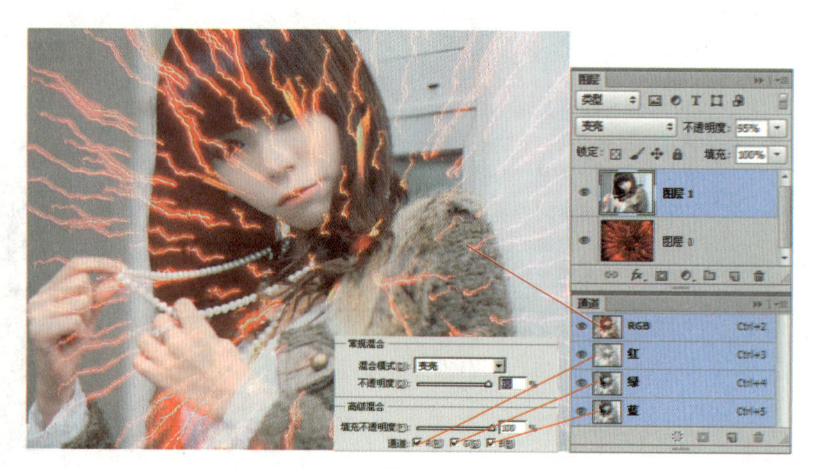

图10.27

提 示

使用通道制作特殊效果

通道在存储图像颜色信息和选择范围方面的功能十分强大，其最基本的作用是分色，其次是对选区的存储。使用分色功能可以抠取人物或动物的毛发、美白人物、修复图像偏色等问题，从而使图像呈现出特殊的颜色效果，还可用于专色的打印输出等。存储选区功能可以结合图层和路径使用。

提 示

分离通道

当在不能保留通道的文件格式中保留单个通道信息时，分离通道就非常有用了。要将通道分离，只能分离拼合图像的通道。单击“通道”面板中的扩展按钮，在弹出的下拉菜单中选择“分离通道”命令，即可将通道内的图像单独分离出来。

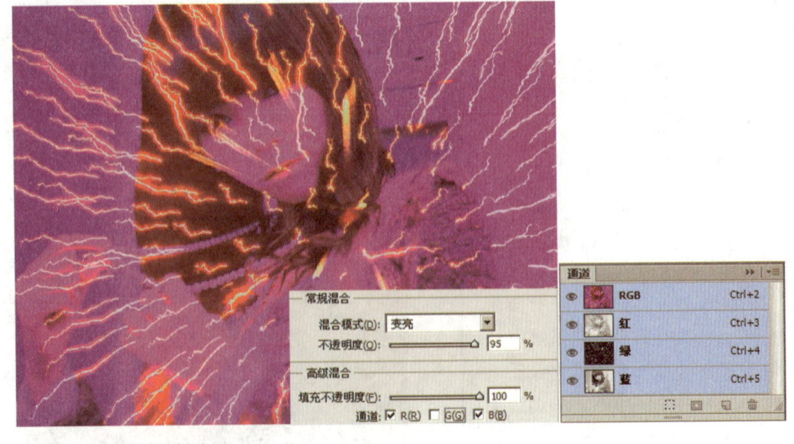

取消G的勾选的图像效果

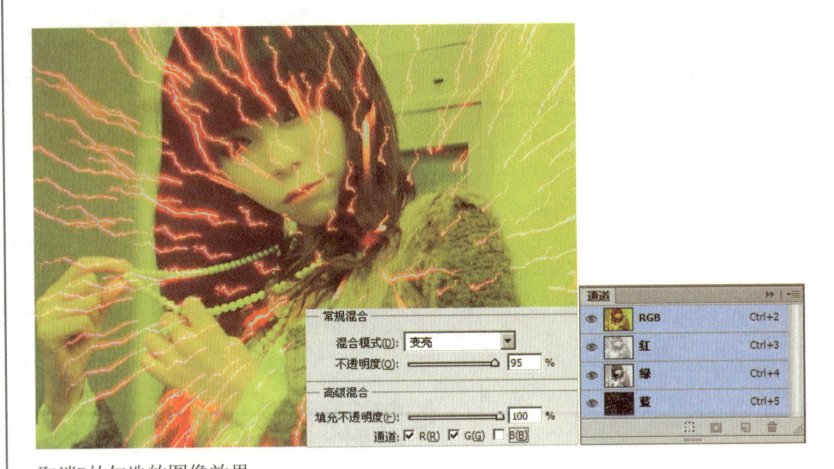

取消B的勾选的图像效果

图10.27（续）

更进一步：“计算”命令

“计算”命令的工作原理与“应用图像”命令的相同，它可以混合两个来自一个或多个源图像的单个通道。使用该命令可以创建新的通道和选取，也可生成新的黑白图像。

打开Chapter 10\Media\10-3-12.jpg，执行“图像”→“计算”命令，打开“计算”对话框，如图10.28所示。

图10.28

提 示

“计算”命令和“应用图像”命令的区别

“计算”命令和“应用图像”命令的应用原理有着异曲同工之处，只不过采用“计算”命令，将会在通道中形成新的待选区域；而“应用图像”命令将直接应用于图层上，是不可逆的。

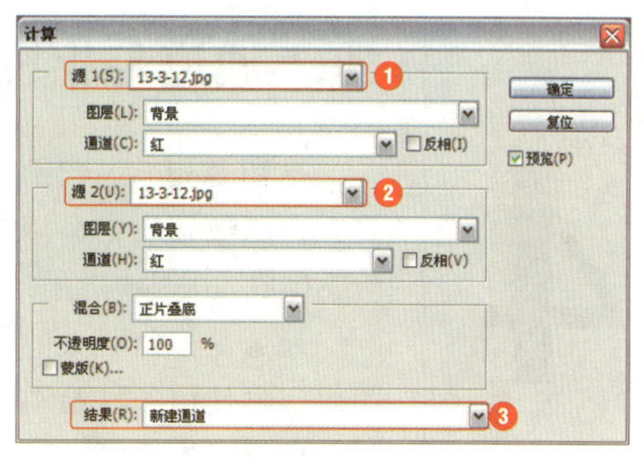

图10.28（续）

提 示

“计算”对话框的选项

“计算”命令对话框中的“图层”“通道”“混合”“不透明度”和“蒙版”等选项与“应用图像”命令的相同。

❶源1：用来选择第一个源图像、图层和通道。

❷源2：用来选择与“源1”混合的第二个源图像、图层和通道。该文件必须是打开的，并且是与“源1”的图像具有相同尺寸和分辨率的图像。

❸结果：可以选择一种计算结果的生成方式。选择“新建通道”，可以将计算结果应用到新的通道中，参与混合的两个通道不会受到任何影响；选择“新建文档”，可得到一个新的黑白图像；选择“选区”，可得到一个新的选区，如图10.29所示。

提 示

“计算”命令的作用

使用“计算”命令可以对同一幅图像或两幅图像中的多个通道进行混合。而此时，混合方式、通道的选择和相关选项设置的不同，都可以使图像呈现出不同的效果。

选择“新建通道”选项

选择“选区”选项

提 示

快速创建特殊选区

执行“图像”→“计算”命令，打开“计算”对话框，在“源1”“源2”和“混合”选项组中进行设置后，还可在“结果”下拉列表框中进行选择。此时若选择“选区”选项，单击“确定”按钮后，将图像中显示通过计算的选区，以便快速进行其他运用操作。

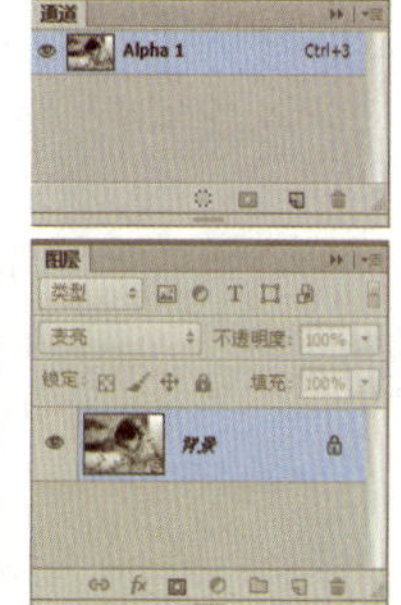

选择“新建文档”选项

图10.29

04

10.4 通道与抠图

抠图是指将一个图像的部分内容准确地取出来，与背景分离。在图像处理中，抠图是非常重要的工作，抠选的图像是否准确、彻底，是影响图像合成效果真实性的关键。

通道是非常强大的抠图工具，可以通过它将选区存储为灰度图像，再使用各种绘画工具、选择工具和滤镜工具来编辑通道，制作出精确的选区。由于可以使用许多重要的功能编辑通道，在通道中制作选区时，就要求操作者要具备全面的技术和融会贯通的能力。

图10.30所示为一只小猫的图像，它的毛发比较复杂。在制作毛发选区时，笔者用到了“通道混合器”、画笔工具和混合模式等功能。图10.31所示为在通道中制作的选区，图10.32所示为抠出的图像，图10.33所示为加入新背景后的效果。

图10.30

图10.31

图10.32

图10.33

对于像毛发类的细节较多且复杂的对象，烟雾、玻璃杯等带有一定透明度的对象，高速行驶的汽车、奔跑中的人物等模糊的对象，通道是最佳的抠图工具。图10.34所示是利用通道和快速选择工具抠出人物头发的图像，并为人物更换了背景。

图10.34

提 示

利用Alpha通道创建选区

利用Alpha通道创建选区的方式很多，先选择要创建选区的Alpha通道，然后单击“通道”面板中的“将通道作为选区载入”按钮，或是按住Ctrl键，同时单击将要创建选区的Alpha通道的缩览图，都可在Alpha通道中创建选区。

范例操作：用颜色通道抠图

利用通道抠出复杂图像是一个重要的操作过程，往往会将人物的头发、极光等细小的图像与背景分离。本例主要讲解利用通道抠出人物及头发，然后为其更换背景，具体操作步骤如下。

1. 按下快捷键Ctrl+O，打开Chapter 10\Media\10-4-4.jpg文件，按下快捷键Ctrl+J，将背景图层复制，以便操作时不破坏原图，如图10.35所示。

图10.35

2. 选中“图层1”图层，执行“图像”→“调整”→“亮度/对比度”命令，打开“亮度/对比度”对话框，设置“亮度值”为45，“对比度”值为70，效果如图10.36所示。

图10.36

提 示

调整亮度/对比度

在此处调整图像的亮度和对比度，使昏暗的图像变得更加清晰，轮廓变得比较鲜明，便于图像的色彩识别。

3. 打开“通道”面板，逐一单击颜色通道，仔细观察哪一个颜色通道的图像部分与背景的对比度强。在此图像中，发现蓝色通道的对比度较明显，将蓝色通道选中并拖曳至“通道”面板下面的新建按钮，将其复制，如图10.37所示。

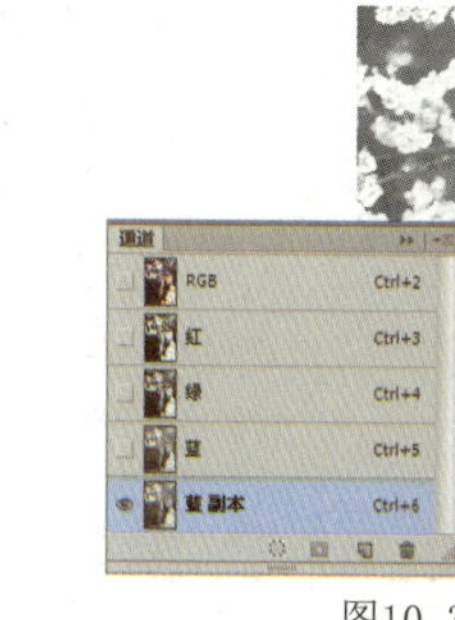

图10.37

4. 按下快捷键Ctrl+L，打开“色阶”对话框，调整蓝色通道的对比度，如图10.38所示。

图10.38

提 示

在此处调整色阶的优势

由于在通道中编辑图像时，只存在白色、灰色和黑色，在此处调整图像的色阶，是让图像的白色更白，黑色更黑，增强图像的白色（选区）与黑色（非选区）的对比，可以更加准确地设置图像的选区部分。

提 示

通道抠图的原理

Alpha通道是用来存储选区的，Alpha通道是用黑到白中间的8位灰度将选取保存。可以用Alpha通道中的黑白对比来制作所需要的选区。色阶可以通过调整图像的暗调、中间调和高光调的强弱级别，校正图像的色调范围和色彩平衡。可以通过色阶来加强图像的黑白对比，以此来确定选取范围，进行抠图。尤其是一些复杂的毛发，想要抠出完整的图，一般应用通道抠图。

5. 选择画笔工具，将前景色设置为白色，在属性栏中设置好相关参数后，在图像中涂抹，白色为可被选择的区域，如图10.39所示。

图10.39

6. 单击工具栏中的锐化工具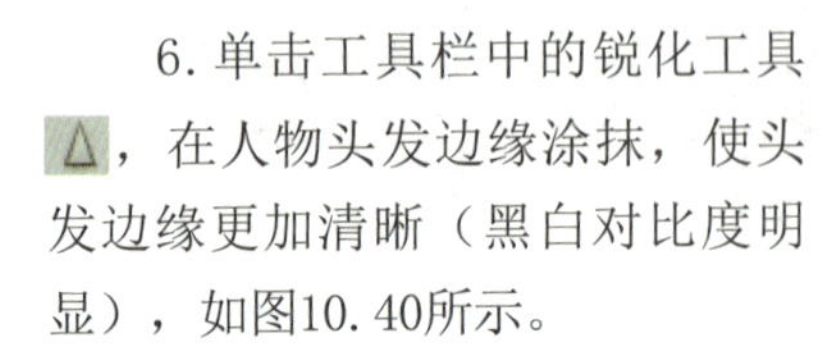，在人物头发边缘涂抹，使头发边缘更加清晰（黑白对比度明显），如图10.40所示。

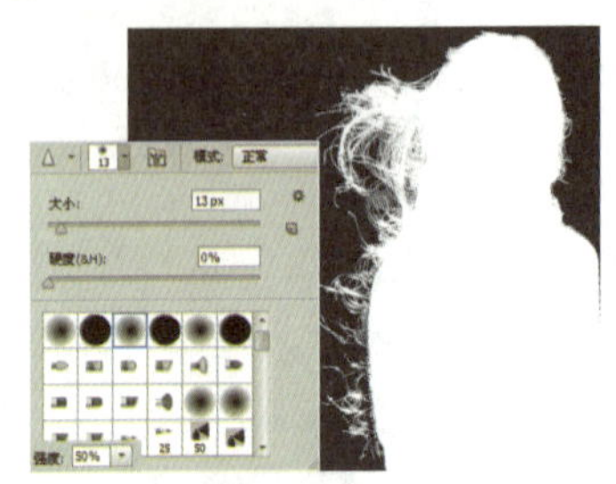

图10.40

7. 单击“通道”面板下的“将通道作为选区载入”按钮，将通道转换为选区，如图10.41所示。

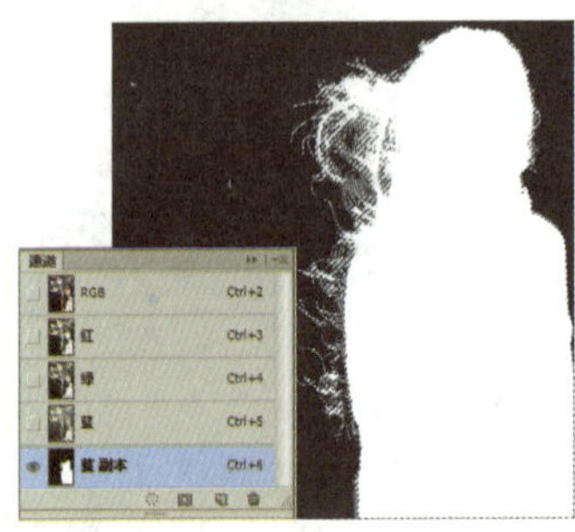

图10.41

提 示

将背景图层转换为普通图层

除了上述方法外，还可以按下Alt键，双击“背景”图层，快速地将其转换为普通图层。

8. 双击“图层”面板中的“背景”图层，将其转换为普通图层，并且用通道选区限定图像的范围，如图10.42所示。

图10.42

9. 将“图层1”图层删除，然后打开素材12-4-5. jpg文件，将人物选区拖入该文件中，并且调整人物的大小与位置，如图10.43所示。

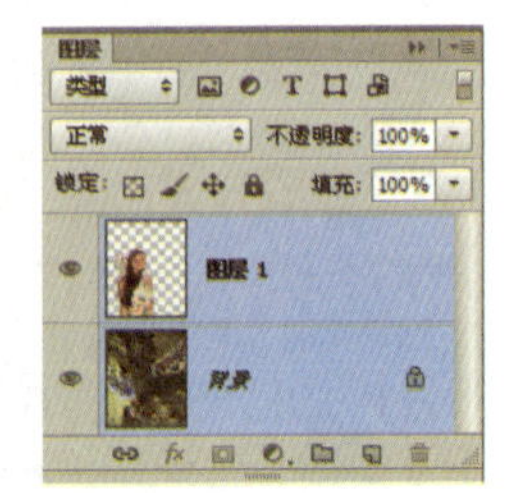

图10.43

提 示

设置丰富多彩的图像效果

可以根据喜好，将该图层的混合模式设置为其他选项，从而表现出其他效果。也可为图像添加图层样式，使其效果更加丰富。

11

Chapter

综合实例

内容提要

本部分主要是关于Photoshop CC的一些较大的案例，涵盖Photoshop的各个应用领域，使读者对Photoshop的各项功能有全面、深刻的理解。读者在学完这部分内容之后，能够将Photoshop的各种工具、命令融会贯通，可以独立制作自己想要的各种效果。

主要内容

- 漂流瓶
- 儿童节海报
- 咖啡宣传页
- 服务器广告
- 时尚女性海报

知识点播

- 路径工具的实战应用
- 图层样式综合运用
- 渐变工具的灵活运用

01

11.1 漂流瓶

1.执行“文件”→“新建”命令或按下快捷键Ctrl+N，弹出“新建”对话框，设置宽度为29.7 cm，高度为21 cm，分辨率为100像素/英寸，单击“确定”按钮。将前景色设为（R:244,G:243,B:215），按下快捷键Alt+Delete填充前景色，得到的图像效果如图11.1所示。

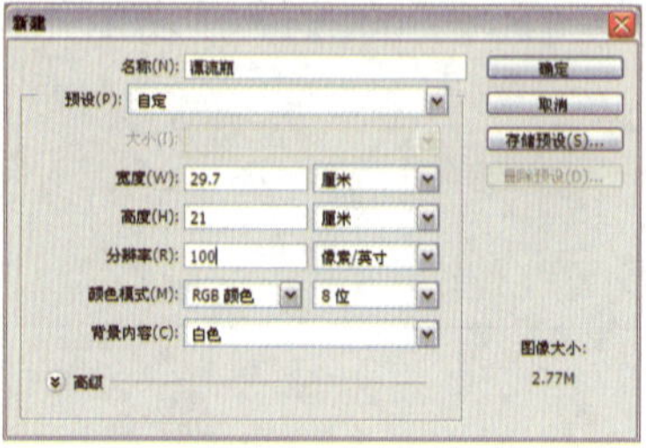

图11.1

2.按下快捷键Ctrl+Shift+N新建“图层1”，将前景色设为白色，按下快捷键Alt+Delete填充前景色。选中“图层1”，执行“滤镜”→“杂色”→“添加杂色”命令，打开“添加杂色”对话框，参数设置如图11.2所示。设置完毕后，按Enter键确认。

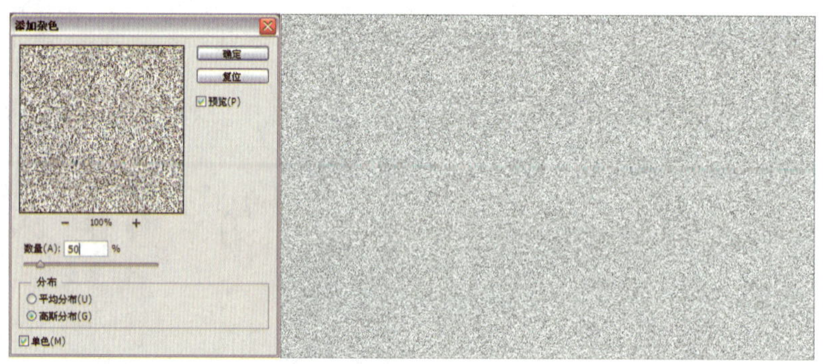

图11.2

3.将“图层1”的混合模式设为“亮光”，执行“滤镜”→“模糊”→“高斯模糊”命令，打开“高斯模糊”对话框，参数设置如图11.3所示。设置完毕后，按Enter键确认。

图11.3

提 示

像素

图像是由一个个小方块组成的，一个小方块就是一个像素。一幅图通常是由许多像素组成，单位面积像素越多，图像就越逼真，分辨率（dpi）就越高。放大到一定比例后，类似于马赛克的效果。

提 示

高斯模糊

高斯模糊是能够让图片产生比模糊更加强烈的朦胧效果，其中模糊半径是指用多少像素进行模糊。

4. 按下快捷键Ctrl+Shift+N新建“图层2”，单击矩形选框工具，创建矩形选区，将前景色设为（R:0,G:204,B:255），按下快捷键Alt+Delete填充前景色，如图11.4所示。按下快捷键Ctrl+D取消选择。

图11.4

5. 选中“图层2”，单击添加图层样式按钮，选择“渐变叠加”，打开“图层样式”对话框，设置参数。设置完毕后，按Enter键确认。应用图层样式，得到的图像效果如图11.5所示。

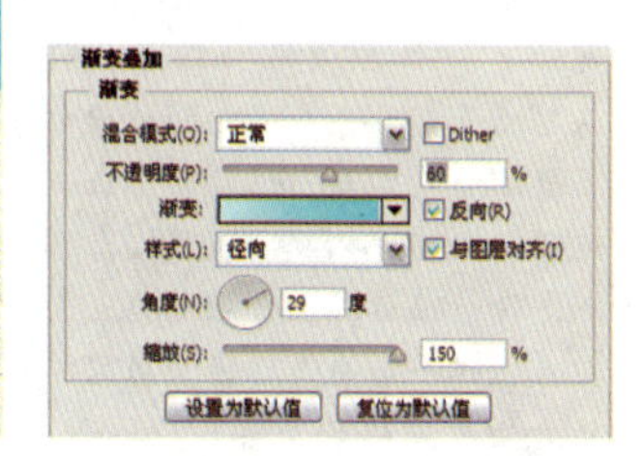

图11.5

6. 按下快捷键Ctrl+Shift+N，新建“图层3”。单击钢笔工具，在页面内单击，以确定起始点，绘制封闭路径。使用转换点工具调整路径形状，如图11.6所示。

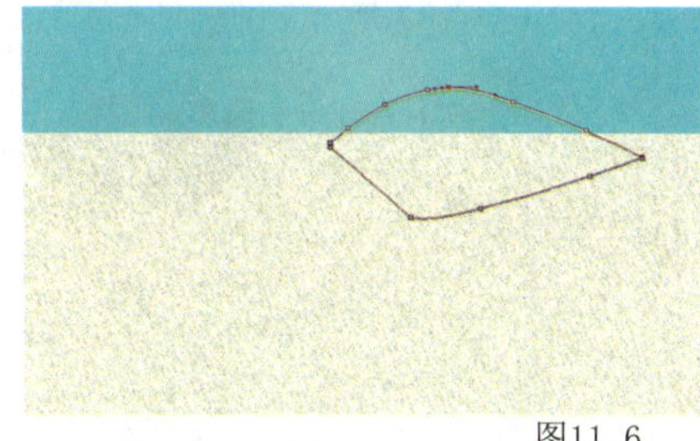

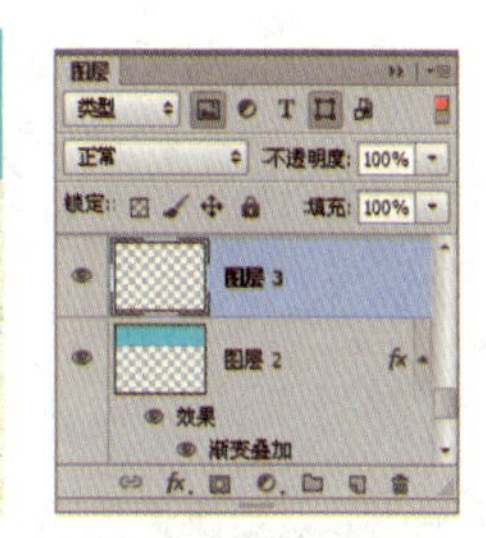

图11.6

7. 按下快捷键Ctrl+Enter将路径转为选区，将前景色设为（R:25,G:98,B:13），按下快捷键Alt+Delete进行填充，如图11.7所示。按下快捷键Ctrl+D取消选择。

图11.7

提 示

路径用途简介

路径是贝塞尔曲线构成的图形，路径和选区可以相互转换，可以沿着产生的线段或曲线对路径进行填充和描边，还可以将其转换成选区后进行图像处理。通过路径可对图像进行精确定位和调整，尤其适用于不规则的，难以使用其他工具进行选择的图像区域。路径主要是用于勾画图像区域的轮廓、对特殊图像的选取等。

知识链接

Photoshop CC中路径的用途极为广泛，学好路径的操作极其重要，关于路径的更多内容，请参阅“第10章 绘制路径与矢量图形”。

提 示

创建路径

单击工具箱中的钢笔工具，在窗口中单击创建路径的起点，按住左键拖动锚点，将从起点处建立一条方向线；释放鼠标后移动到另一位置后单击并拖动，创建路径终点即第2个锚点，释放鼠标，在起点与终点间即可创建一条曲线路径。用同样的方法创建路径的第4个锚点，即可在第3个锚点与第4个锚点之间建立一条曲线路径。

提 示

绘制路径的方法

1.用路径工具创建路径，指通过钢笔工具和自由钢笔工具绘制路径，并可通过添加锚点工具、删除锚点工具、转换点工具和路径直接选择工具等编辑路径的形状。

2.用形状工具创建路径，即通过自定义形状工具快速地创造出许多复杂的路径。

3.将选区转换成路径。

8. 按下快捷键Ctrl+Shift+N，新建“图层4”图层。单击钢笔工具，在页面内单击，以确定起始点，绘制封闭路径，使用转换点工具调整路径形状。按下快捷键Ctrl+Enter将路径转为选区，将前景色设为白色，按下快捷键Alt+Delete进行填充，按下快捷键Ctrl+D取消选择，将其移动到合适位置，如图11.8所示。

图11.8

9. 将“图层4”拖曳到图层面板上的创建新图层按钮，得到“图层4副本”图层。按下快捷键Ctrl+T将其缩小并移动到合适位置，将“图层4”的不透明度设为70%，如图11.9所示。

图11.9

10. 按下快捷键Ctrl+Shift+N，新建“图层5”图层。单击钢笔工具，在页面内单击，以确定起始点，绘制封闭路径，使用转换点工具调整路径形状，效果如图11.10所示。

图11.10

11. 按下快捷键Ctrl+Enter将路径转为选区，将前景色设为（R:0,G:132,B:255），按下快捷键Alt+Delete进行填充，如图11.11所示。按下快捷键Ctrl+D取消选择。

图11.11

12. 按下快捷键Ctrl+Shift+N，新建“图层6”，单击钢笔工具，在页面内单击确定起始点，绘制封闭路径，使用转换点工具调整路径形状，效果如图11.12所示。

图11.12

13. 按下快捷键Ctrl+Enter将路径转为选区，将前景色设为R110、G185、B255，按下快捷键Alt+Delete进行填充，如图11.13所示。

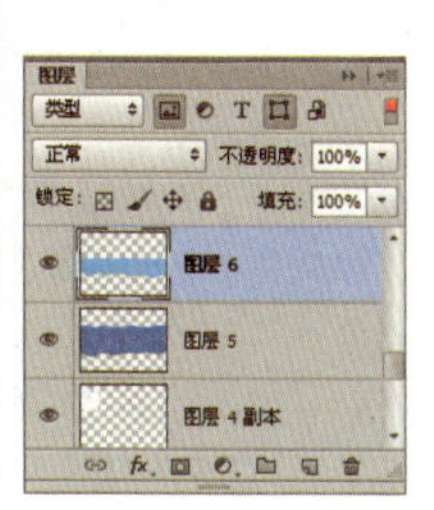

图11.13

14. 按下快捷键Ctrl+D取消选择。重复上述步骤，绘制浪花，得到的图像效果如图11.14所示。

图11.14

15. 按下快捷键Ctrl+O，打开Chapter 11/Media/11-1-1.psd文件，将打开的图像拖曳到正在操作的文件窗口中，调整图层顺序，至此，本案例就制作完成了，最终效果如图11.15所示。

图11.15

提 示

路径选择工具

路径选择工具包括路径选择工具和直接选择工具。

提 示

快捷键的使用

这是Photoshop基础中的基础，却也是提高工作效率的最佳方法。快捷键的使用，可以使用户将精力更好地集中在作品而不是工具面板上。一旦熟练地使用快捷键，就可以使用全屏的工作方式，省却了不必要的面板位置，使视野更开阔，最大限度地利用屏幕空间；一些简单的命令可以用键盘来完成，不必分心在工具的选择上。

02

11.2 儿童节海报

1. 执行“文件”→“新建”命令，弹出“新建”对话框，设置宽度为31.7 cm，高度为21.9 cm，分辨率为300像素/英寸，单击“确定”按钮。将前景色设为（R:3,G:175,B:239），背景色设为（R:255,G:255,B:236），选择渐变工具，单击属性工具栏上的 ，打开“渐变编辑器”对话框，选择前景色到背景色渐变，如图11.16所示。

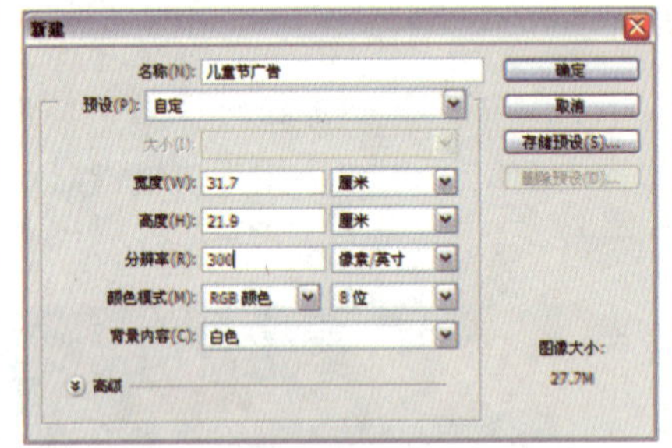

图11.16

2. 选中“背景”图层，单击属性工具栏上的线性渐变按钮，在页面内拖曳，绘制渐变，效果如图11.17所示。

图11.17

3. 按下快捷键Ctrl+O，打开Chapter 11\Media\11-2-1.psd文件，将打开的图像拖曳到正在操作的文件窗口中，如图11.18所示。

图11.18

提 示

自动选择图层

选择移动工具，在工具选项栏勾选“自动选择图层”，单击画布上的任意对象，Photoshop都会自动转到其所在图层，这样就可以进行操作了。在当前为移动工具时，只要按住Ctrl键，同样可以自由地选择分属不同层的图像内容。

知识链接

渐变工具就是在填充颜色时，从一种颜色变化到另一种颜色，或由浅到深、由深到浅地变化。关于渐变的更多内容，请参阅“3.4 填充工具”。

4. 按下快捷键Ctrl+Shift+N，新建“底色”图层，选择套索工具，在页面内创建选区，按下快捷键Shift+F6，打开“羽化选区”对话框，参数设置如图11.19所示。设置完毕后，按Enter键确认。

图11.19

提 示

套索工具

在使用套索工具勾画选区时，按Alt键可以在套索工具和多边形套索工具间切换。勾画选区的时候，按住空格键可以移动正在勾画的选区。

5. 将前景色设为（R:0,G:91,B:22），按下快捷键Alt+Delete填充前景色，如图11.20所示。按下快捷键Ctrl+D取消选择。

图11.20

6. 选中“底色”图层，单击添加图层样式，选择“外发光”，打开“图层样式”对话框，设置参数，设置完毕后，按Enter键确认。应用图层样式，效果如图11.21所示。

图11.21

提 示

载入/恢复之前的选区

使用“重新选择”命令(Ctrl+Shift+D)来载入/恢复之前的选区。

7. 将图层“7”拖曳到图层面板上的创建新图层按钮，重复操作，得到“7副本”和“7副本2”，调整图层顺序，按下快捷键Ctrl+T调整其大小并移动到合适位置，如图11.22所示。

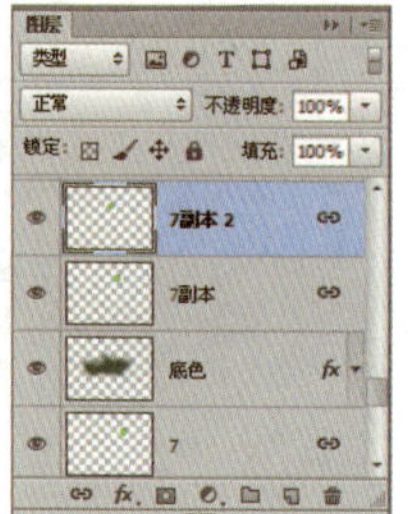

图11.22

提 示

复制图层

复制图层的快捷键是Ctrl+J；将需复制的图层拖到图层调板下方的新建按钮处，也可复制该图层。

提 示

Photoshop小窍门

1.双击Photoshop的灰色底版，即可弹出“打开文件”对话框。

2.用抓手工具时，按Ctrl键就可快速调出放大镜。

3.用绝大部分工具时(抓手工具除外)，按住Ctrl键并拖动鼠标可快速移动物体。

8.按下快捷键Ctrl+0，打开Chapter 11\Media\11-2-2.psd文件，将打开的图像拖曳到正在操作的文件窗口中，如图11.23所示。

图11.23

9.选中“翅膀”图层，单击添加图层样式fx，选择“外发光”，打开“图层样式”对话框，设置参数。设置完毕后不关闭对话框，继续勾选“内阴影”复选框，参数设置如图11.24所示。

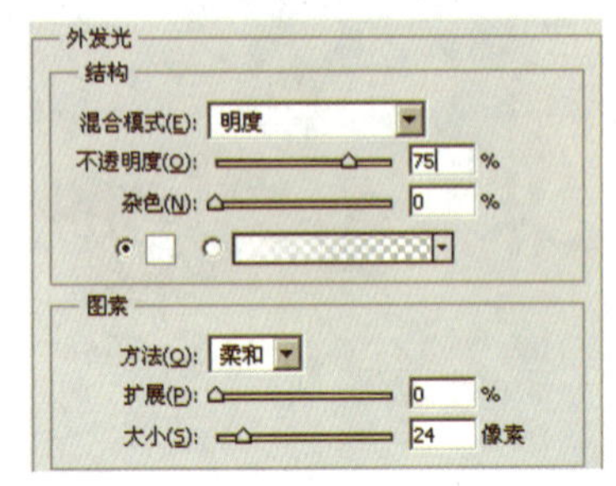

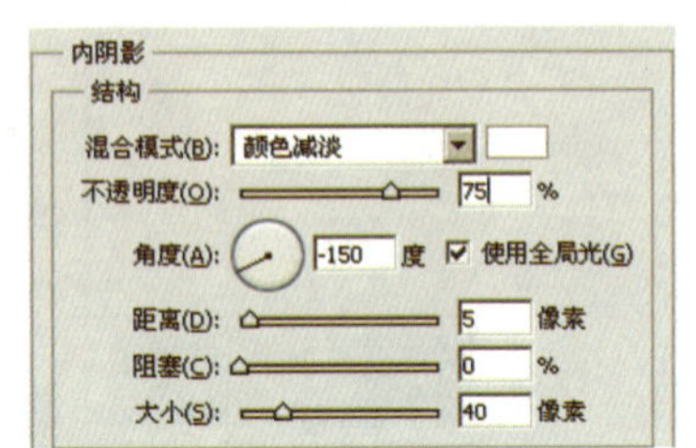

图11.24

10.设置完毕后，按Enter键确认。应用图层样式，效果如图11.25所示。

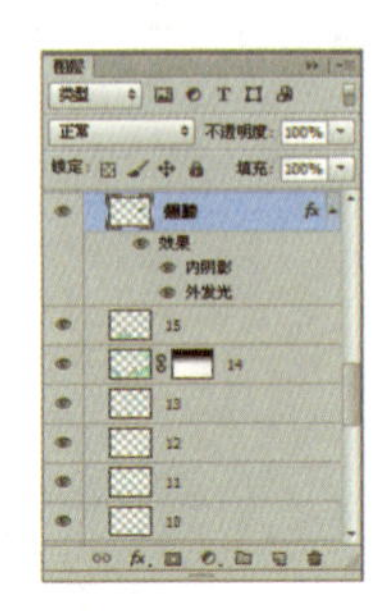

图11.25

11.将“翅膀”图层拖曳到创建新图层按钮，得到“翅膀副本”图层，执行“编辑”→“变换”→“水平翻转”命令，然后将其移动到合适位置，如图11.26所示。

图11.26

12. 按下快捷键Ctrl+0，打开Chapter 11\Media\11-2-3.psd文件，将打开的图像拖曳到正在操作的文件窗口中，如图11.27所示。

图11.27

提 示

穿透混合模式

在Photoshop中，穿透图层混合模式为图层组所特有。

13. 选择横排文字工具T，设置合适的字体和字号，在页面内输入相应文字，并填充颜色。按住Ctrl键单击文字图层，将其全部选中，按下快捷键Ctrl+E进行合并，如图11.28所示。

图11.28

提 示

创建文字的方法

在Photoshop中创建文字的方法主要有三种：点文字、段落文字、路径文字。

14. 选中文字图层，单击添加图层样式fx，选择“投影”，打开“图层样式”对话框，设置参数。设置完毕后不关闭对话框，继续勾选“内阴影”复选框，参数设置如图11.29所示。

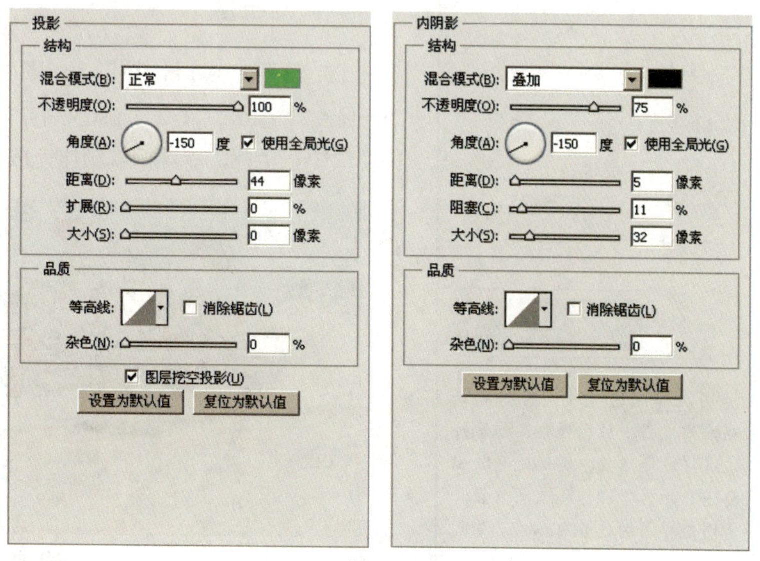

图11.29

15. 设置完毕后不关闭对话框，继续勾选“内发光”复选框，设置参数。设置完毕后不关闭对话框，继续勾选“斜面和浮雕”复选框，参数设置如图11.30所示。

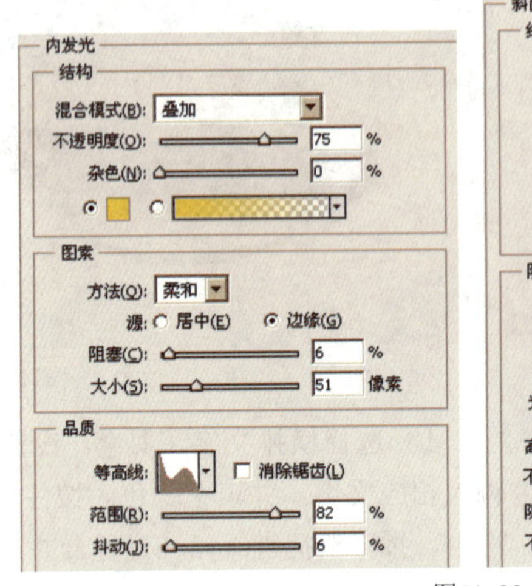

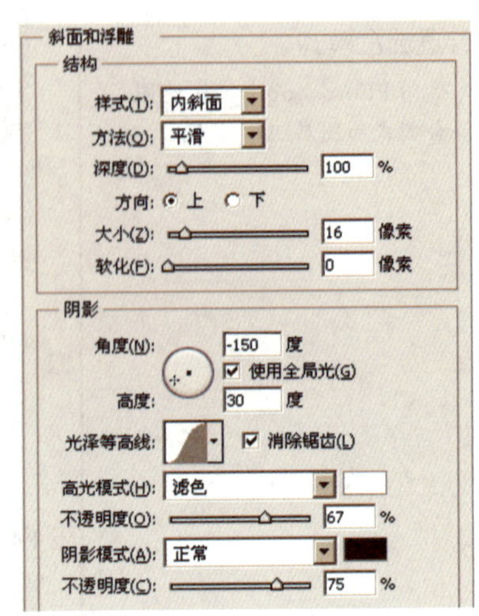

图11.30

16. 设置完毕后不关闭对话框，继续勾选“渐变叠加”复选框，设置参数。设置完毕后不关闭对话框，继续勾选“描边”复选框，参数设置，如图11.31所示。

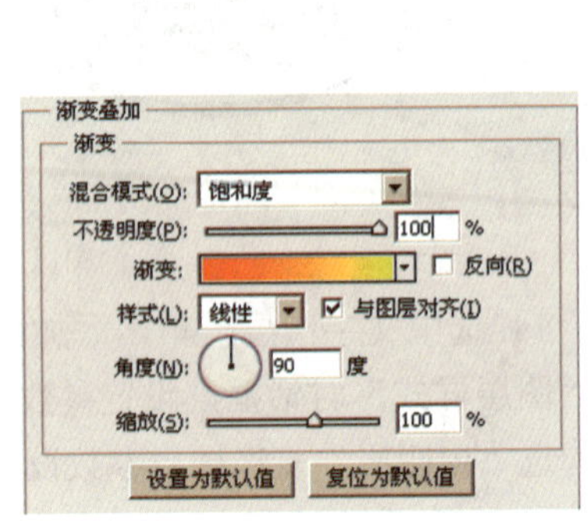

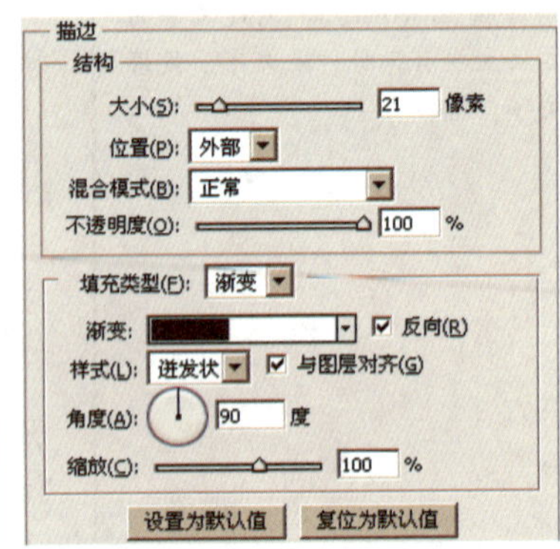

图11.31

17. 设置完毕后，按Enter键确认。按下快捷键Ctrl+O，打开Chapter 11\Media\11-2-4.psd文件，将打开的图像拖曳到正在操作的文件窗口中。至此，本案例就制作完成了，最终效果如图11.32所示。

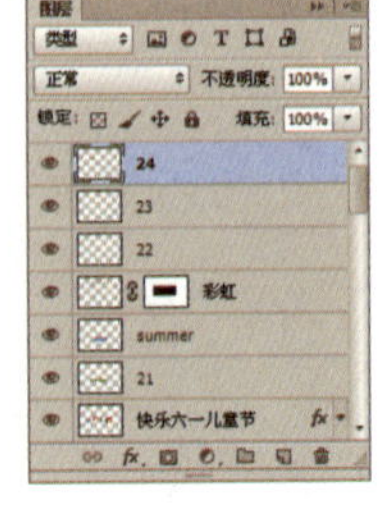

图11.32

知识链接

图层样式的操作同样需要读者在应用过程中注意观察，积累经验，这样才能准确、迅速地判断出所要进行的具体操作和选项设置。关于图层样式的更多内容，请参阅“4.6 图层样式”。

03

问 答

消除用编辑下的变形工具变形后的锯齿

这是插值算法的局限，把图放大200%，转变好再缩回来就可以了。

提 示

路径工具快捷键

按住Ctrl键可暂时切换到路径选取工具。按住Alt键，移到节点的调节点上，可使圆滑的曲线产生尖角；移到路径上，可变成加点工具；移到原有的节点上，可变成减点工具。按住Shift键，用工具可同时选取多个路径或节点。按住Shift键，可以强制路径或方向线呈水平、垂直或45度角。按住Alt键，单击路径可选取路径，选中并移动可复制路径。

11.3 咖啡宣传页

1. 按下快捷键Ctrl+O，打开Chapter 11\Media\11-3-1.jpg文件，如图11.33所示。

图11.33

2. 按下快捷键Ctrl+Shift+N，新建“图层1”，单击钢笔工具，在页面内单击确定起始点，绘制封闭路径。使用转换点工具调整路径形状，按下快捷键Ctrl+Enter将路径转为选区，将前景色设为黑色，按下快捷键Alt+Delete进行填充，将图层不透明度设为40%，如图11.34所示。按下快捷键Ctrl+D取消选择。

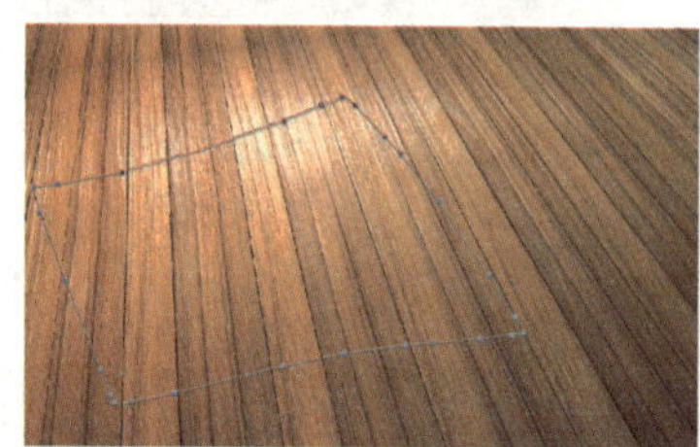

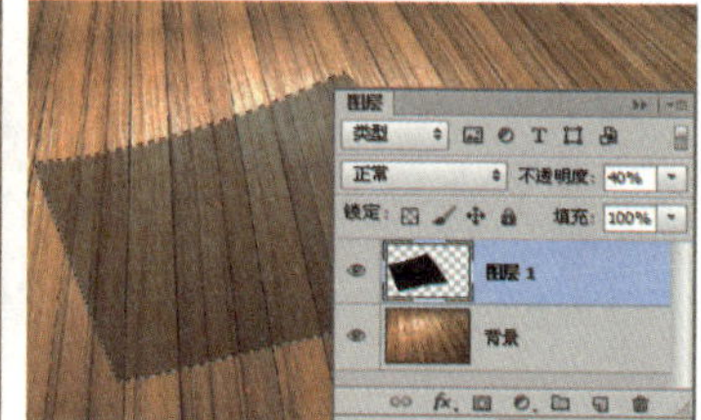

图11.34

3. 按下快捷键Ctrl+Shift+N，新建“图层2”，单击钢笔工具，在页面内单击确定起始点，绘制封闭路径，使用转换点工具调整路径形状。将前景色设为（R:255,G:244,B:199），背景色设为（R:255,G:249,B:227）。选择渐变工具，单击属性工具栏上的，打开渐变编辑器对话框，选择“前景色到背景色渐变”，如图11.35所示。

图11.35

4. 按下快捷键Ctrl+Enter将路径转为选区，单击属性工具栏上的线性渐变按钮，在选区内拖曳，绘制渐变，效果如图11.36所示。按下快捷键Ctrl+D取消选择。

图11.36

5. 按下快捷键Ctrl+O，打开Chapter 11\Media\11-3-2.psd文件，将打开的图像拖曳到正在操作的文件窗口中，选中拖入图层，单击添加图层样式按钮，选择“投影”，打开“图层样式”对话框，设置参数，如图11.37所示。

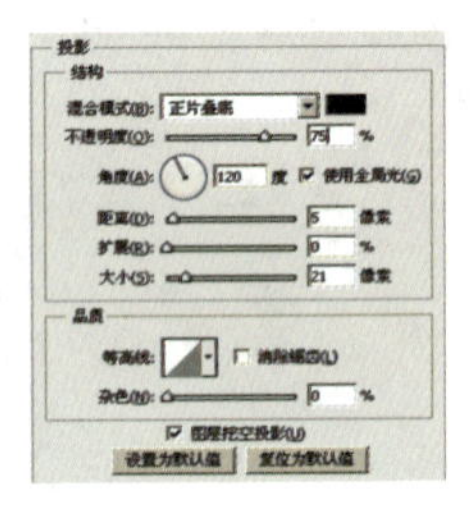

图11.37

6. 设置完毕后不关闭对话框，继续勾选“斜面和浮雕”复选框，设置参数，设置完毕后，按Enter键确认。应用图层样式，如图11.38所示。

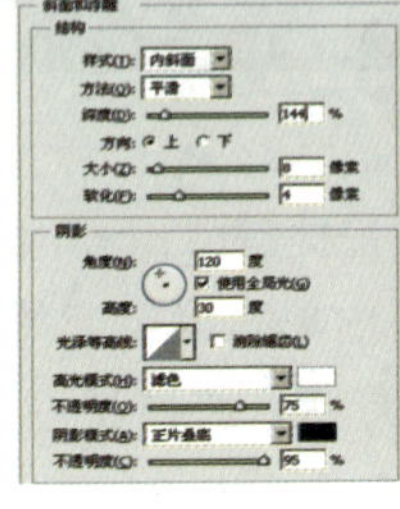

图11.38

7. 按下快捷键Ctrl+O，打开Chapter 11\Media\11-3-3.psd文件，将打开的图像拖曳到正在操作的文件窗口中，选中拖入图层，单击添加图层蒙版按钮，为其添加蒙版。单击多边形套索工具，在页面内创建多边形选区，选择渐变工具，在选区内绘制由黑到白的渐变，如图11.39所示。按下快捷键Ctrl+D取消选择。

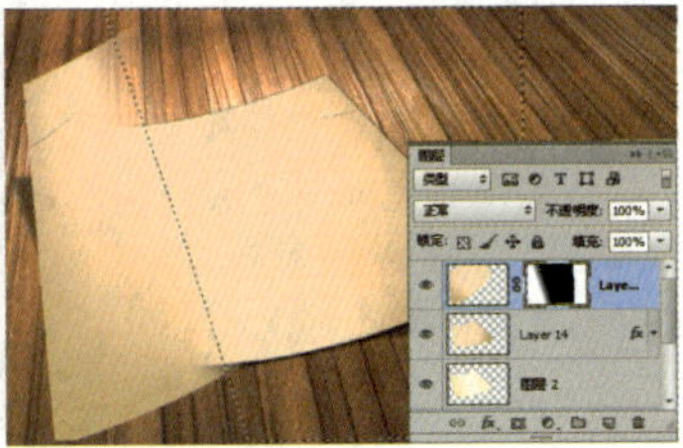

图11.39

提 示

让图片铺满整个画面

将一张图片定义成图案，然后再进行填充。首先，用矩形选框工具，选择要定义的图片。然后执行“编辑”→“定义图案”命令，将其定义成图案。切换到要填充的页面，执行“编辑”→“填充”命令，在弹出的对话框中设置填充内容项为图案，单击“确定”按钮，就可以填充了。

提 示

蒙版和通道的区别

可以储存蒙版，蒙版就是选区，选中之后就只能在选区里面进行修改，但是通道可以说是将蒙版实体化，并且可以像一般图层一样对通道进行编辑，得到很多不同的效果。蒙版其实是一个临时通道，可以利用它做出复杂的选区或柔和的渐变效果。Alpha通道可以任意制作复杂的效果，然后变成选择区域，再转成快速蒙版。

8. 分别选中“Layer14”和“Layer27”，在图层右侧单击鼠标右键，选择创建剪切蒙版，效果如图11.40所示。按下快捷键Ctrl+Shift+N，新建“图层3”，单击钢笔工具，在页面内单击确定起始点，绘制封闭路径，使用转换点工具调整路径形状，如图11.41所示。

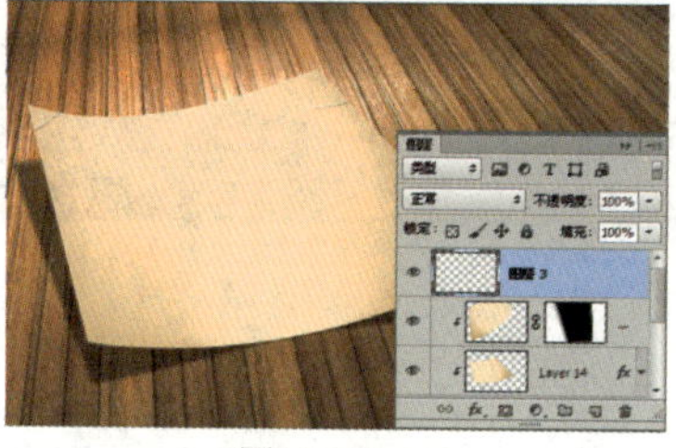
图11.40

图11.41

9. 按下快捷键Ctrl+Enter将路径转为选区，将前景色设为（R:255, G:244, B:199），背景色设为（R:255, G:249, B:227），单击渐变工具，选择“前景色到背景色渐变”，在选区内拖曳，绘制渐变，如图11.42所示。按下快捷键Ctrl+D取消选择。

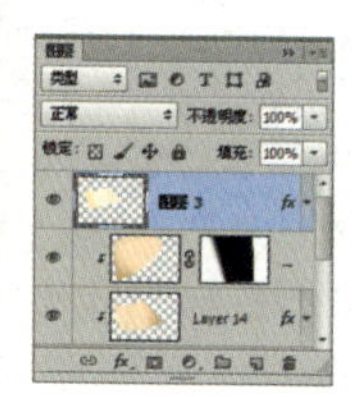
图11.42

10. 单击添加图层样式按钮，选择“内阴影”，打开“图层样式”对话框，设置参数。设置完毕后不关闭对话框，继续勾选“描边”复选框，参数设置如图11.43所示。

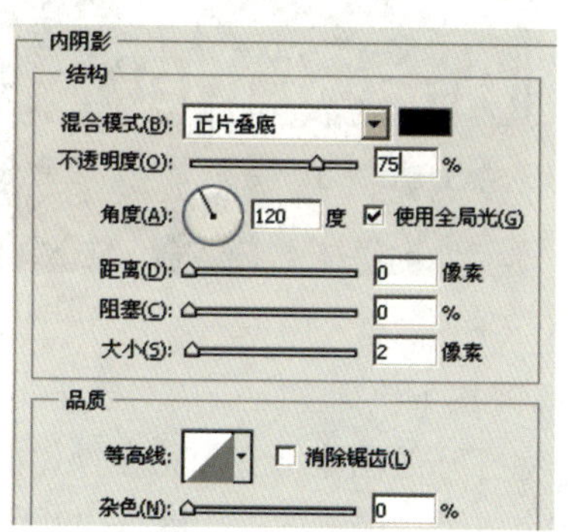

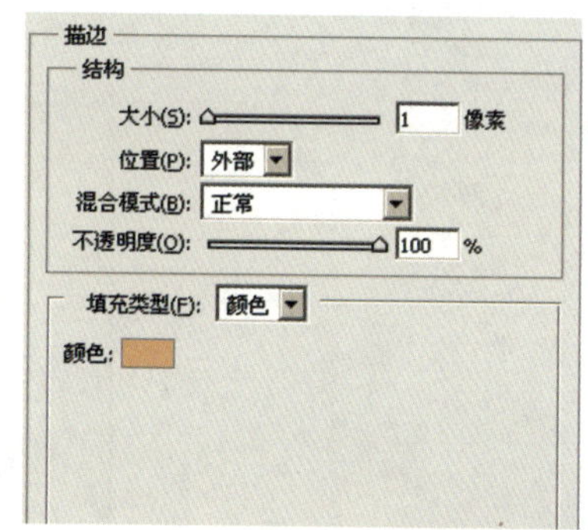

图11.43

11. 设置完毕后，按Enter键确认。应用图层样式，效果如图11.44所示。

图11.44

提 示

渐变工具选项中的“仿色”

仿色就是在渐变中产生色彩抖动，使色彩过渡区域更柔和一些，这样形成的渐变效果更好一些。

12. 按下快捷键Ctrl+O，打开Chapter 11\Media\11-3-4.psd文件，将打开的图像拖曳到正在操作的文件窗口中，选中拖入图层，在图层右侧单击鼠标右键，选择“创建剪切蒙版”，效果如图11.45所示。

图11.45

13. 将前景色设为（R:164, G:134, B:97），选择横排文字工具T，在页面内输入相应文字，在文字上单击右键，选择“文字变形”，打开“变形文字”对话框，设置变形样式为“下弧”，按下快捷键Ctrl+T进行旋转，效果如图11.46所示。打开Chapter 11\Media\11-3-5.psd文件，将打开的图像拖曳到正在操作的文件窗口中，如图11.47所示。

图11.46

图11.47

14. 将前景色设为白色，选择横排文字工具T，设置合适的字体和字号，在页面内输入相应文字，如图11.48所示。

图11.48

15. 按下快捷键Ctrl+O，打开Chapter 11\Media\11-3-6.psd文件，将打开的图像拖曳到正在操作的文件窗口中，至此，本案例就制作完成了，最终效果如图11.49所示。

图11.49

提 示

自由变换

在使用“编辑”→“自由变换”命令时，按住Ctrl键并拖动某一控制点可以进行自由变形调整；按住Alt键并拖动某一控制点可以进行对称变形调整；按住Shift键并拖动某一控制点可以进行按比例缩放的调整；按住Shift+Ctrl键并拖动某一控制点可以进行透视效果的调整；按Shift+Ctrl键并拖动某一控制点可以进行斜切调整；按Enter键应用变换；按Esc键取消操作。

04

11.4 服务器广告

1. 执行“文件”→“新建”命令或按下快捷键Ctrl+N，弹出“新建”对话框，设置宽度为29.7 cm，高度为24.2 cm，分辨率为300像素/英寸，单击“确定”按钮。将前景色设为（R:146, G:199, B:244），按下快捷键Alt+Delete填充前景色，得到的图像效果如图11.50所示。

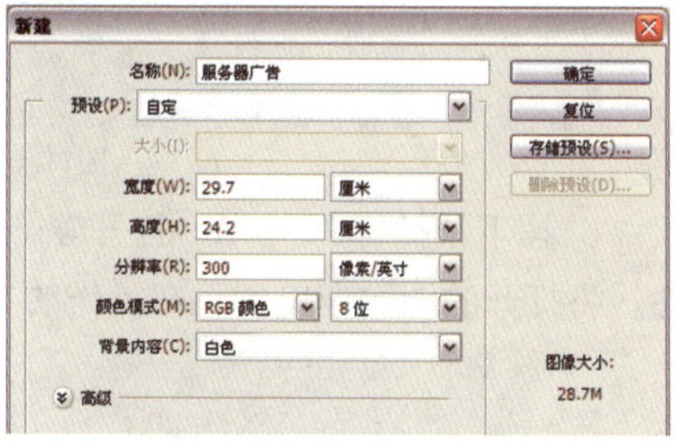

图11.50

2. 单击减淡工具，在属性工具栏设置笔触大小和参数，在页面内反复单击，效果如图11.51所示。按下快捷键Ctrl+O，打开Chapter 11\Media\11-4-1.psd文件，将打开的图像拖曳到正在操作的文件窗口中。

图11.51

3. 按下快捷键Ctrl+Shift+N，新建“正圆”图层，单击椭圆选框工具，按住Shift键，创建正圆选区。将前景色设为（R:106, G:161, B:253），按下快捷键Alt+Delete填充前景色，效果如图11.52所示。

图11.52

提 示

颜色通道

当在Photoshop中编辑图像时，实际上就是在编辑颜色通道。这些通道把图像分解成一个或多个色彩成分，图像的模式决定了颜色通道的数量，RGB模式有3个颜色通道，CMYK图像有4个颜色通道，灰度图只有1个颜色通道，它们包含了所有将被打印或显示的颜色。

4. 用上述方法绘制正圆并为其填充不同的颜色，将正圆图层的混合模式设为正片叠底，得到的图像效果如图11.53所示。

图11.53

5. 按下快捷键Ctrl+0，打开Chapter 11\Media\11-4-2.psd文件，将打开的图像拖曳到正在操作的文件窗口中，如图11.54所示。

图11.54

6. 将前景色设为黑色，选择横排文字工具T，设置合适的字体和字号，在页面内输入相应文字，如图11.55所示。按住Ctrl键并单击“D400”图层缩览图，载入选区，选择椭圆选框工具，在属性工具栏单击从选区减去按钮，在文字选区上拖动调整选区，如图11.56所示。

图11.55

图11.56

7. 执行“选择”→“修改”→“收缩”命令，打开“收缩选区”对话框，参数设置如图11.57所示。设置完毕后，按Enter键确认。

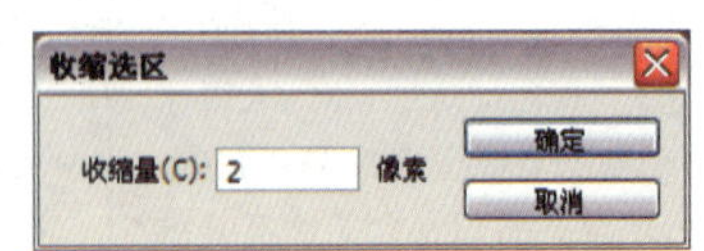

图11.57

提 示

正片叠底的作用

正片叠底是模拟了自然界中物体对光线的吸收。举例说，有一束白光照在黄色玻璃上，所谓的黄色玻璃，是因为玻璃吸收了蓝色波，穿过了红色波和绿色波，然后放一块青色玻璃在它后面，因为青色玻璃吸收红色而穿过绿色和蓝色，所以从黄色玻璃过来的红色被吸收了，只穿过了绿色，因此最后的光是绿色光。正片叠加就模拟了这种效果。

8. 按下快捷键Ctrl+Shift+N，新建“高光”图层，将前景色设为（R:148,G:148,B:148），按下快捷键Alt+Delete填充前景色，如图11.58所示。

图11.58

9. 按下快捷键Ctrl+D取消选择。单击添加图层蒙版按钮，为其添加蒙版。单击矩形选框工具，在页面内创建矩形选区，选择渐变工具，在选区内绘制由黑到白的渐变，如图11.59所示。

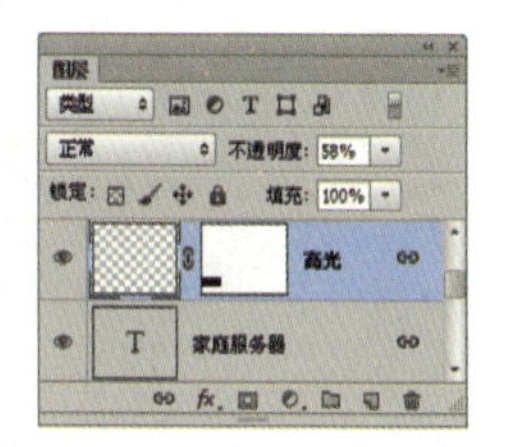

图11.59

10. 单击椭圆选框工具，创建椭圆选区，按下快捷键Shift+F6，打开“羽化选区”对话框，设置参数，如图11.60所示。设置完毕后，按Enter键确认。

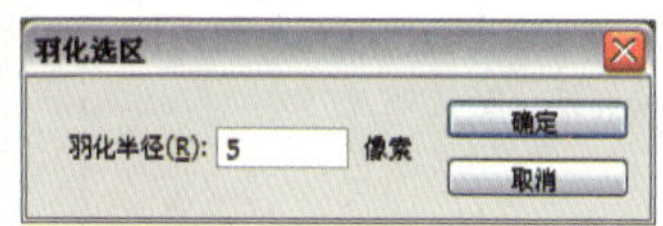

图11.60

11. 按下快捷键Ctrl+Shift+N，新建“阴影”图层，将前景色设为（R:39,G:29,B:24），按下快捷键Alt+Delete填充前景色，效果如图11.61所示。按下快捷键Ctrl+D取消选择。

图11.61

提 示

羽化选区的作用

羽化就是模糊选区的边缘，羽化值越大，边缘就越模糊，这种效果可以很自然地融入其他图层里。如果没有羽化，所选择的选区经过处理后，边缘非常明显，而且与其他图层合并的时候非常生硬。羽化实际就是使选择边缘有一个由浅入深的效果，看起来不是一刀砍下的那样，而是有一个渐变的过程。

12. 按下快捷键Ctrl+O，打开Chapter 11\Media\11-4-3.psd文件，将打开的图像拖曳到正在操作的文件窗口中，如图11.62所示。

图11.62

13. 选择横排文字工具T，设置合适的字体和字号，在页面内输入相应文字，并填充颜色，如图11.63所示。

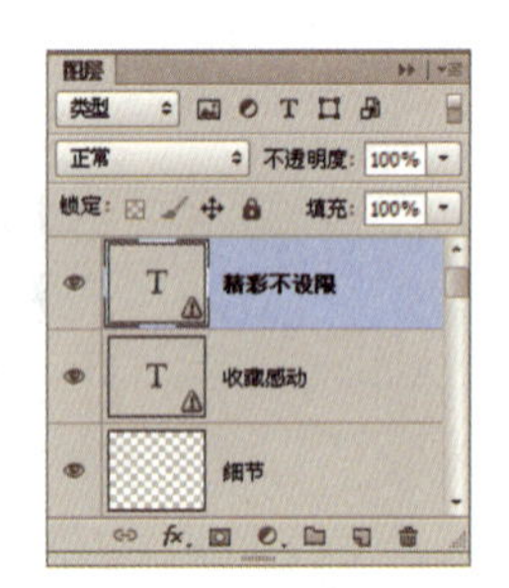

图11.63

14. 选中文字图层，单击添加图层样式按钮fx，选择“投影”，打开“图层样式”对话框，设置参数。设置完毕后不关闭对话框，继续勾选“描边”复选框，参数设置如图11.64所示。

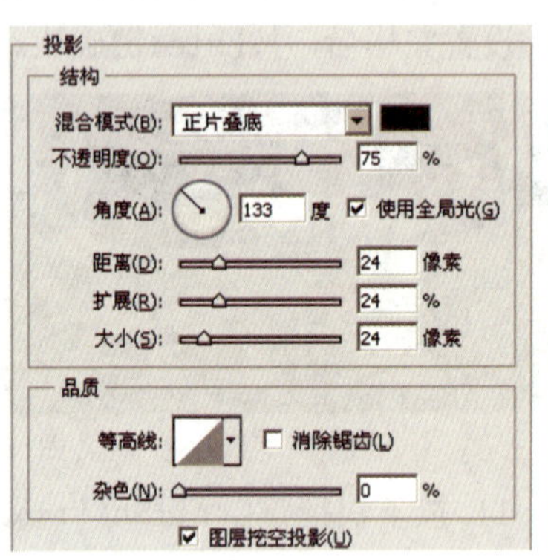

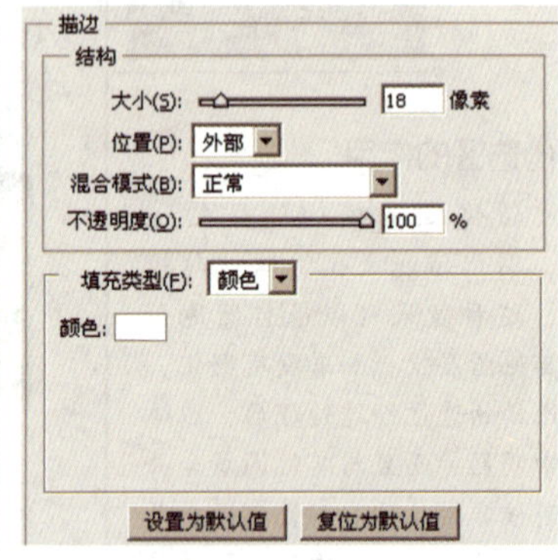

图11.64

提 示

投影

添加投影效果后，层的下方会出现一个轮廓和层的内容相同的“影子”，这个影子有一定的偏移量，默认情况下会向右下角偏移。阴影的默认混合模式是正片叠底，不透明度75%。

15. 设置完毕后，按Enter键确认，应用图层样式。至此，本案例就制作完成了，效果如图11.65所示。

图11.65

05

11.5 时尚女性海报

1. 按下快捷键Ctrl+N，弹出“新建”对话框，设置参数，单击“确定”按钮。将前景色设为（R:150, G:0, B:0），背景色设为（R:243, G:255, B:242），选择渐变工具，单击可编辑渐变条，在弹出的“渐变编辑器”对话框中设置由前景到背景的渐变类型，在图像中从上至下拖动鼠标，效果如图11.66所示。

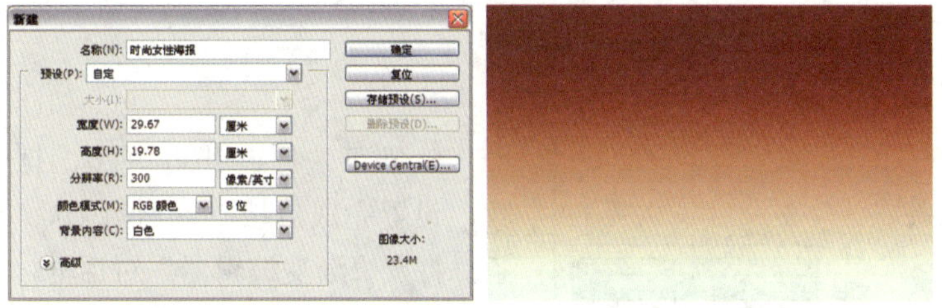

图11.66

2. 按下快捷键Ctrl+Shift+N新建一层，命名为“渐变”，选择渐变工具，单击可编辑渐变条，打开“渐变编辑器”对话框，设置渐变。设置完成后按Enter键确认，在工具选项栏上单击线性渐变按钮，在图像中从左上至右下拖动鼠标，图像效果如图11.67所示。

图11.67

3. 选择椭圆选框工具，在页面内拖出椭圆选区，并将其移动到合适位置，按下快捷键Shift+F6，打开“羽化选区”对话框，参数设置如图11.68所示，设置完成后按Enter键确认。

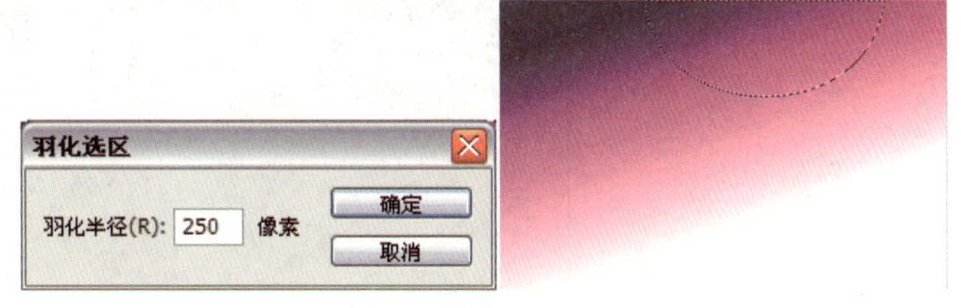

图11.68

4. 选择渐变工具，单击可编辑渐变条，打开“渐变编辑器”对话框，参数设置如图11.69所示。设置完成后按Enter键确认。

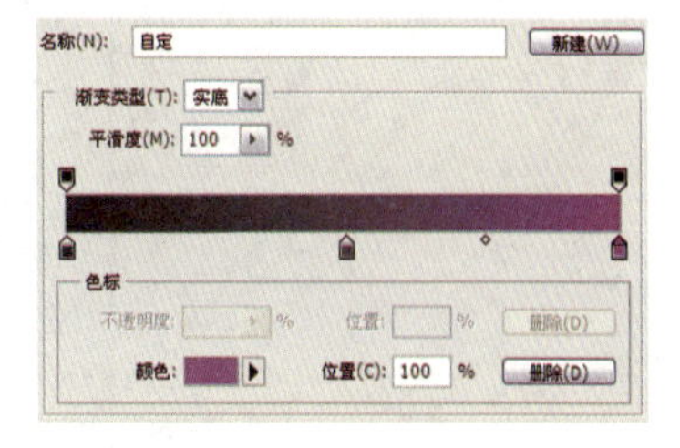

图11.69

提 示

创建只有一边有羽化值的选区

试着在通道中建立一个选区（用矩形选区好理解一些），然后用渐变工具填充。最后载入这个通道。记住看到的效果，回到通道中重新编辑那个选区。多试几次，就会更明白通道都为你做了什么。

5. 在工具选项栏上单击径向渐变按钮，在选区中从左上至右下拖动鼠标，得到的图像效果如图11.70所示。按下快捷键Ctrl+D取消选择。选择多边形套索工具，在选区内绘制如图11.70所示的多边形选区。

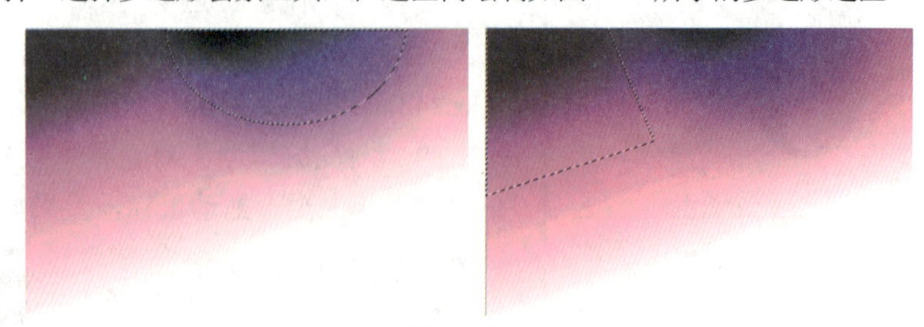

图11.70

6. 按下快捷键Shift+F6，打开“羽化选区”对话框，设置参数，设置完成后按Enter键确认。选择渐变工具，单击可编辑渐变条，打开“渐变编辑器”对话框，设置参数，如图11.71所示。设置完成后按Enter键确认。

提示

羽化

对选取的范围羽化一下，能减少突兀的感觉。

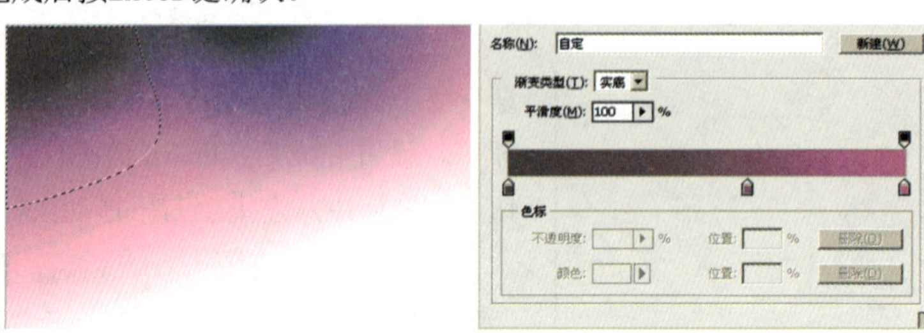

图11.71

7. 在工具选项栏上单击线性渐变按钮，在图像上从左上至右下拖动鼠标，效果如图11.72所示。按下快捷键Ctrl+D取消选择。单击图层面板上的添加矢量蒙版按钮，为“渐变”添加蒙版，选择渐变工具，单击可编辑渐变条，在弹出的“渐变编辑器”对话框中设置由黑到白的渐变，在蒙版中从左下至右上拖动鼠标，图像效果如图11.73所示。

提示

蒙版

蒙版实现对图层部分区域的显示、覆盖和半透明效果。

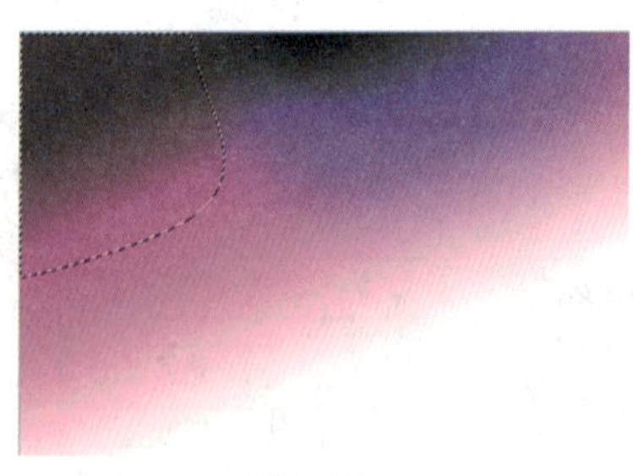

图11.72

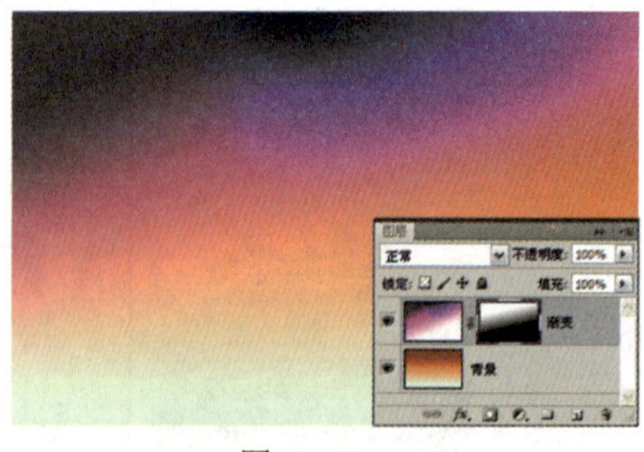

图11.73

8. 按下快捷键Ctrl+O，打开Chapter11\Media\11-5-1.psd文件，将其拖入工作区内，移动到合适位置，如图11.74所示。

图11.74

9. 单击图层面板上的添加矢量蒙版按钮，为拖入图层添加蒙版，选择渐变工具，打开“渐变编辑器”对话框，设置参数。设置完成后按Enter键确认，在工具选项栏上单击线性渐变按钮，在蒙版中从上至下拖动鼠标，得到的图像效果如图11.75所示。

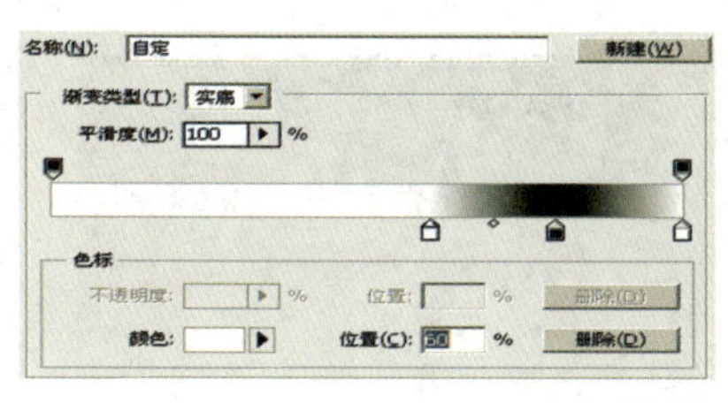

图11.75

10. 将前景色设为白色，选择直排文字工具，设置合适的文字字体及大小，单击在图像中输入相应文字，如图11.76所示。按下快捷键Ctrl+O，打开Chapter11\Media\11-5-2.psd文件，将其拖入工作区内，并移动到合适位置。

图11.76

提 示

文字图层

文字图层是特殊的图层，Photoshop处理文字图层和普通图像时是有差异的。如果一个图层是文字图层，在图层面板上，图层右边缩览图中有一个大写的T字图标。文字图层有自己特殊的编辑方法，它所处理的对象不是图像，而是文字。

11. 将前景色设为白色，选择横排文字工具，设置合适的文字字体及大小，在图像中单击并输入文字。选中文字图层，将图层不透明度设为41%，得到的图像效果如图11.77所示。

图11.77

12. 打开Chapter11\Media\11-5-3.psd文件，将其拖入到工作区内，并移动到合适位置。选中星星图层，将图层混合模式设为“滤色”，得到的图像效果如图11.78所示。

图11.78

提 示

快速调整画笔大小

在Photoshop中，使用画笔工具时，快速调整画笔直径大小的快捷键是[和]。

13. 按下快捷键Ctrl+Shift+N，新建三个空白图层，将前景色设为白色，选择画笔工具，变换笔刷，调整直径和硬度，分别在三个图层上进行绘制，将图层不透明度分别设为72%、98%、63%，得到的图像效果如图11.79所示。

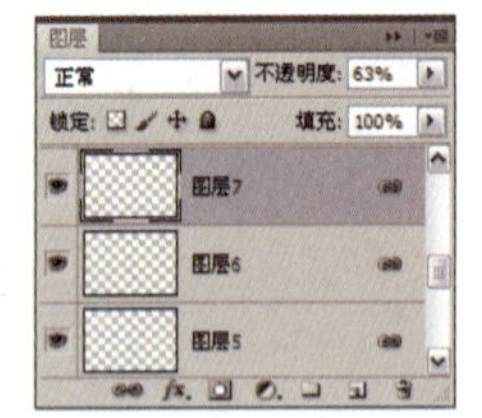

图11.79

14. 按下快捷键Ctrl+O，打开“Chapter11\Media\11-5-4.psd”文件，将其拖入工作区内，并移动到合适位置，如图11.80所示。

图11.80

提 示

在文档间拖动图像

若要将某一图层上的图像拷贝到尺寸不同的另一图像窗口中央位置时，可以在拖动到目的窗口时按住Shift键，则图像拖动到目的窗口后会自动居中。

15. 按下快捷键Ctrl+O，打开Chapter11\Media\11-5-5.psd文件，将文字拖入工作区内，并移动到合适位置。至此，本案例就制作完成了，最终效果如图11.81所示。

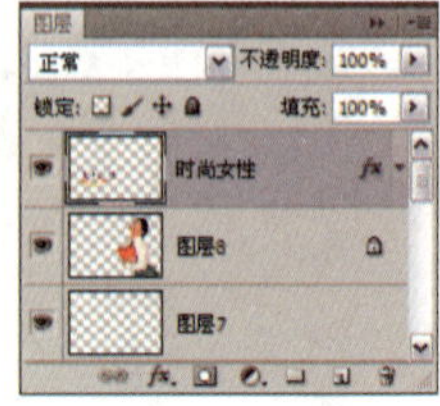

图11.81